交通版 高等学校土木

JIAOTONGBAN GAODENG XUEXIAO TUMU GONGCHE

第2版

土木工程材料

Tumu Gongcheng Cailiao

王元纲　李　洁　周文娟　主　编

秦鸿根　主　审

下载网址　配课件　www.ccpress.com.cn

人民交通出版社股份有限公司

China Communications Press Co.,Ltd.

内 容 提 要

本书根据高等学校土木工程专业本科课程教学大纲编写,系统介绍了土木工程材料的基本知识、常用材料的基本组成、技术性质、技术标准和质量要求、检测方法及选用原则,力求反映新产品和新技术。内容包括绪论、材料的基本性质、建筑钢材、气硬性胶凝材料、水泥、混凝土、建筑砂浆、砌体材料及屋面材料、沥青、沥青混合料、合成高分子材料、木材与竹材、建筑功能材料、土木工程材料试验等。

本书可作为高等工科院校土木工程专业及其他相关专业的教材,也可作为土木工程类科研、设计、管理和施工人员的参考用书。

图书在版编目(CIP)数据

土木工程材料/王元纲,李洁,周文娟主编. —2
版. —北京:人民交通出版社股份有限公司,2018.1
ISBN 978-7-114-14501-8

Ⅰ. 土… Ⅱ. ①王… ②李… ③周… Ⅲ. ①土木工
程—建筑材料—高等学校—教材 Ⅳ. ①TU5

中国版本图书馆 CIP 数据核字(2018)第 017863 号

交通版高等学校土木工程专业规划教材

书　　名:	土木工程材料(第2版)
著 作 者:	王元纲　李　洁　周文娟
责任编辑:	张征宇　赵瑞琴
出版发行:	人民交通出版社股份有限公司
地　　址:	(100011)北京市朝阳区安定门外外馆斜街3号
网　　址:	http://www.ccpress.com.cn
销售电话:	(010)59757973
总 经 销:	人民交通出版社股份有限公司发行部
经　　销:	各地新华书店
印　　刷:	北京市密东印刷有限公司
开　　本:	787×1092　1/16
印　　张:	19.75
字　　数:	478 千
版　　次:	2007 年 7 月　第 1 版 2018 年 1 月　第 2 版
印　　次:	2020 年 7 月　第 2 版　第 2 次印刷　总第 7 次印刷
书　　号:	ISBN 978-7-114-14501-8
印　　数:	13001—16000 册
定　　价:	42.00 元

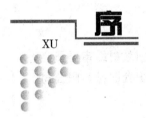

序

XU

随着科学技术的迅猛发展、全球经济一体化趋势的进一步加强以及国力竞争的日趋激烈,作为实施"科教兴国"战略重要战线的高等学校,面临着新的机遇与挑战。高等教育战线按照"巩固、深化、提高、发展"的方针,着力提高高等教育的水平和质量,取得了举世瞩目的成就,实现了改革和发展的历史性跨越。

在这个前所未有的发展时期,高等学校的土木类教材建设也取得了很大成绩,出版了许多优秀教材,但在满足不同层次的院校和不同层次的学生需求方面,还存在较大的差距,部分教材尚未能反映最新颁布的规范内容。为了配合高等学校的教学改革和教材建设,体现高等学校在教材建设上的特色和优势,满足高校及社会对土木类专业教材的多层次要求,适应我国国民经济建设的最新形势,人民交通出版社组织了全国二十余所高等学校编写"交通版高等学校土木工程专业规划教材",并于2004年9月在重庆召开了第一次编写工作会议,确定了教材编写的总体思路,于2004年11月在北京召开了第二次编写工作会议,全面审定了各门教材的编写大纲。在编者和出版社的共同努力下,这套规划教材已陆续出版。

在教材的使用过程中,我们也发现有些教材存在诸如知识体系不够完善问题,适用性、准确性存在问题,相关教材在内容衔接上不够合理以及随着规范的修订及本学科领域技术的发展而出现的教材内容陈旧、亟待修订的问题。为此,新改组的编委会决定于2010年底启动了该套教材的修订工作。

这套教材包括"土木工程概论"、"建筑工程施工"等31门课程,涵盖了土木工程专业的专业基础课和专业课的主要系列课程。这套教材的编写原则是"厚基础、重能力、求创新,以培养应用型人才为主",强调结合新规范、增大例题、图解等内容的比例并适当反映本学科领域的新发展,力求通俗易懂、图文并茂;其中对专业基础课要求理论体系完整、严密、适度,兼顾各专业方向,应达到教育部和专业教学指导委员会的规定要求;对专业课要体现出"重应用"及"加强创新能力和工程素质培养"的特色,保证知识体系的完整性、准确性、正确性和适应性,专业课教材原则上按课群组划分不同专业方向分别考虑,不在一本教材中体现多专业内容。

反映土木工程领域的最新技术发展、符合我国国情、与现有教材相比具有明显特色是这套教材所力求达到的,在各相关院校及所有编审人员的共同努力下,交通版高等学校土木工程专业规划教材必将对我国高等学校土木工程专业建设起到重要的促进作用。

交通版高等学校土木工程专业规划教材编审委员会

人民交通出版社股份有限公司

第二版 前言

QIANYAN

　　土木工程材料课程是土木工程专业的专业基础课（或称学科基础课）之一。本书以全国高等院校土木工程专业指导委员会制定的课程教学大纲、最新颁布的各种材料的技术标准和规范为主要依据进行编写，内容包括土木工程所涉及的各大类材料，着重介绍土木工程材料的基本概念、基本理论和基本方法。

　　随着科学技术的快速发展，土木工程材料的新品种、新技术、新标准和新规范等不断出现，土木工程材料课程必须紧跟土木工程的发展步伐，不断更新课程内容。因此，本教材在2007年第一版和2011年进行部分修改的基础上，对教材中涉及的已经修订的标准、规范的相关内容进行了修改，并增加了价材、生态混凝土、自密实混凝土、混凝土轴心抗压强度和静力受压弹性模量试验、砂浆保水性试验、普通混凝土配合比设计（虚拟仿真试验）等新内容，对属于其他课程的内容，以及课堂讲授学时较少而教材介绍偏多的部分内容进行了精减。

　　本书由王元纲（南京林业大学土木工程学院教授）、李洁（南京林业大学土木工程学院教授）和周文娟（北京建筑大学土木与交通工程学院副教授）担任主编，参编人员有马可栓（南阳师范学院副教授）、黄凯建（南京林业大学土木工程学院副教授）和张高勤（南京林业大学土木工程学院讲师）。其中，王元纲编写前言、第一章、第六章（一～七节）、第七章，并负责全书统稿；李洁编写第五章、第九章、第十二章（一～四节）、第十四章（试验五～试验十）；周文娟编写第二章、第三章、第十一章、第十三章（一、二节），马可栓编写第四章、第八章、第十四章（试验一～试验四），黄凯建编写第六章（八～九节）、第十二章（第五节），张高勤编写第十章、第十三章（三～四节）、第十四章（试验十一）。

　　本书由东南大学材料科学与工程学院秦鸿根教授担任主审。秦教授对全书认真进行了审阅，并提出了许多重要的修改意见和建议，谨在此表示诚挚的感谢。

　　由于编者水平所限，本书中定有疏漏或不当之处，敬请使用本教材的授课教师和读者给予批评指正，以便再版时予以纠正。

　　本书在编写过程中得到了担任编写工作的各位老师所在学校和部分兄弟院校同行的大力支持和帮助，谨在此表示诚挚的感谢。

编　者

2017 年 **11** 月

目录

MULU

第一章 绪论

第一节 土木工程材料的定义、特点与分类

土木工程是建造各类工程设施的科学技术的统称,一般包含建筑工程、道路与桥梁工程,以及其他工程中的基础设施建设工程。土木工程中所使用的各种材料及制品,都统称为土木工程材料。一般来说,土木工程材料应具有以下特点:

(1)具备足够的强度,能够承受设计荷载的作用而不发生破坏。

(2)具有与使用环境相适应的耐久性,使建筑物具有较长的使用寿命,维护费用低。

(3)用于特殊部位的材料,具有相应的能满足使用要求的功能,例如屋面材料能隔热、防水,楼板和内墙材料能隔声,装饰材料能产生一定的艺术效果,美化建筑。

(4)满足环境保护要求,对人体健康无害。

(5)制造方便,性价比较高,使用范围较广。

土木工程材料的品种非常多,各种材料的性能和用途也不同,为了便于区分和应用,常从不同角度进行分类。

一、按材料的化学成分分类

按材料的化学成分可将土木工程材料分为无机材料、有机材料和复合材料三大类。

无机材料可分为金属材料(如钢、铁等黑色金属,铝、铜等有色金属)和无机非金属材料(如砂石材料、砖、玻璃、建筑陶瓷、石灰、石膏、水泥、混凝土、硅酸盐制品等)两类。

有机材料可分为植物材料(如木材、竹材及其制品)、沥青材料(如各种沥青、沥青制品)和合成高分子材料(如建筑塑料、涂料、胶黏剂等)三类。

复合材料主要有两类,一是无机材料与有机材料经过复合制成的材料,如玻璃钢、聚合物混凝土、沥青混合料、轻质金属夹芯板等;二是金属材料与无机非金属材料经过复合制成的材料,如钢纤维混凝土、夹丝玻璃、钢丝网水泥制品等。

二、按材料在建筑物或构筑物中的功能分类

按材料在建筑物或构筑物中的功能可分为承重材料(能够承受一定荷载作用的材料)和

非承重材料、绝热材料(具有保温隔热功能的材料)、吸声隔声材料、防水材料(能够防止水渗透的材料)、装饰材料等。

三、按材料的使用部位分类

按材料的使用部位可分为结构材料(用于梁、板、柱、屋架、基础、楼梯等结构部位的材料)、墙体材料、屋面材料、地面材料、饰面材料、路面材料、附属设施材料等。

第二节　土木工程材料的作用与发展趋势

土木工程材料是土木工程的物质基础,建造任何一个建筑物或构筑物都要使用材料。

土木工程材料也是土木工程重要的质量基础。在材料的选择、生产、储运、保管、使用和检验评定等各个环节中,任何失误都可能使土木工程材料产生质量缺陷,从而影响土木工程的整体质量。国内外土木工程中出现的许多重大质量事故都与材料的质量不合格有关。

在土木工程中,材料费用一般要占工程总造价的50%左右,有的可高达70%。因此,在土木工程的设计和施工过程中,必须正确选用材料,既要保证工程质量,保证建筑物(或构筑物)的安全、实用、美观、耐久,又要考虑经济性,合理控制材料费用。

土木工程材料是随着人类社会生产力的发展和科学技术水平的提高而逐步发展起来的。土木工程材料的发展,促进了工程设计和施工技术水平的提高。在历史上,水泥、钢材的出现和性能的提高,曾使得土木工程的设计和施工技术产生了飞跃性的变化。同时,工程设计和施工技术水平的不断提高,对材料性能不断提出新的要求,从而促进了材料科学研究和材料生产技术水平的提高,以及建筑材料工业的发展。

进入21世纪以后,为了满足土木工程技术发展的需要,土木工程材料正朝着轻质、高强、高耐久性和多功能的方向发展。为了满足环境保护和可持续发展的需要,在土木工程材料的生产和使用过程中,应充分利用地方材料和工业废弃物,尽量少用天然资源;应采用低能耗、无环境污染的生产技术,优先开发和生产低能耗的材料以及能降低建筑物使用能耗的节能型材料;不得使用有损人体健康的添加剂和颜料,同时要开发对人体健康有益的材料;产品可再生循环和回收利用,无污染废弃物排放。

第三节　土木工程材料的标准化

一、标准化的概念

标准是指为在一定的范围内获得最佳秩序,对活动或其结果规定共同的和重复使用的规则、导则或特性的文件。该文件经协商一致制定并经一个公认机构的批准。标准是以科学、技术和经验的综合成果为基础,以促进最佳社会效益为目的的。

标准化是指对实际的或潜在的问题制定共同的和重复使用的规则的活动。它包括制定、发布和实施标准的过程。产品标准化是现代工业发展的产物,是组织现代化大生产的重要手段,也是科学管理的重要组成部分。

目前,我国绝大多数土木工程材料都制定有技术标准。技术标准是材料生产企业生产的产品质量是否合格的技术依据,也是供需双方对产品质量进行验收的依据。土木工程材料实施标准化,就要求生产企业必须按标准生产合格的产品。实施标准化可促进企业改善管理,提高生产率,实现生产过程的合理化。对于使用部门,实施标准化就要求其应当按标准选用材料,这有利于土木工程的设计和施工实施标准化,从而有利于加快施工进度,降低工程造价。

二、土木工程材料标准的种类

土木工程材料标准按内容主要包括产品标准、试验检测方法标准、生产设备标准等。产品标准一般包括产品规格、分类、技术要求、检验方法、验收规则、标志、运输和储存等方面。

《中华人民共和国标准化法》将我国标准分为国家标准、行业标准、地方标准和企业标准四级。

1. 国家标准

国家标准是在全国范围内统一的技术要求。国家标准的年限一般为 5 年,过了年限后,国家标准就要被修订或重新制定。国家标准有强制性标准(代号为 GB)和推荐性标准(代号为 GB/T)两类。国家标准由国务院标准化行政主管部门制定。

2. 行业标准

行业标准是指没有国家标准而又需要在全国某个行业范围内统一的技术要求。其应用范围广、数量多。如建工行业工程建设标准(代号为 JGJ)、建材行业标准(代号为 JC)、冶金行业标准(代号为 YB)、交通行业工程建设标准(代号为 JTJ)等。行业标准由国务院有关行政主管部门制定。

3. 地方标准

地方标准是指省、自治区和直辖市标准化行政主管部门制定和颁布的标准(代号为 DB)。

4. 企业标准

企业标准是指企业自己制定的标准(代号为 QB)。

各级标准分别由相应的标准化管理部门批准并颁布。国家技术监督局是国家标准化管理的最高机构。国家标准和行业标准都是全国标准,是国家指令性文件,各级生产、设计、施工等部门均必须严格遵照执行。

标准的表示方法由标准名称、部门代号、编号和批准年份组成。例如:

《通用硅酸盐水泥》(GB 175—2007)。前面为产品标准名称,部门代号为 GB,编号为 175,批准年份为 2007 年。

《水泥胶砂强度检验法(ISO 法)》(GB 17671—1999)。前面为试验方法标准名称,部门代号为 GB,编号为 17671,批准年份为 1999 年。

工程中也可能会采用或参考其他国家或国际组织颁布的标准,如国际标准(ISO)、美国国家标准(ANSI)、美国材料与试验学会标准(ASTM)、英国标准(BS)、德国工业标准(DIN)、日本工业标准(JIS)、法国标准(NF)等。

第四节   本课程的学习方法与要求

土木工程材料是土木工程专业的专业基础课(或称学科基础课)。学习土木工程材料课程的目的是为学习后续的结构设计、工程施工、经济管理等方面的专业课程,以及为今后从事工程实践和科学研究打下必要的工程材料方面的基础。

学习土木工程材料,应具有高等数学、数理统计、材料力学、物理学、无机化学和有机化学等课程的基础。对于土木工程专业的学生而言,今后多数是在工程实践中使用土木工程材料。因此在学习本课程时,不仅要重视理论内容的学习,而且应重视实践内容的学习。

在学习理论内容时,应重点掌握各种材料(尤其是常用材料)的技术性质、性能特点及应用范围,懂得如何合理地选用材料。同时应了解材料的原料、生产工艺、组成和结构(或构造),因为这些方面对材料性质的形成具有重要的作用。

学习时不仅要掌握各种材料(尤其是常用材料)的技术性质,而且应注意了解具有这些性质的原因以及各种性质之间的相互关系。对于同一种类的材料,应了解其中不同品种材料的共性,以及各自的特性和产生这些特性的原因。

由于各种材料在运输、储存及使用过程中,都会受到外界因素的影响,其性质都可能发生变化,所以必须了解引起材料性质变化的外界条件和材料的内在原因,从而掌握变化的规律,懂得采取什么样的应对措施以确保材料的性能能够满足使用要求,保证工程的质量和使用寿命。

试验课是本课程的主要实践性教学环节。通过试验课,学习和掌握各种常用材料试验的原理和方法,能对常用材料的质量进行评定,同时培养严谨求实的科学态度和实际动手能力。上试验课时,应严格按照试验方法,一丝不苟地做试验;要了解试验条件对试验结果的影响,并能对试验数据、试验结果进行正确的分析和判断。

思考与练习

1. 土木工程材料有哪些种类?
2. 为何要学习和掌握土木工程材料基本知识?
3. 土木工程材料为何要实施标准化?标准有哪些种类?标准是如何表示的?

第二章 材料的基本性质

第一节 材料的物理性质

一、材料的基本状态参数

1.材料的密度、表观密度和堆积密度

1)密度

材料在绝对密实状态下单位体积的质量,称为密度(俗称比重)。按式(2-1)计算:

$$\rho = \frac{m}{V} \tag{2-1}$$

式中:ρ——材料的密度(g/cm^3);

m——材料在干燥状态下的质量(g);

V——材料在绝对密实状态下的体积(cm^3)。

材料在绝对密实状态下的体积,是指不含有任何孔隙的固体物质的实体积。

土木工程材料中除玻璃、钢材、沥青等可认为不含孔隙外,绝大多数材料都含有一定的孔隙,如砖、石材等块状材料。含孔材料绝对密实状态下的体积,是先将该材料磨成细粉,经干燥至恒重后,用李氏瓶(排液法)测定的粉末体积,即为绝对密实体积。由于磨得越细,内部孔隙消除得越完全,测得的体积也就越精确,因此,一般要求细粉的粒径应小于0.20mm。

材料的密度ρ的大小取决于组成物质的原子量和分子结构。重金属材料的密度为7.50~9.00g/cm^3;硅酸盐的密度为1.80~3.30g/cm^3;有机高分子材料的密度一般小于2.50g/cm^3。同为碳原子组成,石墨的分子结构较松散,密度为2.20g/cm^3;而金刚石极为坚实,密度高达3.50g/cm^3。

2)表观密度

材料在自然状态下单位体积的质量,称为表观密度(俗称容重)。按式(2-2)计算:

$$\rho_0 = \frac{m}{V_0} \tag{2-2}$$

式中:ρ_0—— 材料的表观密度(g/cm^3 或 kg/m^3);

m ——材料在干燥状态下的质量(g 或 kg);

V_0 ——材料在自然状态下的体积(cm^3 或 m^3)。

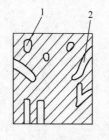

图2-1 含孔材料自然
状态示意图
1-闭口孔;2-开口孔

含孔材料的自然状态,如图2-1 所示。

材料在自然状态下的体积是指包含材料实体积和内部孔隙体积的外观几何形状的体积。

材料自然状态下的体积测定,对于外形规则的材料,可直接用量具测其外形尺寸,按几何公式计算其体积;对外形不规则的材料要采用排液法求得。但为了防止水分渗入材料内部影响测定结果,通常在材料表面预先涂蜡。

另外,材料表观密度的大小与其含水状况有关。当材料含水率变化时,材料的体积和质量都会发生变化。因此,测定材料表观密度时,须同时测定其含水率,并予以注明。通常,材料的表观密度是指气干状态下的表观密度。在干燥状态下的表观密度称为干表观密度。

3)堆积密度

散粒材料在自然堆积状态下单位体积的质量,称为堆积密度。按式(2-3)计算:

$$\rho_0' = \frac{m}{V_0'} \tag{2-3}$$

式中:ρ_0' ——材料的堆积密度(kg/m^3)

m ——材料在干燥状态下的质量(kg);

V_0' ——材料在堆积状态下的体积(m^3)。

散粒材料的堆积状态,如图2-2 所示。

散粒材料在堆积状态下的外观体积,既包括了颗粒自然状态下的体积,又包括了颗粒之间的空隙体积。散粒材料的堆积体积常用其所充满的容器的标定容积来表示。

通常散粒材料的堆积方式是松散的,称自然堆积,材料的堆积体积指的是自然堆积体积。如果堆积方式是捣实的,称紧密堆积,由紧密堆积测试得到的堆积密度称为紧密堆积密度。

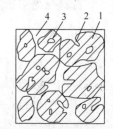

图2-2 散粒材料堆积
状态示意图
1-颗粒中的固体物质;
2-颗粒中的开口孔隙;
3-颗粒中的闭口孔隙;
4-颗粒间空隙

2. 材料的孔隙率与密实度

1)孔隙率

绝大多数土木工程材料的内部都含有孔隙,孔隙的数量会对材料的性质产生不同程度的影响。材料中含有孔隙的数量以孔隙率表示。孔隙率是指材料内部孔隙体积(V_P)占材料总体积(即自然状态下的体积 V_0)的百分率,可按式(2-4)计算:

$$P = \frac{V_P}{V_0} \times 100\% = \frac{V_0 - V}{V_0} \times 100\% = \left(1 - \frac{\rho_0}{\rho}\right) \times 100\% \tag{2-4}$$

式中:P ——材料的孔隙率(%);

其他符号的意义与前述相同。

材料的性质不仅与孔隙率有关,而且与材料的孔隙特征有关。材料的孔隙特征包括孔隙的尺寸大小、形状、分布、连通与否等。以下仅介绍以后章节的学习中经常涉及的三个特征:

(1)按孔隙尺寸大小,孔隙可分为微孔、细孔和大孔三种。

(2)按孔隙间的连通性,孔隙可分为孤立孔(互相隔开的孔)及连通孔(互相贯通的孔)。

(3)按孔隙与外界的连通性,孔隙可分为开口孔(与外界相连通的孔)及闭口孔(与外界不连通的孔)。

通常把开口孔的孔体积记为 V_K,闭口孔的孔体积记为 V_B,则有 $V_P = V_K + V_B$。

另外,定义开口孔隙率为 $P_k = V_K/V_0$,闭口孔隙率为 $P_b = V_B/V_0$,则总孔隙率为:

$$P = P_K + P_B \tag{2-5}$$

2)密实度

材料密实度是指材料内部固体物质的实体积占材料总体积的百分率,可按式(2-6)计算:

$$D = \frac{V}{V_0} \times 100\% = \frac{\rho_0}{\rho} \times 100\% = 1 - P \tag{2-6}$$

材料密实度值愈大,则材料愈密实,孔隙愈少。

3. 材料的空隙率与填充率

在堆积状态下,散粒材料颗粒间的空隙数量用空隙率表示。空隙率是指散粒材料在堆积状态下的颗粒间的空隙体积(V_S)占堆积体积的百分率,可按式(2-7)计算:

$$P' = \frac{V_S}{V_0'} \times 100\% = \frac{V_0' - V_0}{V_0'} \times 100\% = \left(1 - \frac{\rho_0'}{\rho_0}\right) \times 100\% \tag{2-7}$$

与空隙率对应的是材料的填充率,即散粒材料的自然状态体积占堆积体积的百分率,可按式(2-8)计算:

$$D' = \frac{V_0}{V_0'} \times 100\% = \frac{\rho_0'}{\rho_0} \times 100\% = 1 - P' \tag{2-8}$$

二、材料与水有关的性质

1. 材料的亲水性与憎水性

当材料表面与水接触时,水分子会与材料分子间发生相互作用,对不同的材料,两种分子间作用力的大小不同,从而表现出不同的特点,有的材料具有亲水性,有的材料则具有憎水性。

材料与水接触时水的铺展状况可用润湿角 θ 来说明,在材料、水、空气的三相交点处沿水的表面作切线,此切线与水和材料接触面所成的夹角即为 θ(图2-3)。θ 越小,表明材料越易被水润湿,当 $\theta = 0$ 时,材料完全被水润湿。一般认为,当 $\theta \le 90°$ 时,表明水分子之间的内聚力小于水分子与材料分子间的吸引力,材料能被水润湿而表现出亲水性,具有这种性

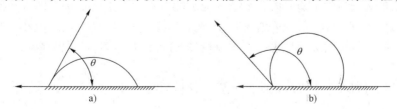

图2-3 材料的润湿角示意图

a)$\theta \le 90°$;b)$\theta > 90°$

质的材料称为亲水性材料(图2-3a);当$\theta > 90°$时,表明水分子之间的内聚力大于水分子与材料分子间的吸引力,材料不能被水润湿而表现出憎水性,具有这种性质的材料称为憎水性材料(图2-3b)。

亲水性材料易被水润湿,且水能通过毛细管作用而渗入材料内部。大多数土木工程材料,如砖、混凝土、木材等都属于亲水性材料;大部分有机材料如沥青、塑料等为憎水性材料。

2. 材料的含水状态

含水状态只能针对亲水性材料而言。材料的基本含水状态有四种,如图2-4所示。

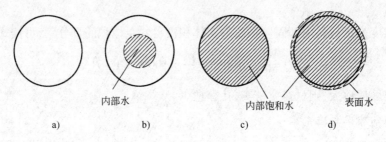

图2-4 材料的含水状态

a)干燥状态;b)气干状态;c)饱和面干状态;d)湿润状态

(1)干燥状态是指材料的含水率等于或接近于零时的状态。

(2)气干状态是指材料较长时间处于空气中,其含水率与大气湿度达到平衡时的状态。

(3)饱和面干状态是指材料表面干燥,而内部孔隙中含水达到饱和时的状态。

(4)湿润状态是指材料内部孔隙含水饱和,并且表面还附有一层水膜时的状态。

通常,材料的含水状态可能为以上四种状态之一,也可能处于两种基本状态的过渡状态中。

3. 材料的吸湿性和吸水性

1)吸湿性

材料在潮湿的空气中吸收水分的性质,称为吸湿性。材料的吸湿性用含水率表示,按式(2-9)计算:

$$W_h = \frac{m_s - m_g}{m_g} \times 100\% \tag{2-9}$$

式中:W_h——材料含水率(%);

m_s——材料吸湿状态下的质量(g);

m_g——材料干燥状态下的质量(g)。

材料的吸湿作用是可逆的,在潮湿的空气中可以吸收水分,也可以释放水分。当材料吸收的水分与释放的水分达到平衡时的含水率称为平衡含水率。平衡含水率的大小随环境温度、湿度的变化而变化,温度降低、湿度增大时,平衡含水率会相应增大,反之减小。除此之外,材料的孔隙率及孔隙特征对吸湿性也有影响,材料的开口微孔越多,吸湿性越强。

2)吸水性

吸水性是指材料在水中吸收水分的性质。材料的吸水性用吸水率表示,有质量吸水率和体积吸水率两种表示方法。

(1)质量吸水率

质量吸水率是指材料吸水达到饱和时,所吸收水分的质量占材料干燥状态质量的百分率。

按式(2-10)计算:

$$W_m = \frac{m_b - m_g}{m_g} \times 100\%$$ (2-10)

式中:W_m——材料的质量吸水率(%);

m_b——材料吸水饱和状态下的质量(g);

m_g——材料干燥状态下的质量(g)。

(2)体积吸水率

体积吸水率是材料在吸水达到饱和时,所吸收水分的体积占材料干燥状态体积的百分率。按式(2-11)计算:

$$W_V = \frac{m_b - m_g}{V_0} \times \frac{1}{\rho_w} \times 100\%$$ (2-11)

式中:W_V——材料的体积吸水率(%);

V_0——干燥材料在自然状态下的体积(cm^3);

ρ_w——水的密度(常温下取1)(g/cm^3)。

土木工程材料一般采用质量吸水率。质量吸水率与体积吸水率有以下关系:

$$W_V = W_m \cdot \rho_0$$ (2-12)

式中:ρ_0——材料的干表观密度(g/cm^3)。

材料吸水率的大小主要取决于材料的孔隙率和孔隙特征。一般孔隙率大且具有细微连通孔隙的材料吸水率较大;具有粗大孔隙的材料,虽然水分容易渗入,但仅能润湿孔壁而不易在孔内留存,因而其吸水率不高;密实材料以及仅有封闭孔隙的材料是不吸水的。

材料的吸湿性和吸水性均会对材料的性能产生不良的影响。材料含水后,自重增加,强度降低,保温隔热能力下降,抗冻性能变差。另外,材料的干湿交替还会引起材料形状、尺寸的变化。

4. 耐水性

材料的耐水性是指材料长期在水的作用下不破坏,强度也不显著降低的性质。耐水性是材料耐久性的一个重要方面。耐水性用软化系数 K_R 表示,并按式(2-13)计算:

$$K_R = \frac{f_b}{f_g}$$ (2-13)

式中:K_R——材料的软化系数;

f_b——材料在吸水饱和状态下的抗压强度(MPa);

f_g——材料在干燥状态下的抗压强度(MPa)。

一般材料在吸水后,水分会减弱其内部结合力,从而造成强度的下降。软化系数越小,表明强度下降越多,材料越不耐水。

材料的 K_R 在 0~1。工程中将 $K_R > 0.85$ 的材料看作是耐水材料。长期处于水中或潮湿环境中的重要结构,应选用耐水材料;用于受潮较轻或次要结构的材料,其 K_R 应不小于0.75。

5. 抗渗性

抗渗性是指材料抵抗压力水渗透的性质。水的渗透作用对材料的长期使用性能有较大影响,所以抗渗性也是材料耐久性的一个重要方面。材料的抗渗性常用渗透系数(K)或抗渗等级(P)来表示。渗透系数按式(2-14)计算：

$$K = \frac{Qd}{AtH}$$ (2-14)

式中：K ——渗透系数(cm/h)；

  Q ——透水量(cm^3)；

  d ——试件厚度(cm)；

  A ——透水面积(cm^2)；

  t ——透水时间(h)；

  H ——水头高度(cm)。

渗透系数 K 的物理意义为：单位时间内，在单位水头高度的压力水作用下，渗透过单位厚度和单位透水面积材料的透水量。K 越小，表明材料的渗透性越小，抗渗性越好。

抗渗等级是以规定的试件在标准试验条件下所能承受的最大水压力(MPa)来确定，如P4、P6、P8、P10、P12 等分别表示材料能承受 0.4、0.6、0.8、1.0、1.2MPa 的水压力而不渗水。材料的抗渗等级越高，表明材料的抗渗性越好。材料的抗渗等级常用于表示混凝土和砂浆等材料的抗渗性。

材料的抗渗性与其孔隙率和孔隙特征有关。开口的连通大孔越多，抗渗性越差；材料越密实、闭口孔隙率越大、孔径越小，材料的抗渗性就越好。

对于地下建筑、屋面、压力管道及水工构筑物等，因常受水的作用，在设计时要考虑材料的抗渗性。对于专门用于防水的材料，则要求有较高的抗渗性。

6. 抗冻性

材料在吸水后，如果内部孔隙的含水率超过临界值，水就会在温度下降到冰点时结冰，同时其体积产生膨胀(膨胀率约为9%)，由此内部产生冻胀压力，并造成材料内部产生内应力，使材料遭到局部破坏。随着冻结和融化的循环进行，冰冻对材料的破坏作用逐步加剧，导致强度显著降低，甚至破坏，这种破坏称为冻融破坏。

抗冻性是指材料在吸水饱和状态下，经受多次冻融循环作用后，不破坏且强度不显著降低的性质。抗冻性对材料的长期使用性能有较大影响，所以抗冻性也是材料耐久性的一个重要方面。

不同材料的抗冻性有不同的评价方法，如混凝土的抗冻性常用抗冻等级(记为 F)来表示。抗冻等级是以规定的试件，在规定的试验条件下，测得其强度降低和质量损失均不超过规定值时，所能承受的最大冻融循环次数。如 F25、F50、F100、F150 等分别表示在经受 25、50、100、150 次的冻融循环后，材料仍可满足使用要求。材料的抗冻等级越高，抗冻性能越好。

材料的抗冻性取决于孔隙率、孔隙特征、充水程度和材料对结冰膨胀所产生的内应力的抵抗能力(即材料的强度)。毛细孔中易充满水分，又能结冰，故对材料的冻融破坏影响最大。一般来说，在相同的冻融条件下，材料的含水率越大，材料中含有开口的毛细孔越多，材料的强度越低，材料的抗冻性能就越差。

对寒冷地区和环境中的结构，在设计和材料选用时，必须考虑材料的抗冻性。材料抗冻等级的选择，要根据结构物的种类、使用要求、气候条件等决定，轻混凝土、砖等墙体材料一般要求抗冻等级为 F15、F25、F35，用于桥梁和道路的混凝土抗冻等级应为 F50、F100、F200，而水工混凝土的抗冻等级要求高达 F300。

三、材料的热工性质

1. 导热性

材料两侧存在温差时,热量将由高温侧向低温侧传递,材料的这种传导热量的性质称为导热性。

材料的导热性可用导热系数(λ)来表示。导热系数的物理意义是:厚度为 1m 的材料,当温度每改变 1K 时,在 1s 时间内通过 $1m^2$ 面积的热量,用式(2-15)表示:

$$\lambda = \frac{Qd}{(T_1 - T_2)AZ} \tag{2-15}$$

式中:λ——材料的导热系数$[W/(m \cdot K)]$;

Q——传导的热量(J);

d——材料的厚度(m);

$T_1 - T_2$——材料两侧存在的温差$(T_1 > T_2)$(K);

A——材料传热的面积(m^2);

Z——传热时间(s)。

材料的导热系数愈小,表示其绝热能力愈好。材料的导热性与材料的组成结构和孔隙特征有关,材料内部孔隙为孤立的不连通的孔隙时,其导热系数小;材料含水后,导热系数会增大,所以保温隔热材料必须保持干燥。

2. 热容性

材料在温度变化时吸收和放出热量的性质,称为热容性。它通常用热容量和比热表示。

对同种材料的热容性,常用热容量进行比较。热容量是指材料温度升高或降低 1K 时所吸收或放出的热量,可按式(2-16)计算:

$$C = \frac{Q}{t_1 - t_2} = mc \tag{2-16}$$

式中:C——材料的热容量(J/K);

Q——材料在温度变化时吸收或放出的热量(J);

m——材料的质量(g);

$t_1 - t_2$——材料受热或冷却前后的温差(K);

c——材料的比热容$[J/(g \cdot K)]$。

比热容是指单位质量的材料温度升高或降低 1K 时所吸收或放出的热量,可用于不同材料的热容性比较。比热容按式(2-17)计算:

$$c = \frac{Q}{m(t_1 - t_2)} \tag{2-17}$$

式中符号含义同前所述。

3. 热变形性

材料的热变形性,是指材料的尺寸和体积随温度变化而变化的性质。除了极少数材料之外(如水结冰),绝大多数材料在温度变化时,其体积变化均符合热胀冷缩的规律。材料的热变形性一般以线膨胀系数(α)表示,其计算公式如下:

$$\alpha = \frac{\Delta L}{L(t_2 - t_1)} \tag{2-18}$$

式中：α ——线膨胀系数（1/K）；

　　L ——材料在温度变化前的长度（mm）；

　　ΔL ——材料在温度变化过程中产生的线变形量（mm）；

　　$t_2 - t_1$ ——材料在升、降温前后的温差（K）。

在进行建筑物设计时，应根据性能要求，选择具有适宜热工性质的材料。

材料的比热容，对保持建筑物内部温度稳定有很大意义。比热容大的材料，能在热流变动和采暖设备供热不均匀时，缓和室内的温度波动。材料的导热系数和热容量是在设计建筑物围护结构（墙体、屋面），进行热工计算时的重要参数。设计时选用导热系数小而热容量较大的材料，有利于保持建筑物室内温度的稳定性。同时，土木工程总体上要求材料的热变形不宜太大。

4. 耐燃性

材料对火焰和高温引起燃烧的抵抗能力称为材料的耐燃性。根据耐燃性的不同，建筑材料可分为三类：

（1）非燃烧材料。在空气中受到火烧或高温高热作用不会发生起火、碳化、微燃的材料。如钢材、烧结砖、砂石材料、水泥等。用非燃烧材料制作的构件称非燃烧体。

（2）难燃材料。在空气中受到火烧或高温高热作用时难起火、难微燃、难碳化的材料，难燃材料在火源移走后，已有的燃烧或微燃会立即停止，如经过防火处理的木材和人造板等。

（3）可燃材料。在空气中受到火烧或高温高热作用立即起火或微燃，且火源移走后仍继续燃烧的材料。如木材、竹材、沥青、高分子聚合物等。用这类材料制作的构件称为燃烧体，使用时应做防燃处理。

5. 耐火性

耐火性是指材料在长期高温作用下，保持不熔性并能正常工作的性能。具有耐火性的材料称为耐火材料。耐火材料是指耐火度不低于 1580℃ 的无机非金属材料，可用作高温窑、炉等热工设备的结构材料以及工业用的高温容器和部件，如耐火砖等，而钢材、铝、玻璃等材料在火烧或高温作用下会发生变形、熔融，所以属于非燃烧材料，但不属于耐火材料。耐火材料的耐火性常用以下几个指标衡量：

（1）耐火度。耐火材料在无荷重作用时抵抗高温作用而不熔化的性质称耐火度，一般用温度表示。耐火度并不是材料的熔点。

（2）高温荷重软化温度。这是耐火材料重要的质量指标，它表示耐火材料对高温和荷重同时作用的抵抗能力，也表示耐火材料呈现明显塑性变形的软化温度范围。

（3）高温体积稳定性。耐火材料在高温下长期使用，其外形体积保持稳定，不发生变化（收缩或膨胀）的性质，称为高温体积稳定性。

（4）热稳定性。热稳定性是指材料抵抗温度剧烈变化而不破坏的能力，亦称抗热震性。

（5）抗渣性。抗渣性是指耐火材料在高温下抵抗熔渣侵蚀作用而不破坏的能力。熔渣侵蚀是耐火材料在使用过程中常见的一种损坏形式。

四、材料的声学性质

1. 吸声性

声音起源于物体的振动。声源的振动迫使邻近的空气跟着振动而形成声波，并在空气中向四周传播。当声波传播到材料的表面时，一部分声波被反射，另一部分穿透材料继续传播，其余部分则传递给材料，在材料的孔隙中引起空气分子与孔壁产生摩擦和黏滞阻力，从而使声能转化为热能，并被材料所吸收。声能穿透材料和被材料吸收的性质称为吸声性，用吸声系数 α 来评定，其定义式为式(2-19)：

$$\alpha = \frac{E_a + E_t}{E_0} \tag{2-19}$$

式中：α ——吸声系数（%）；

E_0 ——入射到材料表面的总声能；

$E_a + E_t$ ——材料吸收的声能和透过材料的声能之和。

式(2-19)表明，吸声系数 α 表示当声波传播到材料表面时，被材料吸收的和透过材料的声能之和与入射声能之比。吸声系数 α 越大，材料的吸声效果就越好。

材料的吸声性与声波的频率和入射方向有关。同一材料用不同频率的声波，从不同方向射向材料时，有不同的 α 值。通常规定以 125Hz、250Hz、500Hz、1000Hz、2000Hz、4000Hz 六个特定频率的声波从不同方向入射时测得的平均吸声系数的平均值来表示材料的吸声特性，并将六个频率下平均吸声系数 $\alpha \geqslant 0.2$ 的材料称为吸声材料。

材料的吸声性还与其内部孔隙的特征有关，一般孔隙率较大且具有细微而连通孔隙的材料，其吸声性能较好；若材料具有粗大的或封闭的孔隙，则其吸声性能较差。另外，材料的构造形态、厚度、使用环境等因素也对其吸声性能有影响。

2. 隔声性

材料能够隔绝声音的性质，称为隔声性。

对于要隔绝的声音，按声波的传播途径可分为空气声（通过空气传播）和固体声（通过固体传播）两种。通过增加声波的反射，减少声波的透射，可以实现对空气声的隔绝。根据声学中的质量定律，即隔声能力的大小主要取决于材料单位面积质量的大小，质量越大，材料愈不易振动，则隔声效果愈好，因此应选择密实、密度大的材料作为隔声材料。

材料隔绝空气声的能力，可以用材料对声波的透射系数 τ 或材料的隔声量 R 来评定，透射系数和隔声量分别按式(2-20)和式(2-21)计算：

$$\tau = \frac{E_t}{E_0} \tag{2-20}$$

$$R = 10\lg\frac{1}{\tau} \tag{2-21}$$

式中：τ ——声波透射系数；

E_t ——透过材料的声能；

E_0 ——入射到材料表面的总声能；

R ——材料的隔声量（dB）。

材料的 τ 愈小，则 R 愈大，说明材料的隔声性能越好。材料的隔声性能与入射声波的频率有关，常用 125~4000Hz 六个倍频带的隔声量来表示材料的隔声性能。

材料隔绝固体声的能力，可以用材料按标准方法测定的撞击声压级来评定。撞击声压级愈大，隔绝固体声的能力就愈低。隔绝固体声的最有效措施是在结构上采用弹性材料进行不连续的处理，例如在墙壁和承重梁之间、房屋的框架和墙板之间加弹性衬垫，如毛毡、软木、橡皮等材料，或在楼板上加弹性地毯、木地板等。

第二节 材料的力学性质

材料的力学性质是指材料在外力作用下的变形及抵抗破坏的性质。

一、强 度

材料抵抗外力破坏的能力称为强度。通常以材料在外力作用下失去承载能力时的极限应力来表示,亦称极限强度。故材料的强度就是材料在外力作用下不破坏时所能承受的最大应力。

外力的作用形式不同,破坏时的应力形式也不同。工程上,材料经常会受到拉、压、弯、剪四种不同外力的作用,如图2-5所示。相应的强度分别为抗压强度、抗拉强度、抗弯(折)强度和抗剪强度。材料的抗拉强度、抗压强度和抗剪强度可按式(2-22)计算:

$$f = \frac{P}{A} \tag{2-22}$$

式中:f——材料的抗拉(抗压、抗剪)强度(MPa);

$\quad$ P——材料破坏时的最大荷载(N);

$\quad$ A——材料受力面积(mm^2)。

材料抗弯强度的计算与试件的几何形状和加荷方式有关。常采用矩形截面的条形试件。当在其两支点的中间作用一集中荷载时(图2-5d),抗弯强度按下式计算:

$$f_\mathrm{f} = \frac{3PL}{2bh^2} \tag{2-23}$$

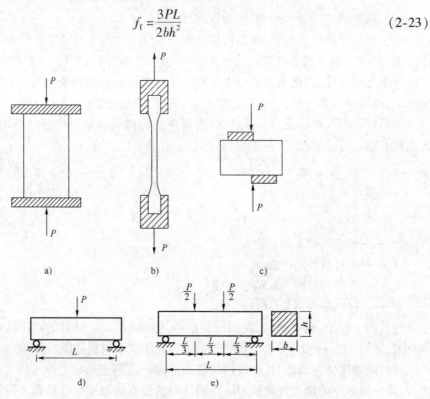

图2-5 材料所受外力示意图

a)压力;b)拉力;c)剪切;d)弯曲(二分点处单点加荷);e)弯曲(三分点处双点加荷)

当在试件两支点间的三分点处作用两个相等的集中荷载时(图2-5e),抗弯强度按下式计算:

$$f_{\mathrm{f}} = \frac{PL}{bh^2} \tag{2-24}$$

式中:f_{f}——材料的抗弯强度(MPa);

　　P——试件破坏时的最大荷载(N);

　　L——二支点间距离(mm);

　　b、h——试件截面的宽度和高度(mm)。

影响材料强度的因素很多。强度的大小主要取决于材料的组成和结构,材料的组成不同,则强度就不同;组成相同,但构造不同,则材料的强度也不同。对于含孔材料,一般强度随孔隙率的增加而降低。另外,试验条件对测定强度大小的影响也不可忽视,试件的形状、尺寸、加荷速度、试件表面状况、含水状态、环境温度等对强度的测定都有影响。相同条件下,棱柱体所测的强度比正方体要低;小尺寸试件所测的强度比大试件的高;加荷速度慢时测得的强度偏低;试件表面不平或有润滑剂时测得的强度偏低;试件含水时较干燥时测得的强度低;温度高时,所测得的强度可能偏低。可见,材料的强度是在特定条件下测定的数值。为了使试验结果准确,具有可比性,对于各种土木工程材料的强度测定,都必须严格按照标准规范规定的试验方法进行。

为了对不同强度的材料进行比较,可采用比强度这个指标。比强度是指单位体积质量的材料强度,它等于材料的强度与其表观密度之比。比强度是衡量材料轻质高强的指标。优质的结构材料,必须具有较高的比强度。

二、材料的弹性与塑性

材料在外力作用下产生变形,当外力去除后,变形能完全恢复的性质称为弹性。这种可恢复的变形称为弹性变形,如图2-6所示。

材料在外力作用下,产生明显变形,但不断裂破坏,当外力除去后,材料仍保持变形后的形状和尺寸的性质称为塑性。这种不可恢复的变形称为塑性变形,如图2-7所示。

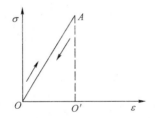
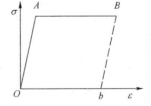

图2-6　材料的弹性变形曲线　　　图2-7　材料的塑性变形曲线

弹性变形为可逆变形,其数值大小与外力成正比,其比例系数 E 称为弹性模量。材料在弹性范围内,弹性模量为常数,应力与应变之间的关系符合虎克定律:

$$\sigma = E \cdot \varepsilon \tag{2-25}$$

式中:σ——应力(MPa);

　　ε——应变;

　　E——弹性模量(MPa)。

弹性模量是衡量材料刚度大小的指标,反映材料抵抗变形能力的高低。弹性模量愈大,材料愈不易变形,即材料的刚度愈好。因此,弹性模量是结构设计的重要指标。

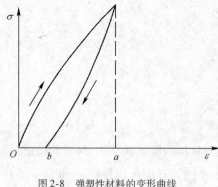

图 2-8 弹塑性材料的变形曲线

实际上,纯弹性材料是没有的,通常一些材料在受力不大时,表现为弹性变形,如低碳钢是这种材料的典型代表。土木工程材料中许多材料为弹塑性材料,它们在受力时,弹性变形与塑性变形同时产生,当外力去除后,弹性变形即可恢复,而塑性变形保留,混凝土是这类材料的典型代表。弹塑性材料的变形曲线如图 2-8 所示,图中 ab 为可恢复的弹性变形,bO 为不可恢复的塑性变形。

三、脆性与韧性

1. 脆性

材料受外力作用,当外力达到一定值时,材料突然破坏,而无明显的塑性变形的性质称为脆性。具有这种性质的材料称为脆性材料,它的变形曲线如图 2-9 所示。脆性材料的抗压强度远大于抗拉强度。土木工程材料中大部分无机非金属材料都是脆性材料,如天然石材、陶瓷、玻璃、普通混凝土、水泥砂浆等。

2. 韧性

材料在冲击或振动荷载作用下,能吸收较大能量,同时产生一定的变形而不破坏的性质称为韧性或冲击韧性。它用材料受冲击荷载达到破坏时所吸收的能量(即冲击韧性值 α_K)来表示,α_K 按式(2-26)计算:

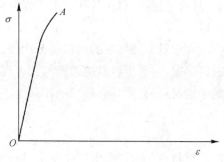

图 2-9 脆性材料的变形曲线

$$\alpha_K = \frac{A_K}{A} \tag{2-26}$$

式中:α_K——材料的冲击韧性(J/mm^2);

A_K——试件破坏时所消耗的功(J);

A——试件受力净截面积(mm^2)。

土木工程中常用的低碳钢、木材、竹材等属于韧性材料。在一些承受冲击荷载或有抗震要求的结构中应考虑材料的韧性。

四、硬度与耐磨性

1. 硬度

材料的硬度是指材料表面抵抗硬物压入或刻划的能力。测定材料硬度的方法有多种,常用的是刻划法和压入法,不同材料采用不同的测定方法。刻划法常用于天然矿物硬度的测定。按刻划法将矿物硬度分为 10 级,其硬度从 1 级到 10 级的递增顺序为滑石、石膏、方解石、萤石、磷灰石、正长石、石英、黄玉、刚玉、金刚石,通过它们对材料的划痕情况来确定所测材料的硬度,称为莫氏硬度。

对钢材、木材及混凝土等材料的硬度,常用压入法测定。压入法是以一定的压力作用于一定规格的钢球(或钢锥)或金刚石制成的尖端,使其压入试件表面,根据压痕的面积或深度来确定其硬度。常见的压入法为布氏法、洛氏法等,布氏法所测硬度为布氏硬度,洛氏法所测硬度为洛氏硬度。

2. 耐磨性

耐磨性是指材料表面抵抗磨损的能力。不同材料采用不同的评价方法,如混凝土是以试件磨损面上单位面积的磨损量 N 来表示的,按式(2-27)计算:

$$N = \frac{m_0 - m_1}{A} \tag{2-27}$$

式中:N ——单位面积的磨损量(kg/m^2);

m_0 ——试样磨损前的质量(kg);

m_1 ——试样磨损后的质量(kg);

A ——试样受磨面积(m^2)。

在土木工程中,对于一些经常受到磨损作用的部位,比如踏步、台阶、地面、路面,其材料应要求有较高的耐磨性。一般来说,强度较高且密实的材料,其硬度较大,耐磨性较好。

第三节　材料的耐久性

材料在使用过程中,抵抗各种内在或外部因素的破坏作用,长期保持其原有性能,不变质,不破坏的性质称为耐久性。影响材料耐久性的因素很多,因此耐久性是一项综合性质。不同材料因其组成、结构、用途和破坏作用的不同,其耐久性的具体指标也有所不同。

土木工程材料在使用过程中,除其内在原因导致组成和结构发生变化外,还受到所处环境中各种外界因素的破坏作用。这些环境因素是多方面的,可概况为物理作用、化学作用、机械作用和生物作用。

物理作用主要包括温度、湿度的变化,即冷热、干湿、冻融等的循环作用,这些作用会使材料产生膨胀、收缩,体积变化受阻时便会产生内应力。长期的反复作用会使材料逐渐破坏。

化学作用主要是大气和环境中的酸、碱、盐的侵蚀作用,另外日光中的紫外线等也会造成材料的组成和结构发生变化而破坏。

机械作用包括荷载的持续作用或交变作用而引起材料的疲劳、冲击、磨损或磨耗破坏。

生物作用主要是菌类、昆虫的侵害作用,导致材料的腐朽、虫蛀等破坏。

实际使用中,土木工程材料往往是受到多种因素的共同作用而产生破坏的。只是材料不同,使用环境不同,其耐久性的主要影响因素也有所不同。

提高材料的耐久性,对保证构筑物的长期正常使用、减少维护和维修费用、延长使用年限、节约材料等具有十分重要的意义。因此,在设计、选用土木工程材料时,必须慎重考虑材料的耐久性问题,要根据材料所处的结构部位和使用环境等因素,并根据材料的耐久性特点,进行合理的设计和选用。

第四节　材料的组成、结构与构造及其与材料性质的关系

一、材料的组成与性质

材料的组成包括材料的化学组成、矿物组成和相组成,它不仅影响着材料的化学性质,而且是决定材料物理力学性质的重要因素,同时对材料的耐久性也有重要的影响。

1. 化学组成

化学组成是指构成材料的化学元素及化合物的种类与数量。习惯上,金属材料的化学组成以主要元素的含量来表示;无机非金属材料则以各种氧化物含量来表示。

当材料与自然环境或各类物质接触时,它们之间必定按化学规律发生作用。如混凝土受到酸、碱、盐类物质的侵蚀作用,钢材的锈蚀、木材的燃烧等都属于化学作用。材料在各种化学作用下表现出来的性质是由其化学组成决定的。

2. 矿物组成

这里的矿物是指在无机非金属材料中具有特定的晶体结构、物理力学性能的组织结构。矿物组成是指构成材料的矿物种类和数量。化学组成相同的材料其矿物组成可以不同。对某些土木工程材料,其矿物组成是决定其性质的主要因素。例如,硅酸盐水泥中硅酸三钙含量高,则其凝结硬化速度较快,水化放热较大,强度较高。

3. 相组成

材料中具有相同的物理、力学性质的均匀部分称为相,自然界中的物质有气相、液相、固相之分。材料的相组成是指材料中相的种类、数量及分布状况。土木工程材料大多数是多相固体,可看成复合材料。

复合材料不同相之间存在界面,材料的性质与材料的相组成和界面特性有密切关系。实际材料中,相与相之间的这一过渡面是一个薄弱区,它的成分、结构与其两侧的相都不相同,是不均匀的,可将其作为"界面相"来处理。因此,通过改变和控制材料的相组成,可改善和提高材料的技术性能。

二、材料的结构、构造与性质

土木工程材料的性质与其结构、构造有着密切关系。也可以说材料的结构、构造是决定其性质极其重要的因素。土木工程材料的结构可分为宏观结构、亚微观结构(或称细观结构)、微观结构三个层次。

1. 宏观结构

材料的宏观结构是指用肉眼或放大镜能够分辨的粗大组织(其尺寸约为毫米级大小),以及更大尺寸的构造情况。因此,这个层次的结构也可以称为宏观构造。宏观结构有如下类型:

1)散粒结构

散粒结构是由单独的颗粒(如砂、石子、陶粒等)组成的堆积状态结构,由于颗粒之间不存在黏结,并存在大量的空隙,所以强度低,容易变形。

2)聚集结构

聚集结构材料中的颗粒通过胶结材料彼此牢固地结合在一起,所以强度高,如各种混凝

土、沥青混合料等,建筑陶瓷和烧结砖等材料通过高温下的固相烧结作用形成聚集结构。

3）多孔结构

多孔材料中含有大量的、粗大或微小的($10^{-3}\sim1mm$)、均匀分布的孔隙,这些孔隙或者连通,或者封闭。这是加气混凝土、泡沫混凝土、发泡塑料、石膏制品等材料所特有的结构。

4）致密结构

具有致密结构的材料在外观上和内部结构上都是致密的(无孔隙的),金属、玻璃等材料即具有这种结构特性。这种材料的体积密度大,导热性强,强度硬度大,抗渗性和抗冻性好。

5）纤维结构

纤维结构是木材、纤维制品所特有的结构,其在平行纤维和垂直纤维方向上的强度、导热性及其他一些性质明显不同,即具有各向异性。

6）层状结构

层状结构或称叠合结构,是板材常见的结构。它是将材料叠合成层状,用胶结材料或其他方法将它们结合成整体,如木材胶合板、纸面石膏板、层状填料的塑料(纸层压塑料、布层压塑料等)。叠合结构可以改善单层材料的性质。

2. 亚微观结构

亚微观结构一般是指用光学显微镜所能观察到的、具有微米级的材料组织结构。仪器的放大倍数可达一千倍左右,能有几千分之一毫米的分辨能力,可仔细分析天然岩石的矿物组织、金属材料晶粒的粗细及其金相组织,如钢材中的铁素体、珠光体、渗碳体等组织;混凝土中的孔隙及裂缝、木材的木纤维、导管、髓线等组织也属于亚微观结构层次。

材料内部各种组织的性质是各不相同的,这些组织的特征、数量、分布以及界面之间的结合情况都对材料的整体性质起着重要的影响作用。

3. 微观结构

微观结构是指材料分子、原子层次的结构。可用电子显微镜、扫描电子显微镜和 X 射线衍射仪等手段分析研究。其尺寸范围为 $10^{-6}\sim10^{-10}$ m。材料的许多物理、力学性质,如强度、硬度、弹塑性、熔点、导热性、导电性等都是由其微观结构所决定的。根据材料的微观结构基本上可将固体材料分为晶体和非晶体。

1）晶体

由原子、分子或离子沿三维空间做规则排列而形成有序结构的固体,称为晶体。按晶体的质点及结合键的特性,晶体可分为如下几种:

(1)原子晶体

原子晶体是由中性原子构成的晶体,其原子之间是由共价键来联系的,所以又称为共价键晶体。原子之间靠数个共用电子来结合,具有很大的结合能,结合比较牢固,因而此种晶体的强度、硬度与熔点都是较高的。石英、金刚石、碳化硅等属于原子晶体。

(2)离子晶体

离子晶体是由正负离子所构成的晶体。离子之间是靠静电吸引力所形成的离子键来结合。离子晶体一般是比较稳定的,其强度、硬度、熔点也是较高的。

(3)分子晶体

中性的分子由于电荷的非对称分布而产生的分子极化,或是由于电子运动而发生的短暂极化所形成的一种结合力,即范德华力。分子晶体是由分子通过范德华力结合起来的,分子晶体大部分属于有机化合物。

（4）金属晶体

金属晶体是由金属阳离子排成一定形式的晶格,在晶格间隙中有自由运动的电子,这些电子称为自由电子。金属键是通过自由电子的库仑引力而结合的。自由电子可使金属具有良好的导热性及导电性。

2）非晶体

如果原子、分子或离子不能沿三维空间做规则排列而形成无序结构的固体,称为非晶体,如玻璃体、固溶体等。

（1）玻璃体

玻璃体是由于固体材料在高温下形成的熔融物,经过较快的冷却而形成的非晶态结构。当熔融物达到凝固温度时,由于具有很大的黏度,致使原子来不及按照一定的规则排列起来,就已经凝固成固体,从而形成玻璃体结构。

玻璃是无机非晶态固体中最重要的一族。一般无机玻璃的外部特征是有很高的硬度,较大的脆性,对可见光具有一定的透明度,并在开裂时具有贝壳状及蜡状断裂面。

（2）固溶体

固体中也有纯晶体和含有外来杂质原子的固溶体之分。固溶体普遍存在于无机固体材料中,材料的物理化学性质,会随着固溶体的生成,在一个更大范围内变化。因此,无论对功能材料,还是结构材料,都可通过生成固溶体,提高材料的性能。

一般将原晶体称为溶剂、杂质原子称为溶质。当溶剂和溶质的原子大小相近、电子结构相仿时,便容易形成固溶体。固溶体按其溶剂原子被溶质原子所取代的情况不同,又分为置换固溶体、有序固溶体和间隙固溶体。

思考与练习

1.材料的密度、表观密度、堆积密度有何区别? 材料含水后对三者是否会产生影响?

2.材料的孔隙率和孔隙特征对材料的物理性质、力学性质、耐久性有何影响?

3.材料的力学性质主要有哪些? 它们的定义和计算公式是什么?

4.什么是材料的耐久性? 它对建筑物的使用功能有何重要意义?

5.本章所述各性质之间有何内在联系?

6.材料的组成和结构与其性质之间有何关系?

7.某种岩石的密度为 $2.75g/cm^3$,孔隙率为 1.5%,将该岩石破碎为碎石,测得堆积密度为 $1560kg/m^3$,求此岩石的表观密度,碎石的空隙率。

8.从室外取来的质量为 2700g 的一块烧结普通砖,其吸水饱和后的质量为 2850g,而绝干时的质量为 2600g。分别计算此砖的质量吸水率、体积吸水率、含水率。（烧结普通砖实测规格为 $240mm \times 115mm \times 53mm$）

9.某标准混凝土试件,尺寸为 $150mm \times 150mm \times 150mm$,测得其 28d 破坏荷载为 451kN,求该试件的抗压强度。

第三章 建筑钢材

建筑钢材是指用于建筑工程的各种钢材,包括钢筋混凝土结构用的钢筋、钢丝和钢结构用的各种型钢、钢板,围护结构和装修工程用的各种深加工钢板和复合板,以及各种建筑五金等。

建筑钢材具有一系列的优良性能,它具有较高的强度,品质均匀,塑性和韧性好,能承受冲击和振动荷载,可以焊接和铆接,易于加工和装配。但钢材也具有易锈蚀和耐火性差的缺点。钢材广泛应用于工业、民用和市政建筑中。目前,在大中型建筑结构中,主要是钢筋混凝土结构和钢结构,所以钢材已成为最重要的结构材料之一。近年来,随着金属建筑体系的兴起,钢结构的应用越来越多,可以预计建筑钢材的用量会越来越大。

第一节 概 述

一、钢的冶炼与分类

钢是由生铁冶炼而成的。钢和铁都是铁碳合金,钢的含碳量在2.06%以下,而生铁的含碳量大于2.06%。另外,钢中的杂质含量也少于生铁。生铁中含有较多的碳以及硫、磷等杂质,因此生铁的抗拉强度很低,塑性很差,具有硬而脆的特点,使其在应用上受到很大的限制。炼钢的目的,就是通过冶炼工艺将生铁中的含碳量降至2.06%以下,其他杂质含量降至允许范围之内,以显著改善其技术性质。钢的生产分为以下两个过程:

(1)炼铁:铁矿石 $\xrightarrow{\text{冶炼}}$ 铁水 + 矿渣。

(2)炼钢:铁水或铁块、废钢 $\xrightarrow{\text{冶炼}}$ 钢水 + 钢渣。

高炉炼铁是现代炼铁生产的主要方法。钢的冶炼方法主要有氧气转炉法、电炉法和平炉法三种,不同的冶炼方法对钢材的质量有着不同的影响。目前,平炉法已基本淘汰,氧气转炉法具有冶炼速度快、生产效率高、钢材质量较好的特点,已成为现代炼钢的主要方法。

钢水在铸锭冷却过程中,由于钢内一些元素在铁的液相中的溶解度要大于固相,这些元素在凝固较迟的钢锭中心会产生集中,导致化学成分在钢锭中分布不均匀,这种现象称为偏析,其中以硫、磷偏析最严重。偏析会严重降低钢材质量。

根据钢的化学成分、品质和用途的不同,可分为不同的品种。

1.按化学成分分类

1)碳素钢

碳素钢的化学成分主要是铁,其次是碳,其含碳量为 $0.02\% \sim 2.06\%$。此外,碳素钢中还含有少量硅、锰及极少量的硫、磷等元素。碳素钢按含碳量的高低,可做如下分类:

$$碳素钢\begin{cases}低碳钢(含碳量<0.25\%)\\中碳钢(含碳量为0.25\%\sim0.60\%)\\高碳钢(含碳量>0.60\%)\end{cases}$$

2)合金钢

合金钢是在炼钢过程中,为改善钢材的性能,特意加入某些合金元素而制得的一种钢。常用合金元素有硅、锰、钛、钒等。钢中加入少量元素后,既能改善钢的力学性能和工艺性能,也能获得某种特殊的理化性能。按照合金元素掺入的总量,可将合金钢做如下分类:

$$合金钢\begin{cases}低合金钢(合金元素总量<5\%)\\中合金钢(合金元素总量为5\%\sim10\%)\\高合金钢(合金元素总量>10\%)\end{cases}$$

在土木工程中常用低碳钢和低合金钢。

2.按脱氧程度分类

冶炼后的钢水中含有以 FeO 形式存在的氧,而 FeO 与碳作用会生成 CO 气泡,并使某些元素产生偏析,影响钢的质量。因而在炼钢后期的精炼时必须进行脱氧处理,使氧化铁还原为金属铁。钢水经脱氧后才能浇铸成钢锭,轧制成各种钢材。根据脱氧程度的不同,钢可分为沸腾钢、镇静钢、半镇静钢和特殊镇静钢。

1)沸腾钢

沸腾钢是脱氧不完全的钢,钢液中保留相当数量的 FeO,钢水浇铸后,产生的大量 CO 气体会逸出,引起钢水沸腾,故称沸腾钢,代号为"F"。沸腾钢的塑性好,有利于冲压;钢组织不够致密,杂质和夹杂物较多,硫、磷等杂质偏析较大,故其质量较差。但其生产成本低、产量高,所以广泛应用于一般建筑结构中。

2)镇静钢

镇静钢是脱氧充分的钢,在浇铸和凝固过程基本无 CO 气体逸出,钢水呈静止状态,故称镇静钢,代号为"Z"(可省略不写)。镇静钢结构致密、成分均匀、性能稳定,故质量好。但其成本较高,一般应用于承受冲击荷载、预应力混凝土等重要结构中。

3)半镇静钢

半镇静钢的脱氧程度和质量介于上述两者之间,代号为"b"。

4)特殊镇静钢

特殊镇静钢是比镇静钢脱氧更为彻底的钢,其质量最好,代号为"TZ"(可省略不写)。适用于特别重要的结构工程。

3.按有害杂质含量分类

①普通钢(含硫量≤0.050%,磷含量≤0.045%)。

②优质钢(含硫量≤0.035%,磷含量≤0.035%)。

③高级优质钢(含硫量≤0.025%,磷含量≤0.025%)。

④特级优质钢(含硫量≤0.015%,磷含量≤0.025%)。

4.按用途分类

1)结构钢

主要用于工程结构构件及机械零件的钢,一般为低碳钢或中碳钢。

2)工具钢

主要用于各种量具、刀具及模具的钢,一般为高碳钢。

3)特殊钢

具有特殊物理、化学或力学性能的钢,如不锈钢、耐酸钢、耐热钢等。一般为合金钢。

土木工程常用的是结构钢。

二、钢的化学成分对钢材性能的影响

钢材中除基本元素铁和碳外,常含有硅、锰、硫、磷、氧、氮等元素,另外还有特意加入的合金元素。各种元素对钢材的性能都有一定的影响。

1.碳

碳是影响钢材性能的重要元素,对钢材的力学性能有重要影响。在碳素钢中,随着碳含量的增加,其强度和硬度提高,塑性和韧性降低,如图3-1所示。当碳的含量大于0.3%时,钢的可焊性显著降低。另外,碳的含量增加,还会导致钢材的冷弯性能和时效敏感性增加,抗腐蚀性降低。

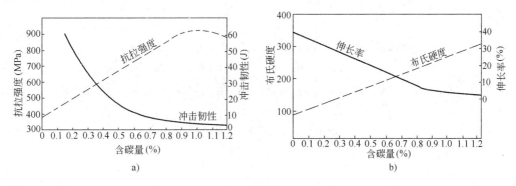

图 3-1　含碳量对钢材性能的影响

a)含碳量对碳素钢抗拉强度和韧性的影响;b)含碳量对碳素钢伸长率和硬度的影响

2.硅

硅是钢中的有益元素,也是主要的合金元素。它是在炼钢时为脱氧而加入的。当钢中硅的含量小于1%时,可提高钢材的强度、疲劳极限、耐腐蚀性及抗氧化性,对塑性和韧性没有明显影响。当硅的含量超过1%时,钢的塑性和韧性明显降低,冷脆性增加,可焊性降低。因此硅作为低合金钢的主要合金元素,其目的主要是提高钢材的强度。

3.锰

锰是炼钢时为脱氧去硫而加入的,是钢中的有益元素,也是主要合金元素之一。锰可提高钢材的强度、硬度及耐磨性,几乎不降低塑性及韧性。另外,锰还能消除硫和氧引起的热脆性,改善钢材的热工性能。

4.硫

硫在钢材进行热加工时易引起钢的脆裂,称为热脆性。硫还会降低钢材的各种力学性能,使钢材的可焊性、冲击韧性、耐疲劳性和抗腐蚀性,因此硫是钢中的有害元素。

5.磷

磷含量提高,钢材的强度提高,但塑性和韧性显著下降,在低温下冲击韧性的下降更为显著,这种现象称为冷脆性。磷还会降低钢材的冷弯性能、可焊性等工艺性能,因此磷是钢中的有害元素。

6.氧

氧是钢中的有害元素。其含量增加,会使钢材的力学强度降低、塑性和韧性降低,促进时效,增加热脆性,降低可焊性。

7.氮

氮对钢性质的影响与磷相似,可提高钢材的强度,但使钢材的塑性特别是韧性显著下降。氮还会加剧钢材的时效敏感性和冷脆性,降低可焊性。

三、钢的晶体组织及其对钢性能的影响

钢的基本化学成分是铁和碳,铁、碳原子间结合方式的不同,可形成不同的晶体组织,晶体组织形式不同,其性质不同,因此各种晶体组织的相对含量高低影响着钢的性能。

1.钢的基本组织

纯铁在不同的温度下有不同的晶体结构,主要有以下三种:

$$液态铁 \xleftrightarrow{1535℃} \underset{体心立方晶体}{\delta-Fe} \xleftrightarrow{1394℃} \underset{面心立方晶体}{\gamma-Fe} \xleftrightarrow{912℃} \underset{体心立方晶体}{\alpha-Fe}$$

钢中碳、铁原子相互结合形成三种形式的碳铁合金,它们在一定条件下能形成具有一定形态的聚合体,称为钢的组织(有四种基本组织):

(1)固溶体。微量的碳与铁在液态下相互作用形成液体溶液,凝固时碳溶入 $\alpha-Fe$ 和 $\gamma-Fe$ 的晶格间隙而形成的固态溶液,前者称为铁素体,后者称为奥氏体(只在高温下存在)。

(2)化合物。铁与碳结合成化合物 Fe_3C,称为渗碳体。

(3)机械混合物。固溶体(铁素体)与化合物(渗碳体)相互混合,形成一种层片状机械混合物,称为珠光体。

以上钢的四种基本组织及其特点,见表3-1。

钢的基本组织及其特点　　　　　　　　　　　　　　　　　　　　　　表3-1

名　　称	符　　号	含碳量(%)	性　　能
铁素体	F	≤0.02	强度、硬度很低,但塑性好,冲击韧性很好(接近纯铁)
奥氏体	A	0.8	强度、硬度不高,但塑性大
渗碳体	Cm	6.67	抗拉强度很低,塑性几乎为零,硬度和脆性大
珠光体	P	0.8	强度较高,塑性和韧性介于铁素体和渗碳体之间

2.钢的晶体组织对钢性能的影响

土木工程中所用的钢材含碳量均在 0.8% 以下,其基本晶体组织为铁素体和珠光体。这

种钢称为亚共析钢。随着含碳量的增加,铁素体逐渐减少,珠光体逐渐增加,因此钢材的强度、硬度随着含碳量的增加而逐渐提高,而塑性、韧性逐渐降低。

当碳的含量为 0.8% 时,钢的基本晶体组织仅为珠光体,这种钢称为共析钢。

当碳的含量为 0.8% ~2.06% 时,钢的基本晶体组织为珠光体和渗碳体,这种钢称为过共析钢。随着含碳量的增加,珠光体逐渐减少,渗碳体逐渐增加,因此钢材硬度随着含碳量的增加而逐渐提高,而抗拉强度、塑性、韧性逐渐降低。

第二节　钢材的主要力学性能

力学性能又称机械性能,是钢材最重要的使用性能。钢材的力学性能主要有强度、塑性、冲击韧性和硬度等。

一、强　度

强度是钢材的重要技术指标。测定钢材强度的主要方法是拉伸试验,钢材受拉时的应力和应变关系能反映出钢材的主要力学特征。钢材的拉伸试验应按《金属材料　拉伸试验　第 1 部分:室温试验方法》(GB/T 228.1—2010)进行。低碳钢的拉伸试验具有典型意义,其应力应变曲线如图 3-2 所示。从图中可见,就变形性质而言,曲线可划分为四个阶段,即弹性阶段(OA)、屈服阶段(AB)、强化阶段(BC)、颈缩阶段(CD)。

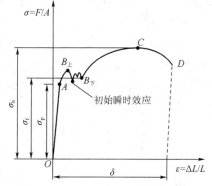

图 3-2　低碳钢受拉的应力—应变图

1. 弹性极限与弹性模量

在曲线的 OA 段内,随着荷载的增加,应力和应变成比例增加,如卸去荷载,试件将恢复原状,钢材呈现弹性变形,所以此阶段为弹性阶段。与 A 点对应的应力称为弹性极限,用 σ_p 表示。由图可以看出,OA 为一直线,在这一范围内,应力与应变的比值为一常数,称为弹性模量,用 E 表示,即 $E = \sigma/\varepsilon$。弹性模量反映钢材抵抗变形的能力,即钢材的刚度,是计算钢材在静荷载作用下结构受力变形的重要指标。E 值越大,表明钢材抵抗弹性变形的能力越大,在一定的荷载作用下,钢材发生的弹性变形量就越小。常用低碳钢的弹性模量 $E = (2.0 \sim 2.1) \times 10^5 MPa$,弹性极限 $\sigma_p = 180 \sim 200MPa$。

2. 屈服强度

在曲线的 AB 段内,当应力超过 σ_p 后,应力与应变不再成正比关系,钢材在荷载作用下,不仅产生弹性变形,而且还产生塑性变形。当应力达到 $B_\perp$ 点后,塑性应变迅速增加,曲线出现一个波动的小平台,说明钢材暂时失去了抵抗塑性变形的能力,这种现象称为屈服。按照 GB/T 228.1—2010,图中 $B_\perp$ 点对应的应力是钢材发生屈服而应力出现首次下降前的最高应力,称为上屈服强度(R_{eH});$B_\top$ 点对应的应力 σ_s 是指不计初始瞬时效应时屈服阶段中的最低应力,称为下屈服强度(R_{eL})。有些钢材用上屈服强度(R_{eH})作为屈服强度的标准值(如碳素结构钢),而有些钢材用下屈服强度(R_{eL})作为屈服强度的标准值(如热轧钢筋)。

有些钢材在受力时没有明显的屈服现象,可采用规定非比例延伸强度(即非比例延伸率等于规定的引伸计标距百分率时的应力,以 R_p 表示)作为该钢材的屈服强度值,通常称为条

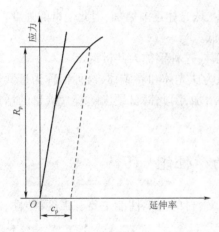

图 3-3　规定非比例延伸强度(R_p)示意图

件屈服强度。例如,冷轧带肋钢筋的屈服强度值为 $R_{p0.2}$（即非比例延伸率等于 0.2％时的应力）,如图 3-3 所示。

屈服强度是钢材力学性能中最重要的技术指标,当钢材在超过屈服强度以上的应力状态下工作时,虽然不会发生断裂,但会产生不允许的结构变形,不再能满足使用上的要求。因此在结构设计时,屈服强度是确定钢材容许应力的依据。常用低碳钢的屈服强度为 195~235MPa。

3. 极限强度(抗拉强度)

当荷载增大,应力超过屈服强度后,在曲线的 BC 段,钢材的内部组织结构建立了新的平衡,又恢复了抵抗外力的能力,此时虽然变形很快,但却只能随着应力的提高而提高,直至应力达到最大值。所以此阶段称为变形强化阶段。当曲线达到最高点 C 后,钢材抵抗变形的能力明显降低,在试件薄弱处产生局部较大的塑性变形,此处试件截面迅速缩小,出现颈缩现象,直至试件断裂破坏。试件受拉断裂前的最大应力值（即 C 点对应值 σ_b）称为极限强度或抗拉强度（R_m）。

抗拉强度与屈服强度之比,称为强屈比。强屈比愈大,反映钢材受力超过屈服强度工作时的可靠性越大,因而结构的安全性愈高,不易发生脆性断裂和局部超载引起的破坏。但强屈比太大,反映钢材性能不能被充分利用。通常情况下,钢材的强屈比应大于 1.2。

4. 疲劳强度

钢材在交变应力的反复作用下,往往在应力远小于其抗拉强度时就发生破坏,这种现象称为疲劳破坏。

疲劳破坏的危险应力用疲劳强度来表示,它是指疲劳试验时试件在交变应力作用下,于规定周期基数内不发生断裂所能承受的最大应力。疲劳强度是衡量钢材耐疲劳性能的指标。设计承受反复荷载且须进行疲劳验算的结构时,应测定钢材的疲劳极限。

一般认为,钢材的疲劳破坏是由拉应力引起的,抗拉强度高,其疲劳强度也较高。钢材的疲劳强度与其内部组织状态、表面质量、夹杂物的多少和应力集中等因素有关。试验证明,钢材承受的交变应力越大,则钢材至断裂时所受的交变应力循环次数越少,反之越多。当交变荷载降到一定值时,钢材可经受交变应力循环达无数次而不发生疲劳破坏。通常,取交变应力循环次数为 10^7 次时试件不发生破坏的最大应力作为疲劳强度,如图 3-4 所示。

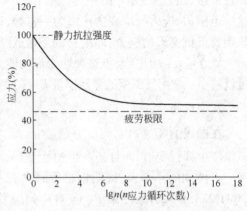

图 3-4　钢材的疲劳曲线

二、塑　性

塑性表示钢材在外力作用下发生塑性变形而不破坏的能力,它是钢材的一个重要指标。

钢材塑性用断后伸长率或断面收缩率表示。

拉伸试验中试件的原始标距为 L_0(对比例试样,通常 $L_0 = 5.65\sqrt{S_0}$,S_0 为平行长度的原始横截面积);拉断后的试件于断裂处对接在一起(图3-5),测得其断后标距 L_1,则其残余伸长值($L_1 - L_0$)与 L_0 之比的百分率称为断后伸长率 A,按式(3-1)计算。试件原始截面积 S_0 减去试件拉断处截面积 S_1 的差值(最大缩减量)与 S_0 之比的百分率称为断面收缩率 Z,按式(3-2)计算。

$$A = \frac{L_1 - L_0}{L_0} \times 100\% \tag{3-1}$$

$$Z = \frac{S_0 - S_1}{S_0} \times 100\% \tag{3-2}$$

图3-5　钢材拉断前后的试件

由于试件断裂前的颈缩现象,使塑性变形在试件标距内的分布不均匀,颈缩处的变形较大。原始标距与原始横截面积的比值愈大,颈缩处的伸长值在整个试件残余伸长值中所占的比重会愈小,因而计算的断后伸长率就愈小。因此,如果不是采用比例系数为 5.65 的比例试样(即 $L_0 = 5.65\sqrt{S_0}$),则 A 应按照标准的规定进行标注。

断后伸长率与断面收缩率都表示钢材断裂前经受塑性变形的能力。断后伸长率越大或者断面收缩率越大,表示钢材的塑性越好。尽管结构是在钢材的弹性范围内使用,但钢材本身不可避免地存在缺陷,会产生应力集中,其应力可能超过屈服强度,此时产生一定的塑性变形可使结构中的应力重新分布,从而使结构免遭破坏。另外,钢材塑性大,不仅便于进行各种加工,还会使钢材在破坏前产生明显的塑性变形和较长的变形持续时间,便于人们发现和采取补救措施,从而保证钢材使用上的安全。

三、冲 击 韧 性

冲击韧性是钢材抵抗冲击荷载作用的能力,它是用试验机摆锤冲击带有 V 形缺口的标准试件的背面(图3-6),将其冲断后,以试件单位截面积上所消耗的功来表示,按式(3-3)计算:

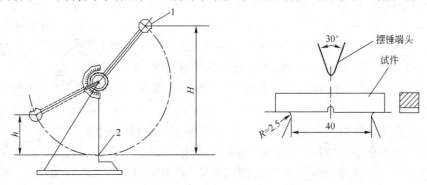

图3-6　冲击韧性试验示意图

1-摆锤;2-试件位置

$$\alpha_k = \frac{mg(H-h)}{A}\tag{3-3}$$

式中：α_k——钢材的冲击韧性(或冲击吸收功)(J/cm^2)；

　　m ——摆锤质量(kg)；

　　g ——重力加速度，数值为 9.81 (m/s^2)

　H、h ——摆锤冲击前后的高度(m)；

　　A ——试件缺口处的截面积(cm^2)。

α_k 值越大，表示冲击试件所消耗的功越多，钢材的冲击韧性越好，抵抗冲击作用的能力越强。对于重要的结构以及经常受冲击荷载作用的结构，特别是处于低温条件下的结构，为了防止钢材的脆性断裂，应对钢材的冲击韧性有一定的要求。

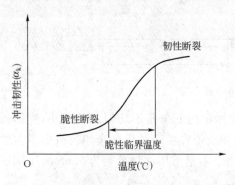

图 3-7　温度对低合金钢冲击韧性的影响

钢材冲击韧性的高低，不仅取决于其化学成分、组织状态、冶炼的质量，还与环境温度有关。当温度下降到一定范围内时，冲击韧性突然下降，钢材的断裂呈脆性，这一现象称为钢材的冷脆性，如图 3-7 所示。这时的温度范围称为脆性转变温度。脆性转变温度越低，钢材的低温冲击韧性越好，越能在低温下承受冲击荷载。北方寒冷地区使用的钢材应选用脆性转变温度低于使用温度的钢材，并满足规范规定的 $-20℃$ 或 $-40℃$ 下冲击韧性指标的要求。

钢材随时间的延长会表现出强度提高，塑性和冲击韧性下降，这种现象称为时效。完成时效的过程可达数十年，但钢材经冷加工或使用中经受振动和反复荷载作用，时效可迅速发展。因时效而导致钢材性能改变的程度称为时效敏感性。时效敏感性愈大，经过时效后，钢材的冲击韧性下降愈显著。为了保证钢材的使用安全，对于承受动荷载的重要结构，应选用时效敏感性小的钢材。

四、硬　　度

硬度是指钢材表面局部体积内抵抗硬物压入的能力，它是衡量钢材软硬程度的指标。测定钢材硬度的方法有布氏法、洛氏法和维氏法，较常用的是布氏法和洛氏法。

布氏法使用一定的压力把淬火钢球压入钢材表面，将压力除以压痕面积即得布氏硬度值 HB。HB 值越大，表示钢材越硬(图 3-8)。布氏法的特点是压痕较大，试验数据准确、稳定。布氏法适用于 HB < 450 的钢材。

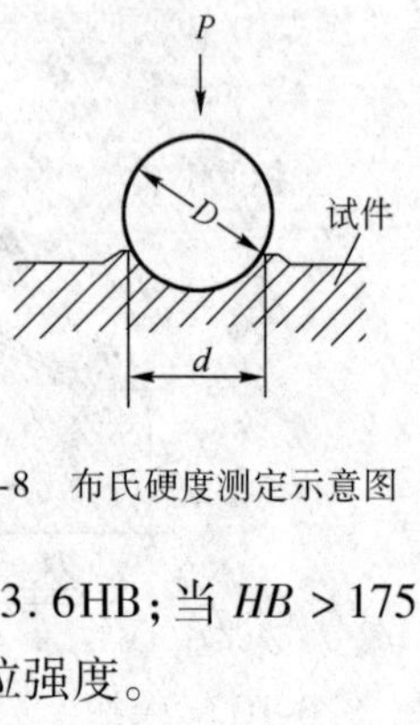

洛氏法是在洛氏硬度机上根据压头压入试件的深度来计算硬度值。洛氏法的压痕很小，一般用于判断机械零件的热处理效果。

图 3-8　布氏硬度测定示意图

钢材硬度与抗拉强度之间存在较好的相关性，当 $HB \leqslant 175$ 时，$R_m \approx 3.6HB$；当 $HB > 175$ 时，$R_m \approx 3.5HB$。根据这个关系，可以通过测钢材的 HB 值估算钢材的抗拉强度。

第三节 钢材的工艺性能

工艺性能是指钢材在各种加工过程中应具有的特定性能。具有良好工艺性能的钢材,能够顺利通过各种工艺进行加工,而且钢材制品的质量不受影响。

一、冷弯性能

冷弯性能是指钢材在常温下承受弯曲变形的能力,是钢材的重要工艺性能。

钢材的冷弯性能指标用试件在常温下所能承受的弯曲程度表示。弯曲程度以试验时的弯曲角度和弯心直径与试件厚度(或直径)的比值来衡量。弯曲角度愈大,弯心直径与试件厚度(或直径)的比值愈小,表示对钢材的冷弯性能要求越高。按规定的弯曲角度和弯心直径进行试验时,试件的弯曲处不发生裂缝、裂断或起层,表明冷弯性能合格。图3-9为冷弯试验示意图。

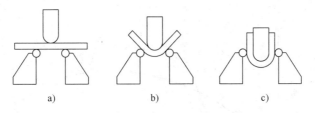

图3-9 钢材冷弯试验示意图
a)试样安装;b)弯曲90°;c)弯曲180°

钢材的冷弯性能与断后伸长率一样,也是反映钢材在静荷载作用下的塑性,但钢材在弯曲过程中,受弯部位产生局部不均匀塑性变形,这种变形在一定程度上比断后伸长率更能反映出钢材内部的内应力、微裂纹、表面状况及夹杂物等缺陷对塑性的影响。

二、焊接性能

焊接是各种型钢、钢板、钢筋的重要连接方式。焊接性能(又称可焊性)指钢材在通常的焊接方法和工艺条件下获得良好焊接接头的性能。

在焊接中,由于高温作用和焊接后的急剧冷却,焊缝及其附近的过热区会发生晶体组织及结构变化,产生剧烈的膨胀和收缩变形及内应力,形成焊接缺陷。可焊性好的钢材用一般焊接方法和工艺焊接时,不易形成裂纹、气孔、夹渣等缺陷,焊接接头牢固可靠,焊缝及其附近过热区的性能不低于母材。

在工业与民用建筑的钢结构中,焊接结构占到90%以上。在钢筋混凝土结构中,焊接也大量应用于钢筋接长、钢筋网和钢筋骨架的制作、预埋件及连接件的固定等。因此,要求钢材具有良好的可焊性。低碳钢具有优良的可焊性,高碳钢的焊接性能较差。

三、冷加工强化及时效强化

冷加工指钢材在再结晶温度下(一般为常温)进行的机械加工,如冷拉、冷轧、冷拔(图3-10)、冷扭和冷冲等。

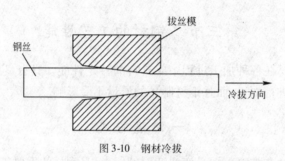

图 3-10　钢材冷拔

钢材经冷拉后的性能变化规律,可从图 3-11 中反映。将钢筋拉伸超过 σ_s(B 点对应值)至某一点 K,卸去荷载,此时由于试件已产生塑性变形,则曲线沿 KO' 下降,KO' 大致与 OB 平行。如立即再拉伸,则应力—应变曲线成为 $O'KCD$,屈服点由 B 点提高到 K 点。但如在 K 点卸载后进行时效处理,然后再拉伸,则应力—应变曲线成为 $O'K_1C_1D_1$,屈服点提高至 K_1 点,抗拉强度提高至 C_1 点。图 3-11 曲线表明,冷加工和时效对钢筋产生了强化作用。

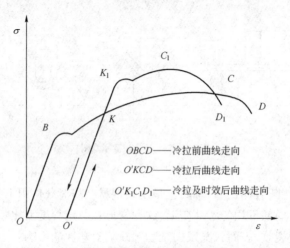

$OBCD$——冷拉前曲线走向

$O'KCD$——冷拉后曲线走向

$O'K_1C_1D_1$——冷拉及时效后曲线走向

图 3-11　钢材冷拉时效强化示意图

1. 冷加工强化

钢材经冷加工后,产生塑性变形,屈服强度明显提高,而塑性、韧性降低,弹性模量下降,这种现象称冷加工强化。产生冷加工强化的原因是:钢材在冷加工时发生晶粒变形、破碎和晶格扭曲,对位错运动的阻力增大,因而屈服强度提高,塑性和韧性降低。另外,冷加工产生的内应力导致钢材弹性模量降低。

2. 时效强化

钢材经冷加工后,再将钢材于常温下存放 15 ~ 20d,或者加热到 100 ~ 200℃ 并保持一定时间,这一过程称为时效处理,前者为自然时效,后者为人工时效。经过时效处理后,钢材的屈服强度和极限强度提高,塑性和冲击韧性有所降低,弹性模量得以恢复,这种现象称为时效强化。

当对钢筋进行时效处理时,一般强度较低的钢筋采用自然时效,而强度较高的钢筋采用人工时效。

钢材的时效敏感性可用时效敏感系数表示,即时效前后冲击韧性值的变化率。时效敏感系数越大,则时效后冲击韧性的降低越显著。对于承受动荷载或低温环境下的钢结构,为避免脆性破坏,应采用时效敏感性小的钢材。

四、钢材的热处理

热处理是将钢材按一定温度制度进行加热、保温和冷却,以改变其金相组织,从而获得所需性能的一种综合工艺。土木工程所用钢材一般在生产厂家进行热处理。在施工现场,有时需要对焊接件进行热处理。

1. 退火

退火是将钢材加热到一定温度,保温后缓慢冷却(随炉冷却)的一种热处理工艺,有低温退火和完全退火之分。低温退火的加热温度在基本组织转变温度以下;完全退火的加热温度在800~850℃。其目的是细化晶粒,改善组织,减少加工中产生的缺陷、减轻晶格畸变,降低硬度,提高塑性,消除内应力,防止变形、开裂。

2. 正火

正火是退火的一种特例。正火是在空气中冷却,比退火的冷却速度快。与退火相比,正火后钢材的硬度、强度较高,而塑性较小。其目的是消除组织缺陷。

3. 淬火

淬火是将钢材加热到基本组织转变温度以上(一般大于900℃)并保温,使组织完全转变后,立即放入冷却介质中(水或油等)快速冷却,使之转变为不稳定组织的一种热处理操作。其目的是得到高强度、高硬度的组织。淬火会使钢材的塑性和韧性显著降低。

4. 回火

回火是将钢材加热到基本组织转变温度以下(150~650℃),保温后在空气中冷却的一种热处理工艺,通常和淬火是两道相连的热处理过程。其目的是促进不稳定组织转变为需要的组织,消除淬火产生的很大内应力,降低脆性,改善力学性能等。

第四节　土木工程中常用钢材的分类、性质与选用

土木工程中需要消耗大量的钢材,按用于不同的工程结构类型可分为:钢结构用钢,如各种型钢、钢板、钢管等;钢筋混凝土结构用钢,如各种钢筋、钢丝和钢绞线。从材质上分主要有普通碳素结构钢和低合金结构钢,也用到优质碳素结构钢。钢种及加工方式的不同决定了各类钢材的性能,本节主要介绍土木工程中常用的钢种、各种钢材的力学性能和选用原则。

一、主要钢种的性质与选用

土木工程用钢材主要由碳素结构钢、低合金高强度结构钢和优质碳素结构钢经过热轧或冷加工或热处理等工艺加工而成。

1. 碳素结构钢

在土木工程中,碳素结构钢使用于一般结构和工程。国家标准《碳素结构钢》(GB/T 700—2006)具体规定了牌号表示方法、技术要求、试验方法、检验规则等。

1)牌号

碳素结构钢以屈服强度数值为主,划分为4个牌号,表示方法为:

按代表屈服强度的字母 Q、屈服强度数值、质量等级符号、脱氧程度符号的顺序排列。

屈服强度数值为(单位:MPa):195、215、235、275。

质量等级:按硫、磷等有害杂质的含量多少分成 A、B、C、D 共 4 个等级,按 A、B、C、D 的顺序,碳素结构钢的质量等级逐级提高。

脱氧程度:F(沸腾钢)、Z(镇静钢)、TZ(特殊镇静钢)。当为镇静钢或特殊镇静钢时,牌号中的 Z、TZ 可省略。

例如 Q235C,表示这种碳素结构钢的屈服强度为 235MPa、质量等级为 C、脱氧程度为镇静钢。

2)技术要求

碳素结构钢的技术要求包括化学成分、力学性能及冷弯性能等,其指标应分别满足表 3-2、表 3-3、表 3-4 的要求。标准还规定了一些残余元素的含量、交货条件、表面质量等。

碳素结构钢的化学成分(熔炼分析)值　　　　　　　　　　表 3-2

牌号	统一数字代号[①]	等级	厚度或直径 (mm)	化学成分(质量分数,%)≤					脱氧方法
				C	Si	Mn	P	S	
Q195	U11952	—		0.12	0.30	0.50	0.035	0.040	F、Z
Q215	U12152	A		0.50	0.35	1.20	0.045	0.050	F、Z
	U12155	B						0.045	
Q235	U12352	A	—	0.22	0.35	1.40	0.045	0.050	F、Z
	U12355	B		0.20[②]				0.045	
	U12358	C		0.17			0.040	0.040	Z
	U12359	D					0.035	0.035	TZ
Q275	U12752	A	—	0.24	0.35	1.50	0.045	0.050	F、Z
	U12755	B	≤40	0.21			0.045	0.045	Z
			>40	0.22					
	U12758	C	—	0.20			0.040	0.040	Z
	U12759	D					0.035	0.035	TZ

注:①表中为镇静钢、特殊镇静钢牌号的统一数字代号。

　　②经需方同意,Q235B 的碳含量可不大于 0.22%。

碳素结构钢的力学性能　　　　　　　　　　表 3-3

牌号	质量等级	屈服强度(MPa)≥						抗拉强度 (MPa)	断后伸长率(%)≥					冲击试验	
		钢材厚度(直径)(mm)							钢材厚度(直径)(mm)					温度 (℃)	冲击吸收功(纵向)(J)≥
		≤16	>16~40	>40~60	>60~100	>100~150	>150~200		≤40	>40~60	>60~100	>100~150	>150~200		
Q195	—	195	185	—	—	—	—	315~430	33	—	—	—	—	—	—
Q215	A	215	205	195	185	175	165	335~450	31	30	29	27	26	—	—
	B													20	27

牌号	质量等级	屈服强度（MPa）≥						抗拉强度（MPa）	断后伸长率（%）≥					冲击试验	
		钢材厚度（直径）（mm）							钢材厚度（直径）（mm）					温度（℃）	冲击吸收功（纵向）（J）≥
		≤16	>16~40	>40~60	>60~100	>100~150	>150~200		≤40	>40~60	>60~100	>100~150	>150~200		
Q235	A	235	225	215	215	195	185	370~500	26	25	24	22	21	—	
	B													20	27
	C													0	
	D													−20	
Q275	A	275	265	255	245	225	215	410~540	22	21	20	18	17	—	
	B													20	27
	C													0	
	D													−20	

注：1. Q195 的屈服强度值仅供参考，不作为交货条件。

2. 厚度大于 100mm 的钢材，抗拉强度下限允许降低 20MPa。宽带钢（包括剪切钢板）抗拉强度上限不作为交货条件。

3. 厚度小于 25mm 的 Q235B 级钢材，如供方能保证冲击吸收功值合格，经需方同意，可不作为检验。

碳素结构钢的冷弯性能　　　　表 3-4

牌　　号	试样方向	冷弯试验180°，$B = 2d_0$（B 为试样宽度、d_0 为试样厚度或直径）	
		钢材厚度（或直径）d_0（cm）	
		≤60	>60~100
		弯心直径 d	
Q195	纵	0	—
	横	$0.5d_0$	—
Q215	纵	$0.5d_0$	$1.5d_0$
	横	d_0	$2d_0$
Q235	纵	d_0	$2d_0$
	横	$1.5d_0$	$2.5d_0$
Q275	纵	$1.5d_0$	$2.5d_0$
	横	$2d_0$	$3d_0$

注：钢材厚度（或直径）大于100mm 时，冷弯试验由双方协商确定。

3）性能和选用

由表 3-1 ~ 表 3-3 中可以看出，碳素结构钢随着牌号的增大，强度和硬度逐步提高，而塑性和韧性相应降低。Q195 和 Q215 钢的强度较低，但塑性和韧性较好，易于冷弯和焊接，一般用于受荷载较小及焊接结构中，也可用于制作钢钉、铆钉及螺栓等。Q215 钢经冷加工后可代替 Q235 钢使用。Q235 钢具有较高的强度、良好的塑性、韧性及可焊性，综合性能好，能满足一般钢结构和钢筋混凝土用钢要求,且成本较低,所以在土木工程中应用广泛,主要用于轧制各种型钢、钢板、钢管和钢筋。

Q275 钢的强度较高,但塑性和韧性较差,不易焊接和进行冷加工。可用于轧制带肋钢筋、制造螺栓等,但更多用于机械零件和工具。

一般来说,碳素结构钢的塑性较好,适用于各种加工。它化学性质稳定,对轧制、热处理及急冷的敏感性小,因而常用于热轧钢筋的生产。

2. 优质碳素结构钢

优质碳素结构钢在生产过程中严格控制杂质含量(含硫量 ≤ 0.035%、磷含量 ≤ 0.035%),因此其质量稳定,综合性能较好,优于碳素结构钢。优质碳素结构钢分为普通含锰量(0.35% ~ 0.80%)和较高含锰量(0.70% ~ 1.20%)。按照《优质碳素结构钢》(GB/T 699—2015)规定,优质碳素结构钢共有 28 个牌号,均为镇静钢。

优质碳素结构钢的牌号由两位数字或由两位数字加字母 Mn 表示。其中两位数字表示平均含碳量(以 0.01% 为单位);字母 Mn 为含锰量标注。普通含锰量时(即含锰量为 0.35% ~ 0.80%)不做标注;当锰的含量较高时(即含锰量为 0.70% ~ 1.20%),两位数字后加 Mn。例如:钢号 15 表示平均含碳量为 0.15%、普通含锰量的钢;45Mn 表示平均含碳量为0.45%、较高含锰量的钢。优质碳素结构钢的性能主要取决于含碳量,含碳量高,则强度高,但塑性和韧性低。

在土木工程中,优质碳素结构钢主要用于重要结构的钢铸件和高强螺栓,常用的是 30 ~ 45 钢。45 钢也用作预应力混凝土锚具,65 ~ 80 钢主要用于生产预应力钢筋混凝土用的钢丝、刻痕钢丝和钢绞线。

3. 低合金高强度结构钢

低合金高强度结构钢一般是在普通碳素钢的基础上,添加总量小于 5% 的一种或几种合金元素而成。常用的合金元素有硅、锰、钒、钛、铌、铬、镍及稀土元素。其目的是为了提高钢的屈服强度、抗拉强度、耐磨性、耐蚀性及耐低温性能等。

低合金高强度结构钢是脱氧完全的镇静钢,综合性能较为理想,尤其在大跨度、承受动荷载和冲击荷载的结构中更适用,而且与使用碳素钢相比,可节约钢材 20% ~ 30%,但成本并不很高。

1)牌号

根据国家标准《低合金高强度结构钢》(GB/T 1591—2008)规定,低合金高强度结构钢的牌号由代表屈服强度的字母 Q、屈服强度数值、质量等级符号三部分组成,以屈服强度数值为主,划分为八个牌号,表示方法是按 Q、屈服强度数值、质量等级符号的顺序排列,例如:Q345 A。

屈服强度数值为(单位:MPa):345、390、420、460、500、550、620、690。

质量等级为:A、B、C、D、E。

当需方要求钢板具有厚度方向性能时,则在上述规定的牌号后面加上代表厚度方向(Z向)性能级别的符号。

2)技术要求

低合金高强度结构钢的技术要求包括化学成分、力学性能及冷弯性能等,其指标应分别满足表 3-5、表 3-6 的要求。

牌号	质量等级	化学成分（%）														
		C ≤	Mn ≤	Si ≤	P ≤	S ≤	V ≤	Nb ≤	Cu ≤	N ≤	Ti ≤	B ≤	Mo ≤	Al ≥	Cr ≤	Ni ≤
Q345	A	0.20			0.035	0.035								—		
	B				0.035	0.035										
	C				0.030	0.030	0.15			0.12						
	D	0.18			0.030	0.025								0.015		
	E				0.025	0.020							0.10			0.50
Q390	A				0.035	0.035								—		
	B				0.035	0.035										
	C		1.70	0.50	0.030	0.030		0.07	0.30			—				
	D				0.030	0.025								0.015	0.30	
	E				0.025	0.020										
Q420	A				0.035	0.035								—		
	B	0.20			0.035	0.035	0.20									
	C				0.030	0.030										
	D				0.030	0.025								0.015		
	E				0.025	0.020					0.20					
Q460	C				0.030	0.030							0.20			
	D				0.030	0.025								0.015		
	E				0.025	0.020				0.15						
Q500	C		1.80		0.030	0.030			0.55							
	D				0.030	0.025								0.015	0.60	
	E				0.025	0.020										0.80
Q550	C				0.030	0.030										
	D			0.60	0.030	0.025		0.11				0.004		0.015	0.80	
	E	0.18			0.025	0.020	0.12									
Q620	C				0.030	0.030										
	D		2.0		0.030	0.025			0.80				0.30	0.015		
	E				0.025	0.020									1.00	
Q690	C				0.030	0.030										
	D				0.030	0.025								0.015		
	E				0.025	0.020										

拉　伸

牌号	质量等级	以下公称厚度(直径,边长)下屈服强度 R_{eL}(MPa)									以下公称厚度(直径,边长)下抗拉强度 R_m(MPa)						
		≤16 mm	>16~40mm	>40~63mm	>63~80mm	>80~100mm	>100~150mm	>150~200mm	>200~250mm	>250~400mm	≤40 mm	>40~36mm	>63~100mm	>100~150mm	>150~200mm	>200~250mm	>250~400mm
Q345	A	≥345	≥335	≥325	≥315	≥305	≥285	≥275	≥265	—	470~630	470~630	470~630	470~630	450~600	450~600	450~600
	B																
	C																
	D									≥265							
	E																
Q390	A	≥390	≥370	≥350	≥330	≥330	≥310	—	—	—	490~650	490~650	490~650	490~650	470~620		
	B																
	C																
	D																
	E																
Q420	A	≥420	≥400	≥380	≥360	≥360	≥340	—	—	—	520~680	520~680	520~680	520~680	500~650		—
	B																
	C																
	D																
	E																
Q460	C	≥460	≥440	≥420	≥400	≥400	≥380	—	—	—	550~720	550~720	550~720	550~720	530~700		—
	D																
	E																
Q500	C	≥500	≥480	≥470	≥450	≥440					610~770	600~760	590~750	540~730			
	D																
	E																
Q550	C	≥550	≥530	≥520	≥500	≥490	—	—	—		670~830	620~810	600~790	590~780			
	D																
	E																
Q620	C	≥620	≥600	≥590	≥570	—	—	—	—		710~880	690~880	670~880				
	D																
	E																
Q690	C	≥690	≥670	≥660	≥640	—	—	—	—		770~940	750~920	730~900				
	D																
	E																

表 3-6

试验						试验温度（℃）	冲击吸收能量（KV_2）（J）			180°弯曲试验 [d = 弯心直径, a = 试样厚度（直径）]	
断后伸长率 A（%）							公称厚度（直径,边长）			钢材厚度（直径,边长）	
公称厚度（直径,边长）											
≤40mm	>40 ~ 63mm	>63 ~ 100mm	>100 ~ 150mm	>150 ~ 250mm	>250 ~ 400mm		12 ~ 15mm	>150 ~ 250mm	>250 ~ 400mm	>16mm	≤16 ~ 100mm
≥20	≥19	≥19	≥18	≥17	—	20	≥34	≥27	—		
						0					
						−20					
≥21	≥20	≥20	≥19	≥18	≥17	−40			27		
≥20	≥19	≥19	≥18	—	—	20	≥34	—	—		
						0					
						−20					
						−40					
≥19	≥18	≥18	≥18	—	—	20	≥34	—	—		
						0				2a	a
						−20					
						−40					
≥17	≥16	≥16	≥16	—	—	0	≥34	—	—		
						−20					
						−40					
≥17	≥17	≥17	—	—	—	0	C≥55				
						−20					
						−40					
≥16	≥16	≥16	—	—	—	0					
						−20					
						−40	D≥47		—	—	—	
≥15	≥15	≥15	—	—	—	0					
						−20					
						−40					
≥14	≥14	≥14	—	—	—	0	E≥31				
						−20					
						−40					

3）性能与选用

低合金高强度结构钢由于合金元素的强化作用，具有强度高、耐腐蚀、耐低温性能的优点，并且塑性、韧性良好。其碳的含量在 0.2% 以下，所以还具有较好的可焊性。低合金高强度结构钢主要应用于轧制各种型钢、钢板、钢管和钢筋，广泛应用于钢结构和钢筋混凝土结构中，特别是大型结构、重型结构、大跨结构、高层建筑、桥梁工程、承受动荷载结构等。

二、钢结构用钢材

钢结构用钢材主要是热轧成型的钢板和型钢等。型钢之间可通过铆接、螺栓连接或焊接。型钢有热轧和冷加工两种，钢板也有热轧和冷轧之分。

1. 热轧型钢

常用的热轧型钢有角钢（分等边和不等边）、工字钢、槽钢、L 型钢等，其质量应符合《热轧型钢》（GB/T 706—2016）标准的要求。

图 3-12 为几种常用型钢示意图。由于型钢的截面形式合理，材料在截面上分布对受力有利，且构件间连接方便，所以它是钢结构主要采用的钢材。

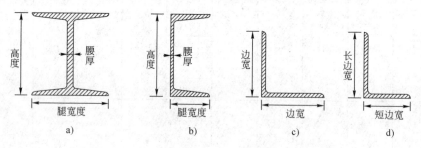

图 3-12　几种常用型钢示意图
a）工字钢；b）槽钢；c）等边角钢；d）不等边角钢

钢结构用钢的钢种和牌号，主要根据结构与构件的重要性、荷载的性质（静荷载或荷载）、连接方法（焊接、铆接或螺栓连接）、工作条件（环境温度及介质）等因素加以选择。对于承受动荷载的结构或处于低温环境的结构，应选择韧性好、脆性临界温度低、疲劳极限较高的钢材。对于焊接结构，应选择可焊性较高的钢材。

我国建筑用热轧型钢主要采用碳素结构钢和低合金钢进行轧制。在碳素结构钢中主要采用 Q235A，其强度较适中，塑性和可焊性较好，而且成本低，适用于一般结构工程。在低合金钢中主要采用 Q345 和 Q390，可用于大跨度、承受动荷载的结构中。

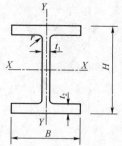

图 3-13　H 型钢示意图
H-高度；B-宽度；t_1-腹板厚度；t_2-翼缘厚度；r-圆角半径

型钢中工字钢广泛应用于各种建筑结构和桥梁，主要用于承受横向弯曲（腹板平面内受弯）的杆件，但不宜单独用作轴心受压构件或双向弯曲的构件；槽钢可用作承受轴向力的杆件、横向弯曲的梁以及联系杆件；角钢主要用作承受轴向力的杆件和支撑杆件，也可作为受力构件之间的连接件。

热轧型钢除了上述几种截面形式外，还有 H 型钢（图 3-13）、T 型钢等形式，其质量应符合《热轧 H 型钢和部分 T 型钢》（GB/T 11263—2016）标准的要求。H 型钢与工字钢相比，优化了截面分布，具有翼缘宽、侧向刚度大、抗弯能力强、连接构造方便、自重轻、节约钢材等优点，因此常用于要求承载力大、截面稳定性好的大型建筑结构。

2. 冷弯型钢、

冷弯型钢又称冷弯薄壁型钢。土木工程用的冷弯型钢通常是用 2~6mm 的薄钢板或钢带经冷轧(弯)或模压而成,其质量应符合《冷弯型钢》(GB/T 6725—2008)标准的要求。冷弯型钢有角钢、槽钢、Z 型钢等开口型钢及方形、矩形等空心型钢,属于高效经济截面。由于冷弯型钢壁薄,刚度好,能高效地发挥材料的作用,节约钢材,因此主要用于轻型钢结构。

3. 钢板和压型钢板

钢结构用的钢板是用碳素结构钢和低合金高强度结构钢轧制而成的扁平钢材。以平板供货的称为钢板,以卷状供货的称为钢带。按轧制温度的不同,分为热轧和冷轧两种。热轧钢板按厚度分为厚板(厚度 >4mm)和薄板(厚度为 0.35~4mm)两种,冷轧钢板只有薄板(厚度为 0.2~4mm)。

土木工程用钢板的钢种主要是碳素结构钢,某些重型结构、大跨度桥梁也采用低合金钢钢板。厚板可用于型钢的连接与焊接,组成钢结构承力构件;薄板可用作屋面或墙面等围护结构,或作为薄壁型钢的原料。

薄钢板经辊压或冷弯可制成截面呈 V 型、U 型、梯形或波纹状,并可采用有机涂层、镀锌等表面保护层的钢板,称压型钢板。其特点是:自重轻、强度高、抗震性好、施工快、外形美观。在建筑上常用作屋面板、楼板、墙板及装饰板等。还可将其与保温材料复合,制成复合墙板,用途广泛。

三、钢筋混凝土结构用钢材

混凝土具有较高的抗压强度,但抗拉强度很低。钢筋的抗拉强度远远高于抗压强度,因此用钢筋增强混凝土,可大大扩展混凝土的应用范围,同时混凝土对钢筋又起到保护作用。钢筋混凝土结构用钢筋,主要是由碳素结构钢、低合金高强度结构钢和优质碳素钢加工制成。

1. 热轧钢筋

热轧钢筋是土木工程中用量最大的钢材品种之一,主要用于钢筋混凝土和预应力钢筋混凝土结构的配筋。按外形热轧钢筋可分为光圆和带肋两种。带肋钢筋的横截面通常为圆形,表面带有两条纵肋和沿长度方向均匀分布的横肋,通常横肋的纵截面呈月牙形(图 3-14)。钢筋表面的肋可提高混凝土与钢筋的黏结力。根据《钢筋混凝土用钢 第 1 部分:热轧光圆钢筋》(GB 1499.1—2008)和《钢筋混凝土用钢第 2 部分:热轧带肋钢筋》(GB 1499.2—2007)热轧钢筋按屈服强度特征值分为 235、300、335、400、500 共 5 个牌号,其性能要求和用途列于表 3-7。其代号中的 H、R、B 分别表示热轧、带肋、钢筋。

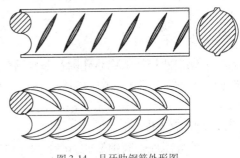

图 3-14　月牙肋钢筋外形图

热轧钢筋的牌号、性能和用途　　　　　　　　　　　　　　表 3-7

牌号	外形	公称直径 (mm)	屈服强度 R_{eL} (MPa)	抗拉强度 R_m (MPa)	断后伸长率 (%)	最大力总伸长率 (%)	冷弯 180°	主要用途
HPB235	光圆	6~22	235	370	25	10	$d = d_0$	非预应力混凝土
HPB300			300	420				

牌号	外形	公称直径 （mm）	屈服强度 R_{eL} （MPa）	抗拉强度 R_m （MPa）	断后 伸长率 （%）	最大力 总伸长率 （%）	冷弯180°	主要用途
HRB335 HRBF335	带肋	6～25	335	455	17		$d=3d_0$	非预应 力混凝土 和预应力 混凝土
		28～40					$d=4d_0$	
		>40～50					$d=5d_0$	
HRB400 HRBF400		6～25	400	540	16	7.5	$d=4d_0$	
		28～50					$d=5d_0$	
		>40～50					$d=6d_0$	
HRB500 HRBF500		6～25	500	630	15		$d=6d_0$	预应力 混凝土
		28～50					$d=7d_0$	
		>40～50					$d=8d_0$	

注：1. d 为冷弯试验的弯心直径，d_0 为试样厚度（或直径）。

　　2. HRB 表示普通热轧带肋钢筋，HRBF 表示细晶粒热轧带肋钢筋。

光圆钢筋的强度较低，但塑性及焊接性能良好、伸长率高、便于弯折成型，因而可用作中、小型钢筋混凝土结构的主要受力钢筋、构件的箍筋，也可作为冷轧带肋钢筋的原料。

335 和 400 牌号带肋钢筋强度高，塑性和可焊性较好，钢筋表面的肋增强了钢筋与混凝土之间的黏结力，因此是钢筋混凝土的常用钢筋，广泛用于大、中型钢筋混凝土结构的主要受力钢筋，经过冷拉后，也可用作预应力钢筋。

500 牌号带肋钢筋的强度高，但塑性和可焊性较差，是土木工程中的主要预应力钢筋。使用前可进行冷拉处理，以提高屈服强度，节约钢材。

土木工程用低碳钢盘条是由 Q215 和 Q235 碳素结构钢经热轧而成。其强度较低，但塑性、可焊性好。

2. 冷轧带肋钢筋

冷轧带肋钢筋采用热轧圆盘条经冷轧而成，表面带有沿长度方向的两面或三面的月牙肋。根据《冷轧带肋钢筋》（GB 13788—2008）规定，冷轧带肋钢筋按抗拉强度分为 4 个牌号，即：CRB550、CRB650、CRB800、CRB970。牌号中 C、R、B 分别表示冷轧、带肋、钢筋，数值为抗拉强度的最低值（MPa）。

各牌号冷轧带肋钢筋的力学性能和工艺性能应符合表 3-8 的要求。

冷轧带肋钢筋的力学性能和工艺性能 　　　　表 3-8

牌号	屈服强度 $R_{P0.2}$ （MPa） ≥	抗拉强度 R_m （MPa） ≥	伸长率（%）≥		冷弯试验 180°	反复弯曲 次数	1000h 松弛率（%） （初始应力＝$0.7R_m$） ≤
			$A_{11.3}$	A_{100}			
CRB550	500	550	8.0	—	$d=3d_0$	—	—
CRB650	585	650	—	4.0		3	8
CRB800	720	800	—	4.0		3	8
CRB970	875	970	—	4.0		3	8

注：1. d 为冷弯试验的弯心直径，d_0 为试样厚度（或直径）。

　　2. 强屈比值应不小于 1.03，经供需双方协商可用最大力总伸长率≥2% 代替伸长率 A。

　　3. $A_{11.3}$ 为原始标距 $L_0=11.3\sqrt{S_0}$ 时的断后伸长率，A_{100} 为原始标距 $L_0=100mm$ 时的断后伸长率。

冷轧带肋钢筋采用了冷加工强化,冷轧后强度明显提高,但塑性也随之下降,使强屈比变小。这种钢筋在中、小型预应力混凝土结构构件中和普通混凝土结构构件中得到了越来越广泛的应用。其中,CRB550 为普通钢筋混凝土用钢筋,其他牌号为预应力混凝土用钢筋。

3. 预应力混凝土用热处理钢筋

预应力混凝土热处理钢筋是用普通热轧中碳低合金钢筋经淬火和回火调质处理而成的钢筋。按外形分有纵肋和无纵肋两种。通常直径为 6、8.2、10mm 三种规格,抗拉强度不低于1470MPa,伸长率不小于 6%。钢筋热处理后一般卷成弹性盘条供应,使用时将盘条打开,钢筋自行伸直,然后按照要求的长度切断。

热处理钢筋具有高强度、高韧性和高黏结力及塑性低等特点,主要用于预应力钢筋混凝土构件的配筋。

4. 预应力混凝土用钢丝和钢绞线

预应力混凝土用钢丝是用优质碳结构素钢经冷加工及时效处理或热处理而制得的高强度钢丝。《预应力混凝土用钢丝》(GB/T 5223—2014)规定了压力管道用冷拉钢丝(WCD)和消除应力的低松弛钢丝(WLR)(包括光圆钢丝、螺旋肋钢丝和三面刻痕钢丝)的各项性能要求。

预应力混凝土用钢丝具有强度高、柔性好、无接头、质量稳定可靠、施工方便、不需冷拉、不需焊接等优点。其中,低温回火消除应力钢丝的塑性较高、刻痕钢丝与混凝土的握裹力较大。预应力混凝土用钢丝主要应用于大跨度屋架及薄腹梁、大跨度吊车梁、桥梁、电杆和轨枕等的预应力结构。

预应力混凝土用钢绞线是用数根冷拉光圆钢丝或刻痕钢丝钢丝,经捻制和稳定化处理而制成。《预应力混凝土用钢绞线》(GB/T 5224—2014)根据钢绞线所用钢丝的股数,将其分为8 类:1×2、1×3、1×3I、1×7、1×7I、(1×7)C、1×19S、1×19W;根据加工方法分为标准型钢绞线(由冷拉光圆钢丝捻制而成)、刻痕钢绞线(由刻痕钢丝捻制而成)、模拔型钢绞线(捻制后再经冷拔而成)3 种。

钢绞线的最大负荷随钢丝的根数不同而不同,7 根捻制结构的钢绞线,整根钢绞线的最大负荷可达 530kN,规定非比例延伸力(0.2%屈服力)最大可达 466kN,1000h 松弛率≤2.5% ~4.5%。

预应力混凝土用钢绞线具有强度高、柔韧性好、无接头、质量稳定、与混凝土的黏结力好和施工方便等优点,使用时可按要求长度切割。主要用于大跨度、大负荷的后张法预应力屋架、桥梁和薄腹板等结构,以及需曲线配筋的预应力混凝土结构。

第五节 钢材的锈蚀与防护

一、钢材的锈蚀

钢材的锈蚀是指钢的表面与周围介质发生化学或电化学作用而引起破坏的现象。钢材锈蚀后,会产生不同程度的锈坑使钢材的有效受力面积减小,承载能力下降,不仅浪费钢材,而且会造成应力集中,加速结构破坏。

根据钢材锈蚀作用的机理,可将锈蚀分为化学锈蚀和电化学锈蚀两类:

1. 化学锈蚀

化学锈蚀是指钢材与周围介质(如氧气、二氧化碳、二氧化硫和水等)发生化学反应产生的锈蚀。这种锈蚀多数是氧化作用,在钢材的表面形成疏松的氧化物。常温下,钢材表面是一氧化物保护膜薄层(主要成分 FeO),一般情况下,钢材的化学锈蚀是将 FeO 氧化成黑色的 Fe_3O_4。这种锈蚀在干燥环境下进展缓慢,但在温度和湿度较大的情况下,锈蚀加快。

2. 电化学锈蚀

电化学锈蚀是由于金属表面形成了原电池而产生的锈蚀。钢材本身由不同的晶体组织构成,并含有杂质,由于这些成分的电极电位不同,当有电解质溶液(如水)存在时,会在钢材表面形成许多微小的原电池。整个电化学锈蚀的过程如下:

阳极

$$Fe = Fe^{2+} + 2e$$

阴极

$$H_2O + 1/2O_2 = 2OH^- - 2e$$

溶液区

$$Fe^{2+} + 2OH^- = Fe(OH)_2$$

$Fe(OH)_2$ 不溶于水,但易被氧化,反应式为:

$$4Fe(OH)_2 + O_2 + 2H_2O = 4Fe(OH)_3$$

$Fe(OH)_3$ 就是疏松且易剥落的红棕色铁锈。

水是弱电解质溶液,大气中的二氧化碳溶于水中则成为有效的电解质溶液,会加速钢材的电化学锈蚀。钢材在大气中的锈蚀,实际上是化学锈蚀和电化学锈蚀共同作用的结果,但以电化学锈蚀为主。另外,钢材长期在应力状态下锈蚀会加速。

二、钢材的防护

根据钢材锈蚀的机理,常采用以下几种方法进行防护:

1. 表面刷漆

钢结构防止锈蚀采用表面刷防锈漆形成保护层。刷漆通常有底漆、中间漆和面漆三道。底漆有较好的附着力和防锈能力,常用的有红丹、环氧富锌漆、铁红环氧底漆等。中间漆防锈,常用红丹、铁红等。面漆有较好的附着力和耐候性,常用灰铅、醇酸磁漆和酚醛磁漆等。

2. 金属覆盖

用耐腐蚀性好的金属,以电镀或喷镀的方法覆盖在钢材的表面,以提高钢材的耐腐蚀能力。常用的方法有镀锌(如白铁皮)、镀锡(如马口铁)、镀铜、镀铬等。

3. 采用耐候钢

钢材的合金成分对耐锈蚀性影响很大,如在钢中加入少量的铜、铬、镍、钼等合金元素可提高钢材的耐锈蚀能力,制成耐候钢。

混凝土中钢筋处于碱性介质环境中,钢筋表面能形成稳定的碱性保护膜。但混凝土的碳化等原因会导致混凝土碱度的降低(中性化),或者混凝土外加剂中的卤素离子(特别是氯离子),都会破坏钢筋的保护膜,导致锈蚀的迅速发展。因此,混凝土配筋的防锈措施主要有提高混凝土密实度、确保保护层厚度、限制氯盐类外加剂掺量及加入防锈剂等。对于预应力混凝土用钢筋,由于易被锈蚀,应特别予以重视,禁止使用氯盐类外加剂。

思考与练习

1. 钢材按化学成分如何分类? 土木工程中常用什么钢材?

2. 钢材的化学成分对性能有何影响?

3. 镇静钢和沸腾钢各有何优缺点? 在什么情况下不宜选用沸腾钢?

4. 为什么说屈服强度、抗拉强度和断后伸长率是钢材的重要技术指标?

5. 影响钢材冲击韧性的因素有哪些? 何谓脆性转变温度和时效敏感性?

6. 什么是钢材的冷弯性能? 它的表示方法及实际意义是什么?

7. 冷加工和时效处理后,钢材的性能如何变化?

8. 碳素结构钢的牌号是如何划分的? 说明 Q235AF 和 Q235D 性能上有何区别。

9. 钢筋混凝土用热轧钢筋有哪些牌号? 主要用途是什么?

10. 何谓钢材的电化学锈蚀? 试述钢材锈蚀的主要防护措施。

第四章 气硬性胶凝材料

　　胶凝材料是指在土木工程材料中，经过一系列物理作用、化学作用，能将散粒状或块状材料黏结成整体的材料。根据胶凝材料的化学组成，可将其分为无机胶凝材料和有机胶凝材料两大类。

$$胶凝材料\begin{cases}有机胶凝材料：沥青、各种树脂等\\无机胶凝材料\begin{cases}气硬性胶凝材料：石灰、石膏胶凝材料、水玻璃等\\水硬性胶凝材料：各种水泥\end{cases}\end{cases}$$

　　有机胶凝材料是以天然的或合成的有机高分子化合物为基本成分的胶凝材料，常用的有沥青及各种合成树脂等。

　　无机胶凝材料是以无机化合物为基本成分的胶凝材料，根据其凝结硬化条件的不同，可分为气硬性和水硬性两类。

　　气硬性胶凝材料只能在空气中硬化，且只能在空气中保持和发展其强度。常用的气硬性胶凝材料有石膏、石灰和水玻璃等。气硬性胶凝材料一般只适用于干燥环境中，而不宜用于潮湿环境，更不可用于水中。

　　水硬性胶凝材料既能在空气中硬化，又能更好地在水中硬化，并保持和继续发展其强度。常用的水硬性胶凝材料包括各种水泥。水硬性胶凝材料既适用于干燥环境，又适用于潮湿环境或水下工程。

第一节　石膏胶凝材料

　　石膏胶凝材料是一类以硫酸钙为主要成分的气硬性胶凝材料的统称，它的应用历史很悠久。石膏制品具有质轻、强度较高、防火性较好等许多优良的性质，且原材料来源广泛，生产能耗较低，因此在建筑工程中有着广泛的应用。

一、石膏胶凝材料的原料、生产及品种

　　生产石膏胶凝材料的原料有天然二水石膏、天然无水石膏和工业副产石膏等。其中，天然

二水石膏又称生石膏、软石膏,主要成分为含有两个结晶水的硫酸钙($CaSO_4 \cdot 2H_2O$),是生产石膏胶凝材料的主要原料。天然无水石膏又称硬石膏,主要成分是无水硫酸钙($CaSO_4$),可用于生产无水石膏水泥和高温煅烧石膏等。工业副产石膏是含有二水石膏的化工副产品及废渣,如氟石膏、磷石膏和排烟脱硫石膏等。

石膏胶凝材料的生产有原料破碎、加热和磨细等工序,根据加热方式与加热温度的不同,可生产出不同品种的石膏胶凝材料。

将二水石膏(天然的或工业副产石膏)在107～170℃下加热,使其脱水生成 β 型半水石膏,磨细后的产品称为建筑石膏。若将二水石膏在加压蒸汽(0.13MPa,124℃)中加热处理或置于某些盐溶液中沸煮,使其脱水形成 α 型半水石膏,经干燥磨细后的产品称为高强石膏。二水石膏加热脱水的反应如下:

$$CaSO_4 \cdot 2H_2O \begin{cases} \xrightarrow[\text{加热}]{107\sim170℃} \beta\text{-}CaSO_4 \cdot \frac{1}{2}H_2O + 1\frac{1}{2}H_2O \\ \xrightarrow[\text{蒸炼}]{0.13MPa,\ 124℃} \alpha\text{-}CaSO_4 \cdot \frac{1}{2}H_2O + 1\frac{1}{2}H_2O \end{cases}$$

天然或人工制造的硬石膏(在600～700℃下煅烧的二水石膏)与激发剂共同磨细可制得无水石膏水泥。常用的激发剂有:5% 硫酸钠或硫酸氢钠与1% 的铁矾(或铜矾)的混合物;1%～5% 的石灰;10%～15% 的碱性粒化高炉矿渣等。

将天然二水石膏或天然硬石膏在800～1000℃下煅烧,使部分 $CaSO_4$ 分解成 CaO,磨细后可制成高温煅烧石膏。由于其硬化后具有较高的强度,并且耐磨性高,抗水性好,适宜作地板,故又称地板石膏。

在石膏胶凝材料中,以半水石膏为主要成分的建筑石膏和高强石膏在建筑工程中应用较多,最常用的是建筑石膏。

二、半水石膏的水化与凝结硬化

建筑石膏和高强石膏的主要成分分别为 β 型半水石膏和 α 型半水石膏,它们与水拌和后,半水石膏将重新水化生成二水石膏,并逐渐凝结硬化,形成具有一定强度的硬化体。其水化反应式为:

$$CaSO_4 \cdot \frac{1}{2}H_2O + 1\frac{1}{2}H_2O = CaSO_4 \cdot 2H_2O$$

半水石膏加水后首先溶解,然后水化生成二水石膏;由于二水石膏的溶解度比半水石膏的溶解度低,所以,二水石膏以胶体微粒从过饱和溶液中析出。因二水石膏的析出,破坏了半水石膏溶解的平衡,半水石膏继续溶解和水化。如此不断地进行半水石膏的溶解和二水石膏的析出,直到半水石膏全部耗尽为止。在以上过程中,石膏浆体中的自由水因水化作用和蒸发作用而逐渐减少,浆体逐渐变稠,并失去可塑性,这一过程称为凝结。其后,浆体继续变稠,二水石膏逐渐凝聚成为晶体,并逐渐长大、共生和交错生长,形成结晶结构网。在这个过程中,浆体逐渐变硬,强度不断增长,形成具有一定强度的硬化体,直到完全干燥,强度才停止增长。这一过程称为硬化。

半水石膏水化反应的理论需水量仅为其质量的18.6%,在使用中,为了使浆体具有足够的流动性,通常的加水量远大于理论需水量,因此,硬化石膏浆体中含有大量孔隙。建筑石膏中的 β 型半水石膏多为片状、有裂隙的晶体,晶粒细小,比表面积大,拌制石膏浆体时,需水量达 60%~80%,因此硬化后的孔隙率大,强度较低。而高强石膏中的 α 型半水石膏的结晶良好、晶粒粗大,比表面积小,调制成可塑性浆体时,需水量为 35%~45%,硬化后的孔隙率较小,因而具有较高的强度。

三、建筑石膏的主要特性、技术要求和应用

1. 建筑石膏的主要特性

1) 凝结硬化快

建筑石膏加水拌和后,浆体的初凝和终凝时间都很短,一般初凝时间为几分钟至十几分钟,终凝时间在半小时以内,大约一星期左右完全硬化。若初凝时间较短,不便于使用时,可加入缓凝剂延长凝结时间。常用的缓凝剂有硼砂、酒石酸钠、柠檬酸、动物胶等。

2) 尺寸稳定,装饰性好

建筑石膏在凝结硬化时,不像其他胶凝材料(如石灰、水泥)那样出现收缩,反而略有膨胀(膨胀率为 0.05%~0.15%),使石膏硬化表面光滑饱满,可制作出纹理细致的浮雕花饰。石膏硬化后的湿胀干缩也较小,尺寸稳定,干燥时不开裂。同时石膏制品的质地洁白细腻,典雅美观,是一种较好的室内装饰材料。

3) 硬化体的孔隙率高

建筑石膏浆体硬化时,多余的自由水将蒸发,使内部留下大量孔隙,孔隙率可达 50%~60%,因而表观密度较小,并使石膏制品具有导热系数小、吸声性强、吸湿性大、可调节室内的温度和湿度的特点。

4) 防火性好

建筑石膏制品在遇火灾时,二水石膏将脱出结晶水,吸热蒸发,并在制品表面形成蒸汽幕和脱水物隔热层,能有效地减少火焰对内部结构的危害,具有较好的防火性能。

5) 耐水性和抗冻性差

建筑石膏硬化体吸湿性强,吸收的水分会削弱晶体粒子间的黏结力,使强度显著降低,其软化系数仅为 0.3~0.45;若长期浸在水中,还会因二水石膏晶体溶解而引起破坏。吸水饱和的石膏制品受冻后,会因孔隙中的水结冰而开裂或破坏。所以,建筑石膏的耐水性和抗冻性都较差。

2. 建筑石膏的技术要求及应用

作为胶凝材料,建筑石膏的质量指标有细度、凝结时间和 2h 强度。国家标准《建筑石膏》(GB 9776—2008)中,按 2h 抗折强度将建筑石膏分为 3.0、2.0、1.6 三个等级,见表 4-1。

建筑石膏的技术要求(GB 9776—2008) 表 4-1

等级	细度 0.2mm 方孔筛筛余(%)	凝结时间(min)		2h 强度(MPa)	
		初凝	终凝	抗折	抗压
3.0				≥3.0	≥6.0
2.0	≤10	≥3	≤30	≥2.0	≥4.0
1.6				≥1.6	≥3.0

建筑石膏在运输和储存中,需要防雨防潮,自生产之日起,储存期为3个月,过期或受潮的石膏,强度会显著降低,需经检验合格后才能使用。

建筑石膏在建筑工程中可用于室内粉刷、制造建筑石膏制品等。

1)室内粉刷

由建筑石膏或由建筑石膏与无水石膏混合后再掺入外加剂、细集料等可制成粉刷石膏。按用途分为面层粉刷石膏(M)、底层粉刷石膏(D)和保温层粉刷石膏(W)3类。粉刷石膏是一种新型室内抹灰材料,既具有建筑石膏的快硬、早强、尺寸稳定、吸湿、防火、轻质等优点,又不会产生开裂、空鼓和起皮现象。不仅可在水泥砂浆或混合砂浆上罩面,还可粉刷在混凝土墙、板、天棚等光滑的底层上。经粉刷后的墙面致密光滑,且施工方便、工效高。

2)建筑石膏制品

建筑石膏除用于室内粉刷外,主要用于生产各种石膏板和石膏砌块等制品。

石膏板具有轻质、高强、隔热保温、吸音和不燃等性能,且安装和使用方便,是一种较好的新型建筑材料,广泛用作各种建筑物的内隔墙、顶棚及各种装饰饰面。我国目前生产的石膏板主要有纸面石膏板、石膏空心条板、石膏装饰板、纤维石膏板及石膏吸音板等。石膏砌块是一种自重轻、保温隔热、隔声和防火性能好的新型墙体材料,有实心、空心和夹心3种类型。在建筑石膏中掺入耐水外加剂(如有机硅憎水剂等),可生产耐水建筑石膏制品;掺入无机耐火纤维(如玻璃纤维)可生产耐火建筑石膏制品。

第二节 石 灰

石灰是不同化学组成和物理形态的生石灰、消石灰的统称,其主要成分为氧化钙或氢氧化钙,一般为气硬性胶凝材料。石灰是人类使用较早的无机胶凝材料之一。由于其原料分布广,生产工艺简单,成本低廉,所以在土木工程中应用广泛。

一、石灰的原料及生产

根据《建筑生石灰》(JC/T 479—2013)的定义,(气硬性)生石灰是由石灰石(包括钙质石灰石、镁质石灰石)焙烧而成,呈块状、粒状或粉状,化学成分主要为CaO,可和水发生放热反应生成消石灰。

生产石灰的原料主要是钙质石灰石(天然石灰岩等),其主要成分为碳酸钙($CaCO_3$)。碳酸钙在适当温度下焙烧(也称煅烧),排除分解出的二氧化碳后,得到以氧化钙(CaO)为主要成分的产品即为生石灰,一般为块状,所以俗称块状生石灰。其焙烧反应式为:

$$CaCO_3 \xrightarrow{900℃} CaO + CO_2$$

在实际生产中,为加快碳酸钙的分解,焙烧温度常提高到1000 ~ 1100℃。由于石灰石原料的尺寸大或焙烧时窑中温度分布不均匀等原因,生石灰中常含有欠火石灰和过火石灰。欠火石灰中的碳酸钙未完全分解,使用时缺乏黏结力。而过火石灰具有结构密实、表面常包覆一层熔融物的特点,与水反应的速度很慢。由于生产原料中常含有碳酸镁($MgCO_3$),生石灰中还含有次要成分氧化镁(MgO),特别是采用镁质石灰石焙烧而成的生石灰中,氧化镁含量较高,因此根据氧化镁含量的多少,生石灰分为钙质石灰和镁质石灰两类,各类又根据化学成分含量的不同分为各个等级,如表4-2所示。

建筑生石灰的分类(JC/T 479—2013)

表4-2

类　　别	名　　称	代　　号
钙质石灰	钙质石灰90	CL 90
	钙质石灰85	CL 85
	钙质石灰75	CL 75
镁质石灰	镁质石灰85	ML 85
	镁质石灰80	ML 80

生石灰一般呈白色或灰色块状,为便于工程应用,块状生石灰常需加工成生石灰粉、消石灰粉或石灰膏。生石灰粉是由块状生石灰磨细而得到的细粉,其主要成分仍是CaO。

根据《建筑生石灰》(JC/T 479—2013),生石灰的识别标记由产品名称、加工情况和产品依据标准编号组成。块状生石灰在代号后加Q,生石灰粉在代号后加QP。例如:符合JC/T 479—2013的钙质生石灰90的标记为:CL 90-QP JC/T 479—2013。

其中:CL——钙质石灰;

　　　90——(CaO + MgO)百分含量;

　　　QP——粉状;

　　　JC/T 479—2013——产品依据标准。

二、石灰的熟化与硬化

1. 石灰的熟化

生石灰与水反应,使氧化钙转变成氢氧化钙的过程,称为石灰的熟化或消化。反应生成的产物氢氧化钙称为熟石灰或消石灰。石灰熟化的反应式为:

$$CaO + H_2O = Ca(OH)_2 + 64.9kJ$$

石灰熟化时放出大量的热,体积增大 $1 \sim 2.5$ 倍。煅烧良好、氧化钙含量高的石灰熟化较快,放热量和体积增大也较多。

石灰熟化的理论需水量为石灰质量的32%。实际生产中加水量都大于理论需水量。根据熟化时加水量的不同,石灰可熟化成消石灰粉或石灰膏。

在生石灰中,均匀加入 $60\% \sim 80\%$ 的水,可得到颗粒细小、分散均匀的消石灰粉。若用过量的水(为生石灰体积的 $3 \sim 4$ 倍)进行熟化,将得到具有一定稠度的石灰膏。

石灰中一般都含有过火石灰,过火石灰熟化慢,若在石灰浆体硬化后再发生熟化,会因熟化产生的膨胀而引起隆起和开裂。因此,为了消除过火石灰的这种危害,《砌体结构工程施工质量验收规范》(GB 50203—2011)规定,建筑生石灰、建筑生石灰粉熟化为石灰膏时,熟化时间分别不得少于7d、2d。石灰在熟化后,一般还应"陈伏"2周后再使用。

根据《建筑消石灰》(JC/T 481—2013),按氧化镁含量的多少,消石灰粉分为钙质消石灰和镁质消石灰两类,各类又根据化学成分的含量分为各个等级,如表4-3所示。消石灰粉的识别标记方法与生石灰相同。

类　　别	名　　称	代　　号
钙质消石灰	钙质消石灰90	HCL 90
	钙质消石灰85	HCL 85
	钙质消石灰75	HCL 75
镁质消石灰	镁质消石灰85	HML 85
	镁质消石灰80	HML 80

2. 石灰浆体的硬化

石灰浆体在干燥的空气中硬化时,会发生结晶硬化和碳化硬化两个同时进行的过程。石灰浆体因水分蒸发或被吸收而干燥,在浆体内的孔隙网中,产生毛细管压力,使石灰颗粒更加紧密而获得强度。这种强度类似于黏土失水而获得的强度,其值不大,遇水会丧失。同时,由于干燥失水,引起浆体中氢氧化钙溶液过饱和,结晶出氢氧化钙晶体,产生强度;但析出的晶体数量少,强度增长也不大。在大气环境中,氢氧化钙会与空气中的二氧化碳和水分反应生成碳酸钙,并释放出水分,即发生碳化作用。其反应式如下:

$$Ca(OH)_2 + CO_2 + nH_2O = CaCO_3 + (n+1)H_2O$$

碳化所生成的碳酸钙晶体相互交叉连生或与氢氧化钙共生,形成紧密交织的结晶网,使硬化石灰浆体的强度进一步提高。但是,由于空气中的二氧化碳含量很低,表面形成的碳酸钙层结构较致密,会阻碍二氧化碳的进一步渗入,因此,碳化过程是十分缓慢的。

三、石灰的主要特性、技术要求及应用

1. 石灰的主要特性

生石灰熟化后形成的石灰浆体中,石灰粒子形成氢氧化钙胶体结构,颗粒极细(粒径约为$1\mu m$),比表面积很大(达$10\sim30m^2/g$),具有较强的保水性,其表面吸附一层较厚的水膜,因而石灰膏具有良好的可塑性,掺入水泥砂浆中,可显著提高砂浆的和易性。

石灰浆体通过干燥、结晶及碳化作用而硬化,由于空气中的二氧化碳含量低,且碳化后形成的碳酸钙硬壳阻止二氧化碳向内部渗透,也妨碍水分向外蒸发,因而硬化缓慢,硬化后的强度也不高,1:3的石灰砂浆28d的抗压强度只有$0.2\sim0.5MPa$。在处于潮湿环境时,石灰中的水分不蒸发,二氧化碳也无法渗入,硬化将停止;加上氢氧化钙易溶于水,已硬化的石灰遇水还会溶解溃散。因此,石灰不宜在长期潮湿和受水浸泡的环境中使用。

石灰膏在硬化过程中,要蒸发掉大量的水分,引起体积显著收缩,易出现干缩裂缝。所以,石灰膏不宜单独使用,一般要掺入砂、纸筋、麻刀等材料,以减少收缩,增加抗拉强度,并能节约石灰。

石灰具有较强的碱性,在常温下,能与玻璃态的活性氧化硅或活性氧化铝反应,生成具有水硬性的产物。因此,生石灰粉或消石灰粉是建筑材料工业和道路工程重要的原材料。

2. 石灰的技术要求

1)建筑生石灰的技术要求

建筑生石灰的化学成分和物理性质应分别符合表4-4、表4-5的要求。

建筑生石灰的化学成分(%) 　　　　　　　　　表 4-4

名　称	代　号	(CaO + MgO)含量	MgO 含量	CO₂ 含量	SO₃ 含量
钙质石灰 90	CL 90	≥90		≤4	
钙质石灰 85	CL 85	≥85	≤5	≤7	≤2
钙质石灰 75	CL 75	≥75		≤12	
镁质石灰 85	ML 85	≥85	>5	≤7	≤2
镁质石灰 80	ML 80	≥80		≤7	

建筑生石灰的物理性质 　　　　　　　　　表 4-5

名　称	代　号	产浆量 (dm³/10kg)	细　度	
			0.2mm 筛余量(%)	90μm 筛余量(%)
钙质石灰 90	CL 90-Q CL 90-QP	≥26 —	— ≤2	— ≤7
钙质石灰 85	CL 85-Q CL 85-QP	≥26 —	— ≤2	— ≤7
钙质石灰 75	CL 75-Q CL 75-QP	≥26 —	— ≤2	— ≤7
镁质石灰 85	ML 85-Q ML 85-QP	— —	— ≤2	— ≤7
镁质石灰 80	ML 80-Q ML 80-QP	— —	— ≤2	— ≤7

生石灰中产生胶凝性能的成分是有效氧化钙和氧化镁,它们的含量是评价生石灰质量的主要指标。除此之外,生石灰还有产浆量的要求,生石灰粉则有细度的要求。

2)建筑消石灰粉的技术要求

建筑消石灰粉的化学成分和物理性质应分别符合表 4-6、表 4-7 的要求。

建筑消石灰粉的化学成分(%) 　　　　　　　　　表 4-6

名　称	代　号	(CaO + MgO)含量	MgO 含量	SO₃ 含量
钙质消石灰 90	HCL 90	≥90		
钙质消石灰 85	HCL 85	≥85	≤5	≤2
钙质消石灰 75	HCL 75	≥75		
镁质消石灰 85	HML 85	≥85	>5	≤2
镁质消石灰 80	HML 80	≥80		

注:表中数值以试样扣除游离水和化学结合水后的干基为基准。

建筑消石灰粉的物理性质 　　　　　　　　　表 4-7

名　称	代　号	游离水 (%)	安定性	细　度	
				0.2mm 筛余量(%)	90μm 筛余量(%)
钙质消石灰 90	HCL 90				
钙质消石灰 85	HCL 85				
钙质消石灰 75	HCL 75	≤2	合格	≤2	≤7
镁质消石灰 85	HML 85				
镁质消石灰 80	HML 80				

3. 石灰的应用

石灰在土木工程中应用范围很广,主要用途如下:

1)配制石灰乳和砂浆

消石灰粉或石灰膏掺加大量水,可配成石灰乳涂料,用于内墙及顶棚的粉刷。

用石灰膏或消石灰粉可配制石灰砂浆或水泥石灰混合砂浆,用于砌筑或抹灰工程。

2)配制石灰稳定土

将消石灰粉或生石灰粉掺入各种粉碎或原来松散的土中,经拌和、压实及养护后得到的混合料,称为石灰稳定土。它包括石灰土、石灰稳定砂砾土、石灰碎石土等。石灰稳定土具有一定的强度和耐水性。广泛用作建筑物的基础、地面垫层及道路的路面基层(或底基层)。

3)生产硅酸盐制品

以石灰(消石灰粉或生石灰粉)与硅质材料(砂、粉煤灰、火山灰、矿渣等)为主要原料,经过配料、拌和、成型和湿热养护(蒸汽或压蒸)后可制成非烧结砖、砌块等多种制品。因内部的胶凝物质主要是水化硅酸钙,所以称为硅酸盐制品。常用的有灰砂砖、粉煤灰砖等。

第三节　水　玻　璃

水玻璃又称为泡花碱,是一种碱金属硅酸盐。根据其碱金属氧化物种类的不同,又分为硅酸钠水玻璃($Na_2O \cdot nSiO_2$)和硅酸钾水玻璃($K_2O \cdot nSiO_2$)等,最常用的是硅酸钠水玻璃。其中,二氧化硅与碱金属氧化物的摩尔比 n 称为水玻璃的模数。常用水玻璃的模数为 2.6 ~ 2.8。

水玻璃可采用湿法或干法生产。湿法是将石英砂和苛性钠溶液在高压釜内用蒸汽加热,并搅拌,直接生成液体水玻璃。干法是将石英砂和碳酸钠磨细拌匀,在 1300 ~ 1400℃的熔炉中熔融,经冷却后生成固体水玻璃;然后,在水中加热溶解成液体水玻璃。纯净的液体水玻璃溶液为无色透明液体,因含杂质的不同,而呈青灰色或黄绿色。

一、水玻璃的硬化

液体水玻璃是一种既具有胶体特征,又具有溶液特征的胶体溶液。水玻璃的硬化是水玻璃与硬化剂反应生成硅酸凝胶,从溶液中析出,并逐渐干燥脱水和聚合形成无定形二氧化硅固体的过程。具有一定的酸性或能与水玻璃反应生成难溶的硅酸凝胶(或硅酸盐)的化合物均可作为水玻璃硬化剂。含氟盐(如氟硅酸、氟硼酸的碱金属盐等)、酸(如各种无机酸)、酯(如乙酸乙酯)等都能使水玻璃硬化。例如,硅酸钠水玻璃在空气中吸收二氧化碳,形成碳酸钠和无定形硅酸凝胶,并逐渐干燥聚合而硬化:

$$Na_2O \cdot nSiO_2 + CO_2 + mH_2O = Na_2CO_3 + nSiO_2 \cdot mH_2O$$

但此硬化过程非常缓慢,为了加速硬化,可加入适量的促硬剂。最常用的促硬剂为氟硅酸钠(Na_2SiF_6)等,其反应如下:

$$2(Na_2O \cdot nSiO_2) + Na_2SiF_6 + mH_2O = 6NaF + (2n+1)SiO_2 \cdot mH_2O$$

作为促硬剂,氟硅酸钠的掺量为水玻璃质量的 12% ~ 15%。若掺量少于 12%,不但硬化速度慢、强度低,而且存在较多的未反应的水玻璃,它们易溶于水,因而耐水性差。若掺量超过 15%,则会引起凝结过快,造成施工困难,且硬化水玻璃的抗渗性和耐酸性降低。氟硅酸钠作为促硬剂能提高水玻璃的耐水性,但它有一定的毒性,使用时应注意安全防护。

二、水玻璃的技术性质和应用

水玻璃硬化后的主要成分是二氧化硅凝胶,具有较高的黏结力,用水玻璃配制的混凝土的抗压强度可达 15~40MPa。在高温作用下,二氧化硅的网状结构能保持较高的强度,因此,具有优异的耐热性,耐热度可达 900~1100℃。硬化后形成的二氧化硅耐酸性好,可以抵抗除氢氟酸、热磷酸和高级脂肪酸以外的大多数无机酸和有机酸的腐蚀。但硬化水玻璃的耐碱性、抗渗性和耐水性较差。

在土木工程中,水玻璃除用作耐热材料和耐酸材料外,还有以下主要用途:

1. 涂料

直接用液体水玻璃涂刷和浸渍建筑材料的表面,可提高其密实度、强度和耐久性。但不能用于涂刷和浸渍石膏制品,因硅酸钠与硫酸钙反应生成硫酸钠,在制品的孔隙中结晶膨胀,导致破坏。另外,水玻璃还可用于生产建筑涂料和耐火涂料的主要原料。

2. 注浆材料

将水玻璃与促硬剂共同或分别注入土或岩体等基础中,可以提高承载力,增加不透水性。例如,将水玻璃溶液与氯化钙溶液交替注入土中,会发生如下反应:

$$Na_2O \cdot nSiO_2 + CaCl_2 + mH_2O \rightarrow 2NaCl + nSiO_2 \cdot (m-1)H_2O + Ca(OH)_2$$

反应生成的二氧化硅凝胶起胶结作用,能包裹土粒并填充其孔隙,使土固结,提高其承载力和抗渗性。

3. 配制速凝防水剂

以水玻璃为原料,加入两种、三种或四种矾,可配制成二矾、三矾和四矾速凝防水剂。它们与水泥浆拌和后,凝结迅速,一般不超过 1min,适用于防水堵漏工程。例如,四矾防水剂是以蓝矾(硫酸铜 $CuSO_4 \cdot 5H_2O$)、明矾(硫酸铝钾 $KAl(SO_4)_2$)、红矾(重铬酸钾 $K_2Cr_2O_7 \cdot 2H_2O$)紫矾(硫酸铬钾 $KCr(SO_4)_2 \cdot 12H_2O$)各一份,溶于 60 份 100℃的水中,降温至 50℃,投入 400份水玻璃中,搅拌均匀而成。

4. 制备碱—矿渣水泥

将适当模数的固体水玻璃与粒化高炉矿渣共同磨细,或者将适当模数的液体水玻璃与磨细的粒化高炉矿渣粉混合均匀,可得到水硬性胶凝材料——碱—矿渣水泥。这种水泥的强度高,水化热低,抗渗性、抗冻性和耐热性好,耐腐蚀性良好。但干缩较大,长期抗折强度有倒缩现象。

思考与练习

1. 胶凝材料有哪些种类?
2. 建筑石膏有哪些特性、技术要求及用途?
3. 工地上使用生石灰时,为何要先进行熟化? 生石灰熟化后为什么必须进行"陈伏"?
4. 石灰有哪些特性、技术要求及用途?
5. 用于墙面抹灰时,建筑石膏与石灰膏相比较,具有哪些优点? 为什么?
6. 水玻璃有哪些特性及用途? 选用水玻璃时,为何要考虑水玻璃的模数?

第五章 水泥

水泥是一种水硬性胶凝材料，它与水拌和后成为可塑性浆体，能将砂石等散粒材料胶结成具有一定强度的整体，它既能在空气中硬化，又能在水中更好地硬化，并保持和发展其强度。水泥是制造各种形式的混凝土、钢筋混凝土和预应力混凝土建筑物或构筑物的基本组成材料之一，它广泛应用于建筑、道路、水利和国防等工程中，素有"建筑业的粮食"之称。目前，我国水泥品种虽然很多，但大量使用的是硅酸盐类水泥。本章以硅酸盐水泥为主要内容，并在此基础上介绍其他品种水泥的特点。

第一节 硅酸盐水泥的基本组成与生产原理

一、硅酸盐水泥的生产工艺概述

由硅酸盐水泥熟料、0~5%石灰石或粒化高炉矿渣、适量石膏磨细制成的水硬性胶凝材料，称为硅酸盐水泥（国外称波特兰水泥）。硅酸盐水泥分两种类型，不掺混合材料的为 I 型硅酸盐水泥，代号 P·I；在硅酸盐水泥熟料中掺加不超过水泥质量5%的石灰石或粒化高炉矿渣混合材料的为 II 型硅酸盐水泥，代号 P·II。

按国家标准《硅酸盐水泥熟料》（GB/T 21372—2008）的定义，硅酸盐水泥熟料（简称水泥熟料）是一种由主要含 CaO、SiO_2、Al_2O_3、Fe_2O_3 的原料按适当配比，磨成细粉，烧至部分熔融，所得以硅酸钙为主要矿物成分的产物。水泥熟料有多种品种，生产硅酸盐水泥使用的是通用水泥熟料。

硅酸盐水泥的生产工艺流程，如图5-1所示。

各种原料按一定的化学成分比例配制，并经磨细到一定的细度，均匀混合，制备成"生料"。生料的制备方法有干法和湿法两种。

制备好的生料可以在立窑或回转窑中进行高温煅烧，生料中的 CaO、SiO_2、Al_2O_3、Fe_3O_4 经过复杂的化学反应，一直煅烧至1450℃左右而生成以硅酸钙为主要成分的硅酸盐熟料。

为调节水泥的凝结速度,在烧成的熟料中加入水泥质量3%左右的石膏($CaSO_4 \cdot 2H_2O$),并共同磨细至适宜的细度,由此得到的粉末状产品即为硅酸盐水泥。

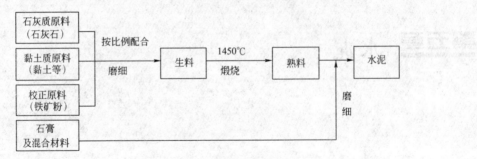

图5-1　硅酸盐水泥生产工艺流程

二、硅酸盐水泥熟料的矿物组成及其特性

1. 硅酸盐水泥熟料的矿物组成

硅酸盐水泥熟料主要由硅酸三钙($3CaO \cdot SiO_2$,简写为C_3S)、硅酸二钙($2CaO \cdot SiO_2$,简写为C_2S)、铝酸三钙($3CaO \cdot Al_2O_3$,简写为C_3A)和铁铝酸四钙($4CaO \cdot Al_2O_3 \cdot Fe_2O_3$,简写为$C_4AF$)四种矿物所组成,其中$C_3S$含量为36%～60%、$C_2S$含量为15%～37%、$C_3A$含量为7%～15%、$C_4AF$含量为10%～18%。

硅酸三钙和硅酸二钙称为硅酸盐矿物,一般占总量的75%～82%。

2. 水泥熟料主要矿物与水作用时的特性

1)硅酸三钙

硅酸三钙是硅酸盐水泥中最主要的矿物,其含量通常在50%左右,它对硅酸盐水泥的技术性质,特别是强度有重要的影响。当水泥与水接触时,C_3S开始迅速水化,产生较大的热量,其水化产物早期强度高,且强度增长率较大,28d强度可达一年强度的70%～80%。按28d或一年的强度来比较,在四种矿物中,C_3S的强度是最高的。

2)硅酸二钙

硅酸二钙也是硅酸盐水泥的主要矿物,其水化速度及凝结硬化过程较为缓慢,水化热很低。它的水化产物对水泥早期强度贡献较小,但对水泥后期强度起重要作用。C_2S有着相当长期的活性,其水化物强度可在一年后超过C_3S的水化物。当水泥中的C_2S含量较多时,水泥抗化学侵蚀性较高,干缩性较小。

3)铝酸三钙

铝酸三钙在四种矿物中是遇水反应速度最快、水化热最高的矿物。因此,铝酸三钙的含量决定水泥的凝结速度和放热量。其早期强度较高,但强度绝对值较小,后期强度不再增加。C_3A含量高的水泥浆体干缩变形大,抗硫酸盐侵蚀性能差。

4)铁铝酸四钙

铁铝酸四钙的水化速度比C_3A和C_3S慢,其早期强度较低,但水化硬化较为迅速,在28d后强度还能继续增长,对水泥后期强度有利。C_4AF耐化学侵蚀性好,干缩性小,并且其抗折强度较高,所以对水泥抗折强度和抗冲击强度起重要作用。

各种矿物单独与水作用时所表现出的特性,如表5-1所示。

水泥熟料矿物单独与水作用时所表现出的特性 表5-1

矿物名称		硅酸三钙(C_3S)	硅酸二钙(C_2S)	铝酸三钙(C_3A)	铁铝酸四钙(C_4AF)
水化速率		快	慢	最快	快
水化热		高	低	高	中
强度	早期	高	低	中	低
	后期	高	高	低	中
干缩性		中	小	大	小
抗化学侵蚀性		中	中	差	好

表5-1中所列各种矿物的放热量和强度,是指全部放热量和最终强度,其发展规律如图5-2和图5-3所示。

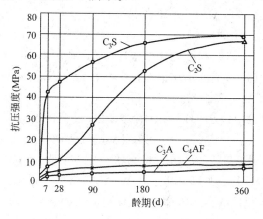

图5-2 水泥熟料各矿物的强度增长曲线

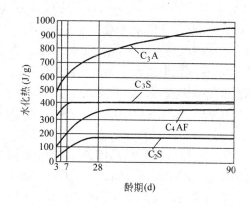

图5-3 水泥熟料各矿物的放热曲线

水泥熟料是由各种不同特性的矿物所组成的混合物。因此,改变熟料矿物成分之间的比例,水泥的性质即会发生相应的变化。例如,要使水泥具有凝结硬化快、强度高的性能,就必须适当提高熟料中 C_3S 和 C_3A 的含量;要使水泥具有较低的水化热,就应降低 C_3A 和 C_3S 的含量。

第二节　硅酸盐水泥的硬化机理

水泥加水拌和后,最初形成具有可塑性和流动性的浆体,经过一定时间,水泥浆体逐渐变稠失去可塑性,这一过程称为凝结。随着时间继续增长,水泥产生强度且逐渐提高,并形成坚硬的石状体——水泥石,这一过程称为硬化。水泥的凝结与硬化是一个连续的复杂的物理化学变化过程,这些变化决定了水泥一系列的技术性能。因此,了解水泥的凝结与硬化过程,对于了解水泥的性能有着重要的意义。

一、硅酸盐水泥的水化

水泥颗粒与水接触后,水泥熟料各矿物立即与水发生水化作用,生成新的水化物,并放出一定的热量。

硅酸三钙与水反应后生成水化硅酸钙和氢氧化钙,其水化反应式如下:

$$2(3CaO \cdot SiO_2) + 6H_2O = 3CaO \cdot 2SiO_2 \cdot 3H_2O + 3Ca(OH)_2$$
硅酸三钙　　　　　　　水化硅酸钙　　　　　　氢氧化钙

　　水化硅酸钙几乎不溶于水,形成后立即以胶体微粒析出,并逐渐凝聚而成为凝胶体(其内部含有凝胶孔)。氢氧化钙呈六方板状晶体。

　　硅酸二钙与水反应后也生成水化硅酸钙凝胶体和氢氧化钙晶体,其水化反应式如下:
$$2(2CaO \cdot SiO_2) + 4H_2O = 3CaO \cdot 2SiO_2 \cdot 3H_2O + Ca(OH)_2$$
硅酸二钙　　　　　　　水化硅酸钙　　　　　　氢氧化钙

　　由于氢氧化钙可溶于水,但溶解度不大,所以溶液的石灰浓度很快达到饱和状态。因此,各矿物成分的水化主要是在石灰饱和溶液中进行的。式中水化硅酸钙的组成只是理论上的组成,实际上各氧化物之间的比例是不确定的,通常随水化时的温度、溶液中的石灰浓度等因素的变化而变化。

　　铝酸三钙与水反应后生成水化铝酸钙,其水化反应式如下:
$$3CaO \cdot Al_2O_3 + 6H_2O = 3CaO \cdot Al_2O_3 \cdot 6H_2O$$
铝酸三钙　　　　　　　　　水化铝酸钙

　　水化铝酸钙为立方晶体。由于铝酸三钙的水化、凝结和硬化速度很快,为了调节水泥的凝结时间,在水泥中掺入了少量石膏。铝酸三钙水化后形成的水化铝酸钙会与石膏作用,生成三硫型水化硫铝酸钙,也称钙矾石(以 AFt 表示),其反应式如下:
$$3CaO \cdot Al_2O_3 \cdot 6H_2O + 3(CaSO_4 \cdot 2H_2O) + 19H_2O = 3CaO \cdot Al_2O_3 \cdot 3CaSO_4 \cdot 31H_2O$$
水化铝酸钙　　　　　　　石膏　　　　　　　　　三硫型水化硫铝酸钙

　　钙矾石呈针(棒)状晶体,它难溶于水。当石膏耗尽后,钙钒石将与水化铝酸钙反应生成单硫型水化硫铝酸钙$(3CaO \cdot Al_2O_3 \cdot CaSO_4 \cdot 12H_2O)$,以 AFm 表示。

　　铁铝酸四钙与水反应后生成水化铝酸钙和水化铁酸钙凝胶体,其水化反应式如下:
$$4CaO \cdot Al_2O_3 \cdot Fe_2O_3 + 7H_2O = 3CaO \cdot Al_2O_3 \cdot 6H_2O + CaO \cdot Fe_2O_3 \cdot H_2O$$
铁铝酸四钙　　　　　　　　水化铝酸钙　　　　　　水化铁酸钙

　　综上所述,硅酸盐水泥与水作用后,生成的主要水化产物有两类,一类是水化硅酸钙和水化铁酸钙凝胶体,另一类是氢氧化钙、水化铝酸钙和水化硫铝酸钙晶体。由于水泥熟料中硅酸三钙和硅酸二钙的含量高,所以在完全水化的水泥石中,水化硅酸钙约占 70%,而氢氧化钙约占 20%,钙矾石和单硫型水化硫铝酸钙约占 7%。

二、硅酸盐水泥的凝结和硬化

　　水泥的凝结硬化过程是很复杂的物理化学变化过程,经过一百多年的研究,已形成了多种理论。目前,比较有代表性的观点认为水泥的凝结硬化经历了以下过程:

　　(1)水泥与水拌和均匀后,水泥颗粒分散在水中,颗粒之间被水隔开,形成具有一定可塑性的水泥浆体,如图 5-4a)所示。

　　(2)水泥和水接触后,水泥颗粒表面的熟料矿物发生水化,形成相应的水化物。由于各种水化物的溶解度很小,所以一般在几分钟内,水泥颗粒周围的水化物就达到了过饱和状态,水化硅酸钙凝胶、水化硫铝酸钙和氢氧化钙晶体等水化产物先后从溶液中析出,并覆盖在水泥颗粒表面。在水化初期,水化物不多,包裹着水化产物膜层的水泥颗粒还是分离着的,水泥浆仍具有可塑性。随着水泥水化的不断进行,水化物不断增多,水泥颗粒表面的水化物膜层逐渐增厚而破裂,并向充水空间扩展,使颗粒间的间隙逐渐缩小,水化物相互接触,并在接触点借助于静电引力和范德华力,凝结成多孔的空间网络,形成凝聚结构,如图5-4b)所示,此时水泥浆开始失去可塑性,即达到初凝状态,但这时还不具有强度。

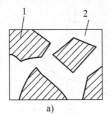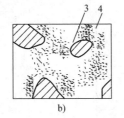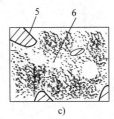

图5-4 水泥凝结硬化过程示意图

a)水泥浆体初始状态;b)水化物膜层长厚,粒子相互连接(水泥浆凝结);c)水化物大量形成并填充毛细孔(进入硬化阶段)

1-水泥颗粒;2-水;3-凝胶体;4-晶体;5-未水化水泥颗粒;6-毛细孔(原充水空间)

(3)随着水泥水化过程的不断进行,水化物大量增加,颗粒间的接触点数目大大增加,固体颗粒之间的毛细孔不断减小,结构逐渐紧密,使水泥浆体完全失去可塑性,表现为终凝,并开始进入硬化阶段。进入硬化阶段后,水化速度逐渐减慢,水化物随时间的增长而逐渐增加,使毛细孔径不断减小,结构更趋致密,强度大幅提高,直至形成坚硬的水泥石,如图5-4c)所示。

水泥的水化是从颗粒表面向内部逐渐进行的,水化程度受水和水化物的扩散所控制,水泥颗粒的内核很难完全水化。因此,硬化的水泥石是由水化产物(凝胶体和结晶体)、未水化的水泥颗粒、水(自由水和吸附水)和孔隙(毛细孔和凝胶孔)组成。水泥石的工程性质决定于水泥石的组成和结构。

水泥的凝结硬化过程,也是水泥强度发展的过程。水泥的水化是随着时间的延长而不断进行的,水化产物也会不断增加并填充毛细孔,使毛细孔孔隙率减少,凝胶孔孔隙率增大。水泥加水拌和后的前28d水化速度较快,强度发展也快,随后水化速度减慢,强度增加幅度减小。

三、影响水泥凝结和硬化的主要因素

1.细度

水泥越细,颗粒就越小,在质量相同的情况下,颗粒数量就越多,其总表面积就越大。所以水泥越细,其与水接触的面积也就越大,则水化速度越快,凝结硬化也越快。

2.水泥浆体的水灰比和水化程度

水灰比是拌制水泥浆时水与水泥的质量之比,水泥完全水化所需的用水量约为水泥质量的25%,但这样的水量很难形成具有足够流动性的浆体,因而实际工程中必须加入较多的水,以便取得较好的塑性。图5-5为两种不同水灰比的水泥净浆,在不同水化程度时的水泥石的组成示意图。可以看出,水灰比相同时,水化程度愈高,则水泥石结构中水化产物愈多。毛细孔和未完全水化的水泥颗粒含量相对愈少,水泥石结构相对密实,因而强度高;当水化程度相同而水灰比不同时,水灰比大的水泥石结构中毛细孔比例大,因而密实性差,强度也低。

3.石膏掺量

石膏是水泥的缓凝剂,能调节水泥的凝结硬化速度。在磨制水泥时,若不掺入少量石膏,则水泥浆凝结很快。这是由于铝酸三钙溶于水中并电离出的三价铝离子(Al^{3+})会促进胶体凝聚。当掺入少量石膏后,硫酸钙将与水化铝酸钙作用,生成难溶的水化硫铝酸钙晶体(钙矾石),减少了溶液中的铝离子,延缓了水泥浆体的凝结速度,但石膏掺量必须适当,掺入过多的石膏不仅缓凝作用不大,而且会引起凝结硬化后的水泥石出现开裂。

石膏的掺量主要决定于水泥中铝酸三钙的含量及石膏中三氧化硫的含量,需通过试验确定,水泥标准中规定,石膏掺量按三氧化硫计不超过 3.5%。

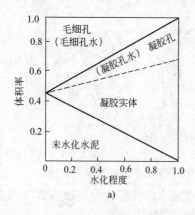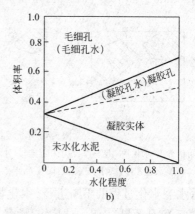

图 5-5　不同水化程度水泥石的组成

a) 水灰比为 0.4;b) 水灰比为 0.7

4. 龄期

龄期是指水泥自拌和起至测定强度所经历的养护时间。水泥与水拌和后,水泥的水化、凝结和硬化就随时间的增加不断发展,随着时间的延续,水泥的水化程度不断增大,水化产物也不断增加,水泥石强度的发展随龄期的增加而增长。一般早期水化速度快,所以凝结和硬化的速度也较快。在 28d 内强度发展最快,28d 后显著减慢。水泥的水化可以持续很长时间,所以硬化也会持续很长时间,只要环境的温度和湿度适宜,水泥强度的增长可延续几年,甚至几十年。

5. 环境的温度和湿度

环境因素(主要是温度和湿度)对水泥的凝结硬化有着明显的影响。温度越高,水泥水化速度越快,凝结硬化的速度就越快。因此,提高温度可加速硅酸盐水泥的早期水化,使早期强度能较快发展,但后期强度反而可能有所降低。在较低温度下硬化时,虽然硬化缓慢,但水化产物较致密,所以可获得较高的最终强度。但是,当环境温度降至负温时,水化反应停止,强度将停止增长。并且由于水分结冰膨胀,会导致水泥石冻裂,使其结构遭到破坏。

由于水泥的水化反应及凝结硬化过程只有在水分充足的条件下才能进行,所以环境湿度对水泥的水化反应及凝结硬化有很大影响。环境湿度大,水泥浆中的水分不仅不易蒸发,使水泥石中保持有水泥水化及凝结硬化所需要的化学用水,而且在水泥石中水分不足时,能使水泥吸收环境中的水分,保证水泥进行水化和硬化。如果环境干燥,水泥浆中的水分蒸发过快,当水分蒸发完后,水化作用将无法进行,硬化停止,强度不再增长,甚至还会在制品表面产生干缩裂缝。

第三节　硅酸盐水泥的技术性质及性能特点

一、硅酸盐水泥的主要技术性质

1. 密度

硅酸盐水泥的密度一般在 $3.05 \sim 3.15 \mathrm{g/cm^3}$,平均可取为 $3.10 \mathrm{g/cm^3}$,其大小主要取决于

水泥熟料的矿物组成。堆积密度为 $1000 \sim 1600 kg/m^3$。

2. 细度(选择性指标)

细度是指水泥颗粒的粗细程度,水泥的细度对其性质有很大影响。水泥颗粒粒径一般在 $7 \sim 200 \mu m$ 范围内,颗粒愈细,与水起反应的表面积就愈大,因而水化速度较快,而且较完全,早期强度和后期强度都较高。水泥颗粒过粗,则不利于水泥活性的发挥,但水泥过细,在空气中的硬化收缩性较大,生产成本也较高。

根据国家标准《通用硅酸盐水泥》(GB 175—2007)和《水泥比表面积测定方法 勃氏法》(GB/T 8074—2008)规定,硅酸盐水泥的细度采用勃氏透气法比表面积仪进行测定,要求其比表面积大于 $300 m^2/kg$。比表面积法是根据一定量空气通过一定空隙率和厚度的水泥层时,所受阻力不同而引起流速的变化来测定水泥的比表面积(单位质量的粉末所具有的总表面积),用 m^2/kg 表示。

3. 标准稠度用水量

水泥浆拌和时的加水量对测定凝结时间、体积安定性等水泥技术性质有显著影响,故测定这些性质时,必须在一个规定的标准稠度下进行。

水泥的标准稠度是指水泥净浆对标准试杆的沉入具有一定阻力时的稠度。国家标准(GB/T 1346—2001)中规定,水泥标准稠度的标准测定方法为试杆法,以标准试杆沉入水泥净浆,并距离底板 $6mm \pm 1mm$ 时的水泥净浆为标准稠度净浆,其拌和用水量为该水泥标准稠度用水量,按水泥质量百分比计;以试锥法(调整用水量或固定用水量)为代用法。硅酸盐水泥的标准稠度用水量通常在 $24\% \sim 30\%$。

标准稠度用水量的大小,可以反映出水泥的需水性,标准稠度用水量愈大,表明其需水性愈大。

4. 凝结时间

凝结时间分为初凝时间和终凝时间。初凝时间是指水泥与水拌和至标准稠度净浆达到初凝状态(即开始失去可塑性)所需的时间;终凝时间是水泥与水拌和至标准稠度净浆达到终凝状态(即完全失去可塑性并开始产生强度)所需的时间。为使混凝土和砂浆有充分的时间进行搅拌、运输、浇捣和砌筑,水泥的初凝时间不能过短。当施工完毕,则要求混凝土和砂浆尽快硬化而产生强度,故终凝时间不能太长,否则会使施工周期变长。国家标准《通用硅酸盐水泥》(GB 175—2007)规定,硅酸盐水泥的初凝时间不得小于 $45min$,终凝时间不得大于 $6.5h$。

国家标准《水泥标准稠度用水量、凝结时间、安定性检验方法》(GB/T 1346—2001)规定,凝结时间采用标准稠度的水泥净浆和维卡仪测定。具体测定方法和步骤见第十四章试验三。

影响水泥凝结时间的因素很多,如熟料中铝酸三钙含量高或石膏掺量不足时,会使水泥快凝;水泥的细度愈细,水化作用愈快,凝结愈快;水灰比愈小、凝结时的温度愈高,凝结愈快;混合材料掺量大,水泥过粗等都会使水泥凝结缓慢。在实际工程中,水泥混凝土和水泥砂浆的凝结时间往往比标准稠度水泥净浆的凝结时间长。

5. 体积安定性

体积安定性是指水泥净浆硬化过程中体积变化的均匀性和稳定性。如果在水泥硬化过程中,产生不均匀的体积变化,就会使水泥石产生膨胀性裂缝,这种现象称为水泥体积安定性不良。

国家标准《水泥标准稠度用水量、凝结时间、安定性检验方法》(GB/T 1346—2001)规定,水泥体积安定性用沸煮法检验。标准测试方法为雷氏法,以试饼法(GB/T 1346—1989)为代用法,有争议时以雷氏法为准。雷氏法是依据所测定的水泥净浆在雷氏夹中沸煮 3h 后的膨胀值来检验水泥的体积安定性,试饼法是观察水泥净浆试饼沸煮 3h 后的外形变化和裂缝状况来检验水泥的体积安定性。

水泥出现体积安定性不良的原因,一般是由于熟料中所含的游离氧化钙过多,也可能是由于熟料中所含的游离氧化镁过多或掺入的石膏过多。熟料中所含的游离氧化钙或氧化镁都是过烧的,熟化很慢,在水泥已经硬化后才能与水进行反应,并引起体积膨胀,使水泥石开裂。当石膏掺量过多时,在水泥硬化后,它还会继续与固态的水化铝酸钙反应生成三硫型水化硫铝酸钙(钙矾石),体积约增大 1.5 倍,也会引起水泥石开裂。

6. 强度及强度等级

强度是评价水泥质量、确定水泥强度等级的重要指标。水泥强度除了与水泥矿物组成和细度有关外,还与水灰比、试件制作方法、养护条件和龄期等因素有关。根据国家标准《水泥胶砂强度检验方法(ISO 法)》(GB 17671—1999)规定,水泥胶砂强度检验是将水泥和中国 ISO 标准砂以 1:3 的比例混合后,以水灰比 0.5 拌制成一组塑性胶砂,用标准方法制成 40mm ×40mm ×160mm 的标准试件,并在标准条件(20℃ ±1℃,相对湿度不小于 90% 或水中)下养护,达到规定龄期(3d、28d)时,测定其抗折强度和抗压强度。

水泥的强度等级是根据规定龄期测定的抗压强度和抗折强度来划分的,各强度等级水泥在各龄期的强度不得低于表 5-2 规定的数值。按国家标准《通用硅酸盐水泥》(GB 175—2007)规定,硅酸盐水泥的强度等级有 42.5、42.5R、52.5、52.5R、62.5、62.5R 六种。

硅酸盐水泥各龄期强度值(GB 175—2007) 表 5-2

强 度 等 级	抗压强度(MPa)		抗折强度(MPa)	
	3d	28d	3d	28d
42.5	17.0	42.5	3.5	6.5
42.5R	22.0	42.5	4.0	6.5
52.5	23.0	52.5	4.0	7.0
52.5R	27.0	52.5	5.0	7.0
62.5	28.0	62.5	5.0	8.0
62.5R	32.0	62.5	5.5	8.0

强度等级中带 R 的为早强型,不带 R 的为普通型。早强型水泥的 3d 抗压强度可达 28d 抗压强度的 50% 左右,并比同强度等级的普通型水泥的 3d 强度提高 10% 以上。

7. 其他技术指标

1)有害成分含量

水泥中的氧化镁 MgO、三氧化硫 SO_3 含量过高会造成体积安定性不良,碱含量过高时,可能使混凝土发生碱—集料反应,对混凝土耐久性产生不利影响。所以,为了保证水泥的使用质量,要求这些化合物的含量不得超过标准规定的限量(表 5-3)。

2)不溶物

水泥中的不溶物来自原料中的黏土,由于煅烧不均匀、化学反应不充分而未参与形成熟料矿物,这些物质将影响水泥的有效成分含量,所以不溶物含量不得超过标准规定的限量(表 5-3)。

细度	凝结时间（min）		安定性（沸煮法）	SO₃含量（%）	MgO含量①（%）	不溶物（%）	烧失量（%）	碱含量（%）
	初凝	终凝						
比表面积 >300m²/kg	≥45	≤390	必须合格	≤3.5	≤5.0	P·Ⅰ≤0.75 P·Ⅱ≤1.50	P·Ⅰ≤3.0 P·Ⅱ≤3.5	≤0.60

注：①如果水泥经压蒸安定性试验合格，则水泥中 MgO 含量允许放宽到 6.0%。

3）烧失量

水泥中烧失量的大小，一定程度上反映了熟料的煅烧质量，同时也反映了混合材料的掺量是否适当，以及水泥受潮的情况，烧失量不得超过标准规定的限量（表 5-3）。

4）碱含量

水泥中碱含量按 $Na_2O + 0.658K_2O$ 计算值表示，若使用活性集料，用户要求提供低碱水泥时，水泥中碱含量不得大于 0.6%，或由供需双方商定。

二、硅酸盐水泥的技术标准

我国的硅酸盐水泥国家标准为《通用硅酸盐水泥》（GB 175—2007），标准规定，凡化学指标、凝结时间、安定性和强度符合规定为合格品，凡化学指标、凝结时间、安定性和强度中的任何一项技术指标不符合规定要求为不合格品。

三、硅酸盐水泥的腐蚀

当水泥石长期处在某些介质中，水泥石中的水化产物会与介质发生各种物理化学作用，并导致混凝土强度降低，甚至发生破坏，这种现象称为水泥石腐蚀。引起水泥石腐蚀的原因很多，也比较复杂，下面仅就几种水泥石腐蚀的典型情况进行说明。

1. 水泥石腐蚀的主要类型

1）软水侵蚀（又称溶出性侵蚀）

软水是指暂时硬度较小的水，如雨水、雪水、工厂冷凝水及含重碳酸盐少的河水和湖水等。暂时硬度按每升水中重碳酸盐含量来计算，当其含量为 10mg（按 CaO 计）时，称为 1 度。

水泥是水硬性胶凝材料，有足够的抗水能力。但是，当水泥石长期处在软水中时，其中一些水化物将按照溶解度的大小，依次逐渐被水溶解。在各种水化物中，氢氧化钙的溶解度最大（25℃时约为 1.2g/L），所以首先被溶解。如在静水及无水压的情况下，由于周围的水迅速被溶出的氢氧化钙所饱和，溶出作用很快终止，所以溶出仅限于水泥石的表面，对水泥石性能影响不大。但在流动水中，特别是在有水压作用而且水泥石的渗透性又较大的情况下，水流不断将氢氧化钙溶出并带走，从而使水泥石中氢氧化钙的含量不断减少。随着氢氧化钙含量的降低，其他水化产物，如水化硅酸钙、水化铝酸钙等，亦将发生分解，从而使水泥石结构逐渐遭到破坏，强度不断降低，严重时会引起整个建筑物的毁坏。有研究发现，当氢氧化钙溶出 5% 时，强度下降 7%；溶出 24% 时，强度下降 29%。

当水泥石处于重碳酸盐含量较高的硬水中时，重碳酸盐可与水泥石中的氢氧化钙发生反应，生成几乎不溶于水的碳酸钙，并积聚在水泥石的孔隙内，在水泥石表面形成密实的保护层，阻止介质水的渗入。所以，水的暂时硬度越高，对水泥石的腐蚀越小，反之，水质越软，腐蚀性越大。对于密实性高的混凝土,一般溶出性侵蚀的发展很慢。

2)硫酸盐腐蚀

在一般的河水和湖水中,硫酸盐含量不多。但在海水、盐沼水、地下水及某些工业污水中常含有钠、钾、铵等的硫酸盐,它们对水泥石有侵蚀作用。现以硫酸钠为例,硫酸钠与水泥石中的氢氧化钙作用,生成硫酸钙,然后,所生成的硫酸钙与水化铝酸钙作用,生成水化硫铝酸钙,反应式如下:

$$Ca(OH)_2 + Na_2SO_4 \cdot 10H_2O = CaSO_4 \cdot 2H_2O + 2NaOH + 8H_2O$$

$$3CaO \cdot Al_2O_3 \cdot 6H_2O + 3(CaSO_4 \cdot 2H_2O) + 19H_2O = 3CaO \cdot Al_2O_3 \cdot 3CaSO_4 \cdot 31H_2O$$

生成的三硫型水化硫铝酸钙(即钙矾石)含有大量结晶水,其体积比原有体积增加 1.5 倍,由于是在已经固化的水泥石中发生上述反应,所以由此产生的体积增加对水泥石将产生破坏作用。由于钙矾石呈针状或杆状结晶,故常称其为"水泥杆菌"。

需要指出的是,为了调节凝结时间而掺入水泥熟料中的石膏,也会生成水化硫铝酸钙。但它是在水泥浆尚有一定的可塑性时,并且往往是在溶液中形成,故不致引起破坏作用。因此,水化硫铝酸钙的形成是否会引起破坏作用,要依其反应时所处的条件而定。

当水中硫酸盐浓度较高时,生成的硫酸钙也会在水泥石的孔隙中直接结晶成二水石膏。二水石膏结晶时体积也增大,同样会产生膨胀应力,对水泥石有破坏作用。

3)镁盐腐蚀

在海水及地下水中常含有大量镁盐,主要是硫酸镁及氯化镁。它们与水泥石中的氢氧化钙起置换作用,生成松软而无胶结能力的氢氧化镁,或易溶于水的氯化钙,生成的二水石膏则引起上述的硫酸盐破坏作用。化学反应式如下:

$$MgSO_4 + Ca(OH)_2 + 2H_2O = CaSO_4 \cdot 2H_2O + Mg(OH)_2$$

$$MgCl_2 + Ca(OH)_2 = CaCl_2 + Mg(OH)_2$$

镁盐腐蚀的强烈程度,除决定于 Mg^{2+} 含量外,还与水中 SO_4^{2-} 含量有关,当水中同时含有 SO_4^{2-} 时,将产生镁盐与硫酸盐两种腐蚀,破坏作用将显得特别严重。

4)碳酸性腐蚀

在大多数的天然水中通常有一些游离的二氧化碳及其盐类,这种水对水泥没有侵蚀作用,但若游离的二氧化碳过多时,将会起破坏作用。首先,硬化水泥石中的氢氧化钙受到碳酸的作用,生成碳酸钙,反应式为:

$$Ca(OH)_2 + CO_2 + H_2O = CaCO_3 \cdot 2H_2O$$

由于水中含有较多的二氧化碳,它与生成的碳酸钙之间可发生下列可逆反应:

$$CaCO_3 + CO_2 + H_2O \longleftrightarrow Ca(HCO_3)_2$$

由于天然水中总有一些重碳酸钙,水中部分的二氧化碳一般会与这些重碳酸钙保持平衡,所以这部分二氧化碳对水泥石无侵蚀作用。当水中含有较多的二氧化碳,并超过平衡浓度时,上式反应向右进行,则水泥石中的氢氧化钙通过转变为易溶的重碳酸钙而流失。随着水泥石中氢氧化钙含量的降低,还会导致水泥石中其他水化物的分解,使腐蚀作用进一步加剧。

5)一般酸性腐蚀

在工业废水、地下水、沼泽水中常含有无机酸和有机酸。各种酸类对水泥石有不同程度的腐蚀作用。它们与水泥石中的氢氧化钙反应后生成的化合物,或溶于水,或体积膨胀,对水泥石产生破坏作用。

例如,盐酸与水泥石中的氢氧化钙反应生成的氯化钙易溶于水,硫酸与水泥石中的氢氧化钙反应生成的二水石膏或者直接在水泥石隙中结晶发生膨胀,或者再与水泥石中的水化铝酸钙作用,生成钙矾石,其破坏作用更大。

环境水中酸的氢离子浓度越大,即 pH 值越小时,侵蚀性越严重。

以上论述了水泥石腐蚀的几种主要类型,但在实际工程中,水泥石的腐蚀很少只是单一因素造成的,而可能是两种或几种腐蚀同时发生,并互相影响,使腐蚀程度更加严重。

2. 水泥石腐蚀的原因及防止措施

水泥石发生腐蚀的原因,不仅是环境中存在腐蚀性介质,而且是由于水泥石本身存在易被腐蚀的内因。内因有两个方面:一是水泥石中含有易被腐蚀的 $Ca(OH)_2$ 和水化铝酸钙;二是水泥石内部有很多毛细孔通道,侵蚀性介质易于进入其内部。

针对以上所述的腐蚀原因,为防止或减轻水泥石的腐蚀,可根据工程的实际情况,采取下列措施:

1)根据侵蚀特点,合理选择水泥品种

若水泥石易遭受软水等侵蚀,可选用水化产物中氢氧化钙含量较少的水泥。若水泥石易遭受硫酸盐的侵蚀,则应采用铝酸三钙含量较低的抗硫酸盐水泥。在生产硅酸盐水泥时,掺入某些人工的或天然的矿物材料(混合材料),可提高其抗腐蚀能力。

2)提高水泥石的密实程度

提高水泥石的密实度,是阻止侵蚀介质深入内部的有力措施。水泥石越密实,抗渗能力越强,环境的侵蚀介质也越难进入。许多工程因水泥混凝土不够密实而过早破坏。而在有些场合,即使所用的水泥品种不甚理想,但由于高度密实,也能使腐蚀减轻。值得指出的是,提高水泥石的密实性对于抵抗软水侵蚀具有更为明显的效果。

3)采用保护层

当侵蚀作用较强,而采用上述措施也难以防止水泥石被腐蚀时,一般可用耐酸石料、耐酸陶瓷、玻璃、塑料、沥青等耐腐蚀性高、不透水的材料,敷设在水泥制品的表面,做一层保护层,防止水泥石直接与腐蚀性介质接触。

四、硅酸盐水泥的主要特性及工程应用

1. 硬化快、强度高

由于硅酸盐水泥的 C_3S 含量高以及凝结硬化速率高,同时对水泥早期强度有利的 C_3A 含量较高,所以其硬化较快,适用于早期强度要求高和冬季施工的混凝土工程。硅酸盐水泥的强度比较高,一般用于配制 C40 以上的混凝土,主要用于地上、地下和水中重要结构钢筋混凝土和预应力混凝土工程。

水泥很细,在储存过程中,易吸收空气中的水分和二氧化碳,在水泥颗粒表面进行缓慢的水化和碳化作用,从而使其胶凝性能和强度降低,即使在条件良好的仓库里储存,时间也不宜过长。一般 3 个月后,水泥强度降低 10% ~20%,6 个月后,降低 15% ~30%,1 年后降低 25% ~40%。因此,水泥储存时间不宜超过 3 个月。超过期限的,必须重新试验,鉴定为合格后方可使用。

2. 水化热高、抗冻性好

硅酸盐水泥中 C_3S 及 C_3A 含量较多,它们水化速度快、放热量大,因而不宜用于大体积混凝土工程。但放热量大对水泥石的抗冻性有利。硅酸盐水泥如采用适宜的水灰比,并经充分

养护，可获得密实的水泥石，具有较高的抗冻性。因此，这种水泥适用于严寒地区遭受反复冻融作用的混凝土工程。

3.耐腐蚀性和耐热性较差

硅酸盐水泥石中 C_3S 及 C_3A 含量较多，水化后形成较多的氢氧化钙和水化铝酸钙，所以不宜用于受流动及压力水作用的混凝土工程，也不宜用于海水、矿物水等腐蚀性作用的工程。

硅酸盐水泥石的主要成分在高温下会发生脱水和分解，使其结构遭受破坏。此外，水泥石经高温作用后，其中的氢氧化钙已经分解为氧化钙，如再受水润湿或长期置放时，由于氧化钙重新与水反应，在生成氢氧化钙的同时，产生体积膨胀，从而对水泥石造成破坏。

在受热温度不高时（100~250℃），水泥石中尚存有游离水，水化可继续进行，并且由于凝胶发生脱水，使得水泥石进一步密实，所以强度有所提高。

在实际受到火灾的高温作用时，因混凝土导热系数较小，仅表面受到高温作用，而内部温度仍很低，所以在时间很短的情况下，不致发生破坏。

第四节　通用硅酸盐水泥中其他五种水泥的性质及特点

一、混合材料概述

混合材料是指在生产水泥时加入的各种矿物质材料，通常分为活性混合材料和非活性混合材料两类。

1.活性混合材料

活性混合材料是指能与石灰、石膏或硅酸盐水泥一起，加水拌和后发生化学反应，并生成具有胶凝性和水硬性物质的混合材料。活性混合材料的这种性质也称为火山灰性。活性混合材料中一般均含有活性 SiO_2 和活性 Al_2O_3，它们是主要的活性成分，能与水泥水化生成的氢氧化钙作用，生成水硬性水化产物。常用的活性混合材料有粒化高炉矿渣、火山灰质混合材料和粉煤灰等。

1）粒化高炉矿渣

粒化高炉矿渣是钢铁厂在高炉炼铁时，所得以硅铝酸盐为主要成分的熔融物，经过水淬冷却处理后，形成具有潜在水硬性的粒状材料。其化学成分是 CaO、MgO、Al_2O_3、SiO_2、Fe_2O_3 等氧化物和少量的硫化物。在一般矿渣中，CaO、SiO_2、Al_2O_3 含量占90%以上，其化学成分与硅酸盐水泥的化学成分相似，但其 CaO 含量较低，而 SiO_2 含量偏高。

粒化高炉矿渣的质量应符合国家标准《用于水泥中的粒化高炉矿渣》（GB/T 203—2008）的要求。质量系数（K）是评定粒化高炉矿渣质量的主要指标之一。质量系数 K 等于 CaO、MgO、Al_2O_3 的含量之和与 SiO_2、Fe_2O_3、TiO_2 含量之和的比值，它反映了矿渣中活性组分与低活性和非活性组分之间的比例关系。质量系数越大，则矿渣的活性越高，国家标准规定质量系数不得小于1.2。

粒化高炉矿渣的活性除了取决于化学成分外，还取于它的结构状态。高炉矿渣在冷却处理时，若速度较慢，则其会形成结晶，硅铝酸盐玻璃体减少，使活性降低。

2）火山灰质混合材料

火山灰质混合材料是指具有火山灰活性的天然的或人工的矿物质材料，其主要成分为活性氧化硅和活性氧化铝,本身一般无水硬性,但在常温下能与石灰和水作用,生成水硬性的水化物。火山灰质混合材料的品种很多,按其化学成分和矿物结构可分为含水硅酸质、铝硅玻璃质、烧黏土质等。

(1)含水硅酸质混合材料有硅藻土(由极细的硅藻介壳聚集、沉积形成的生物质松土)、硅藻石(由极细的硅藻介壳聚集、沉积形成的生物岩石)和硅质渣(由矾土提取硫酸铝的残渣)等,其活性成分以氧化硅为主。

(2)铝硅玻璃质混合材料有火山灰(火山喷发的细粒碎屑的沉积物)、凝灰岩(由火山灰沉积形成的致密岩石)、沸石岩(由凝灰岩经环境介质作用而形成的一种以碱或碱土金属的含铝硅酸盐矿物为主的岩石)、浮石(火山喷出的多孔的玻璃质岩石)和某些工业废渣,其活性成分为氧化硅和氧化铝。

(3)烧土质混合材料有烧黏土(黏土经煅烧后的产物)、煤渣(煤炭燃烧后的残渣)、煤矸石(煤层中炭质页岩经自燃或煅烧后的产物)、烧页岩(页岩或油母页岩经自燃或煅烧后的产物)等,其活性成分以氧化铝为主。

火山灰质混合材料的质量应符合《用于水泥中的火山灰质混合料》(GB/T 2847—2005)的要求。其中,SO_3 含量应不大于 3.5%;火山灰性要合格;水泥胶砂 28d 抗压强度比应不小于 65%;人工火山灰质混合材料的烧失量应不大于 10%。

3)粉煤灰

粉煤灰是火力发电厂从煤粉炉烟道气体中收集的粉末状废渣。粉煤灰中含有较多的活性 SiO_2 和活性 Al_2O_3,两者总含量可达 60% 以上。由于它是由煤粉在煤粉炉中经悬浮态燃烧后急冷而成,所以多呈直径为 $1 \sim 50\mu m$ 的实心或空心玻璃态球粒状。按其化学成分和具有火山灰性的特点,它也属于火山灰质混合材料,但它在性状上具有与其他火山灰质混合材料不同的特点,而且其量大面广,是常用的活性混合材料,因此我国水泥标准中将其单独列出。

用于生产水泥的粉煤灰应满足《用于水泥中和混凝土中的粉煤灰》(GB/T 1596—2005)的质量要求(表 5-4)。

水泥活性混合材料用粉煤灰的技术要求　　　　　　　　　　表 5-4

项 目		烧失量(%)≤	含水率(%)≤	SO_3 含量(%)≤	游离 CaO(%)≤	安定性雷氏夹沸煮后增加距离(mm)≤	强度活性指数(%)≥
技术要求	F 类	8.0	1.0	3.5	1.0	5.0	70.0
	C 类				4.0		

注:F 类粉煤灰——由无烟煤或烟煤煅烧收集的粉煤灰;

　　C 类粉煤灰——由褐煤或次烟煤煅烧收集的粉煤灰,其 CaO 含量一般大于 10%。

2. 非活性混合材料

非活性混合材料是指在水泥中主要起填充作用而又不损害水泥性能的人工或天然的矿物质材料。这类材料在水泥水化过程中不发生化学反应,或者化学反应甚微,所以不具有活性或活性非常低。石英砂、石灰石、黏土、慢冷矿渣,以及不符合质量标准的活性混合材料均可以作为非活性混合材料应用。

非活性混合材料掺入到水泥中仅能起调节水泥强度等级、增加水泥产量、降低水化热等作用。非活性混合材料应具有足够的细度,不含或极少含对水泥有害的杂质。

二、普通硅酸盐水泥

1. 概述

由硅酸盐水泥熟料、适量石膏及规定掺加量的混合材料磨细制成的水硬性胶凝材料,称为普通硅酸盐水泥(简称普通水泥),代号 P·O。

普通水泥中混合材料的掺加量按质量百分比计。活性混合材的掺加量为 >5%,且 ≤20%,其中允许用不超过水泥质量8%且符合标准的非活性混合材料或不超过水泥质量5%符合《掺入水泥中的回转窑窑灰》(JC/T 742)的窑灰(水泥回转窑窑尾废气中收集的粉尘)来代替。

2. 普通硅酸盐水泥的技术性质

国家标准《通用硅酸盐水泥》(GB 175—2007)规定,普通硅酸盐的水泥强度等级分为 42.5、42.5R、52.5 和 52.5R 四个等级。各种强度等级水泥在不同龄期的强度均不得低于表5-5所规定的数值。

普通水泥的各种强度等级在不同龄期的强度要求　　　　　　表 5-5

强 度 等 级	抗压强度(MPa)		抗折强度(MPa)	
	3d	28d	3d	28d
42.5	17.0	42.5	3.5	6.5
42.5R	22.0		4.0	
52.5	23.0	52.5	4.0	7.0
52.5R	27.0		5.0	

普通水泥的细度以比表面积表示,其比表面积不小于 $300m^2/kg$;初凝时间不小于45min,终凝时间不大于600min。对体积安定性的要求与硅酸盐水泥相同。

3. 普通硅酸盐水泥的特性及应用

在普通硅酸盐水泥中掺入少量混合材料的主要目的是调节水泥强度等级,便于实际工程中合理选用,并能降低生产成本和工程造价。由于混合材料掺加量较少,其矿物组成的比例仍在硅酸盐水泥范围内,所以其性能、应用范围与同强度等级的硅酸盐水泥相近。但与硅酸盐水泥相比,普通硅酸盐水泥的早期硬化速度稍慢,3d 强度稍低,抗冻性稍差。

普通硅酸盐水泥是我国最常用的水泥品种之一,广泛应用于各种混凝土工程中。

三、矿渣硅酸盐水泥、火山灰质硅酸盐水泥及粉煤灰硅酸盐水泥

1. 概述

(1)由硅酸盐水泥熟料和粒化高炉矿渣、适量石膏磨细制成的水硬性胶凝材料称为矿渣硅酸盐水泥(简称矿渣水泥),代号 P·S。矿渣硅酸盐水泥中粒化高炉矿渣掺加量(按质量百分比计)为 >20% 且 ≤70%,并分为 A 型和 B 型。A 型矿渣掺量为 >20% 且 ≤50%,代号为 P·S·A;B 型矿渣掺量为 >50% 且 ≤70%,代号为 P·S·B。允许用火山灰质混合材料(包括粉煤灰)、石灰石、窑灰来替代矿渣,但替代的数量不得超过水泥质量的8%,替代后水泥中的粒化高炉矿渣不得少于20%。

(2)由硅酸盐水泥熟料和火山灰质混合材料、适量石膏磨细制成的水硬性胶凝材料称为火山灰质硅酸盐水泥(简称火山灰水泥),代号 P·P。水泥中火山灰质混合材料掺加量(按质

量百分比计)为 >20% 且 ≤40%。

（3）凡由硅酸盐水泥熟料和粉煤灰、适量石膏磨细制成的水硬性胶凝材料称为粉煤灰硅酸盐水泥(简称粉煤灰水泥)，代号 P·F。水泥中粉煤灰的掺加量（按质量百分比计）为 >20% 且 ≤40%。

2. 矿渣水泥、火山灰水泥和粉煤灰水泥的水化反应特点

由于这三种水泥中掺入了数量较多的混合材料，硅酸盐水泥熟料的数量明显减少，所以它们的水化反应具有与硅酸盐水泥不同的特点，这个特点就是水化反应包含两个过程。首先是水泥熟料矿物与水作用，生成氢氧化钙、水化硅酸钙、水化铝酸钙等水化产物，这一过程与硅酸盐水泥水化时基本相同。当氢氧化钙生成之后，它就与混合材料中的活性氧化硅和活性氧化铝进行二次反应，生成水化硅酸钙和水化铝酸钙。即

$$x\mathrm{Ca(OH)_2} + \mathrm{SiO_2} + (m-x)\mathrm{H_2O} = x\mathrm{CaO} \cdot \mathrm{SiO_2} \cdot m\mathrm{H_2O}$$
$$y\mathrm{Ca(OH)_2} + \mathrm{Al_2O_3} + (n-y)\mathrm{H_2O} = y\mathrm{CaO} \cdot \mathrm{Al_2O_3} \cdot n\mathrm{H_2O}$$

上述二次反应过程就是"火山灰反应"，其中，溶液中的氢氧化钙是激发混合材料活性的物质，所以称为激发剂。激发剂分碱性激发剂和硫酸盐激发剂。上述的氢氧化钙即为碱性激发剂，而磨细时加入的石膏为硫酸盐激发剂，它的作用是进一步与水化铝酸钙反应而生成水化硫铝酸钙。矿渣水泥中石膏的掺加量可比其他通用硅酸盐水泥稍多一些，但国家标准规定矿渣水泥中 SO_3 的含量不得超过4%。而火山灰水泥和粉煤灰水泥中 SO_3 的含量仍不得超过3.5%。

3. 矿渣水泥、火山灰水泥和粉煤灰水泥的主要技术性质

国家标准规定，这三种水泥的细度以筛余百分数表示，要求 80μm 方孔筛筛余不大于10% 或 45μm 方孔筛筛余不大于30%；对凝结时间和体积安定性的技术要求与普通硅酸盐水泥相同。这三种水泥有六个强度等级：32.5、32.5R、42.5、42.5R、52.5、52.5R。各强度等级水泥在不同龄期的强度不得低于表5-6所规定的数值。

矿渣水泥、火山灰水泥和粉煤灰水泥的强度要求   表5-6

强 度 等 级	抗压强度（MPa）		抗折强度（MPa）	
	3d	28d	3d	28d
32.5	10.0	32.5	2.5	5.5
32.5R	15.0	32.5	3.5	5.5
42.5	15.0	42.5	3.5	6.5
42.5R	19.0	42.5	4.0	6.5
52.5	21.0	52.5	4.0	7.0
52.5R	23.0	52.5	4.5	7.0

由于火山灰质混合材料一般具有多孔性，比表面积较大，所以火山灰水泥的标准稠度用水量较大。

4. 矿渣水泥、火山灰水泥和粉煤灰水泥的特性及应用

与硅酸盐水泥相比，矿渣水泥、火山灰水泥和粉煤灰水泥在性能上有如下共同的特点：

1) 早期凝结硬化慢，强度低，后期强度高

由于这三种水泥中含有较多的混合材料，相应水泥熟料含量较少，而且水化反应具有二次反应的特点，所以它们的凝结硬化速度慢，早期(3d)强度较低。但在硬化后期，硬化速度增

大,强度明显增长,甚至 28d 以后的强度发展将超过硅酸盐水泥。一般混合材料的掺入量越多,早期强度就越低,但后期强度增长率越大。为了保证其强度不断增长,应长时间在潮湿环境下养护。

此外,它们对温度影响的敏感性比硅酸盐水泥大。在低温下硬化很慢,早期强度显著降低;而采用蒸汽养护,提高养护温度,则能加快硬化速度,早期强度显著提高,而且对其后期强度的发展无不利影响。

这三种水泥不宜用于早期强度要求高的混凝土工程,但对承受荷载较迟的工程更为适用,并且适用于制作蒸汽养护的预制构件。

2)具有较强的抗腐蚀能力

由于掺入混合材料,水泥石中易受腐蚀的氢氧化钙大为减少,同时易受硫酸盐侵蚀的铝酸三钙含量也相对降低,所以这三种水泥抗腐蚀能力较强。它们可用于需要抗溶出性侵蚀或抗硫酸盐侵蚀的水工混凝土、海洋混凝土等工程。

3)水化热低,抗冻性较差

由于它们的水化速度较慢,所以水化热也相应较低。它们适用于大体积混凝土工程。但它们的抗冻性较差,不宜用于严寒地区会遭受反复冻融作用的混凝土工程。

除上述特点外,由于这三种水泥所掺加的混合材料的品种不同,所以在性能上也存在各自的特点。

矿渣水泥中因掺加了高温下形成的矿渣,所以其具有较好的耐热性,可用于高温车间的混凝土结构。

火山灰水泥颗粒较细、泌水性小。在潮湿环境中或在水中养护时,因火山灰质混合材料与氢氧化钙作用后,可生成较多的水化硅酸钙凝胶体,使水泥石结构致密,因而具有较高的抗渗性和耐水性,可用于有抗渗要求的混凝土工程。火山灰水泥在硬化过程中干缩现象较矿渣水泥更显著,如果养护不当,易产生干缩裂缝,所以不宜用于干燥地区及高温车间。

由于粉煤灰的球形颗粒表面很致密,吸水能力弱,与其他水泥相比较,其标准稠度需水量较小,干缩性也小,因而抗裂性较高。但球形颗粒的保水性差,泌水较快,若养护不当,也易引起混凝土失水而产生裂缝。

四、复合硅酸盐水泥

由硅酸盐水泥熟料和两种或两种以上的混合材料、适量石膏磨细制成的水硬性胶凝材料称为复合硅酸盐水泥(简称复合水泥),代号 P·C。复合硅酸盐水泥中混合材料的掺加量(按质量百分比计)为 >20% 且 ≤50%。

复合水泥的主要技术要求与普通水泥相同。

复合水泥的性质与所掺入的混合材料种类、掺量及相对比例有关,其特性与矿渣水泥、火山灰水泥、粉煤灰水泥有不同程度的相似之处,可根据其掺入的混合材料种类,参照掺加相同混合材料水泥的适用范围进行选用。

第五节 常用水泥的选用原则

一、常用水泥的特性

常用水泥的特性,见表5-7。

品 种	主 要 特 性
硅酸盐水泥	凝结硬化快;早期强度高;水化热大;抗冻性好;干缩性小;耐蚀性差;耐热性差
普通水泥	凝结硬化较快;早期强度较高;水化热较大;抗冻性较好;干缩性较小;耐蚀性较差;耐热性较差
矿渣水泥	凝结硬化慢;早期强度低;后期强度增长较快;水化热较低;抗冻性差;干缩性大;耐蚀性较好;耐热性好;泌水性大
火山灰水泥	凝结硬化慢;早期强度低;后期强度增长较快;水化热较低;抗冻性差;干缩性大;耐蚀性较好;耐热性较好;抗渗性较好
粉煤灰水泥	凝结硬化慢;早期强度低;后期强度增长较快;水化热较低;抗冻性差;干缩性较小;抗裂性较好;耐蚀性较好;耐热性较好
复合水泥	与所掺两种或两种以上混合材料的种类、掺量有关,其特性基本上与矿渣水泥、火山灰水泥、粉煤灰水泥的特性相似

二、常用水泥的选用

各类建筑工程,可针对其工程性质、结构部位、施工要求和使用环境条件等,按照表5-8进行选用。

常用水泥的选用 表5-8

混凝土工程特点及所处环境条件			优 先 选 用	可 以 选 用	不 宜 选 用
普通混凝土	1	在一般气候环境中的混凝土	普通水泥	矿渣水泥、火山灰水泥、粉煤灰水泥、复合水泥	
	2	在干燥环境中的混凝土	普通水泥	矿渣水泥	火山灰水泥、粉煤灰水泥
	3	在高湿度环境中或长期处于水中的混凝土	矿渣水泥、火山灰水泥、粉煤灰水泥、复合水泥	普通水泥	
	4	厚大体积的混凝土	矿渣水泥、火山灰水泥、粉煤灰水泥、复合水泥		硅酸盐水泥
有特殊要求的混凝土	1	要求快硬、高强(>C40)的混凝土	硅酸盐水泥	普通水泥	矿渣水泥、火山灰水泥、粉煤灰水泥、复合水泥
	2	严寒地区的露天混凝土、寒冷地区处于水位升降范围内的混凝土	普通水泥	矿渣水泥(强度等级>32.5MPa)	火山灰水泥、粉煤灰水泥
	3	严寒地区处于水位升降范围内的混凝土	普通水泥(强度等级>42.5MPa)		矿渣水泥、火山灰水泥、粉煤灰水泥、复合水泥
	4	有抗渗要求的混凝土	普通水泥、火山灰水泥		矿渣水泥
	5	有耐磨性要求的混凝土	硅酸盐水泥、普通水泥	矿渣水泥(强度等级>32.5MPa)	火山灰水泥、粉煤灰水泥
	6	受侵蚀性介质作用的混凝土	矿渣水泥、火山灰水泥、粉煤灰水泥、复合水泥		硅酸盐水泥

第六节　其他水泥品种

一、铝酸盐水泥

铝酸盐水泥是以铝矾土和石灰石为主要原料,经高温煅烧得到以铝酸钙为主要成分的熟料,再经磨细而制成的水硬性胶凝材料,代号为CA。因其中氧化铝含量高,一般大于50%,所以又称为高铝水泥。

铝酸盐水泥的主要矿物成分是铝酸一钙($CaO \cdot Al_2O_3$,简写为CA)和二铝酸一钙($CaO \cdot 2Al_2O_3$,简写为CA_2),其中铝酸一钙的含量约占70%。

铝酸盐水泥的水化过程主要是铝酸一钙的水化过程,其水化作用与温度有关。

当温度小于20℃时,其反应式为:

$$CaO \cdot Al_2O_3 + 10H_2O = CaO \cdot Al_2O_3 \cdot 10H_2O$$

　　铝酸一钙　　　　　　水化铝酸一钙(简写为CAH_{10})

当温度在20~30℃时,其反应式为:

$$2(CaO \cdot Al_2O_3) + 11H_2O = 2CaO \cdot Al_2O_3 \cdot 8H_2O + Al_2O_3 \cdot 3H_2O$$

　　　　　　　　　　水化铝酸二钙(简写为C_2AH_8)　　　铝胶

当温度大于30℃时,其反应式为:

$$3(CaO \cdot Al_2O_3) + 12H_2O = 3CaO \cdot Al_2O_3 \cdot 6H_2O + 2(Al_2O_3 \cdot 3H_2O)$$

　　　　　　　　　　水化铝酸三钙(简写为C_3AH_6)　　　铝胶

铝酸一钙的水化反应速度快,能放出大量的水化热。反应后生成大量的水化铝酸钙晶体和氢氧化铝凝胶体,能迅速胶结成为晶体骨架,难溶于水的氢氧化铝凝胶,填充于这些晶体骨架之中,短期内使水泥石很快密实和硬化,早期强度迅速增长。

二铝酸一钙的水化与铝酸一钙的水化基本相同,但速度较慢。由于二铝酸一钙的数量很少,在硬化过程中不起很大作用。

水化物CAH_{10}为片状晶体,C_2AH_8为针状晶体,它们通过互相交错搭接,形成晶体骨架,氢氧化铝凝胶体填充于这些晶体骨架之中,使水泥石形成密实的结构,因而强度高。但在较高温度下(大于25℃),CAH_{10}和C_2AH_8会随时间的增长而发生晶型转化,逐渐转化为立方晶体的水化铝酸三钙(C_3AH_6),环境温度越高,转化就越快。由于晶体转化,使水泥石内析出游离水,增大了孔隙数量,同时也由于C_3AH_6本身强度较低,所以水泥石的强度明显下降,最终强度为早期最高强度的40%~60%。

国家标准《铝酸盐水泥》(GB/T 201—2015)规定,铝酸盐水泥根据水泥中Al_2O_3的含量(质量分数)分为CA50、CA60、CA70和CA80四个品种,见表5-9。

细度的要求为:比表面积不小于$300m^2/kg$,或$45\mu m$方孔筛筛余量不得超过20%。两者发生争议时以比表面积为准。

凝结时间(胶砂)的要求为:CA50、CA60-Ⅰ、CA70、CA80的初凝时间不得早于30min,终凝时间不得迟于6h;CA60-Ⅱ的初凝时间不得早于60min,终凝时间不得迟于1080min。

各品种及类型水泥在规定龄期的胶砂强度均不得低于表5-9的数值。

品种	类型	Al_2O_3 含量	抗压强度（MPa）				抗折强度（MPa）			
			6h	1d	3d	28d	6h	1d	3d	28d
CA50	CA50-Ⅰ	≥50,<60	20	40	50	—	3.0	5.5	6.5	—
	CA50-Ⅱ			50	60	—		6.5	7.5	—
	CA50-Ⅲ			60	70	—		7.5	8.5	—
	CA50-Ⅳ			70	80	—		8.5	9.5	—
CA60	CA60-Ⅰ	≥60,<68	—	65	85	—	—	7.0	10.0	—
	CA60-Ⅱ		—	20	45	85	—	2.5	5.0	10.0
CA70		≥68,<77	—	30	40	—	—	5.0	6.0	—
CA80		≥77	—	25	30	—	—	4.0	5.0	—

铝酸盐水泥具有如下特性：

1. 水化热高，放热快

铝酸盐水泥硬化时放热量大，且集中在早期，1d 内可放出总热量的 70%～80%。因此，铝酸盐水泥适用于寒冷地区冬季施工的混凝土工程，但不宜用于大体积混凝土工程。

2. 强度增长快，早期强度高

铝酸盐水泥最大的特点是强度发展非常迅速，24h 的强度可达到其极限强度的 80% 以上，而且在低温（5～10℃）下也能很好硬化。但是在较高温度（大于 30℃）下养护时，强度反而急剧下降，后期强度下降更严重，甚至引起结构破坏，这一特性与硅酸盐水泥正好相反。因此，铝酸盐水泥适用于紧急抢修和早期强度要求高的特殊工程，不适用于蒸汽养护及在较高温度季节施工的工程。在自然条件下，铝酸盐水泥长期强度下降后会达到一个最低稳定值，工程设计时应按其最低稳定强度取值。

3. 耐侵蚀性强

普通硬化条件下铝酸盐水泥石中没有水化铝酸三钙和氢氧化钙，结构致密。因此具有很好的抗硫酸盐及海水侵蚀能力，比抗硫酸盐水泥还要好，同时对其他侵蚀性介质也有很好的稳定性。但碱溶液对铝酸盐水泥的侵蚀性极强，因此，铝酸盐水泥适用于有抗硫酸盐侵蚀要求的工程。

4. 耐热性强

铝酸盐水泥的水化产物，经过晶型转化后，强度虽然降低，但此时的产物十分稳定，将来即使遇到高温，也不会产生明显影响结构强度的化学变化。因此铝酸盐水泥的耐高温性能很好，可应用于耐高温工程。

5. 可与石膏配合使用

将铝酸盐水泥中掺入二水石膏或无水石膏，水化物 CAH_{10} 和 C_2AH_8 等能与石膏反应生成稳定的水化硫铝酸钙，可有效克服铝酸盐水泥长期强度降低的现象，并可用于配制膨胀水泥，这是目前铝酸酸水泥的主要用途之一。

此外，铝酸盐水泥不能与硅酸盐水泥、石灰等混用，也不能与尚未硬化的硅酸盐水泥接触使用。否则，会使铝酸盐水泥出现"闪凝"现象，并引起强度降低。

二、道路硅酸盐水泥

由道路硅酸盐水泥熟料、适量石膏和符合标准的活性混合材料,磨细制成的水硬性胶凝材料,称为道路硅酸盐水泥(简称道路水泥),代号 P·R。活性混合材料的掺加量按质量百分比计为 0 ~ 10% ,可以使用符合标准的 F 类粉煤灰、粒化高炉矿渣、钢渣、粒化电炉磷渣。

按照国家标准《道路硅酸盐水泥》(GB 13693—2005)的要求,道路硅酸盐水泥熟料中 C_3A 含量不得大于 5.0% , C_4AF 含量不得小于 16%。游离氧化钙的含量,旋窑生产应不大于 1.0% ,立窑生产应不大于 1.8% 。限制 C_3A 的含量主要是因为水化铝酸三钙孔隙较多、干缩较大,降低其水化物含量,可以减少水泥的干缩率。提高 C_4AF 的含量是为了增加水泥的抗折强度和耐磨性,因为 C_4AF 脆性小,硬化时体积收缩小。

国家标准还规定道路水泥中氧化镁含量不得超过 5.0% ,三氧化硫含量不得超过 3.5% ,烧失量应不大于 3.0% ;水泥的初凝时间不得早于 1.5h,终凝时间不得迟于 10h;比表面积为 300 ~ 450m²/kg;沸煮法检验安定性必须合格;28d 干缩率不得大于 0.10% ;耐磨性以磨损量表示,不得大于 3.0kg/m²。

道路水泥按 28d 强度分为 32.5、42.5 和 52.5 共 3 个强度等级,各龄期的强度值不得低于表 5-10 中的数值。

道路硅酸盐水泥各龄期的强度值(GB 13693—2005)　　　　　　　　表 5-10

强 度 等 级	抗压强度(MPa)		抗折强度(MPa)	
	3d	28d	3d	28d
32.5	16.0	32.5	3.5	6.5
42.5	21.0	42.5	4.0	7.0
52.5	26.0	52.5	5.0	7.5

道路水泥的主要特性是抗折强度高、干缩小、耐磨性、抗冻性和抗冲击性能好,主要用于道路路面、飞机跑道、车站、公共广场等对抗折强度、耐磨性、抗干缩性能要求较高的面层混凝土。

三、抗硫酸盐硅酸盐水泥

国家标准《抗硫酸盐硅酸盐水泥》(GB 748—2005)规定,硅酸盐水泥按抗硫酸盐侵蚀程度可分为中抗硫酸盐硅酸盐水泥和高抗硫酸盐硅酸盐水泥两类。凡以适当成分的生料,烧至部分熔融,所得以硅酸钙为主的特定矿物组成的熟料,加入适量石膏,磨细制成的具有抵抗中等浓度硫酸根离子侵蚀性能的水硬性胶凝材料,称为中抗硫酸盐硅酸盐水泥(简称中抗硫水泥),代号 P·MSR;而具有抵抗较高浓度硫酸根离子侵蚀性能的水硬性胶凝材料,称为高抗硫酸盐硅酸盐水泥(简称高抗硫水泥),代号 P·HSR。

抗硫酸盐水泥的抗硫酸盐侵蚀的机理是在满足强度的要求下,对熟料中 C_3S 和 C_3A 的含量进行严格控制,从而使水泥的水化热较低,水化铝酸钙含量少,抗硫酸盐侵蚀的能力强。在中抗硫水泥中, C_3S 和 C_3A 的计算含量分别不应超过 55.0% 和 5.0% 。高抗硫水泥中, C_3S 和 C_3A 的计算含量分别不应超过 50.0% 和 3.0% 。 SO_3 含量不应大于 2.5% 。

国家标准规定,抗硫酸盐水泥的初凝时间不得早于 45min,终凝时间不得迟于 12h;水泥比表面积不得小于 280m²/kg;沸煮法检验安定性必须合格;按强度划分为 32.5 和 42.5 共 2 个强度等级。各等级水泥在各个龄期的强度应不低于表 5-11 的数值。

强度等级	抗压强度（MPa）		抗折强度（MPa）	
	3d	28d	3d	28d
32.5	10.0	32.5	2.5	6.0
42.5	15.0	42.5	3.0	6.5

抗硫酸盐水泥适用于易遭受硫酸盐侵蚀的海港、水利、地下、引水、隧道、道路及桥梁基础等大体积混凝土工程。

四、白色硅酸盐水泥

国家标准《白色硅酸盐水泥》（GB 2015—2005）规定：以适当成分的生料燃烧至部分熔融，得到以硅酸钙为主要成分、氧化铁含量少的熟料，称为白色硅酸盐水泥熟料。

由氧化铁含量少的硅酸盐水泥熟料、适量石膏及符合标准规定的混合材料，磨细制成的水硬性胶凝材料称为白色硅酸盐水泥（简称白水泥），代号 P·W。混合材料是指石灰石（其 Al_2O_3 含量应不超过 2.5%）或窑灰（符合 JC/T 742），掺加量为水泥质量的 0～10%。

白水泥的主要矿物成分仍是硅酸盐，只是水泥中着色物质（氧化铁、氧化锰、氧化钛、氧化铬等）的含量比硅酸盐水泥大大减少。

硅酸盐水泥的颜色主要取决于氧化铁的含量，当氧化铁含量为 3%～4% 时，水泥呈暗灰色，氧化铁含量为 0.35%～0.40% 时，水泥接近白色。因此，生产白水泥时，一般 Fe_2O_3 的含量要控制在 0.5% 以下，同时尽可能除掉其他着色氧化物（如 MnO、TiO_2 等）。生产白水泥的原料是较纯净的高岭土、石英砂、石灰石，整个生产过程要在没有着色物质污染的条件下进行。由于对原料、生产过程和工艺设备的要求较高，因此白水泥的生产成本高，价格较贵。

白水泥除颜色外，其技术性能与硅酸盐水泥基本相同。国家标准《白色硅酸盐水泥》（GB 2015—2005）规定：白水泥的细度要求为 0.080mm 方孔筛筛余量不得超过 10%；其初凝时间应不早于 45mm，终凝时间应不迟于 12h；沸煮法检验安定性必须合格，SO_3 含量不应大于 3.5%。

白水泥按强度划分为 3 个强度等级，各强度等级水泥在规定龄期的强度应不低于表 5-12 的数值。

白色硅酸盐水泥各龄期的强度值（GB 2015—2005） 表 5-12

强度等级	抗压强度（MPa）		抗折强度（MPa）	
	3d	28d	3d	28d
32.5	12.0	32.5	3.0	6.0
42.5	17.0	42.5	3.5	6.5
52.5	22.0	52.5	4.0	7.0

白度是评定白水泥白色程度的重要指标，按标准方法测定，以其对红、绿、蓝三原色的反射率与氧化镁标准白板的反射率之比值表示。白水泥的白度不得低于 87。

白水泥主要应用于建筑装饰工程，用于配制白色或彩色水泥浆、砂浆和混凝土。

五、膨胀水泥和自应力水泥

一般常用水泥在凝结硬化时都有体积收缩现象，这种体积收缩受到约束时可能会导致混凝土出现裂缝，从而影响混凝土的性能。膨胀水泥和自应力水泥在凝结硬化过程中不仅不收缩，反而有不同程度的膨胀。膨胀水泥能消除收缩产生的不利影响，而自应力水泥可使钢筋混凝土产生预应力。

膨胀水泥的膨胀能较低，限制膨胀时所产生的压应力大致可抵消干缩所引起的拉应力，所以又称为补偿收缩水泥；而自应力水泥具有较高的膨胀能，当膨胀变形受到来自外部的约束或钢筋的内部约束时，就会使硬化后的混凝土受到压应力作用，从而达到预应力的目的。这种压应力是由水泥自身水化膨胀所引起的，故称为自应力，这种水泥称为自应力水泥。

膨胀水泥和自应力水泥可根据自应力大小划分，自应力值大于或等于 2.0MPa 时，称为自应力水泥，自应力值小于 2.0MPa（通常约 0.5MPa）时，称为膨胀水泥。膨胀水泥的线膨胀率一般小于 1%，相当于或稍大于普通水泥的收缩率。自应力水泥的线膨胀率一般为 1% ~ 3%。

按水泥的基本组成，可分为以下四种类型：

（1）硅酸盐型——以硅酸盐水泥为主，外加铝酸盐水泥（或明矾石）和石膏配制而成，主要品种有自应力硅酸盐水泥、明矾石膨胀水泥等。

（2）铝酸盐型——以铝酸盐水泥为主，外加石膏配制而成，主要品种有自应力铝酸盐水泥等。

（3）硫铝酸盐型——以无水硫铝酸钙和硅酸二钙为主要成分，外加石膏配制而成，主要品种有自应力硫铝酸盐水泥、膨胀硫铝酸盐水泥等。

（4）铁铝酸钙型——以铁相、无水硫铝酸钙和硅酸二钙为主要成分，外加石膏配制而成，主要品种有自应力铁铝酸盐水泥、膨胀铁铝酸盐水泥等。

以上四类膨胀水泥及自应力水泥的膨胀，都源于水泥水化过程中形成较多的钙矾石所产生的膨胀。通过调整各种组成的配合比例，就可得到不同的膨胀值或自应力值的水泥。

膨胀水泥主要用于防渗层及防渗混凝土、构件的接缝及管道接头、结构的加固及修补、固定机器底座及地脚螺栓等。自应力水泥主要用于制造钢筋混凝土压力管及其配件。

思考与练习

1. 硅酸盐水泥熟料是由哪些矿物组成的？它们对水泥的性能（如强度、水化反应速度和水化热等）有何影响？

2. 在生产及控制水泥质量时会采取以下措施或测试，试说明采取下列措施的原因。

（1）生产硅酸盐水泥时加入石膏。

（2）测定水泥体积安定性。

（3）水泥必须具有一定细度。

（4）测定凝结时间。

（5）测定水泥安定性、凝结时间时，拌制水泥净浆的加水量都必须是标准稠度用水量。

3. 评价水泥的主要技术指标有哪几项？各自反映水泥的什么性质？

4. 硅酸盐水泥的强度等级是如何确定的？

5. 什么是水泥混合材料？矿渣水泥、火山灰水泥及粉煤灰水泥具有什么技术特性，为什么？

6. 什么是水泥的合格品、不合格品？

7. 水泥石腐蚀的主要原因是什么？应如何防止？

8. 试述六大常用水泥的组成、特性和应用范围。

9. 铝酸盐水泥有哪些特性？主要用途有哪些？

10. 道路硅酸盐水泥有哪些特性？主要用途有哪些？

11. 膨胀水泥和自应力水泥有哪些不同？它们为何能产生膨胀？

第六章 混凝土

第一节 概　述

一、混凝土的定义和分类

混凝土是将胶凝材料与散粒材料等材料混合,由胶凝材料将散粒材料(砂石)黏结在一起,并经过凝结硬化而形成的一种具有较高强度的人造石材。

混凝土的品种很多,为了使用方便,通常从不同的角度进行分类。

(1)按其所用的胶凝材料可分为水泥混凝土、沥青混凝土、硅酸盐混凝土等。

(2)按其干表观密度大小可分为重混凝土(表观密度≥2800kg/m³)、普通混凝土(表观密度=2000~2800kg/m³)、轻混凝土(表观密度≤1900kg/m³)。

(3)按其用途可分为结构混凝土、防水混凝土、耐酸混凝土、耐火混凝土等。

(4)按其施工工艺可分为泵送混凝土、喷射混凝土、真空脱水混凝土、碾压混凝土等。

(5)按其所用的掺和料品种分为粉煤灰混凝土、钢渣混凝土、硅灰混凝土等。

(6)按其抗压强度的大小可分为低强混凝土(抗压强度<30MPa)、中强混凝土(抗压强度=30~60MPa)、高强混凝土(抗压强度>60MPa)。

在各种混凝土中,以水泥为胶凝材料、砂石为粗细集料(骨料)的普通混凝土是最常用、用量最大、用途最广的混凝土。所以,从工程应用的广泛性而言,混凝土又是指由水泥、水、粗细集料为基本原材料(有时还使用掺和料和外加剂等材料)配制成的混合料,经过凝结硬化而形成的人造石材。

本章重点讲述普通混凝土,如无特别说明,下述的混凝土都是指普通混凝土。

二、混凝土组织结构的一般描述

混凝土是一种非匀质的颗粒型复合材料,从宏观上看,混凝土是由相互胶结的各种不同形状和大小的颗粒堆积而成的。但如果深入观察其内部结构,则会发现它是具有固相、液相和气相的三相多微孔结构。

硬化混凝土是由粗、细集料和硬化水泥浆体(即水泥石)组成的,而硬化水泥浆体由水泥水化物、未水化水泥颗粒、自由水、孔隙等组成,并且在集料与硬化水泥浆体的界面上也存在着孔隙和微裂缝等。

第二节　普通混凝土的基本组成材料

普通混凝土的基本组成材料是指水泥、粗细集料和水,它们的性能对混凝土的性能有很大的影响。因此,为了保证混凝土的质量,必须掌握基本材料的技术性质和质量要求,合理地选择和使用原材料,并控制好原材料的质量。

一、水　　泥

有关水泥的技术性质和相关的质量要求已在第五章作了介绍。在工程实践中,合理选用水泥的关键是选择好品种和强度等级,不仅要保证混凝土的和易性、强度、耐久性等性能满足使用要求,而且要经济。

在工程上配制混凝土时,必须根据工程性质、施工方法、结构所处的环境条件等因素,按各种水泥的特性和应用范围进行合理的选择。具体水泥品种的选择可参见第五章。

选择水泥强度等级时,既要考虑充分发挥水泥强度的作用,保证混凝土的强度能够满足设计要求,又要考虑对其他性能的影响和经济性。用高强度等级的水泥配制低强度等级的混凝土时,若只考虑满足强度要求,就会使水泥用量偏少,从而影响混凝土的耐久性。用低强度等级的水泥配制高强度等级的混凝土,若不采取其他措施,就会使水泥用量过大,不仅不经济,而且混凝土硬化时会产生较大干缩等不利影响。根据工程实践的经验,对于一般强度的混凝土,水泥强度等级与混凝土强度等级的比值为 1.5 ~ 2.0 为宜,对高强度的混凝土,此比值为1.0 ~ 1.5 为宜。

二、集　　料

集料是混凝土中起骨架和填充作用的粒料,其总体积一般占混凝土体积的 60% ~ 80%。

1. 集料的种类

1)按粒径分类

(1)粗集料:粒径 >4.75mm 的集料,常用的有天然岩石或卵石经人工轧制而成的碎石和天然岩石经自然风化而形成的卵石、砾石。

(2)细集料:粒径 <4.75mm 的集料,如天然砂(包括河砂、湖砂、山砂和淡化海砂)、人工砂(包括机制砂、混合砂)。

2)按技术要求分类

(1)Ⅰ类集料:宜用于强度等级大于 C60 的混凝土。

(2)Ⅱ类集料:宜用于强度等级为 C30 ~ C60 的混凝土及有抗冻、抗渗或其他要求的混凝土。

(3)Ⅲ类集料:宜用于强度等级小于 C30 的混凝土。

2. 集料的技术性质和质量标准

我国的集料质量标准是《建设用砂》（GB/T 14684—2011）和《建设用卵石、碎石》（GB/T 14685—2011）。由于集料的质量对混凝土性能有很大的影响，因此，集料的质量必须符合上述标准的规定。

集料的技术性质主要是标准中规定的质量检验项目，主要有以下几个方面：

1）含泥量、石粉含量和泥块含量

含泥量是指天然砂和石子中粒径小于 0.075mm 颗粒的含量。石粉含量是指人工砂中粒径小于 0.075mm 颗粒的含量。泥颗粒和石粉极细，会黏附在集料的表面，影响水泥石与集料之间的黏结，因此必须严格控制其含量（表 6-1、表 6-2）。

天然砂、石子中泥和泥块含量的限值 表 6-1

项　目	集料类别	指　标		
		Ⅰ类	Ⅱ类	Ⅲ类
含泥量（按质量计，%）	砂	≤1.0	≤3.0	≤5.0
	石子	≤0.5	≤1.0	≤1.5
泥块含量（按质量计，%）	砂	0	≤1.0	≤2.0
	石子	0	≤0.2	≤0.5

机制砂中石粉和泥块含量的限值 表 6-2

项　目		指　标		
		Ⅰ类	Ⅱ类	Ⅲ类
亚甲蓝试验	MB 值≤1.40 或快速试验法合格	MB 值	≤0.5	≤1.0	≤1.4 或合格
		石粉含量* （按质量计，%）	≤10.0		
		泥块含量 （按质量计，%）	0	≤1.0	≤2.0
	MB 值＞1.40 或快速试验法不合格	石粉含量 （按质量计，%）	≤1.0	≤3.0	≤5.0
		泥块含量 （按质量计，%）	0	＜1.0	＜2.0

*此指标根据使用地区和用途，经试验验证，可由供需双方协商确定

注：亚甲蓝试验 MB 值是用于判定机制砂中粒径小于 0.075mm（即 75μm）颗粒的吸附性能的指标。

对于砂，泥块含量是指砂中粒径大于 1.18mm，经水洗、手捏后变成粒径小于 0.60mm 颗粒的含量；对于石子，泥块含量是指卵石、碎石中原粒径大于 4.75mm，经水洗、手捏后变成粒径小于 2.36mm 颗粒的含量。泥块强度很低，在混凝土中会形成薄弱部分，对混凝土的性能影响很大，因此也必须严格控制其含量（表 6-1、表 6-2）。

2）有害物质含量

用来配制混凝土的集料要求清洁和不含杂质，以保证混凝土的质量。但工程上实际使用的集料中常含有多种有害物质，除上面提到的泥和泥块之外，砂中常含有云母、轻物质、硫酸盐和硫化物、有机物等，石子中常含有硫酸盐和硫化物、有机物等，海砂中还含有氯盐。这些有害

物质会影响水泥石与集料的黏结、降低混凝土的强度和耐久性,因此,必须对有害物质的含量严格控制(表6-3)。

砂、石子中有害物质含量的限值　　　　　　　　　　　表6-3

项　目	集料类别	指　标		
		I 类	II 类	III 类
云母含量(按质量计,%)≤	砂	1.0	2.0	2.0
轻物质(按质量计,%)≤	砂	1.0	1.0	1.0
氯化物含量(以氯离子质量计,%)≤	砂	0.01	0.02	0.06
硫化物及硫酸盐含量 (按 SO_3 质量计,%)≤	砂	0.5	0.5	0.5
	石子	0.5	1.0	1.0
有机物(比色法)	砂、石子	合格	合格	合格

3)坚固性

集料的坚固性是指集料在自然风化和其他外界物理化学因素作用下抵抗破裂的能力。按标准规定,对粗集料和天然砂采用硫酸钠溶液法进行检验,试样经5次循环后的质量损失应符合表6-4的规定。机制砂采用压碎指标法进行检验,压碎指标值应小于表6-5的规定。

天然砂、石子的坚固性指标　　　　　　　　　　　表6-4

项　目	集料类别	指　标		
		I 类	II 类	III 类
质量损失(%) ≤	砂	8	8	10
	石子	5	8	12

机制砂的压碎指标　　　　　　　　　　　表6-5

项　目	指　标		
	I 类	II 类	III 类
单级最大压碎指标(%)≤	20	25	30

4)碱集料反应

碱集料反应是指水泥、外加剂等混凝土组成物及环境中的碱与集料中碱活性矿物在潮湿环境下缓慢发生并导致混凝土开裂或破坏的膨胀反应。对用于重要工程的集料或对集料有怀疑时,应根据碱集料反应的类型,按照标准规定的试验方法进行检验。经碱集料反应试验后,试件应无裂缝、酥裂、胶体外溢等现象,在规定的试验龄期,膨胀率应小于0.10%。

5)级配和粗细程度

(1)级配和粗细程度的概念

集料中不同粒径颗粒的分布情况称为级配。如果集料的粒径相同,则其空隙率很大,当用两种粒径的集料搭配起来,空隙就减少了,而用多种不同粒径的集料组配起来,空隙率将更小(图6-1)。由此可知,当集料中含有不同粒径的颗粒,并具有适宜的粒径分布,即具有良好的颗粒级配时,能使集料的空隙率和总比表面积均较小,不仅在配制混凝土时,使所需水泥浆量较少,而且能使混凝土具有较高的密实度、强度和耐久性等。

集料的粗细程度主要指砂的粗细程度，是指不同粒径的砂粒混合在一起后的平均粗细程度。砂通常分为粗砂、中砂、细砂和特细砂等几种。在配制混凝土时，若用砂量相同，则采用细砂，其总表面积较大，而用粗砂，其总表面积较小。砂的总表面积愈大，在混凝土中需要包裹砂粒表面的水泥浆就愈多，当混凝土拌和物和易性要求一定时，显然用较粗的砂拌制混凝土比用较细的砂所需的水泥浆量为省。但砂子过粗，易使混凝土拌和物产生离析、泌水等现象，影响混凝土拌和物的和易性。

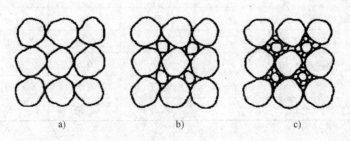

图 6-1　集料的颗粒级配

a)由一种粒径的颗粒组成；b)由两种粒径的颗粒组成；c)由多种粒径的颗粒组成

（2）细集料的级配和粗细程度

细集料的级配和粗细程度是采用筛分法进行测定的。该方法是采用一套标准方孔筛，孔径为 4.75mm、2.36mm、1.18mm、0.60mm、0.30mm、0.15mm（采用圆孔筛时，孔径为 5.0mm、2.50mm、1.25mm、0.63mm、0.315mm、0.16mm），将 500g 干砂，由粗到细依次过筛，然后称取各筛的筛余量（即没有通过筛子的砂子质量），并计算出各筛上的（即每个粒级的）分计筛余（%）和累计筛余（%）。分计筛余为各筛上的筛余量占砂样总质量的百分率；累计筛余为各筛上的分计筛余与比该筛粗的所有筛的分计筛余之和。分计筛余（%）与累计筛余（%）的关系，见表 6-6。

分计筛余与累计筛余的关系　　　　　　　　　　　表 6-6

筛孔尺寸（mm）	分计筛余（%）	累计筛余（%）
4.75	a_1	$A_1 = a_1$
2.36	a_2	$A_2 = a_1 + a_2$
1.18	a_3	$A_3 = a_1 + a_2 + a_3$
0.6	a_4	$A_4 = a_1 + a_2 + a_3 + a_4$
0.3	a_5	$A_5 = a_1 + a_2 + a_3 + a_4 + a_5$
0.15	a_6	$A_6 = a_1 + a_2 + a_3 + a_4 + a_5 + a_6$

对于水泥混凝土，通常以一组累计筛余（%）来表示砂的级配。

标准规定，砂按 0.60mm 筛孔的累计筛余（%）分成三个级配区。砂的颗粒级配应符合表 6-7的规定；砂的级配类别应符合表 6-8 的规定。对于砂浆用砂，4.75mm 孔筛的累计筛余（%）为 0。砂的实际颗粒级配，除 4.75mm 和 0.60mm 筛档允许略有超出分区界线之外，其他各级累计筛余超出值总和应不大于 5%。配制混凝土时宜优先选用Ⅱ区砂；当采用Ⅰ区砂时，应提高砂率，并保持足够的水泥用量，以满足混凝土的和易性；当采用Ⅲ区砂时，宜适当降低砂率，以保证混凝土强度。

砂 的 颗 粒 级 配 表 6-7

砂的类别	天 然 砂			机 制 砂		
级配区	1 区	2 区	3 区	1 区	2 区	3 区
方孔筛	累计筛余(%)					
9.50mm	0	0				
4.75mm	10~0	10~0	10~0	10~0	10~0	10~0
2.36mm	35~5	25~0	15~0	35~5	25~0	15~0
1.18mm	65~35	50~10	25~0	65~35	50~10	25~0
0.60mm	85~71	70~41	40~16	85~71	70~41	40~16
0.30mm	95~80	92~70	85~55	95~80	92~70	85~55
0.15mm	100~90	100~90	100~90	97~85	94~80	94~75

砂 的 级 配 分 类 表 6-8

类别	I	II	III
级配区	2 区	1、2、3 区	

衡量细集料粗细程度的指标是细度模数。细度模数(M_x)按下式计算:

$$M_x = \frac{(A_2 + A_3 + A_4 + A_5 + A_6) - 5A_1}{100 - A_1} \tag{6-1}$$

细度模数越大,表示细集料越粗。普通混凝土用砂的细度模数范围一般为 3.7~1.6,其中 M_x=3.7~3.1 为粗砂、M_x=3.0~2.3 为中砂、M_x=2.2~1.6 为细砂、特细砂的 M_x=1.5~0.7。配制混凝土时宜优先选用中砂。特细砂在配制混凝土时要做特殊考虑。

因为砂的细度模数并不能反映其级配的优劣,细度模数相同的砂,级配可以不大相同。所以,配制混凝土时必须同时考虑砂的颗粒级配和细度模数。

(3)粗集料的颗粒级配

石子的级配分为连续粒级(即连续级配)和单粒级两种。石子的级配也通过筛分试验确定,一套标准筛有孔径为 2.36、4.75、9.50、16.0、19.0、26.5、31.5、37.5、53.0、63.0、75.0、90(mm)共 12 个筛子,可按需选用若干个筛子组成套筛进行筛分,然后计算得到每个筛号的分计筛余(%)和累计筛余(%)(计算方法与砂相同)。碎石和卵石的级配范围要求是相同的,应符合表 6-9 的规定。当石子的最大公称粒径大于 40mm 时,可用单粒级的石子配制成连续级配。

卵石、碎石的颗粒级配 表 6-9

级配情况	公称粒级（mm）	筛 孔 尺 寸 （mm）											
		2.36	4.75	9.50	16.0	19.0	26.5	31.5	37.5	53.0	63.0	75.0	90.0
		累计筛余(按质量计)(%)											
连续粒级	5~16	95~100	85~100	30~60	0~10	0							
	5~20	95~100	90~100	40~80	—	0~10	0						
	5~25	95~100	90~100	—	30~70	0	0~5	0					
	5~31.5	95~100	90~100	70~90	—	15~45	—	0~5	0				
	5~40	—	95~100	70~90	—	30~65	—	—	0~5	0			

级配情况	公称粒级(mm)	筛孔尺寸(mm)											
		2.36	4.75	9.50	16.0	19.0	26.5	31.5	37.5	53.0	63.0	75.0	90.0
		累计筛余(按质量计)(%)											
单粒级	5~10	95~100	80~100	0~15	0								
	10~16		95~100	80~100	0~15								
	10~20		95~100	85~100		0~15	0						
	16~25			95~100	55~70	25~40	0~10						
	16~31.5		95~100		85~100			0~10	0				
	20~40			95~100		80~100			0~10	0			
	40~80					95~100			70~100		30~60	0~10	0

6)粗集料的最大公称粒径

通常,将粗集料公称粒级的上限称为其最大公称粒径,例如,当使用公称粒级为5~40mm的粗集料时,其最大公称粒径为40mm。粗集料的粒径愈大,其比表面积则愈小,拌制混凝土时水泥浆用量亦愈小。因此,只要条件允许,拌制混凝土时尽可能选择最大粒径较大的石子,有利于节约水泥。但研究表明,粗集料最大粒径大于150mm后,节约水泥的效果已经很不明显。同时,选用过大的石子,将给混凝土搅拌、输送、振捣成型带来困难,所以在确定石子的最大公称粒径时,需要根据混凝土结构工程施工规范的要求加以综合考虑。

7)集料的形貌

砂的颗粒较小,一般较少考虑其形貌,而石子粒径较大,其颗粒形状及表面特征对混凝土性能有较大的影响。碎石多棱角,表面粗糙,与水泥黏结较好,在水泥用量和用水量相同的情况下,碎石拌制的混凝土拌和物流动性较差,但强度较高;而卵石则相反,多为球状,表面圆润光滑,拌制的混凝土拌和物流动性较好,但与水泥的黏结较差,在相同流动性时,卵石用水量可以少些,所以对强度的总体影响不大。

集料的颗粒形状近似球状或立方体形为好,但石子中常含有针、片状颗粒。石子中的针状颗粒是指长度大于该颗粒所属相应粒级平均粒径(该粒级上、下限粒径的平均值)的2.4倍者;而片状颗粒是指其厚度小于该颗粒所属相应粒级平均粒径的0.4倍者。针、片状颗粒不仅受力时易折断,而且会增加集料间的空隙,所以针、片状颗粒的含量应符合标准中规定的限量要求(表6-10)。

石子中针、片状颗粒的含量　　　　　表6-10

类别	I	II	III
针、片状颗粒总含量(按质量计,%) ≤	5	10	15

8)强度

用于混凝土的粗集料,必须质地致密,具有足够的强度。碎石或卵石的强度,可用岩石立方体强度和压碎指标两种方法表示。在选择采石场或对粗集料强度有严格要求或对质量有争议时,宜用岩石立方体强度检验。对经常性的生产量控制,则用压碎指标值检验较为简便。

岩石立方体强度,是将碎石或卵石制成50mm×50mm×50mm的立方体(或直径与高均为50mm的圆柱体)试件,在水饱和状态下,测其极限抗压强度。岩石的极限抗压强度一般应不小于混凝土强度的 1.5 倍。标准规定,火成岩的抗压强度应不小于 80MPa、变质岩应不小于 60MPa、水成岩应不小于 30MPa。

压碎指标的测定,是将气干状态下质量为 G_1(g) 的 9.5～19.0mm 的石子装入压碎指标测定仪中,在压力机上均匀地加荷到 200kN,卸荷后称出试样质量,然后用孔径为 2.36mm 的筛筛除被压碎的细粒,称出留在筛上的试样质量 G_2(g),则压碎指标值按下式计算:

$$压碎指标 = \frac{G_1 - G_2}{G_1} \times 100\% \tag{6-2}$$

压碎指标值越小,说明集料抵抗压碎的能力越强,集料的压碎指标值不应超过表 6-11 的规定。

石 子 压 碎 指 标 表 6-11

类别	Ⅰ类	Ⅱ类	Ⅲ类
碎石压碎指标(%)≤	10	20	30
卵石压碎指标(%)≤	12	14	16

9)表观密度、堆积密度、空隙率

砂的表观密度应不小于 2500kg/m³;松散堆积密度应不小于 1400kg/m³;空隙率应不大于 44%。

碎石、卵石的表观密度应不小于 2600kg/m³;按石子类别,连续级配松散堆积空隙率分别为:Ⅰ类,不大于 43%;Ⅱ类,不大于 45%;Ⅲ类,不大于 47%。

三、混凝土用水

混凝土用水是指拌制混凝土拌和物时所用的水和混凝土养护时所用的水,包括饮用水、地表水、地下水、再生水、混凝土企业设备洗刷水和海水等。混凝土用水的基本质量要求是:不影响混凝土的凝结和硬化;无损于混凝土强度发展及耐久性;不会加快钢筋锈蚀;不会引起预应力钢筋脆断;不会使混凝土表面被污染。为了确保混凝土的性能和外观质量,混凝土用水必须符合《混凝土用水标准》(JGJ 63—2006)的有关规定。

混凝土拌和用水的水质除应符合表 6-12 要求外,还应符合下列规定:

(1)对于设计使用年限为 100 年的结构混凝土,氯离子含量不得超过 500mg/L;对于使用钢丝或经热处理钢筋的预应力混凝土,氯离子含量不得超过 350mg/L。

(2)地表水、地下水、再生水的放射性应符合现行国家标准《生活饮用水卫生标准》(GB 5749)的规定。

(3)混凝土拌和用水不应有漂浮明显的油脂和泡沫,不应有明显的颜色。

(4)混凝土企业设备洗刷水不宜用于预应力混凝土、装饰混凝土、加气混凝土和暴露于腐蚀环境的混凝土;不得用于使用碱活性或潜在碱活性集料的混凝土。

(5)未经处理的海水严禁用于钢筋混凝土和预应力混凝土。在无法获得水源的情况下,海水可用于素混凝土,但不宜用于装饰混凝土。

对水质有怀疑时应进行检验,方法是:

(1)被检验水样应与饮用水样进行水泥凝结时间对比试验。对比试验的水泥初凝时间差及终凝时间差均不应大于 30min;同时,初凝和终凝时间应符合现行国家标准《通用硅酸盐水泥》(GB 175)的规定。

(2)被检验水样应与饮用水样进行水泥胶砂强度对比试验,被检验水样配制的水泥胶砂
3d 和 28d 强度不应低于饮用水配制的水泥胶砂 3d 和 28d 强度的 90%。

混凝土养护用水可不检验不溶物、可溶物、水泥凝结时间和水泥胶砂强度,但其他检验项
目应符合表 6-12 的规定。

混凝土拌和用水的水质要求 表 6-12

项　　目	预应力混凝土	钢筋混凝土	素混凝土
pH 值	≥5.0	≥4.5	≥4.5
不溶物(mg/L)	≤2000	≤2000	≤5000
可溶物(mg/L)	≤2000	≤5000	≤10000
氯离子浓度(mg/L)	≤500	≤1000	≤3500
硫酸根离子浓度(mg/L)	≤600	≤2000	≤2700
碱含量(rag/L)	≤1500	≤1500	≤1500

注:碱含量按 $N_2O + 0.658K_2O$ 计算值表示。采用非活性集料时,可不检验碱含量。

第三节　混凝土拌和物的和易性

混凝土拌和物是指将各组成材料混合、搅拌均匀之后,尚未凝结硬化的混凝土。混凝土拌
和物是由不同粒径的水泥、集料、水等材料组成的一种"复杂分散体系",它具有弹—黏—塑性
质。许多研究者应用流变学的理论进行混凝土拌和物流变特性的研究,但是这些研究至今还
未达到生产应用的成熟程度。混凝土拌和物应具备的性能,主要是满足施工要求。

一、混凝土拌和物和易性的概念

混凝土硬化前的拌和物将经过施工工艺中的拌和、运输、浇注、振捣等过程,在该过程中要
保持混凝土不发生分层、离析、泌水等现象,并获得质量均匀、成型密实的混凝土,就必须使混
凝土拌和物具有良好的和易性。混凝土拌和物的和易性是一项综合技术性质,包括流动性、黏
聚性和保水性三方面的含义。

流动性是指混凝土拌和物在自重或机械振捣作用下,能产生流动,并均匀密实地填满模板
的性能。它反映混凝土拌和物的稀稠程度,混凝土的流动性好,则施工时操作方便,容易成型
和振捣密实。

黏聚性是指混凝土拌和物在施工过程中,其组成材料之间有一定的黏聚力,不致发生分层
和离析的现象。

保水性是指混凝土拌和物在施工过程中,具有一定的保水能力,不致产生严重的泌水
现象。

理想的混凝土拌和物应该同时具有满足输送、浇注、成型要求的流动性,不发生分层、离析
和严重泌水现象的黏聚性和保水性。但这三项性能常相互矛盾,因此在实际工程中,应具体分
析工程结构及施工工艺的特点,对混凝土拌和物的和易性提出具体的、有侧重点的要求,同时
也要兼顾到其他性能。

二、和易性的测定方法

混凝土和易性所包含的内容较多,虽然已有很多测定混凝土拌和物和易性的方法和指标,但目前尚没有能够全面反映混凝土拌和物和易性的测定方法和指标。由于在和易性的各项内容中,流动性是影响混凝土性能及施工工艺的最主要因素,因此目前对混凝土拌和物和易性的测试主要通过测定混凝土拌和物的流动性,辅以其他方法或经验,并结合直观观察来评定混凝土拌和物的和易性。

混凝土拌和物的流动性与其稠度有关,我国国家标准《普通混凝土拌和物性能试验方法标准》(GB/T 50080—2016)规定,混凝土拌和物的和易性采用稠度试验方法进行测定。稠度试验包含坍落度与坍落扩展度法和维勃稠度法两种方法。

1. 坍落度与坍落扩展度法

坍落度与坍落扩展度试验是用标准坍落度圆锥筒测定,该筒为钢皮制成的截头圆锥,高度为300mm,上口直径为100mm,下口直径为200mm。试验时,将圆锥筒置于平板上,然后将混凝土拌和物分三层装入圆锥筒内,每层用弹头形捣棒均匀地插捣25次,捣实后每层高度为筒高的1/3左右。在顶层插捣完后,刮去多余的混凝土,并用抹刀抹平。然后垂直提取圆锥筒,将圆锥筒与拌和物并排放于平板上,测量筒高与坍落后混凝土 试体最高点之间的高度差(图6-2),该高度差即为新拌混凝土拌和物的坍落度,以mm为单位。坍落度越大,表明混凝土拌和物的流动性越大。

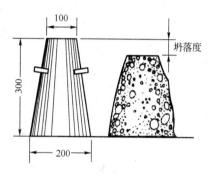

图6-2 坍落度示意图

在测定坍落度时,可观察坍落后的混凝土拌和物试体的黏聚性及保水性。黏聚性的检查方法是用捣棒在已坍落的混凝土锥体侧面轻轻敲打,此时如果锥体逐渐下沉,则表示黏聚性良好;如果锥体倒塌、部分崩裂或出现离析现象,则表示黏聚性不好。保水性以混凝土拌和物中稀浆析出的程度来评定,坍落度筒提起后,如有较多的稀浆从底部析出,锥体部分的混凝土也因失浆而集料外露,则表明此混凝土拌和物的保水性能不好;如坍落度筒提起后无稀浆或仅有少量稀浆由底部析出,则表示此混凝土拌和物保水性良好。

当混凝土拌和物的坍落度不小于160mm时,用钢尺测量拌和物展开扩展面最终的最大直径和与其呈垂直方向的直径,在两直径之差小于50mm的条件下,用其算术平均值作为扩展度值。

坍落度是混凝土拌和物在重力作用下发生的变形,所以坍落度值的大小只对富水泥浆的混凝土拌和物才比较敏感。

坍落度试验只适用于集料最大粒径不大于40mm、坍落度值不小于10mm的混凝土拌和物稠度测定。根据坍落度值,通常将混凝土拌和物分为4级,见表6-13。

混凝土按坍落度的分级 表6-13

级 别	名 称	坍落度(mm)	级 别	名 称	坍落度(mm)
T₁	低塑性混凝土	10 ~ 40	T₃	流动性混凝土	100 ~ 150
T₂	塑性混凝土	50 ~ 90	T₄	大流动性混凝土	>160

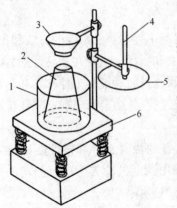

图6-3 维勃稠度仪示意图
1-圆筒；2-坍落度筒；3-漏斗；4-圆盘连杆；
5-透明圆盘；6-振动台

2. 维勃稠度法

维勃稠度法采用标准的维勃稠度试验仪（图6-3）测定混凝土拌和物的稠度。具体方法是：将直径为240mm、高度为200mm的圆筒安装在专用的振动台上，再将坍落度筒放入其中。按坍落度试验的方法，将混凝土拌和物装入坍落度筒内以后提起坍落度筒，并在新拌混凝土圆台体顶上置一透明圆盘，然后开动振动台并记录时间，从开始振动至透明圆盘整个底面被水泥浆布满瞬间止所经历的时间，以秒计（精确至1s），即为混凝土拌和物的维勃稠度值。该方法适用于集料最大粒径小于40mm、维动稠度在5～30s的混凝土拌和物。

根据维勃稠度的大小，可以将混凝土分为4级，见表6-14。

混凝土按维勃稠度的分级   表6-14

级 别	名 称	维勃稠度（s）	级 别	名 称	维勃稠度（s）
V_1	超干硬性混凝土	>31	V_3	干硬性混凝土	20～11
V_2	特干硬性混凝土	30～21	V_4	半干硬性混凝土	10～5

三、影响混凝土拌和物和易性的主要因素

1. 组成材料性质的影响

1）水泥

水泥的需水性对混凝土拌和物的和易性有影响，在其他条件相同的情况下，需水性大的水泥比需水性小的水泥配制的拌和物流动性小，但其黏聚性和保水性较好。水泥的需水性主要与品种和细度有关。

2）集料

集料的级配、颗粒形状、表面特征及粒径对混凝土拌和物的和易性有较大影响。一般来说，采用级配好的集料拌制的拌和物流动性较大，且黏聚性与保水性较好；采用表面光滑的集料（如河砂、卵石）时，其拌和物流动性较大；采用的集料的粒径愈大，其总表面积愈小，需要包裹集料的水泥浆就愈少，所以拌和物的流动性就愈大。

3）外加剂

外加剂对混凝土拌和物的和易性有较大影响。加入减水剂或引气剂可明显提高拌和物的流动性，引气剂还可有效地改善拌和物的黏聚性和保水性。

2. 水泥浆的数量和水灰比的影响

水泥浆在混凝土拌和物中起润滑剂的作用，使混凝土拌和物具有流动性，因此在水灰比一定的情况下，单位体积拌和物内，水泥浆愈多，拌和物的流动性就愈大。但水泥浆过多、集料过少，拌和物将会出现流浆现象；如果水泥浆过少，不仅拌和物的流动性差，而且集料之间缺少黏结物质，拌和物黏聚性不好，易发生离析和崩塌现象。

在水泥用量、集料用量均不变的情况下，如果增大水灰比，水泥浆的稠度则减小，其自身的

流动性增加,所以拌和物流动性增大,反之则减小。但水灰比过大,会造成拌和物黏聚性和保水性不良;水灰比过小,会使拌和物流动性过低,影响施工。因此水灰比不能过大或过小,一般应根据混凝土强度和耐久性要求合理地选用。

在水泥用量一定的情况下,水泥浆的数量和水灰比都取决于用水量。因此,影响混凝土拌和物和易性的决定性因素是单位体积拌和物的用水量。根据试验,在采用一定集料的情况下,如果单位用水量一定,单位水泥用量增减不超过 50~100kg,坍落度大体上保持不变,这一规律通常称为固定用水量定则。这个定则用于混凝土配合比设计时,是相当方便的,即可以通过固定单位用水量,变化水灰比,而得到既满足拌和物和易性要求,又满足混凝土强度要求的配合比。

3. 砂率的影响

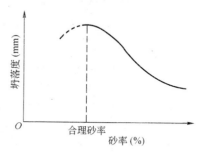

砂率是指细集料含量占集料总量的质量百分率。研究表明,砂率对混凝土拌和物的和易性有很大影响。砂率对坍落度的影响,如图 6-4 所示。坍落度随砂率的变化而变化,其变化曲线为抛物线,对应于某个特定的砂率,坍落度达到最大值。

图 6-4　坍落度与砂率的关系
（水和水泥用量一定）

出现这种情况的原因是:一方面砂与水泥浆形成的砂浆可减少粗集料之间的摩擦力,在拌和物中起润滑作用,所以在一定的砂率范围内随着砂率的增大,润滑作用愈加显著,流动性可以提高;另一方面随着砂率的增大,集料的总表面积随之增大,需要润湿集料的水分增多,在一定用水量的条件下,拌和物流动性降低。所以当砂率超过一定范围后,流动性反而随砂率的增加而降低。另外,砂率不宜过小,否则会使拌和物黏聚性和保水性变差,产生离析、流浆等现象。因此,在用水量和水泥用量不变的情况下,存在一个合理砂率,采用此砂率可使拌和物获得所要求的流动性,并具有良好的黏聚性与保水性。

4. 环境温度和存放时间的影响

混凝土拌和物的流动性随环境温度的升高而降低。这是由于温度升高可加速水泥的水化,增加水分的蒸发,使拌和物的稠度增大。所以夏季施工时,为了保持一定的流动性应适当提高拌和物的用水量。

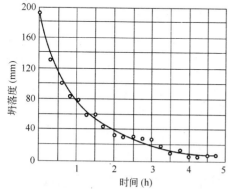

图 6-5　存放时间对和易性的影响

混凝土拌和物在拌和后随存放时间的延长而变干稠,流动性降低。这是由于集料吸水、水分蒸发、水泥水化反应等作用,使拌和物中的水分随时间的延长而减少所至。图 6-5 为拌和物坍落度随时间变化的关系。通常用一定时间内的坍落度损失来评价时间对坍落度的影响程度,坍落度损失大,对施工不利。

第四节　混凝土的强度和变形性质

普通混凝土一般用作结构材料,力学性质是其最主要的技术性质,主要包括强度和变形两个方面。

一、混凝土受力变形及破坏过程

混凝土试件在外力作用下,内部会产生拉应力,这种拉应力很容易在楔形的微裂缝顶部形成应力集中,随着拉应力的逐渐增大,导致微裂缝的进一步延伸、汇合、扩大,最后形成几条可见的大裂缝。试件就随着这些裂缝的形成和扩展而破坏。混凝土在单轴受压时的静力荷载—变形曲线的典型形式,如图6-6所示。

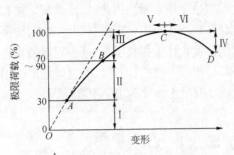

图6-6　混凝土单轴受压荷载与变形曲线

通过显微观察所查明的混凝土内部裂缝的发展可分为四个阶段(图6-6)。第Ⅰ阶段从加载开始到A点(荷载约为极限荷载的30%),此时,荷载与变形比较接近直线关系,水泥砂浆与粗集料界面处的界面裂缝无明显变化。A点称为"比例极限"。第Ⅱ阶段从A点到B点(荷载为极限荷载的70%～90%),荷载超过A点以后,界面裂缝的数量、长度和宽度都不断增大,界面借助摩阻力继续承担荷载,但尚无明显的砂浆裂缝。此时,变形增大的速度超过荷载增大的速度,荷载与变形之间不再接近直线关系,而呈曲线关系。B点称为"临界荷载"。第Ⅲ阶段从B点到C点(荷载为极限荷载),荷载超过"临界荷载"以后,在界面裂缝继续发展的同时,开始出现砂浆裂缝,并将邻近的界面裂缝连接起来成为连续裂缝,此时,变形增大的速度进一步加快,荷载—变形曲线明显地弯向变形轴方向。第Ⅳ阶段从C点到D点,超过极限荷载以后,连续裂缝急速地发展,此时混凝土的承载能力下降,荷载减小而变形迅速增大,直至完全破坏,荷载—变形曲线逐渐下降而最后结束。

由此可见,荷载与变形的变化关系是混凝土内部微裂缝发展变化的宏观体现。混凝土在外力作用下的变形和破坏过程,也就是内部裂缝的发生和发展过程,它是一个从量变发展到质变的过程。

二、混凝土的强度

强度是混凝土硬化后的主要力学性能。通常测定的混凝土强度有立方体抗压强度、轴心抗压强度、劈裂抗拉强度、抗折强度等。其中,以抗压强度为最大、抗拉强度为最小,故混凝土在结构中主要用来承受压力作用。混凝土的抗压强度与各种强度及其他性能之间有一定的相关性,因此混凝土的抗压强度是结构设计的主要参数,也是混凝土质量评定的主要指标。

1. 混凝土的抗压强度与强度等级

1)立方体抗压强度(f_{cu})

按照国家标准《普通混凝土力学性能试验方法标准》(GB/T 50081—2002)规定,混凝土立方体抗压强度(常简称为混凝土抗压强度)是指按标准方法制作的边长为150mm的立方体试件,在标准养护条件下(温度20℃±2℃,相对湿度95%以上),养护至28d龄期,以标准方法测试、计算得到的抗压强度值,以 N/mm²(即MPa)计。国家标准还规定,对非标准尺寸(边长为100mm或200mm)的立方体试件,可将其立方体抗压强度乘以折算系数,折算成标准试件的强度值。边长为100mm的立方体试件折算系数为0.95,边长为200mm的立方体试件折算系数为1.05,这是因为试件尺寸越大,测得的抗压强度值越小。

2）轴心抗压强度（f_{cp}）

在结构设计中，常采用混凝土的轴心抗压强度，它是采用棱柱体试件测得的抗压强度。由于工程中受压构件常是棱柱体（或圆柱体）而不是立方体，所以采用棱柱体试件比立方体试件能更好地反映混凝土在受压构件中实际受压情况。国家标准规定采用 150mm × 150mm × 300mm 的棱柱体作为轴心抗压强度的标准试件，试验方法与立方体抗压强度基本相同。试验研究表明，轴心抗压强度比同截面面积的立方体抗压强度要小，当标准立方体抗压强度在10 ~ 50MPa 范围内时，轴心抗压强度与立方体抗压强度之比为 0.7 ~ 0.8。

3）混凝土强度等级

混凝土强度等级是根据立方体抗压强度标准值来确定的。强度等级表示方法是用符号 C 和立方体抗压强度标准值两项内容表示。我国《混凝土结构设计规范》（GB 50010—2010）规定，普通混凝土按立方体抗压强度标准值划分为 C15、C20、C25、C30、C35、C40、C45、C50、C55、C60、C65、C70、C75、C80 共 14 个等级。

混凝土立方体抗压强度标准值（$f_{cu,k}$）是指按标准方法制作养护的边长为 150mm 的立方体试件，在 28d 龄期，用标准试验方法测定的抗压强度总体分布中的一个值，强度低于该值的百分率不超过 5%（即具有 95% 保证率的抗压强度），以 N/mm²（即 MPa）计。

从以上定义可知，立方体抗压强度只是一组混凝土试件抗压强度的算术平均值，并未涉及数理统计、保证率的概念，而立方体抗压强度标准值是按数理统计方法确定，具有不低于 95% 保证率的立方体抗压强度。采用立方体抗压强度标准值来表征混凝土的强度，有利于确保实际工程的安全性。

2. 混凝土的劈裂抗拉强度

混凝土的抗拉强度只有抗压强度的 10% ~ 20%，且随着混凝土强度等级的提高，拉压比有所降低，也就是当混凝土强度等级提高时，抗拉强度的增加不及抗压强度提高得快。因此，在混凝土结构受力时一般不考虑用其来承受拉力。但混凝土的抗拉强度在结构设计中是确定混凝土抗裂度的重要指标，有时也用它来间接衡量混凝土与钢筋的黏结强度等。

由于混凝土轴心抗拉强度的试验装置设备复杂，以及夹具易引入二次应力等原因，我国国家标准《普通混凝土力学性能试验方法标准》（GB/T 50081—2002）规定，采用边长为 150mm 的立方体作为标准试件，在立方体试件中心平面内用圆弧为垫条施加两个方向相反、均匀分布的压应力（图6-7、图6-8），当压力增大至一定程度时，试件就沿此平面劈裂破坏。这样测得的强度称为劈裂抗拉强度，简称劈拉强度，以 f_{ts} 表示。混凝土劈拉强度按式（6.3）计算，以 MPa 计。

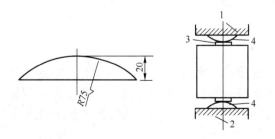

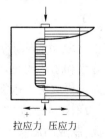

图 6-7　劈裂抗拉试验装置（尺寸单位:mm）

1-上压板;2-下压板;3-垫条;4-垫层

图 6-8　劈裂试验时垂直于受力面的应力分布

$$f_{ts} = \frac{2F}{\pi A} = 0.637\frac{F}{A} \qquad (6\text{-}3)$$

式中:F——破坏荷载(N);

A——劈裂面面积(mm^2)。

3. 混凝土的抗折强度(抗弯拉强度)

道路路面或机场道面用水泥混凝土,主要承受弯拉荷载的作用,因此以抗折强度(或称抗弯拉强度)为主要强度指标,抗压强度作为参考强度指标。道路水泥混凝土的抗折强度是以标准试验方法制备成 150mm × 150mm × 550mm 的梁形试件,在标准条件下经养护 28d 后,按三分点加荷方式(图 6-9)测定其抗折强度(以 f_{cf} 表示),按式(6-4)计算,以 MPa 计。

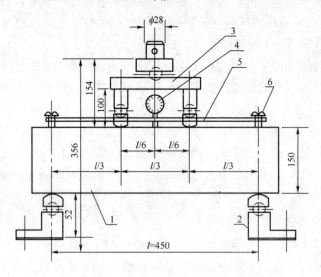

图 6-9　水泥混凝土抗折强度与抗折模量试验装置图(尺寸单位:mm)
1-试件;2-支座;3-加荷支座;4-千分表;5-千分表架;6-螺杆

$$f_{cf} = \frac{Fl}{bh^2} \qquad (6\text{-}4)$$

式中:F——破坏荷载(N);

　　l——支座间距(mm);

　　b——截面宽度(mm);

　　h——截面高度(mm)。

如为跨中单点加荷得到的抗折强度,按断裂力学推导应乘以换算系数 0.85。

4. 影响混凝土强度的主要因素

1)水泥强度等级和水灰比的影响

水泥强度等级和水灰比是影响混凝土抗压强度的最主要因素,也可以说是决定因素。因为混凝土的强度主要取决于水泥石的强度及其与集料间的黏结力,而水泥石的强度及其与集料间的黏结力,又取决于水泥的强度等级和水灰比的大小。在配合比相同的条件下,所用的水泥强度等级越高,制成的混凝土强度也越高。

当使用同一种水泥(品种及强度等级相同)时,混凝土的强度主要决定于水灰比,因为水泥水化时所需的结合水,一般只占水泥质量的 23% 左右,但在拌制混凝土拌和物时,为了获得必要的流动性,常需要加入较多的水(占水泥质量的 40%~70%)。当混凝土硬化后,多余的水分就残留在混凝土中形成毛细孔,大大地减小了混凝土抵抗荷载的实际有效断面,而且可能在孔隙周围产生应力集中。因此,可以认为,在水泥强度等级相同的情况下,水灰比愈小,水泥石的强度愈高。但应注意,如果水灰比太小,拌和物过于干稠,在一定的密实成型条件下,混凝土无法达到密实状态,硬化后的混凝土中将出现较多的蜂窝、孔洞,强度反而会下降(图6-10)。

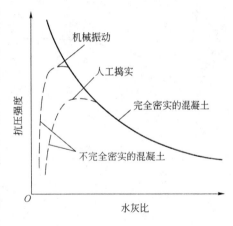

图6-10 混凝土强度与水灰比的关系

大量试验结果表明,在原材料一定的情况下,混凝土28d龄期抗压强度(f_{cu})与水泥实际强度(f_{ce})及水灰比(W/C)之间的关系符合下列经验公式:

$$f_{cu} = \alpha_a f_{ce} \left(\frac{C}{W} - \alpha_b \right) \tag{6-5}$$

式中:C/W——灰水比(即水灰比的倒数);

α_a、α_b——回归系数。

当水泥强度采用《通用硅酸盐水泥》(GB 175—2007)标准,用强度等级来表示时,《普通混凝土配合比设计规程》(JGJ 55—2011)规定,混凝土强度公式的回归系数 α_a、α_b 应根据工程所使用的原材料,通过试验确定,或按如下情况取值:

采用碎石时,$\alpha_a = 0.53$,$\alpha_b = 0.20$。

采用卵石时,$\alpha_a = 0.49$,$\alpha_b = 0.13$。

2)集料的影响

集料本身的强度一般都比水泥石的强度高(轻集料除外),所以不会直接影响混凝土的强度,但若集料经风化等作用而强度降低时,则用其配制的混凝土强度也较低。

粗集料的表面状态对混凝土强度有较大影响。碎石表面粗糙,与水泥石黏结力比较大,卵石表面光滑,与水泥石黏结力比较小。因此,在水泥强度和水灰比相同的条件下,用碎石配制的混凝土的强度往往高于用卵石配制的混凝土的强度。实践证明,而当水灰比小于0.40时,碎石混凝土的强度可比卵石混凝上高30%以上。但随着水灰比增大,两者差别就不显著了。当水灰比大于0.65时,碎石混凝土与卵石混凝上的强度基本相同。

集料的级配、针片状颗粒含量和有害物质含量等对混凝土强度也有较大影响,采用级配良好的集料配制的混凝土强度高,集料中针片状颗粒含量和有害物质含量愈高,对混凝土强度愈不利。

3)浆集比

混凝土中水泥浆的体积与集料体积之比值称为浆集比,其对混凝土的强度也有一定的影响,特别是对高强度混凝土的影响更为明显。在水灰比相同的条件下,增加浆集比,即水泥浆用量增加,可以提高混凝土拌和物的流动性,从而使混凝土更易于密实成型。同时,水泥浆的增加,也可以更有效地包裹集料颗粒,使集料可以通过硬化水泥浆层有效地传递荷载。因此,适当增加浆集比可以提高混凝土的强度,这也是配制高强度混凝土常需要大水泥剂量的一个原因。但是,当浆集比过大以后,随着水泥浆的增多会引入大量的水,从而使硬化后的水泥混凝土中的孔隙体积增加。同时,水泥浆的增多会增大混凝土的收缩,形成较多的微裂缝,这些

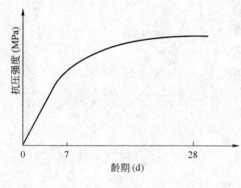

图 6-11 混凝土强度增长曲线

都不利于水泥混凝土的强度。因此,浆集比应选择适当。

4)龄期的影响

混凝土在正常养护条件下,其强度将随龄期的增长而增长,如图 6-11 所示。早期强度增长较快,28d 以后,强度增长趋缓。

在标准养护条件下,混凝土强度的发展大致与龄期的对数成正比关系(龄期不小于 3d)。利用这种关系,可以根据 28d 龄期的强度按下式推算另一龄期的强度:

$$f_n = f_{28} \frac{\lg n}{\lg 28} \tag{6-6}$$

式中:f_{28}——龄期为 28d 的混凝土抗压强度;

f_n——龄期为 nd 时的混凝土抗压强度,$n \geq 3$d。

上式仅适用于正常条件下硬化的中等强度等级的普通混凝土,而实际情况要复杂很多,式(6-6)仅作为参考。

5)养护温度和湿度的影响

由于水泥混凝土的强度主要是依靠水泥与水发生水化反应以后形成的水化产物的胶结作用提供的。因此,水泥混凝土成型后不仅必须有适当的时间,而且必须保持适当的温度和湿度条件,只有这样,水泥才能进行充分的水化,混凝土的强度才能不断提高。

(1)温度的影响

温度对混凝土中水泥的水化反应有很大的影响,在保证足够湿度的条件下,混凝土养护温度愈高,强度的增长也愈快。浇筑完毕的混凝土,若环境温度下降,会引起水泥水化作用延缓,混凝土强度的增长也会缓慢。温度低于 0℃ 时,混凝土不但硬化基本停止,还会因孔隙中残留水结冰和膨胀,导致混凝土开裂。特别是在早期,当室外日平均气温连续 5d 低于 5℃ 或日最低气温低于 -3℃,均应按冬季施工的规定,采取保温措施,防止混凝土早期受冻。温度对混凝土早期强度的影响尤为显著,一般情况下,在温度 4~40℃ 范围内,养护温度提高可以促进水泥的溶解、水化和硬化,使混凝土早期强度提高,如图 6-12 所示。

养护温度对混凝土早期强度的影响还会因水泥品种的不同而有不同的情况。对于硅酸盐水泥和普通水泥,若早期养护温度过高(40℃ 以上),水泥水化速率加快,形成的大量水化物聚集在未水化水泥颗粒的周围,妨碍水泥进一步水化,使此后的水泥水化速度减缓。而且这种快速生成的水化产物结晶粗大、孔隙率高,因此对混凝土后期强度增长不利。对于掺大量混合材料的水泥(如矿渣水泥、火山灰水泥、粉煤灰水泥等),因为早期水化反应速度慢,提高养护温度不但有利于提高混凝土的早期强度,而且对混凝土的后期强度增长也有利。

(2)湿度的影响

混凝土周围环境的湿度对水泥的水化作用能否正常进行有显著影响。适当的湿度,能使水泥水化顺利进行,从而使混凝土强度得到充分发展。如果湿度不够,混凝土会因干燥失水而影响水泥水化作用的正常进行,甚至停止水化,从而混凝土强度也停止发展(图 6-13),并且若干燥失水严重,还会形成干缩裂缝,从而影响混凝土的强度和耐久性。所以,为了使混凝土正常硬化,必须在成型后的养护期内保证环境有适当的温度和湿度。

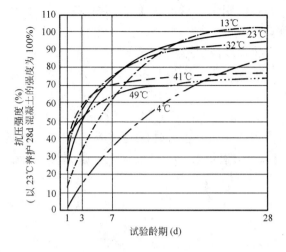

| 图 6-12 养护温度对混凝土强度的影响 | 图 6-13 养护湿度对混凝土强度的影响 |

三、硬化混凝土的变形性质

普通混凝土在凝结硬化过程中以及硬化后,受到外力或环境因素的作用时,都会发生相应的变形。变形的大小对混凝土的结构尺寸、受力状态、应力分布、裂缝开展等都有明显的影响。混凝土的变形主要分为两大类,一类是由混凝土内部或环境因素引起的各种物理化学变化而产生的变形,称为非荷载作用变形;另一类是混凝土受到外力作用时,根据其自身特定的本构关系(应力与应变的关系)产生的变形,称为荷载作用变形。

1. 非荷载作用变形

混凝土成型后,就开始随着周围环境因素(温度、湿度、时间、化学介质等)的变化而发生一系列复杂的物理化学变化,这些变化往往使混凝土宏观体积发生一定的变化,也就是说,混凝土在未受到外界荷载作用时,其本身仍然会发生变形。混凝土发生的非荷载作用变形主要有以下几个方面:

1)化学收缩

由于水泥的水化反应而产生的收缩,称为化学收缩,其原因是水泥水化物的固体体积小于水化前反应物(水和水泥)的总体积。混凝土体积在没有干燥和其他外界影响下,由于水泥的化学减缩作用将自发地产生化学收缩,并且这一体积收缩变形是不能恢复的。其收缩量随混凝土的龄期延长而增加,但是试验观察到的收缩率很小。研究表明,虽然化学收缩率很小,但其收缩过程中在混凝土内部还是会产生微细裂缝,这些微细裂缝可能会对混凝土的受力性能和耐久性产生不利的影响。

2)塑性收缩

混凝土拌和物在刚成型后,因固体颗粒下沉,表面产生泌水而使混凝土体积减小的现象,称为塑性收缩。塑性收缩的可能收缩值约为1%。在桥梁墩台等大体积混凝土中,有可能因塑性收缩而产生沉降裂缝。

3)温度变形

混凝土在温度变化时会发生热胀冷缩变形,其热膨胀系数为 $(6 \sim 12) \times 10^{-6}$ mm/(mm℃),平均约为 10×10^{-6} mm/(mm℃),则温度升高10℃或下降10℃,造成的膨胀或冷缩可达到 0.1mm/m。若取混凝土的弹性模量为 21×10^3 MPa，不考虑徐变等产生的应力松弛，则膨胀或冷缩受到完全约束所产生的应力可达到 2.1MPa。因此，当温度变化很大时，温度变形会对混凝土产生显著的影响。尤其是混凝土的抗拉强度低，在温度降低时，体积发生冷缩应变会造成较大的拉应力，当拉应力超过抗拉强度时，混凝土就会产生开裂。因此，在结构设计中必须考虑到冷缩对混凝土造成的不利影响。

混凝土热胀冷缩变形除取决于温度变化的程度外，还取决于其组成材料的热膨胀系数。当温度变化引起的集料颗粒体积变化与水泥石体积变化相差很大时，或者集料颗粒之间的膨胀系数有很大差别时，在混凝土内部都会产生有破坏性的内应力，使混凝土产生裂缝或剥落现象。

混凝土不仅在温度变化时会发生热胀冷缩变形，而且混凝土内部与外部的温差较大时也将使混凝土产生温度变形，这种温度变形在大体积混凝土中容易产生。水泥水化会产生水化热，尤其是水化初期会放出大量的热，而混凝土的导热能力很低，水化热不易散失，聚集在混凝土内部，使内部温度远较外部为高，有时可达 50～70℃。而大体积混凝土表面散热快、温度较低，这样就会造成表面和内部热变形不一致，从而在约束应力作用下使混凝土表面产生裂缝。这种裂缝对混凝土性能有很大的影响，所以必须采取适当的措施降低大体积混凝土内部的温升。

4）干缩湿胀

干湿变形是混凝土最常见的非荷载作用变形，干湿变形的大小取决于周围环境湿度变化的程度。处于空气中的混凝土发生干燥（即水分散失）时，会引起其体积减小，称为干燥收缩，简称干缩。但混凝土受潮（即吸湿）后，体积又会增大，即为湿胀。

混凝土在干燥过程中，首先发生气孔水和毛细孔水的蒸发。气孔水的蒸发并不引起混凝土的收缩。毛细孔水的蒸发，使毛细孔中的水形成凹月面，在表面张力的作用下形成负压，并产生收缩力，会导致混凝土收缩。当毛细孔中的水蒸发完后，如继续干燥，则凝胶体颗粒的吸附水也发生部分蒸发，由于分子引力的作用，粒子间距离变小，凝胶体紧缩，从而使混凝土收缩。

混凝土干燥和再受潮的典型变形曲线，如图 6-14 所示。图中表明，混凝土在第一次干燥后，若再放入水中（或较高湿度环境中），将发生膨胀。可是，并非全部干缩都能为膨胀所恢复，即使长期置于水中，也不可能全部恢复。通常情况下，残余收缩（即不可逆收缩）为收缩量的 30%～60%。

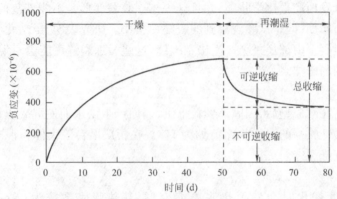

图6-14　混凝土的干缩湿胀变形

湿胀一般对混凝土没有破坏作用,而干缩则相反,若干缩较大时,对混凝土影响较大。因为收缩较大并受到约束时,往往会引起混凝土开裂,所以在结构设计时必须加以考虑。在一般工程设计中,通常采用混凝土的线收缩值为 $1.5 \times 10^{-4} \sim 2.0 \times 10^{-4}$。

干缩主要是水泥石产生的,因此,为减少混凝土的收缩量,应该尽量减少水泥和水的用量,砂、石集料要洗干净,成型时尽可能采用振捣器捣实,并加强养护。

2. 荷载作用下的变形

1)短期荷载作用下的变形

由于混凝土本身具有不匀质性,其内部结构中含有固、液、气多种组成成分,所以它不是一种完全的弹性体。它在受力时产生的变形是弹塑性变形,既有可以恢复的弹性变形,又有不可恢复的塑性变形。

在计算钢筋混凝土的变形、裂缝开展及大体积混凝土的温度应力时,均需知道混凝土的变形模量。在混凝土应力—应变曲线上任一点的应力 σ 与其应变 ε 的比值,称为混凝土在该应力下的变形模量。混凝土不是完全弹性的材料,其应力应变关系是非线性的,但静压应力一般在 $(0.3 \sim 0.5)f_{cp}$ 范围内变化时,混凝土的塑性变形占总变形的比例较小,混凝土的变形接近弹性变形,所以在此情况下的变形模量称为静力弹性模量。

根据在静压应力—应变曲线上的不同取值方法,可得到三种不同的弹性模量,如图 6-15 所示。

由应力—应变曲线的原点上切线的斜率求得,即 $E_i = \tan\alpha_0$,称为初始切线弹性模量。

由应力—应变曲线上任一点切线斜率求得,即 $E_t = \tan\alpha_2$,称为切线弹性模量。

由应力—应变曲线上任一点与原点的连线(称为割线)的斜率求得,即 $E_s = \tan\alpha_1$,称为割线弹性模量。由于该值在试验中比较容易测定,所以在混凝土结构计算中,当混凝土的应力在容许应力范围内,通常采用割线弹性模量。

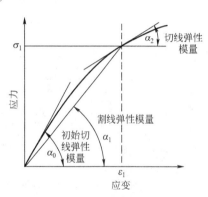

图 6-15 混凝土弹性模量的取值方法

国家标准《普通混凝土力学性能试验方法标准》(GB/T 50081—2002)规定采用 150mm × 150mm × 300mm 的标准棱柱体试件和变形测量仪测定静力受压弹性模量。试验时,在初始荷载(即基准应力为 0.5MPa 时的荷载)和测定荷载(即应力为 1/3 轴心抗压强度时的荷载)之间进行数次加荷与卸荷,进行对中、预压和变形值的测定。静力受压弹性模量按下式计算:

$$E_c = \frac{F_a - F_0}{A} \times \frac{L}{\Delta n} \qquad (6-7)$$

式中:E_c——混凝土弹性模量(MPa);

F_a——应力为 1/3 轴心抗压强度时的荷载(N);

F_0——应力为 0.5MPa 时的荷载(N);

A——试件承压面积(mm^2);

L——测量标距(mm);

$$\Delta n = \varepsilon_a - \varepsilon_0 \qquad (6-8)$$

式中：Δn——最后一次从 F_0 加荷至 F_a 时试件两侧变形的平均值（mm）；

　　ε_a——F_a 时试件两侧变形的平均值（mm）；

　　ε_0——F_0 时试件两侧变形的平均值（mm）。

混凝土的弹性模量与其强度、集料的弹性模量、水泥石的弹性模量、集料的含量等因素有关。强度与弹性模量之间存在一定的相关性，当混凝土的强度等级由 C10 增高到 C60 时，其弹性模量大致由 $1.75 \times 10^4 MPa$ 增至 $3.60 \times 10^4 MPa$。由于水泥石的弹性模量一般低于集料的弹性模量，所以混凝土的弹性模量一般略低于集料的弹性模量。另外，在材料质量不变的条件下，当混凝土中集料含量较多，水灰比较小、养护较好及龄期较长时，混凝土的弹性模量就较大。

2）混凝土的徐变

混凝土承受长期荷载作用时，其变形会随时间增大而不断增长，一般要延续 2~3 年才逐渐趋于稳定。这种在长期荷载作用下随时间的延长而增加的变形称为徐变。混凝土的变形与荷载作用时间的关系，如图 6-16 所示。混凝土受荷后立即产生瞬时变形，随着荷载持续作用时间的延长，又产生徐变变形。如果作用应力不超过一定值，徐变变形的增长在加荷初期较快，然后逐渐减缓。

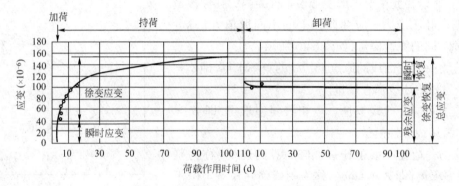

图 6-16　混凝土的变形与荷载作用时间关系

在荷载持续作用一定时间后，卸除荷载，这时一部分变形会瞬时恢复，这部分变形称为瞬时恢复；一部分变形会随时间逐渐恢复，这部分变形称为徐变恢复；最后留下一部分不能恢复的变形，称为残余变形。混凝土不仅在受压时会产生徐变变形，而且在受拉或受弯时，均会产生徐变变形。

混凝土产生徐变现象的原因较复杂，一般认为是由于水泥石中的凝胶体在长期荷载作用下会产生黏性流动，并向毛细孔中移动，同时吸附在凝胶体粒子上的吸附水因荷载应力而向毛细孔迁移渗透的结果。从水泥凝结硬化的过程可知，在荷载初期或硬化初期，由于未填满的毛细孔较多，凝胶体移动较为容易，故徐变增长较快。随着水泥的逐渐水化，新的凝胶体逐渐填充毛细孔，使毛细孔的相对体积逐渐减小，因而徐变速度越来越慢。

混凝土最终徐变值的大小与荷载大小及持续时间、材料组成（如水泥用量及水灰比等）、混凝土受荷龄期、环境条件（温度和湿度）等许多因素有关。混凝土的水灰比较小或混凝土在水中养护时，同龄期的水泥石中未填满的孔隙较少，故徐变较小。集料能阻碍水泥石的变形，从而减小混凝土的徐变，因此，水灰比相同的混凝土中，集料含量较大或集料弹性模量较大时，徐变较小。此外，徐变与混凝土的弹性模量也有密切关系，一般弹性模量大者，徐变小。

对钢筋混凝土构件来说，徐变能使应力较均匀地重新分布，消除钢筋混凝土内的应力集中;对于大体积混凝土,徐变则能消除一部分由于温度变形而产生的破坏应力。但是,在预应力混凝土结构中,徐变会引起预应力损失,在结构设计时必须考虑徐变的影响。

第五节　混凝土的耐久性

在工程上应用的混凝土,除应具有适当的强度和能安全地承受设计荷载外,还应具有在所处的自然环境及使用条件下经久耐用的性能,以保证工程结构物具有较长的使用年限,减少维护的工作量和费用,提高经济效益和社会效益。

混凝土在使用条件下,受到各种环境因素影响时,其性能不发生显著变化的性质称为耐久性。耐久性是一个综合性质,它包括抗渗性、抗冻性、抗化学侵蚀性以及预防碱—集料反应等。

一、混凝土的抗渗性

混凝土的抗渗性是指混凝土抵抗具有一定压力的水或油等液体渗透的能力。抗渗性是混凝土的一项重要性质,它直接影响混凝土的抗冻性和抗侵蚀性。当混凝土的抗渗性较差时,不但容易透水,而且由于水分渗入内部,混凝土就可能受到冰冻或侵蚀作用而破坏。对钢筋混凝土还可能引起钢筋发生锈蚀,以及使保护层出现开裂和剥落。

混凝土的抗渗性用抗渗等级表示。抗渗等级是采用标准试件,养护至 28d 龄期,按规定方法进行试验,得到其所能承受的最大水压力(MPa),并以此进行计算,如抗渗等级为 P_4、P_8、P_8 等,它们分别表示混凝土试件能抵抗 0.4 MPa、0.6 MPa、0.8 MPa 等的水压力而不出现渗水。

混凝土内部存在着连通的渗水孔道是其在压力水的作用下产生渗水的根本原因。这些渗水孔道主要是由气孔、毛细管孔道以及集料界面裂缝等所构成的。渗水孔道的多少,主要与混凝土的水灰比大小有关。水灰比愈小,形成渗水孔道的可能性或数量就愈小,抗渗性就愈高。反之,则抗渗性差。另外,施工振捣不密实或由其他一些因素引起的裂缝,也是造成混凝土抗渗性下降的原因。

二、混凝土的抗冻性

混凝土的抗冻性是指混凝土在饱水状态下,能抵抗多次冻融循环作用而不破坏、强度也不显著降低的性能。混凝土受到多次冻融循环作用而破坏的原因是混凝土中的水结冰后发生体积膨胀,当膨胀产生的拉应力超过其抗拉强度时,就会使混凝土产生微细裂缝,在反复冻融作用下,裂缝不断地形成和扩展,导致混凝土强度降低,严重时将导致混凝土破坏。

混凝土的抗冻性一般以抗冻等级表示。抗冻等级是采用慢冻法,以标准养护至 28d 龄期的试块,在吸水饱和后,承受反复冻融循环作用,以抗压强度下降不超过 25%,且质量损失不超过 5% 时所能承受的最大冻融循环次数来表示。混凝土分以下九个抗冻等级:F10、F15、F25、F50、F100、F150、F200、F250 和 F300,分别表示混凝土能够承受反复冻融循环次数不小于 10、15、25、50、100、150、200、250 和 300(次)。

对于抗冻性要求高的混凝土,可采用快冻法,以相对动弹性模量值不小于 60%、同时质量损失率不超过 5% 的最大循环次数来表示其抗冻性指标。

混凝土的密实度、孔隙构造和数量、孔隙的饱水率等都是决定抗冻性的重要因素。因此,通过减小水灰比,提高混凝土的密实度,减少孔隙数量,或掺加引气剂等外加剂,使混凝土中形成封闭的细小孔隙,都可以提高混凝土的抗冻性。

三、混凝土的抗侵蚀性

当混凝土所处的环境中有侵蚀性介质存在时，这些介质可能对混凝土产生化学侵蚀作用。一般集料具有较好的化学稳定性，所以受到侵蚀作用的主要是水泥石，其侵蚀机理可见本书第五章中关于水泥石的抗侵蚀性。对于处在海水中的混凝土结构，必须要防止海水对混凝土的侵蚀作用。海水对混凝土除产生化学作用外，还存在反复干湿的物理作用；盐分在混凝土内的结晶与聚集、海浪的冲击磨损、海水中氯离子对钢筋混凝土内钢筋的锈蚀作用等，也都会使混凝土遭受破坏。

由于不同的水泥品种，抗侵蚀能力不同；密实和孔隙封闭的混凝土，环境水不易侵入，其抗侵蚀性较强。所以，通过合理选择水泥品种、降低水灰比、提高混凝土的密实度和改善孔结构等措施，可以提高混凝土的抗侵蚀性。

四、混凝土的碳化

混凝土的碳化是指环境中的二氧化碳气体在适当的湿度条件下，与混凝土内水泥石中的氢氧化钙发生反应，生成碳酸钙和水的现象。碳化对混凝土的碱度、强度和收缩有明显的影响。

碳化放出的水分有助于水泥的水化作用，而且形成的碳酸钙填充在混凝土表面或内部的孔隙中，减少了孔隙，提高了密实度，所以碳化对防止有害介质的侵入具有一定的缓冲作用，也可使混凝土的抗压强度增大。但强度增加值随水泥品种而异（高铝水泥混凝土碳化后，强度会明显下降）。

碳化对混凝土性能也有不利的影响，而且这种影响更值得重视。碳化会使混凝土碱度降低，使钢筋表面的钝化膜不能稳定存在，减弱了钝化膜对钢筋的保护作用，可能导致钢筋锈蚀。碳化将显著增加混凝土的收缩，并使混凝土表面碳化层受到拉应力作用，可能产生微细裂缝，而使混凝土抗拉、抗折强度降低。

影响混凝土碳化的主要因素有：

（1）水泥品种。一般硬化水泥石中氢氧化钙含量低的水泥碳化速度快，所以使用掺较多混合材料的水泥比硅酸盐水泥碳化要快。

（2）水泥用量和水灰比。混凝土在水泥用量固定的条件下，水灰比越小，混凝土就越密实，碳化速度就越慢。而当水灰比固定时，碳化深度随水泥用量的提高而减小。

（3）环境条件。空气中的二氧化碳浓度、空气相对湿度等因素会影响混凝土的碳化速度。二氧化碳浓度愈大，碳化速度就愈快。例如，一般室内碳化较室外快，二氧化碳含量较高的工厂车间（如铸造车间）比其他地方碳化快。混凝土如果常置于水中或处在相对湿度为100%的条件下，由于混凝土孔隙中的水分阻止二氧化碳向混凝土内部扩散，所以碳化会停止进行。同样，处于特别干燥条件下（如相对湿度在25%以下）的混凝土，则由于缺乏使二氧化碳与氢氧化钙作用所需的水分，碳化也会停止，一般认为相对湿度为50%～75%时碳化速度最快。

通过降低水灰比、采用减水剂等措施可以提高混凝土的密实度，从而提高其抗碳化能力。

五、混凝土的碱—集科反应

碱—集料反应（简称AAR），是指集料中含有的活性二氧化硅与所用水泥中的碱（Na_2O 和 K_2O）在有水的条件下发生反应，形成碱—硅酸凝胶，此凝胶吸水后产生很大的体积膨胀，并导致混凝土胀裂的现象。碱—集料反应的化学反应式如下：

$$2NaOH + SiO_2 + nH_2O \rightarrow Na_2O \cdot SiO_2 \cdot nH_2O$$

碱—集料反应的潜伏期较长，反应速度缓慢，往往要经过几年或十几年后才会出现明显的症状，而破坏作用一旦发生，便难以阻止。碱—集料反应引起混凝土开裂后，还会大幅度加剧冻融循环、钢筋锈蚀、化学侵蚀等因素对混凝土的破坏作用，这些多因素的综合破坏作用，会导致混凝土迅速劣化。因此，碱—集料反应有着混凝土的"癌症"之称。控制碱—集料反应主要在预防。

由于碱—集料反应发生的条件是水泥中含碱量较高、集料中含有活性二氧化硅及有水存在，所以预防碱—集料反应的主要措施有：

（1）采用含碱量低的水泥，一般水泥的含碱量应控制在 0.6% 以下。

（2）掺加火山灰质混合材料，如沸石岩、粉煤灰、火山灰等，它们能吸收溶液中的钠离子和钾离子，促使反应产物早期均匀地分布于混凝土中，不致集中于集料颗粒周围，从而减轻膨胀作用，这是较为可行的措施。

（3）对集料进行检测，不用含活性二氧化硅的集料。

（4）掺入适量的引气型外加剂，使混凝土内形成许多微小气孔，以缓冲膨胀破坏应力。

第六节　混凝土外加剂和矿物掺和料

为适应工程结构和施工技术对混凝土性能的需要，在配制混凝土时，除使用四种基本组成材料之外，常采用外加材料来改善混凝土的性能。按外加材料在混凝土中掺量的多少，可分为外加剂和掺和料两类。

一、混凝土外加剂

混凝土外加剂是指在拌制混凝土拌和物过程中掺入的用于改善混凝土性能的外加材料，其掺入量不超过水泥质量的 5%（特殊情况除外）。

混凝土外加剂种类繁多，每种外加剂常常具有一种或多种功能，其化学成分可以是有机物、无机物或二者的复合产品，所以其分类方法也不同。外加剂按其主要功能，一般分为四类：

（1）改善混凝土拌和物流变性能的外加剂，如减水剂、引气剂、泵送剂等。

（2）调节混凝土凝结时间和硬化性能的外加剂，如缓凝剂、早强剂等。

（3）改善混凝土耐久性的外加剂，如防水剂、阻锈剂、抗冻剂等

（4）提供特殊性能的外加剂，如加气剂、膨胀剂、着色剂等。

下面介绍常用的减水剂、引气剂、早强剂和缓凝剂。

1. 减水剂

减水剂是指在混凝土拌和物流动性基本相同的条件下，能减少拌用水量的外加剂。

1）减水剂的作用机理

减水剂是一种表面活性剂，其分子是由亲水基团和憎水基团两部分构成。表面活性剂是能显著降低液体表面张力或二相间界面张力的物质，故又称界面活性剂。

减水剂能提高混凝土拌和物和易性的原因，主要是减水剂可产生两个方面的作用：即吸附—分散作用、润滑—湿润作用。

（1）吸附—分散作用

水泥加水拌和后，由于水泥颗粒间分子引力的作用，产生许多絮状物而形成絮凝结构，使 10%～30% 的拌和水（游离水）被包裹在其中（图 6-17），减少了拌和物中有效拌和水量，从而降低了混凝土拌和物的流动性。当加入适量减水剂后，减水剂分子定向吸附于水泥颗粒表面，亲水基端指向水溶液。因亲水基团的电离作用，使水泥颗粒表面带上电性相同的电荷。当水泥粒子靠近时，产生静电斥力（图 6-18）。水泥颗粒相互分散，导致絮凝结构解体或难以形成，使拌和水都能发挥作用，从而在保证混凝土拌和物流动性达到要求的情况下，可以减少用水量。

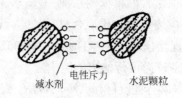

图 6-17　未掺减水剂时水泥粒子形成 　　　　图 6-18　减水剂使水泥粒子相互分散的
　　　　絮凝结构的示意图 　　　　　　　　　　　　　　示意图

（2）润滑—湿润作用

阴离子表面活性剂类减水剂在水泥颗粒表面吸附定向排列，其亲水基团极性很强，带有负电，易与水分子以氢键形式结合，在水泥颗粒表面形成一层稳定的溶剂化水膜，这层水膜可以使水泥颗粒易于滑动，从而使混凝土流动性进一步提高。减水剂还能使水泥颗粒表面更好地被水湿润，也有利于和易性的改善。

2）使用减水剂的技术经济效益

根据使用条件不同，使用减水剂可以产生以下三个方面的技术经济效益：

（1）在保持水灰比不变和单位用水量不变的条件下，可增大混凝土拌和物的流动性，且不会降低混凝土的强度。

（2）在保持混凝土拌和物流动性不变及水泥用量不变的条件下，减少拌和用水量，可以降低水灰比，从而使混凝土的强度及耐久性得到提高。

（3）在保持混凝土拌和物流动性不变及水灰比不变的条件下，减少拌和用水量，可以减少水泥用量，从而可以节约水泥，降低工程造价。

3）减水剂的主要种类及其技术性能特性

国家标准《混凝土外加剂》（GB 8076—2008）根据减水剂的减水效果，划分为普通减水剂（减水率应不小于 8%）、高效减水剂（减水率应不小于 14%）和高性能减水剂（减水率应不小于 25%）三大类。各类减水剂又根据泌水率比、凝结时间差、抗压强度比等指标分为早强型、标准型和缓凝型 3 种型号。

（1）普通减水剂

按减水剂的化学成分，普通减水剂主要有木质素磺酸盐类、糖蜜类、糊精类、羟基羧酸及其盐类、聚氧化乙烯烷基醚及其衍生物五种类型。其中，木质素磺酸盐类使用比较广泛。

木质素磺酸盐是造纸厂的亚硫酸纸浆废液,经脱糖、聚合、浓缩等工艺而制成的黄色粉末。木质素磺酸钙(简称木钙或 M 剂)是其中最常用的一种品种。它易溶于水,成本较低,适宜掺量为水泥质量的 0.2% ~0.3%。在保持混凝土拌和物坍落度不变时,减水率可达 10% 以上。在相同强度和流动性的情况下,可节约水泥 10%。

木钙是引气缓凝型减水剂,掺入水泥质量的 0.25%,可延缓混凝土拌和物凝结时间 1 ~ 3h。凝结时间延长以及水化热释放速度延缓,对大体积混凝土夏季施工有利。但若掺量过多时会使混凝土硬化进程变慢,甚至会降低混凝土的强度,所以使用时应注意掺量要适宜。

(2)高效减水剂

高效减水剂基本上都是聚合物电解质,对水泥颗粒具有很强的分散作用,掺入量为水泥质量的 0.5% ~1.5% 时,可以使混凝土拌和物的流动性大大提高;或者在保持混凝土拌和物坍落度相同的情况下,减水率可达 18% 以上。高效减水剂不仅已广泛用于配制高流动性混凝土、高强混凝土和高密实混凝土,而且还用于配制一些新型混凝土,如自流平砂浆和混凝土、水下不分散混凝土、宏观无缺陷混凝土及高性能混凝土等。

高效减水剂的品种很多,并且还在进一步增加。按其化学成分,目前使用较为广泛的品种主要有萘系、蜜胺系、氨基磺酸盐系、脂肪族系等减水剂。

①萘系高效减水剂

萘系减水剂是用萘或萘的同系物、甲醛、浓硫酸及碱在一定的反应条件下,经磺化、缩聚、中和反应而成。目前,国内有多达几十种品种,如 NNO、MF、建 1、NF、FDN 等,尽管性能略有差异,但一般均有较大的分散作用。其适宜掺量为水泥质量的 0.3% ~1.5%,减水率为 15% ~30%,混凝土 28d 强度能提高 20%。

萘系减水剂对不同品种水泥的适应性强,可配制早强、高强和蒸养混凝土,也可以配制自密实混凝土。在保持混凝土拌和物坍落度不变和强度不变时,掺入水泥质量的 0.75% 的该类减水剂,可节约水泥约 20%。

②三聚氰胺系高效减水剂

三聚氰胺系高效减水剂(又称蜜胺树脂系高效减水剂)是一种水溶性树脂减水剂,主要为磺化三聚氰胺甲醛树脂,是由三聚氰胺、甲醛及亚硫酸氢钠在一定的条件下,经磺化、缩聚而成,我国生产的主要品种为 SM,属非引气型早强高效减水剂,它的分散作用很强,减水率可高达 20% ~27%,可用以配制高强混凝土,并可提高混凝土的抗渗、抗冻性能,提高弹性模量。其适宜掺量为水泥质量的 0.5% ~1.5%。

③氨基磺酸盐系高效减水剂

氨基磺酸盐系高效减水剂一般由带氨基、羟基、羧基、磺酸(盐)基等活性基团的单体,通过滴加甲醛,在水溶液中温热或加热缩合而成,以芳香族氨基磺酸盐甲醛缩合物为主。该类减水剂有固体质量百分含量为 25% ~50% 的液状产品以及浅黄褐色粉末状的产品。研究表明,其适宜掺量一般为水泥质量的 0.2% ~1.0%,最佳掺量为 0.5% ~0.75%,在此掺量下,对塑性混凝土的减水率为 17% ~23%。

该类减水剂对混凝土性能的影响与萘系减水剂和三聚氰胺系减水剂相似,但其对水泥的适应性更强、减水率高、保塑性好、混凝土坍落度经时损失小,是一种比较理想的新型高效减水剂。

(3)高性能减水剂

主要有聚羧酸系减水剂、氨基羧酸系减水剂等。近几年,聚羧酸系减水剂在土木工程中得到了广泛应用。上述高效减水剂的主导极性官能团均为磺酸盐(或磺酸盐基),是由活性基团的单体,通过加入甲醛进行缩合而成的甲醛缩合物,而聚羧酸系减水剂则是由不同的不饱和单体,在一定条件的水相体系中,通过引发剂的作用,接枝共聚而成的高分子共聚物,它是一种新型高性能减水剂。

聚羧酸系减水剂有多种品种,主要因合成时所选单体的不同而不同,不同品种的分子组成、结构及性能也不一样,以下仅介绍共有的一些性能特点。

聚羧酸系减水剂有着很强的分散减水作用,所以其掺量低、减水率高。其最大的一个优点是保塑性强,能有效地控制混凝土拌和物的坍落度经时损失。按有效成分计算,该类减水剂的掺量一般为 0.05% ~0.3%。掺量为 0.1% ~0.2% 时的减水率高于掺量为 0.5% ~0.7% 的萘系减水剂的减水率。该类减水剂的减水率对掺量的特性曲线更趋线性化,其减水率一般为 25% ~35%,最高可达 40%。

聚羧酸系减水剂还具有一定的引气性、抗收缩性,能够更有效地提高混凝土的耐久性。

2. 引气剂

引气剂是在混凝土拌和物搅拌过程中,能引入大量的、分布均匀的、稳定的微小气泡,以改善混凝土拌和物和易性,同时提高硬化混凝土耐久性的外加剂。

引气剂的活性作用主要发生在水—气界面上。溶于水中的引气剂掺入拌和物后,能显著降低水的表面张力,使水在搅拌作用下引入空气,形成无数微小气泡。因引气剂分子定向排列在气泡表面,使气泡膜强度得以提高,并使气泡排开水分而吸附在颗粒表面,能在搅拌过程中使拌和物内空气形成孔径为 0.01 ~0.25mm 球状微小气泡,稳定、均匀地分布在拌和物中,犹如滚珠轴承作用,使颗粒间摩擦力减小、流动性提高。同时,由于大量微泡的存在,使水分均匀分布在气泡表面,从而改善拌和物的黏聚性和保水性。混凝土硬化后,由于微孔封闭又均匀分布,因而能提高混凝土的抗渗性、抗冻性,也能提高混凝土抗除冰盐破坏的能力。但大量气泡的存在,会增大混凝土的弹性变形,使混凝土弹性模量有所降低,且使混凝土受压有效面积减少,导致强度有所下降。

常用的引气剂有松香树脂类,如松香热聚物,松香皂;还有烷基苯磺酸盐类,如烷基苯磺酸盐、烷基苯酚聚氧乙烯醚等;另外,也有脂肪醇磺盐类以及蛋白质盐、石油磺酸盐等。无论哪种引气剂,其掺量都十分微小,一般为水泥质量的 0.5/10000 ~1.5/10000。

3. 早强剂

早强剂是指能提高混凝土早期强度,并对后期强度无显著影响的外加剂。目前,常用的早强剂有:氯盐、硫酸盐、三乙醇胺及其复合早强剂。

(1)氯盐早强剂

常用的有氯化钙($CaCl_2$)和氯化钠($NaCl$)。氯化钙能与水泥矿物成分或水化物反应,其生成物增加了水泥石中的固相比例,有助于水泥石结构的形成,还能使混凝土中游离水减少、孔隙率降低。因而掺入氯化钙能缩短水泥的凝结时间,提高混凝土密实度、强度和抗冻性。但氯盐掺量不得过多,否则,会引起钢筋锈蚀。

(2)硫酸盐早强剂

常用的硫酸钠(Na_2SO_4)早强剂,又称元明粉,易溶于水,掺入混凝土后与氢氧化钙作用,促使水化硫铝酸钙迅速生成,加快水泥硬化。

（3）三乙醇胺［$N(C_2H_4OH_3)$］早强剂

它是一种有机物质，呈无色中淡黄色油状液，对钢筋无腐蚀作用。单独使用早强效果不明显。将三乙醇胺、氯化钠、亚硝酸钠和二水石膏等复合而成三乙醇胺复合早强剂，其早强效果大大提高。

早强剂对不同品种水泥有不同的使用效果。有的早强剂会影响混凝土后期强度，尤其在选用氯盐或氯盐的复合早强剂及早强减水剂，以及有强电解质无机盐类的早强剂时，应遵照混凝土外加剂应用技术规范的相关规定执行。

4. 缓凝剂

缓凝剂是指能延缓混凝土拌和物凝结时间，并对后期强度发展无不利影响的外加剂。

缓凝剂的品种及掺量，应根据混凝土的凝结时间、运输距离、停放时间，以及强度要求而确定。一般常用掺量在 0.03% ~0.30% 范围内。主要品种有糖类、木质素磺酸盐类、羧基（羧）酸盐类及无机盐类。

缓凝剂可用于大体积混凝土、炎热气候条件下施工或长距离运输的混凝土。在使用前，必须了解不同缓凝剂的性能、相应的使用条件，查阅产品说明书，并且应进行有关的试验，以确定适宜掺量。若使用不当（例如剂量过大或拌和不匀），会酿成事故。

5. 泵送剂

能改善混凝土拌和物泵送性能的外加剂称为泵送剂。混凝土的可泵性主要体现在混凝土拌和物的流动性和稳定性（即有足够的黏聚性、不离析、不泌水），以及克服混凝土拌和物与管壁及自身的摩擦阻力三个方面。

制作泵送剂的材料有高效减水剂、缓凝剂、引气剂和增稠剂。

泵送剂主要适用于制作泵送混凝土。使用泵送时应严格控制用水量，在施工过程中不得随意加水，并尽量减少混凝土拌和物的输送距离和减少出料到浇筑的时间，以减少坍落度的损失。

二、混凝土矿物掺和料

为了节约水泥、改善混凝土性能、调节混凝土强度等级，在混凝土拌和物制备时加入的天然的、人造的矿物材料或工业废料，统称为混凝土矿物掺和料，其掺入量一般超过水泥质量的 5%。在配合比设计时，需要考虑体积或质量变化。

混凝土矿物掺和料分为活性掺和料及非活性掺和料两种，前者具有火山灰活性，主要成分为 SiO_2 及 Al_2O_3。这种掺和料本身不具有胶凝特性，或胶凝特性极低，即本身不硬化或硬化速度很慢，但在有水条件下，能与混凝土中的游离 $Ca(OH)_2$ 反应，生成胶凝性水化物，并能在空气中或水中硬化。工程上通常使用活性矿物掺和料。如粉煤灰、硅灰、粒化高炉矿渣粉等工业废料，以及凝灰岩、硅藻土、沸石粉等天然火山灰质材料。非活性掺和料一般与水泥组分不起化学作用，或化学作用很小，如磨细石英砂、石灰石、硬矿渣之类材料。

1. 粉煤灰

粉煤灰是热电厂内燃烧煤粉的锅炉烟气中收集到的细粉末，其颗粒多呈球形，表面光滑。

粉煤灰有高钙粉煤灰和低钙粉煤灰之分，高钙粉煤灰的氧化钙含量一般大于 10%，呈褐黄色，具有一定的水硬性。虽然其具有较高的活性，但其游离 CaO 含量较高，使用不当时，会引起混凝土质量事故。

低钙粉煤灰的氧化钙含量小于10%，呈灰色或深灰色，一般只有火山灰活性。低钙粉煤灰来源比较广泛，是当前国内外用量最大、使用范围最广的混凝土掺和料。《用于水泥和混凝土的粉煤灰》（GB/T 1596—2005）规定，按煤种的不同，粉煤灰分为F类粉煤灰和C类粉煤灰。F类粉煤灰是由无烟煤或烟煤煅烧收集的粉煤灰；C类粉煤灰是由褐煤或次烟煤煅烧收集的粉煤灰，其氧化钙含量一般大于10%。粉煤灰的技术要求分为三个等级，质量指标应满足表6-15的要求。

粉煤灰质量指标与等级 表6-15

质量指标	种类	等级		
		I	II	III
细度（0.045mm方孔筛筛余量）（%）≤	F类、C类	12	25	45
需水量比（%）≤	F类、C类	95	105	115
烧失量（%）≤	F类、C类	5.0	8.0	15.0
含水率（%）≤	F类、C类	1.0	1.0	1.0
三氧化硫（%）≤	F类、C类	3.0	3.0	3.0
游离氧化钙（%）≤	F类	1.0	1.0	1.0
	C类	4.0	4.0	4.0
安定性，雷氏夹沸煮后增加距离（mm）≤	C类	5.0	5.0	5.0

注：1. 要求放射性合格。
  2. 表中需水量比是指掺30%粉煤灰的硅酸盐水泥与不掺粉煤灰的硅酸盐水泥，其胶砂达到相同流动度时的加水量之比值。
  3. 对主要用于改善混凝土和易性的粉煤灰，不受此限制。
  4. 质量指标中任何一项不满足，都应重新在同一批粉煤灰中加倍取样重新检验，若复检后达不到要求，该批粉煤灰降级处理或为不合格。

粉煤灰掺入混凝土，有节约水泥或改善和提高混凝土技术性能的效果。粉煤灰可取代混凝土中一部分水泥，有显著的经济效益。但粉煤灰在混凝土中取代水泥的量（以质量计）应符合相关标准规范的规定，并通过混凝土配合比试验进行确定。

在混凝土中掺入粉煤灰以后，可以改善混凝土拌和物的和易性、可泵性和抹面性；降低混凝土水化热；提高混凝土抗硫酸盐性能、抗渗性；抑制碱—集料反应等。所以粉煤灰可用于配制泵送混凝土、大体积混凝土、抗硫酸盐和抗软水侵蚀混凝土、蒸养混凝土、轻集料混凝土、地下工程和水下工程混凝土、碾压混凝土等。粉煤灰用于高抗冻性要求的混凝土时，必须掺入引气剂；对用于早期脱模、提前承荷的粉煤灰混凝土，宜掺用高效减水剂、早强剂等外加剂；在低温条件下施工的粉煤灰混凝土，宜掺入对粉煤灰无害的早强剂或防冻剂，并采取保温措施，掺用氯盐外加剂时的掺量应符合有关标准规定的限量。

2. 粒化高炉矿渣粉

粒化高炉矿渣粉是指将钢厂排出的粒化高炉矿渣经过干燥和磨细而制成的具有相当细度的粉状材料，国家标准《用于水泥与混凝土中的粒化高炉矿渣粉》（GB/T 18046—2008）结合我国国情和习惯，同时参考日本、美国的标准，按比表面积、活性指数和流动度比将粒化高炉矿渣粉分为S105、S95和S75三个级别，各级别的技术要求见表6-16。

项 目		级 别		
		S105	S95	S75
密度(g/cm³) ≥		2.8		
比表面积(m²/kg) ≥		500	400	300
活性指数(%) ≥	7d	95	75	55
	28d	105	95	75
流动度比(%) ≥		95		
含水率(质量分数,%) ≤		1.0		
三氧化硫(质量分数,%) ≤		4.0		
氯离子(质量分数,%) ≤		0.06		
烧失量(质量分数,%) ≤		3.0		
玻璃体含量(质量分数,%) ≥		85		
放射性		合格		

　　粒化高炉矿渣是具有潜在水硬性的优质混合材料。近些年来,随着粉磨工艺的发展及预拌混凝土的兴起,粒化高炉矿渣超磨细粉(又称为矿渣微粉)已作为水泥、混凝土和砂浆的掺和料,广泛用于提高和改善水泥混凝土的性能,较大地提高了粒化高炉矿渣的利用价值。粒化高炉矿渣粉作为混凝土的掺和料,可等量取代水泥,而且还能显著地改善混凝土的综合性能。如改善混凝土拌和物的和易性、降低水化热和混凝土的温升、提高混凝土的耐久性、增长混凝土的后期强度等。

　　近几年,国内相继对粒化高炉矿渣粉在普通混凝土、高强混凝土中的应用进行了研究和实际工程应用,并在实际工程中采用了粒化高炉矿渣粉配制高性能混凝土,取代水泥用量30% ~ 50%,经证明使用效果良好。在一些大中型工程中,掺40%的矿渣粉配制的 C35 ~ C40 混凝土,应用效果良好。粒化高炉矿渣粉的应用不仅保护了环境,而且具有很大地经济技术效益和社会效益。

　　3. 硅灰

　　硅灰按其使用时的状态,可分为硅灰(代号 SF)和硅灰浆(代号 SF - S)。钢厂和铁合金厂在冶炼硅铁合金或工业硅时,通过烟道排出的粉尘,经收集得到的以无定形二氧化硅为主要成分的粉体材料,称为硅灰(也称硅粉)。硅灰浆是以水为载体的含有一定数量硅灰的均质性浆体。通常,采用硅灰作为混凝土掺和料。

　　硅灰的密度为 2.2g/cm³,堆积密度为 250 ~ 300kg/m³,是非常松散的细粉末,因而给运输带来困难。为此,多采用球团法制成 2 ~ 3mm 的小球,或用机械振动使之成为增密微粒(密度增大 3 倍)以后进行运输。

　　硅灰的主要成分为 SiO_2(含量为 85% ~ 98%),其颗粒极细,比表面积为 20 ~ 30m²/g,粒径为 0.1 ~ 1.0μm,是水泥颗粒粒径的 1/100 ~ 1/50,多数小于 0.3μm,最细的仅 0.01μm,因而硅灰有很高的火山灰活性。早在 20 世纪 50 年代,人们就已发现硅灰是很好的火山灰材料,并试图用其配制高强度混凝土,但由于硅灰极细,比表面积很大,导致混凝土需水量大增,给其应用带来了困难。20 世纪 70 年代后期高效减水剂的出现和应用,为更好地应用硅灰创造了条件。硅灰可配制高强、超高强混凝土,其掺量一般为水泥用量的 5% ~ 10%,在配制超高强混凝土时,掺量可达20% ~30%。硅灰的有效取代系数可达3~4,即1kg硅灰可取代3~4kg水泥。到目前为止,国内外均无可遵循的硅灰使用标准,因而其最佳掺量及取代水泥率,应依所要达到的目的,通过试验确定。

硅灰的质量应符合国家标准《砂浆和混凝土用硅灰》(GB/T 27690—2011)的规定。硅灰掺入混凝土后,可取得以下几方面的效果:

(1)能改善混凝土拌和物的黏聚性和保水性。在混凝土中掺入硅灰并同时掺用高效减水剂,不仅可以保证混凝土拌和物具有良好的流动性,而且,由于硅灰的掺入,会显著改善混凝土拌和物的黏聚性和保水性,防止混凝土拌和物出现离析。故硅灰适宜用于配制高流态混凝土、泵送混凝土及水下浇注混凝土。

(2)能提高混凝土强度,可用于配制高强或超高强混凝土。普通硅酸盐水泥水化后生成的$Ca(OH)_2$约占体积的29%,硅灰能与该部分$Ca(OH)_2$反应生成水化硅酸钙,并均匀分布于水泥颗粒之间,形成密实的结构。掺入水泥质量5% ~10%的硅灰,可配制出抗压强度达100MPa的超高强混凝土。

(3)能改善混凝土的孔结构,提高混凝土的密实性,提高混凝土抗渗性、抗冻性及抗侵蚀性。掺入硅灰的混凝土,其总孔隙率虽然变化不大,但其毛细孔会相应变小,大于$0.1\mu m$的大孔几乎不存在。因而掺入硅灰的混凝土密实性明显提高,因而抗渗性、抗冻性及抗硫酸盐侵蚀性也相应提高。

(4)能够抑制碱—集料反应。因为硅灰具有极高的火山灰活性,可与混凝土中的游离$Ca(OH)_2$及其他碱性物质发生反应。所以硅灰可以抑制碱—集料反应,防止因碱—集料反应产生混凝土裂缝。

硅灰除具有上述作用之外,对混凝土的干缩、徐变等也有影响,特别是对在空气中硬化的掺硅灰混凝土的干缩和徐变有不利影响。

第七节　混凝土的质量控制

混凝土的质量对工程结构的质量是至关重要的。由于影响混凝土质量的因素很多,如不能在施工前和施工过程中很好地进行质量检查与质量控制,就不能保证混凝土的质量,所以除必须选择适宜的原材料及设计恰当的配合比外,在施工前和施工过程中还必须对混凝土原材料、混凝土拌和物及硬化混凝土进行质量检查与质量控制。

在混凝土正常连续生产中,混凝土的质量会出现随机波动的情况,可采用数理统计方法来检验混凝土强度或其他技术指标是否达到质量要求。在混凝土生产质量管理中,由于混凝土的抗压强度与其他性能有较好的相关性,能较好地反映混凝土整体的质量情况,因此,工程中通常以混凝土抗压强度作为评定和控制其质量的主要指标。下面以混凝土强度为例来说明统计方法的一些基本概念和应用。

一、混凝土强度的波动规律——正态分布

混凝土强度是随着许多因素的变化而变化的,在正常情况下,这些因素的变化都是随机的,因此,混凝土强度的变化表现出波动性。对同一种混凝土进行系统的随机抽样,测试结果表明其强度的波动具有一定的规律性,若以混凝土强度为横坐标,以某一强度出现的概率为纵坐标,绘出的强度概率分布曲线一般符合正态分布曲线(图6-19)。

正态分布曲线的峰值为混凝土平均强度$\bar{f}_{cu}$的概率,离平均强度对称轴愈远,出现的概率就愈小,并逐渐趋于零。曲线和横坐标之间的面积为概率的总和,等于100%。

图6-20为两种施工质量控制水平不同的强度分布曲线,曲线矮而宽,表示强度数据的离散程度大,说明施工质量控制水平差;曲线窄而高,说明强度测定值比较集中、波动小、混凝土的均匀性好,施工质量控制水平较高。

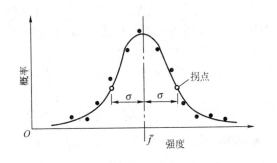

图6-19 混凝土强度的正态分布曲线

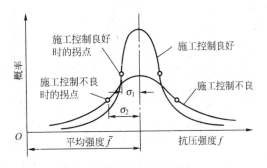

图6-20 离散程度不同的强度分布曲线

二、混凝土强度的统计计算参数

在综合评定混凝土质量时,要采用统计方法计算几个参数,它们是混凝土强度平均值、标准差和变异系数。

1. 混凝土强度平均值

对同一批混凝土,在某一统计期内连续取样制作几组试件(每组3块),测得各组试件的立方体抗压强度代表值分别为$f_{cu,1}$,$f_{cu,2}$,$f_{cu,3}$,$\cdots$,$f_{cu,n}$,按式(6-9)计算强度平均值(即平均强度)。强度平均值对应于正态分布曲线中的概率密度峰值处的强度值,即曲线的对称轴所在之处。故强度平均值反映了混凝土总体强度的平均水平,但不能反映混凝土强度的波动情况。

$$\bar{f}_{cu} = \frac{f_{cu,1} + f_{cu,2} + f_{cu,3} + \cdots + f_{cu,n}}{n} = \frac{1}{n}\sum_{i=1}^{n} f_{cu,i} \ (\text{MPa}) \tag{6-9}$$

2. 标准差 σ(又称均方差)

标准差是强度分布曲线上拐点与强度平均值之间的距离,按式(6-10)计算。σ 值愈大,则强度频率分布曲线愈宽而矮,表明强度的离散程度愈大,混凝土质量的波动性愈大。

$$\sigma = \sqrt{\frac{\sum_{i=1}^{n}(f_{cu,i} - \bar{f}_{cu})^2}{n-1}} \ (\text{MPa}) \tag{6-10}$$

式中:$f_{cu,i}$——每一组试件的立方体抗压强度代表值,$i = 1,2,3,\cdots,n$;

$\bar{f}_{cu}$——n 组试件强度平均值。

3. 变异系数 C_v

由于在相同的生产管理水平下,混凝土的强度标准差会随强度平均值的提高而增大,所以在比较强度平均值不同的混凝土之间质量稳定性时,可用变异系数 C_v 表征,并可按式(6-11)计算,C_v 亦称离差系数或标准差系数。C_v 值愈小,表明混凝土质量愈稳定。

$$C_v = \frac{\sigma}{\bar{f}_{cu}} \tag{6-11}$$

三、混凝土强度的保证率与混凝土的配制强度

1. 混凝土强度保证率

在混凝土强度质量控制中,不仅须考虑所生产的混凝土强度质量的稳定性,而且必须考虑符合设计所要求的混凝土强度等级的合格率,此即强度保证率。混凝土强度保证率是指在混凝土强度总体分布中,强度大于设计强度等级的概率,在强度分布曲线上以阴影表示(图6-21)。

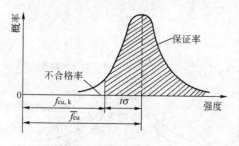

图6-21 混凝土强度的保证率

根据图6-21中所示的各种参数间的关系,强度保证率的计算方法如下:

首先根据混凝土设计强度等级$f_{cu,k}$、强度平均值$\bar{f}_{cu}$、标准差σ(或变异系数),按式(6-12)计算概率度(又称为强度保证率系数)t;再根据t值,查表6-17可得到强度保证率$P(\%)$。

$$t = \frac{\bar{f}_{cu} - f_{cu,k}}{\sigma} = \frac{\bar{f}_{cu} - f_{cu,k}}{C_v \cdot \bar{f}_{cu}} \tag{6-12}$$

不同 t 值的保证率 P 　　　　表6-17

t	0.00	0.50	0.80	0.84	1.00	1.04	12.0	1.28	1.40	1.50	1.60
$P(\%)$	50.0	69.2	78.8	80.0	84.1	85.1	90.0	91.9	93.5	94.5
t	1.645	1.70	1.75	1.81	1.88	1.96	2.00	2.05	2.33	2.50	3.00
$P(\%)$	95.0	95.5	95.5	96.5	97.0	97.5	97.7	98.0	99.0	99.4	99.87

在工程实际中,强度保证率P值还可以根据统计周期内,混凝土试件强度不低于所要求的强度等级值的组数N_0与试件总组数$N(N \geqslant 25)$之比求得,即可按式(6-13)计算P。

$$P = \frac{N_0}{N}(\%) \tag{6-13}$$

2. 混凝土的配制强度

混凝土的配制强度是指按标准方法配制的混凝土,要求在标准养护至28d时达到的强度。按上述强度统计分布的概念,混凝土的配制强度应等于混凝土的强度平均值。如果取配制强度与混凝土的设计强度等级相等,则满足设计强度的保证率只有50%,不能满足工程要求。因此,为了使混凝土具有更高的强度保证率,必须使混凝土配制强度高于设计强度等级。

因

$$\bar{f}_{cu} = f_{cu,k} + t\sigma$$

令配制强度:

$$f_{cu,0} = \bar{f}_{cu}$$

则

$$f_{cu,0} = f_{cu,k} + t\sigma \tag{6-14}$$

式中:$f_{cu,0}$——配制强度(MPa);

$f_{cu,k}$——混凝土设计强度等级值(即立方体抗压强度标准值)(MPa)。

根据强度保证率的要求及施工控制水平,确定出 t 和 σ 值,用上式即可计算出混凝土的配制强度。从上式可以看出,若满足相同的强度保证率(即 t 相同),施工控制水平愈差者(即 σ 值愈大),则混凝土的配制强度就愈高,因此混凝土的配制成本也就愈高。

《普通混凝土配合比设计规程》(JGJ 55—2011)中规定:

当混凝土的设计强度等级 <C60 时,则按式(6-15)计算配制强度:

$$f_{cu,o} \geq f_{cu,k} + 1.645\sigma \tag{6-15}$$

式中 σ 值的确定有两种方法:

(1)如果具有近 3 个月以来的同一品种、同一强度等级混凝土的强度资料(必须是 30 组以上),可按式(6-10)进行计算,得到 σ 计算值。

对强度等级 ≤C30 的混凝土,当 σ 计算值 ≥3.0MPa 时,则取 σ 计算值;当 σ 计算值 <3.0MPa 时,应取 3.0MPa。对强度等级 >C30,且小于 C60 的混凝土,当 σ 计算值 ≥4.0MPa 时,则取 σ 计算值;当 σ 计算值 <4.0MPa 时,应取 4.0MPa。

(2)如果没有近期的同一品种、同一强度等级混凝土的强度资料,则 σ 值可按表 6-18 取值。

配制强度计算公式中的 σ 取值(MPa)　　　　　　　　表 6-18

混凝土强度等级	≤C20	C25 ~ C45	C50 ~ C55
σ	4.0	5.0	6.0

第八节　混凝土的配合比设计

一、概　　述

混凝土的配合比是指混凝土中各组成材料的用量比例(用量以质量表示)。确定配合比的工作,称为配合比设计。因为混凝土性能与配合比之间有着密切的关系,所以配合比设计是一项很重要的工作。混凝土配合比设计的主要任务包括两个方面,第一是要根据原材料的技术性能及施工条件,合理选择原材料;第二是根据工程所要求的技术经济指标,按照规定的设计方法确定各项组成材料的用量。

1.混凝土配合比的表示方法

混凝土配合比的表示方法有以下两种:

(1)单位用量表示法:以拌制 $1m^3$ 混凝土所需的各项材料的用量来表示。例如,混凝土配合比为:水泥 320kg、水 180kg、砂 720kg、石子 1220kg,每 $1m^3$ 混凝土总质量为 2440kg。

(2)相对用量表示法:以各项材料间的质量比来表示(以水泥质量为 1)。例如,将上例换算成质量比为:水泥∶砂∶石子 =1∶2.25∶3.81,水灰比 =0.56。

在工程实际中,可根据具体情况采用以上两种方法中的一种来表示混凝土的配合比。

现在工程实际中使用矿物掺和料和外加剂的情况已经比较普遍,在配合比中要分别表示出水泥、各种矿物掺和料和外加剂的用量。通常,将水泥和矿物掺和料作为胶凝材料的组成材料,外加剂的用量也可采用胶凝材料总用量的百分比(%)表示。

2.配合比设计的基本要求

虽然不同性质的工程对混凝土的具体要求有所不同,但通常情况下配合比设计应满足下列四项基本要求：

1）满足结构物设计强度的要求

混凝土作为土木工程结构中一种主要的结构材料，在结构设计时都会根据结构所承受的荷载对混凝土提出不同的设计强度要求，通常以强度等级表示。在确定混凝土配合比时，为了保证结构物的可靠性，必须采用一个比设计强度高的、具有高保证率的"配制强度"。配制强度定得太低，结构物不安全，但定得太高也不经济，因此必须适当。为保证混凝土强度，必须确定合适的水灰比和水泥的强度等级。

2）满足施工和易性的要求

为了确保水泥混凝土能够在现有的施工设备和施工水平下进行正常的施工，并形成稳定密实的混凝土结构，必须保证混凝土拌和物的和易性（坍落度或维勃稠度）达到设计要求。在确定混凝土配合比时，必须确定合适的单位用水量、石子的最大粒径和砂率等。

3）满足长期使用条件下的耐久性要求

为保证结构的长期有效性，在混凝土配合比设计时，必须根据结构物所处环境条件和规范中对混凝土的最大水灰比和最小水泥用量的限制，确定合适的水灰比和水泥用量。

4）满足经济性的要求

在满足设计强度、和易性和耐久性等工程所需性能的前提下，应尽量降低高价材料（如水泥等）的用量，并尽量就地取材，或使用工业废料（如粉煤灰等），使所配制的混凝土具有较高的性价比。

3. 配合比设计中的三个基本参数

混凝土配合比设计，实质上就是确定胶凝材料（包含水泥和矿物掺和料）、水、砂、石子和外加剂等组成材料用量之间的比例关系，这种比例可以由以下三个基本参数来控制，正确地确定这三个参数，就能使混凝土满足各项技术与经济要求。

（1）水胶比（或水灰比）。如果在混凝土中掺入矿物掺和料，则水泥和矿物掺和料组成胶凝材料，水胶比就是指水的用量与胶凝材料总量的比值（质量比）。而水灰比是指水的用量与水泥用量的比值（质量比），在不使用矿物掺和料的情况下，就采用水灰比。在水、水泥和矿物掺和料性质一定的条件下，水泥浆体的性能，就取决于水胶比（或水灰比）。

（2）砂率——细集料（砂）的质量占集料（砂与石子）总质量的百分比（%）。在砂石性质一定的条件下，集料在混凝土中骨架的性能，就取决于砂与石子之间的用量比例，这一比例称为砂石比。但现行混凝土配合比设计规范对砂石之间的用量比例采用砂率来表示。

（3）单位用水量——拌制 $1m^3$ 混凝土所需的用水量。水泥浆与集料组成混凝土拌和物。拌和物的性能，在水泥浆与集料性质一定的条件下，就取决于水泥浆与集料的比例，但现行混凝土配合比设计方法对这一比例关系，采用单位体积用水量（简称单位用水量）来表示，在水胶比（或水灰比）固定的条件下，确定了用水量之后，胶凝材料总用量亦随之确定。在 $1m^3$ 拌和物中，确定了水与胶凝材料总用量之后，集料的总用量亦就确定。

4. 混凝土配合比设计的步骤

在进行混凝土配合比设计时，首先要做好各项准备工作，不仅要准备各种试验条件，还应明确一些资料，如原材料的性质及技术指标、混凝土的各项技术要求、施工方法、施工管理质量水平、混凝土结构特征、混凝土所处的环境条件等。

混凝土配合比设计通常分为以下四大步骤：

（1）首先按原材料性能及混凝土的技术要求进行初步计算，得出计算配合比。

（2）采用计算配合比进行试拌，检验和易性和配合比调整，得出满足和易性要求的基准配合比。

（3）通过强度试验，确定出满足设计强度和施工要求并且比较经济合理的试验室配合比。

（4）根据施工现场砂、石的实际含水率对试验室配合比进行换算，得到施工配合比。现场材料的实际称量应按施工配合比进行。

二、混凝土配合比设计方法

进行普通混凝土的配合比设计时，依据的强度指标不同，设计方法也就不同，主要有以抗压强度为指标的设计方法和以抗折强度为指标的设计方法两种。一般结构设计中混凝土的强度指标都是抗压强度，所以本节依据《普通混凝土配合比设计规程》（JGJ 55—2011），介绍以抗压强度为指标的设计方法。

1. 确定计算配合比（又称初步配合比）

1）确定混凝土配制强度（$f_{cu,0}$）

在上一节中已介绍了混凝土配制强度的确定方法，即根据混凝土的设计强度等级、标准差采用式（6-16）进行计算：

$$f_{cu,0} = f_{cu,k} + 1.645\sigma \tag{6-16}$$

2）确定水胶比（W/B）

理论上混凝土 28d 强度应该等于配制强度，故采用第四节中式（6-5）转化得到的式（6-16）计算 W/B：

$$\frac{W}{B} = \frac{\alpha_a f_b}{f_{cu,0} + \alpha_a \alpha_b f_b} \tag{6-17}$$

式中：α_a、α_b——回归系数，碎石：$\alpha_a = 0.53$、$\alpha_b = 0.20$；卵石：$\alpha_a = 0.49$、$\alpha_b = 0.13$；

f_b——实测的胶凝材料 28d 抗压强度（MPa），可按标准方法实测；如无实测值，则取估算值：$f_b = \gamma_1 \gamma_2 f_{ce}$；

γ_1、γ_2——粉煤灰影响系数和粒化高炉矿渣粉影响系数，可按 JGJ 55—2011 的推荐值选用；

f_{ce}——实测的水泥 28d 抗压强度（MPa）；如无实测值，则取估算值：$f_{ce} = \gamma_c f_{ce,g}$；

$f_{ce,g}$——水泥的强度等级值（如水泥的强度等级为 42.5，则 $f_{ce,g} = 42.5$MPa）；

γ_c——水泥强度等级值的富余系数，可按实际统计资料确定；当缺乏实际统计资料时，也可按 JGJ 55—2011 推荐值选用（表 6-19）。

水泥强度等级值的富余系数　　　　　　　　　　　　表 6-19

混凝土强度等级	32.5	42.5	52.5
γ_c	1.12	1.16	1.10

为了保证混凝土满足所要求的耐久性，水胶比不得大于《混凝土结构设计规范》（GB 50010—2010）中规定的最大水胶比（表 6-20）。所以按式（6-17）计算出水胶比以后，还应对照表 6-20，校核其是否满足耐久性要求。若计算所得的水胶比不大于规定的最大水胶比时，取计算的水胶比，否则应取规定的最大水胶比。

表6-20

环境等级	最大水胶比	最低强度等级	最小胶凝材料用量（kg/m³）		
			素混凝土	钢筋混凝土	预应力混凝土
一	0.60	C20	250	280	300
二 a	0.55	C25	280	300	300
二 b	0.55	C25	280	300	300
	0.50	C30	320		
三 a	0.50	C30	320		
	0.45	C35	330		
三 b	0.40	C40	330		

不同的环境等级对应于不同的环境条件：

一级的环境条件是指室内干燥环境；无侵蚀性静水浸没环境。二 a 级的环境条件是指室内潮湿环境；非严寒和非寒冷地区的露天环境、与无侵蚀性土或水直接接触的环境；严寒和寒冷地区的冰冻线以下与侵蚀性土或水直接接触的环境。二 b 级的环境条件是指干湿交替环境；水位频繁变动环境；严寒和寒冷地区的冰冻线以下与侵蚀性土或水直接接触的环境。三 a 级的环境条件是指严寒和寒冷地区冬季水位变动区环境；受除冰盐影响环境；海风环境。三 b 级的环境条件是受除冰盐作用环境；盐渍土环境；海岸环境。

3）确定单位用水量（W_0）

每立方米干硬性或塑性混凝土的用水量（W_0）应按下列方法确定：

（1）当水胶比在 0.40 ~ 0.80 范围内时，可以根据施工要求的坍落度值或维勃稠度值、已知的粗集料种类及最大粒径，由表6-21中的规定值选取单位用水量，然后在试拌中加以调整。

混凝土单位用水量表（kg/m³） 表6-21

混凝土类型	拌和物稠度		卵石最大粒径（mm）				碎石最大粒径（mm）			
	检测项目	指标	10	20	31.5	40	16	20	31.5	40
塑性	坍落度（mm）	10 ~ 30	190	170	160	150	200	185	175	165
		35 ~ 50	200	180	170	160	210	195	185	175
		55 ~ 70	210	190	180	170	220	205	195	185
		75 ~ 90	215	195	185	175	230	215	205	195
干硬性	维勃稠度（s）	16 ~ 20	175	160	—	145	180	170	—	155
		11 ~ 15	180	165	—	150	185	175	—	160
		5 ~ 10	185	170	—	155	190	180	—	165

注：1. 本表用水量系采用中砂时的平均值。采用细砂时，可增加 5 ~ 10kg/m³；采用或粗砂时，可减少 5 ~ 10kg/m³。
2. 掺用矿物掺和料和外加剂时，用水量应相应调整。

（2）水灰比小于 0.40 的混凝土以及采用特殊成型工艺的混凝土用水量应通过试验确定。

（3）在使用外加剂时，应根据外加剂的减水率来确定单位用水量。流动性或大流动性混凝土的单位用水量（W_0）可按式（6-18）计算：

$$W_0 = W_{0\beta}(1 - \beta) \qquad (6-18)$$

式中：W_0——计算配合比的单位用水量（kg/m³）；

$W_{0\beta}$——未掺外加剂时推定的满足实际坍落度要求的单位用水量（kg/m³），以表6-21中

90mm 坍落度的单位用水量为基础,按每增大 20mm 坍落度相应增加 5kg/m³ 用水量来计算,当坍落度增大到 180mm 以上时,随坍落度相应增加的用水量可减少。

β——外加剂的减水率(%),应经过混凝土试验确定。

4)计算每立方米混凝土的胶凝材料用量(B_0)、矿物掺和料用量(F_0)和水泥用量(C_0)

(1)根据已选定的单位用水量(W_0)和得出的水胶比值(W/B),可按式(6-19)求出每立方米混凝土的胶凝材料用量(B_0):

$$B_0 = \frac{W_0}{W/B} \qquad (6-19)$$

为了保证混凝土的耐久性,对由上式计算得出的胶凝材料还要进行校核,如果计算的结果不小于表 6-20 中规定的最小胶凝材料的要求,就取计算的结果;如计算的结果小于规定的最小胶凝材料用量,则应取规定的最小胶凝材料用量值。

(2)每立方米混凝土的矿物掺和料用量(F_0)应按式(6-20)计算:

$$F_0 = B_0\beta_f \qquad (6-20)$$

式中:β_f——矿物掺和料掺量(%),应经过混凝土试验确定。采用硅酸盐水泥或普通硅酸盐水泥时,钢筋混凝土中矿物掺和料最大掺量宜符合表 6-22 的规定,预应力混凝土中矿物掺和料最大掺量宜符合表 6-23 的规定。对基础大体积混凝土,粉煤灰、粒化高炉矿渣粉和复合掺和料的最大掺量可增加 5%。采用掺量大于 30% 的 C 类粉煤灰的混凝土应以实际使用的水泥和粉煤灰掺量进行安定性检验。

钢筋混凝土中矿物掺和料最大掺量　　　　　　　　　　　表 6-22

矿物掺和料种类	水 胶 比	最大掺量(%)	
		采用硅酸盐水泥时	采用普通硅酸盐水泥时
粉煤灰	≤0.40	45	35
	>0.40	40	30
钢渣粉	—	30	20
磷渣粉	—	30	20
硅灰	—	10	10
粒化高炉矿渣粉、复合掺和料	≤0.40	65	55
	>0.40	55	45

预应力混凝土中矿物掺和料最大掺量　　　　　　　　　　　表 6-23

矿物掺和料种类	水 胶 比	最大掺量(%)	
		采用硅酸盐水泥时	采用普通硅酸盐水泥时
粉煤灰	≤0.40	35	30
	>0.40	25	20
钢渣粉	—	20	10
粒化高炉矿渣粉	≤0.40	55	45
	>0.40	45	35

(3)每立方米混凝土的水泥用量(C_0)应按式(6-21)计算:

$$C_0 = B_0 - F_0 \qquad (6-21)$$

5)确定砂率(S_p)

为使混凝土拌和物具有良好的和易性,必须采用合理砂率。确定砂率的方法较多,可以根据集料的技术指标、混凝土拌和物性能和施工要求,参考累积的历史数据选用;若无历史数据,可根据下列规定确定砂率(S_p):

(1)坍落度小于10mm的混凝土,其砂率应经过混凝土试验确定。

(2)坍落度为10~60mm的混凝土,其砂率可根据已确定的水胶比、石子的品种和最大公称粒径,按表6-24选取。

(3)坍落度大于60mm的混凝土,其砂率可经过混凝土试验确定,也可在表6-24的基础上,按坍落度每增大20mm、砂率增大1%的幅度予以调整。

混凝土砂率选用表(%)   表6-24

水胶比	卵石最大公称粒径(mm)			碎石最大公称粒径(mm)		
	10	20	40	16	20	40
0.40	26~32	25~31	24~30	30~35	29~34	27~32
0.50	30~35	29~34	28~33	33~38	32~37	30~35
0.60	33~38	32~37	31~36	36~41	35~40	33~38
0.70	36~41	35~40	34~39	39~44	38~43	36~41

注:1. 本表数值系中砂的选用砂率。对细(或粗)砂,可相应减少(或增大)砂率。

2. 采用人工砂配制混凝土时,砂率可适当增大。

3. 只使用一个单粒级粗集料配制混凝土时,砂率应适当增大。

6)计算每立方米混凝土的砂、石子用量(S_0、G_0)

确定砂石用量的方法很多,最常用的是体积法和质量法。

(1)体积法:混凝土拌和物的体积应等于各组成材料绝对体积和混凝土拌和物中所含空气的体积之总和。因此,在计算单位砂、石子用量时,可列出下面的二元一次方程组,通过求解此方程组,便可得出 S_0 和 G_0:

$$\left.\begin{array}{l} \dfrac{C_0}{\rho_c}+\dfrac{F_0}{\rho_f}+\dfrac{W_0}{\rho_w}+\dfrac{S_0}{\rho_s}+\dfrac{G_0}{\rho_g}+0.01\alpha=1 \\[2mm] \dfrac{S_0}{S_0+G_0}=S_P \end{array}\right\} \quad (6\text{-}22)$$

式中:C_0、F_0、W_0、S_0、G_0——每立方米混凝土中水泥、矿物掺和料、水、细集料(砂)、粗集料(石子)的用量(kg);

ρ_c——水泥密度(kg/m^3);

ρ_f——矿物掺和料密度(kg/m^3);

ρ_w——水的密度(kg/m^3);

ρ_s——细集料表观密度(kg/m^3);

ρ_g——粗集料表观密度(kg/m^3);

α——混凝土的含气量百分数,当不使用引气剂或引气型外加剂时,可取 $\alpha=1$;如果添加了引气型外加剂,则必须根据该外加剂的说明或测试结果确定 α;

S_P——砂率(%)。

(2)质量法:又称为假定表观密度法。根据经验,如果原材料情况比较稳定,所配制的混凝土拌和物的表观密度将接近一个固定值,因此,在计算每立方米混凝土中砂、石集料的用量时,可先假设每立方米混凝土拌和物的质量(即混凝土拌和物的假定表观密度),并列出下面的二元一次方程组,通过求解此方程组,便可得出 S_0 和 G_0:

$$
\left.\begin{array}{c}
C_0 + F_0 + G_0 + S_0 + W_0 = \rho_{0h} \\
\dfrac{S_0}{S_0 + G_0} = S_P
\end{array}\right\}
\tag{6-23}
$$

式中:ρ_{0h}——每立方米混凝土拌和物的假定质量(kg),可取 2350 ~ 2450kg/m³,一般混凝土强度等级为 C15 ~ C40 时,取 2350 ~ 2400kg/m³,大于 C40 时,取 2450kg/m³;其他符号的意义与式(6-22)相同。

通过以上几个步骤,确定了水、水泥、矿物掺和料、砂和石子用量,得到混凝土的计算配合比。使用外加剂时,应根据减水率要求、胶凝材料用量和其适宜掺量(%)来确定其用量。因其掺量一般都很小,在采用质量法或体积法计算砂和石子用量时可以不考虑其影响。

2. 检验和易性,提出基准配合比

按计算配合比配制的混凝土拌和物是否能够真正满足和易性要求、含砂率是否合理等,都需要通过试拌来进行检验,如果检验结果不符合所提出的要求,可按具体情况加以调整。经过试拌调整,就可以满足和易性要求,再根据所用材料算出调整后的基准配合比。

1)试拌

按计算配合比称取材料进行试拌。在试验室试拌混凝土时,所用的各种原材料和混凝土搅拌方法,都应与施工使用的材料及混凝土搅拌方法相同。粗、细集料的称量均以干燥状态为基准(干燥状态是指细集料的含水率小于 0.5%、粗集料的含水率小于 0.2%)。如不使用干燥集料配制,在称料时水量应相应减少,集料用量应相应增加。但在以后试配调整时配合比仍应取原计算值,不计该项增减数值。

混凝土的试拌数量应符合表 6-25 的规定。如需进行抗折强度试验,则应根据实际需要计算用量。采用机械搅拌时,拌和量应不小于搅拌机公称容量的 1/4 且不应大于搅拌机公称容量。

混凝土试配的最小拌和量 表 6-25

粗集料最大公称粒径(mm)	拌和物体积(L)	粗集料最大公称粒径(mm)	拌和物体积(L)
≤31.5	20	40	25

2)校核和易性,调整计算配合比,提出基准配合比(或称试拌配合比)

取试拌的混凝土拌和物,按照标准的试验方法检验和易性。如果和易性不满足设计要求,就应调整配合比。

调整配合比的方法是(以坍落度为例),如发现坍落度不满足要求,或黏聚性和保水性不好时,则应在保持计算水胶比不变的条件下相应调整胶凝材料浆体用量或砂率。应注意不能简单地通过增加水的用量来提高坍落度。否则,将改变水胶比,而影响混凝土的强度。当坍落度低于设计要求时,可保持水胶比不变,适当增加胶凝材料浆体量。一般每增加 10mm 的坍落度,需增加 2% ~ 5% 的胶凝材料浆体量。如坍落度太大,可在保持砂率不变条件下增加集料用量。如含砂不足,黏聚性和保水性不良时,可适当增大砂率;反之应减小砂率。

调整后再按照新配合比进行试拌,并检验和易性,如还不满足要求,再进行调整,直到和易性符合要求为止,然后提出供混凝土强度试验用的基准配合比。每立方米混凝土中水泥、矿物掺和料、水、细集料、粗集料的用量(kg)分别用 C_a、F_a、W_a、S_a、G_a 表示。

3. 检验强度,确定试验室配合比

在基准配合比的基础上,必须通过测试混凝土抗压强度,进一步验证和调整配合比的水灰比,并确定出试验室配合比。

(1)制作试件,测试强度,调整配合比

为校核混凝土的强度,应至少拟定三个不同的配合比,其中一个为上述的基准配合比,将基准配合比的水胶比值分别增加及减少 0.05,得到另外两个配合比的水胶比值,其用水量应该与基准配合比相同,但砂率值可增加及减少 1%。

每个配合比至少按标准方法制作一组试件,在标准养护室中养护 28d,然后测试其抗压强度。通过将所测得的每组混凝土抗压强度与相应的胶水比作图或计算,求出与混凝土配制强度($f_{cu,0}$)相对应的胶水比(即水胶比的倒数)。并根据此水胶比和砂率,重新计算混凝土的配合比。每立方米混凝土中水泥、矿物掺和料、水、细集料、粗集料的用量(kg)分别用 C_b、F_b、W_b、S_b、G_b 表示。

在制作试件时,应检验混凝土拌和物的和易性、测定其表观密度($\rho_{c,t}$),并以此结果作为代表相应配合比的混凝土拌和物的性能。

(2)试验室配合比的确定

按式(6-24)计算混凝土拌和物表观密度的计算值 $\rho_{c,c}$:

$$\rho_{c,c} = C_b + F_b + W_b + S_b + G_b \tag{6-24}$$

如果实测值 $\rho_{c,t}$ 与计算值 $\rho_{c,c}$ 的差值绝对值不超过计算值 $\rho_{c,c}$ 的2%,试验室配合比就为 C_b、W_b、S_b、G_b;如果实测值 $\rho_{c,t}$ 与计算值 $\rho_{c,c}$ 的差值绝对值超过计算值 $\rho_{c,c}$ 的2%,就必须对配合比进行修正。修正的方法是:先计算修正系数 δ,$\delta = \rho_{c,t}/\rho_{c,c}$,再将 C_b、F_b、W_b、S_b、G_b 分别乘以 δ,由此得到的配合比 C_{b1}、F_{b1}、W_{b1}、S_{b1}、G_{b1} 即为试验室配合比。

按照试验室配合比配制的混凝土既满足混凝土拌和物的和易性要求,又满足混凝土强度和耐久性要求,是一个完整的配合比。但在实际使用时,还需根据现场的一些具体情况,再进一步加以调整。

4. 换算施工配合比

由于上述确定的试验室配合比是按干燥状态集料计算的,而施工现场的砂、石材料多为露天堆放,都含有一定量的水。所以,现场砂、石材料的实际称量应按工地砂,石的含水情况对试验室配合比进行修正,修正后的配合比,叫作施工配合比(也称工地配合比或现场配合比)。并且工地存放的砂、石含水情况常有变化,应按变化情况,随时加以修正。

现假定工地砂的含水率为 $a\%$,石子的含水率为 $b\%$,则上述试验室配合比可按式(6-25)换算为施工配合比,以试验室配合比为 C_{b1}、F_{b1}、W_{b1}、S_{b1}、G_{b1} 为例:

$$\left. \begin{array}{l} C = C_{b1}(\text{kg}) \\ F = F_{b1}(\text{kg}) \\ S = S_{b1} \times (1 + a\%)(\text{kg}) \\ G = G_{b1} \times (1 + b\%)(\text{kg}) \\ W = W_{b1} - S_{b1} \times a\% - G_{b1} \times b\%(\text{kg}) \end{array} \right\} \tag{6-25}$$

式中:C、F、W、S、G——每立方米混凝土中水泥、矿物掺和料、水、细集料、粗集料的用量(kg)。

三、混凝土配合比设计实例

题目:某工程现浇钢筋混凝土梁,混凝土设计强度等级为 C30,施工要求坍落度为 55～70mm。工程所在环境为温暖干燥环境。施工单位的强度标准差为 5.0MPa。采用下列材料:

(1)水泥:普通硅酸盐水泥,强度等级为 42.5,其实测的 28d 抗压强度为 47.1MPa,$\rho_c = 3150kg/m^3$。

(2)细集料:中砂,符合 II 区级配,$\rho_s = 2600kg/m^3$,现场砂含水率为 3%。

(3)粗集料:碎石,其公称粒级为 5～40mm,$\rho_g = 2650kg/m^3$,现场石子含水率为 1%。

(4)自来水。

要求确定出施工配合比。

解:1. 确定计算配合比

(1)确定混凝土的试配强度($f_{cu,0}$)

$$f_{cu,0} = f_{cu,k} + 1.645\sigma = 30 + 1.645 \times 5 = 38.2MPa$$

(2)确定水胶比(W/B)

因为不使用矿物掺和料,胶凝材料只有水泥,所以水胶比即为水灰比(W/C)。

$$f_{cu,0} = 0.53f_b\left(\frac{C}{W} - 0.20\right)$$

$$\frac{W}{C} = \frac{0.53f_b}{f_{cu,0} + 0.53 \times 0.20f_b} = \frac{0.53 \times 47.1}{38.2 + 0.53 \times 0.20 \times 47.1} \approx 0.58$$

查表 6-20,根据本工程所处的环境,为保证混凝土的耐久性,最大水胶比应为 0.60。因计算的水灰比为 0.58,小于允许的最大水胶比,故取 $W/C = 0.58$。

(3)确定单位用水量(W_0)

查表 6-21,取 $W_0 = 185kg$。

(4)计算每立方米混凝土的水泥用量(C_0)

$$C_0 = \frac{W_0}{W/C} = \frac{185}{0.58} = 319kg$$

查表 6-20,根据本工程所处的环境,为保证混凝土的耐久性,最小胶凝材料用量应为 280kg,因计算的水泥用量为 319,大于允许的最小胶凝材料用量,故应取 $C_0 = 319kg$。

(5)确定砂率(S_p)

查表 6-24,取 $S_p = 35\%$。

(6)计算立方米混凝土的砂、石子用量(S_0、G_0)

采用体积法,取 $\alpha = 1$,建立下列方程组:

$$\frac{319}{3150} + \frac{185}{1000} + \frac{S_0}{2600} + \frac{G_0}{2650} + 0.01 = 1$$

$$\frac{S_0}{S_0 + G_0} = 35\%$$

解此二元一次方程组,则得:

$$S_0 = 648kg \quad G_0 = 1206kg$$

由此得到初步配合比为：
$$C_0 = 319kg \quad W_0 = 185kg \quad S_0 = 648kg \quad G_0 = 1206kg$$

2. 检验和易性，提出基准配合比

（1）试拌

根据集料最大公称粒径，确定混凝土拌和物的试配拌和量为30L，按计算配合比计算出各种材料用量为：

水泥：$319 \times 0.030 = 9.57kg$。

水：$185 \times 0.030 = 5.55kg$。

砂：$648 \times 0.030 = 19.44kg$。

石子：$1206 \times 0.030 = 36.18kg$。

按上述材料用量进行称量，并拌和均匀。

（2）校核和易性，调整配合比，提出基准配合比

取试拌的混凝土拌和物，按照标准的试验方法检验和易性。测定坍落度值为45mm，小于设计要求的55～70mm，故需进行配合比调整，其方法如下：

保持水灰比不变，水泥用量和用水量分别增加4%，然后重新称量和拌和，测得坍落度为60mm，经观察黏聚性、保水性均良好，因此和易性满足设计要求，此时各材料用量为：

水泥：$9.57 \times (1 + 4\%) = 9.95kg$。

水：$5.55 \times (1 + 4\%) = 5.77kg$。

砂：$648 \times 0.030 = 19.44kg$。

石子：$1206 \times 0.030 = 36.18kg$。

由此可得到各材料用量比例为：
$$C_a : W_a : S_a : G_a = 1 : 0.58 : 1.95 : 3.64$$

若以单位用量表示，则采用体积法公式进行计算：
$$\frac{C_a}{3150} + \frac{C_a \times 0.58}{1000} + \frac{C_a \times 1.95}{2600} + \frac{C_a \times 3.64}{2650} + 0.01 = 1$$

解得：$C_a = 327kg$，则
$$W_a = 327 \times 0.58 = 190kg$$
$$S_a = 327 \times 1.95 = 638kg$$
$$G_a = 327 \times 3.64 = 1190kg$$

由此得到基准配合比为：
$$C_a = 327kg \quad W_a = 190kg \quad S_a = 638kg \quad G_a = 1190kg$$

3. 检验强度，确定试验室配合比

（1）制作试件，测试强度

拟定三个不同的配合比，其中一个为上述的基准配合比（水灰比0.58），将基准配合比的水灰比值分别增加和减少0.05，得到另外两个配合比的水灰比值（0.63、0.53），其用水量应该与基准配合比相同，但砂率值分别增加和减少1%。

每个配合比按标准方法制作一组试件。在制作试件时，经检验混凝土拌和物的和易性满足要求，并测得混凝土表观密度 $\rho_{c,t}$ 为2410kg/m³。

试件在标准养护室中养护28d，然后测试其抗压强度。其试验结果见表6-26。

编 号	W/C	f_{cu} (MPa)
I	0.53	40.8
II	0.58	36.7
III	0.63	32.2

（2）调整配合比，确定试验室配合比

因配制强度 $f_{cu,0}=36.58$ MPa，第Ⅱ组抗压强度与配制强度非常接近，表明按基准配合比配制的混凝土强度满足要求，因此，每立方米混凝土所需各种材料用量为：

$$C_b=327\text{kg} \quad W_b=190\text{kg} \quad S_b=638\text{kg} \quad G_b=1190\text{kg}$$

表观密度计算值为：

$$\rho_{c,c}=C_b+W_b+S_b+G_b=327+190+638+1190=2345\text{kg/m}^3$$

由于 $|\rho_{c,t}-\rho_{c,c}|=65>2\%\times\rho_{c,c}=46.84$，所以需要对上述确定的各种材料用量进行校正。

计算校正系数：

$$\delta=\rho_{c,t}/\rho_{c,c}=1.03$$

则校正后的各种材料用量（即试验室配合比）为：

$$C_{b1}=C_b\times\delta=327\times1.03=336\text{kg}$$
$$W_{b1}=W_b\times\delta=190\times1.03=196\text{kg}$$
$$S_{b1}=S_b\times\delta=638\times1.03=657\text{kg}$$
$$G_{b1}=G_b\times\delta=1190\times1.03=1226\text{kg}$$

4. 换算施工配合比

已知现场砂含水率为3%，石子含水率为1%，则施工配合比为：

水泥

$$C=C_{b1}=336\text{kg}$$

砂

$$S=S_{b1}\times(1+a\%)=657\times(1+3\%)=677\text{kg}$$

石子

$$G=G_{b1}\times(1+b\%)=1226\times(1+1\%)=1238\text{kg}$$

水

$$W=W_{b1}-S_{b1}\times a\%-G_{b1}\times b\%=196-657\times3\%-1226\times1\%=164\text{kg}$$

第九节　其他品种混凝土

第一节中已按不同的分类方法介绍了混凝土的品种。在土木工程建设过程中，除了常用的普通混凝土之外，还会使用其他的混凝土。本节将简要介绍几种应用比较多的混凝土。

一、轻集料混凝土

轻集料混凝土是指用轻粗集料、轻砂（或普通砂）、水泥和水配制、干表观密度不大于 1950kg/m³ 的混凝土，它是一种轻混凝土。

按细集料的种类,轻集料混凝土可分为全轻集料混凝土(粗、细集料均为轻集料)和砂轻混凝土(细集料全部或部分为普通砂)两类。

轻集料混凝土所用的轻集料具有孔隙率高、表现密度小、吸水率大、强度低等特点,其来源主要有:

(1)用天然多孔岩石加工而成的天然轻集料,如浮石、火山渣等。

(2)以地方性矿物质材料或工业废渣为原料加工而成的人造轻集料,如页岩陶粒、膨胀珍珠岩、粉煤灰陶粒、膨胀矿渣等。

与普通混凝土相比,轻集料混凝土硬化以后的性能具有如下特点:表现密度较小,强度等级(CL5.0~CL50)稍低,而比强度较高;弹性模量较小,收缩、徐变较大;导热系数较小,保温性能优良;抗渗、抗冻和耐火性能良好。

轻集料混凝土适用于一般承重构件和预应力钢筋混凝土结构,特别适宜高层及大跨度建筑。随着建筑节能要求的提高和墙体改革的发展,轻集料混凝土将具有更广阔的发展前景。

轻集料混凝土用于保温、结构保温、结构三方面的材料时,其强度等级和密度的合理范围如表6-27所示。

轻集料混凝土的主要用途 表6-27

混凝土名称	用途	强度等级合理范围	密度等级合理范围(kg/m³)
保温轻集料混凝土	主要用于保温的围护结构或热工构筑物	CL5.0	800
结构保温轻集料混凝土	主要用于既承重又保温的围护结构	CL5.0~CL15	800~1400
结构轻集料混凝土	主要用于承重构件或构筑物	CL5.0~CL50	1400~1900

二、纤维混凝土

纤维混凝土又称纤维增强混凝土,是在普通混凝土基材中掺加各种短切纤维材料而制成的一种复合材料。由于普通混凝土抗压强度较高,但其抗拉强度和抗弯强度较低,抗裂性、韧性等性能较差,所以在普通混凝土中加入纤维以后,能有效地降低混凝土的脆性,提高混凝土的韧性,以及抗拉、抗裂、抗弯、抗冲击等性能。

常用的短切纤维按其弹性模量可划分为两类:

(1)低弹性模量纤维:如尼龙纤维、聚乙烯纤维、聚丙烯纤维等。

(2)高弹性模量纤维:如钢纤维、碳纤维、玻璃纤维等。

在纤维混凝土中,纤维的掺量、长径比、弹性模量、耐碱性等对混凝土性能有很大影响。例如,低弹性模量纤维能提高混凝土的冲击韧性,但对混凝土的抗拉强度影响不大;但高弹性模量纤维能显著提高混凝土的抗拉强度。

纤维混凝土目前已在土木工程中得到了广泛的应用,取得了很好的技术和经济效益。在承重结构中,目前国内常用的是钢纤维混凝土,以下将着重对其进行介绍。

1. 钢纤维概述

钢纤维主要采用碳素钢加工制成,对长期处于受潮条件下的钢纤维混凝土,可采用不锈钢加工制成的纤维。钢纤维的形状有平直形和异形两类,异形纤维有波形、哑铃形、凸凹形、端部带弯钩形、压棱形、书钉形、不规则形等多种形状,异形纤维与混凝土之间的黏结力强,因而对混凝土的增强效果更显著。

钢纤维的尺寸主要由其对混凝土的强化效果和施工的难易程度决定。钢纤维太粗或太短,其强化效果较差;而钢纤维过长或过细,混凝土拌和时钢纤维易结团,不易分散均匀,从而影响混凝土的性能。钢纤维的几何特征,通常用其长径比表示,即钢纤维的长度与其截面当量直径之比。一般钢纤维的直径为 0.25～0.75mm,长度为 20～60mm,长径比为 30～150。

2. 钢纤维混凝土的性能特点及应用

钢纤维混凝土的力学性能,不仅与混凝土基体的特性(包括组成、结构和性能)有关,而且与钢纤维的特性(包括钢纤维的几何特征、纤维体积率、配置方向和分散均匀程度等)有很大关系。当钢纤维的形状和尺寸适当时,钢纤维混凝土的强度将随着纤维体积率和长径比的增加而提高。钢纤维体积率通常为 0.5%～2.0%。例如,采用直径为 0.3～0.6mm、长度为 20～40mm、纤维体积率为 2% 的圆形截面钢纤维配制的钢纤维混凝土与普通混凝土相比,其抗拉强度可提高 1.2～2.0 倍,伸长率提高约 2 倍,而韧性可提高 40～200 倍。

钢纤维混凝土的抗弯拉强度、抗裂性、韧性和抗冲击强度都明显高于普通混凝土,所以钢纤维混凝土可以应用于土木工程中需要抗裂、抗拉、抗冲击、防爆等结构部位。

三、高性能混凝土

高性能混凝土(High Performance Concrete,HPC)是近十几年来随着混凝土技术的发展而出现的一种新型高技术混凝土,也是今后混凝土技术的发展方向。

高性能混凝土是以耐久性作为设计的主要指标,在普通混凝土的基础上,采用现代混凝土技术制作的混凝土。根据工程上的不同用途,高性能混凝土可以对耐久性、工作性、适用性、强度、体积稳定性、经济性等性能予以重点的保证。高性能混凝土不仅从设计理念上对传统的混凝土产生了重大突破,而且对节能、节料、降低工程造价、加强劳动保护、保护环境等方面都具有重要的现实意义。

高性能混凝土在配制上的主要特点是:

(1)采用低水胶比(每立方米混凝土中用水量与胶凝材料总用量的比值)。应当注意,普通混凝土配合比设计的强度——水胶比关系式在这里不再适用,必须通过试配和优化后确定水胶比。

(2)选用优质的原材料,并且除水泥、水、粗细集料之外,必须掺加足够数量的矿物细掺料(如硅灰、磨细矿渣粉、粉煤灰等)和高效外加剂(如高效减水剂等)。高效减水剂的品种及掺量是决定高性能混凝土各项性能的关键因素之一,因此在确定高效减水剂的品种及掺量时,不仅要满足减水率的要求,而且减水剂与胶凝材料(尤其是水泥)之间必须具有良好的适应性,通常应经试验研究确定。高性能混凝土中也可以掺入某些纤维材料,以提高其韧性。

高性能混凝土已在国内外的许多大型工程中应用,如日本的明石海峡大桥、美国西雅图双联广场和太平洋第一中心的超高层建筑、挪威特若尔采油平台、法国西瓦克斯核能电站反应堆外壳、上海南浦大桥、北京航华科贸中心高层建筑等。今后,随着高性能混凝土技术的发展,高性能混凝土将得到更为广泛的应用。

四、生态混凝土

生态混凝土是一类特种混凝土,具有特殊的结构与表面特性,它能够减小环境负荷,与生态环境相协调,并能为环保作出贡献。1995 年,日本混凝土工学协会提出了生态混凝土(Environmentally Friendly Concrete/Eco-concrete)的概念。

生态混凝土(又称为环保型混凝土)是指既能减少给地球环境造成的负荷,又能与自然生态系统协调共生,为人类构造更加舒适环境的混凝土材料。生态混凝土具有如下特点:

(1)具有比传统混凝土更高的强度和耐久性,能满足结构物力学性能、使用功能以及使用年限的要求。

(2)具有与自然环境的协调性,能减轻对地球和生态环境的负荷,实现非再生型资源可循环性使用。

(3)具有良好的使用功能,能有效解决城市积水、地下水资源枯竭、热岛效应、路面噪声等问题,为人类构筑温和、舒适、便捷的生活环境。

有学者将生态混凝土分为环境友好型生态混凝土(减轻环境负荷型混凝土 Environmentally Mitigatable Concrete)和生物相容型生态混凝土两大类。

环境友好型生态混凝土(减轻环境负荷型混凝土)是指在混凝土的生产、使用直到解体全过程中,都能够减轻混凝土给地球环境造成的负担。包括使用免烧水泥、混合材料的混凝土,人造轻集料混凝土,高耐久性混凝土,免振捣自密实混凝土,废弃物再生混凝土等。

生物相容型生态混凝土是能够适应生物生长需要的混凝土及制品,包括生物适应性混凝土,绿化与景观混凝土,透水性或排水性混凝土等。但也有学者认为,将透水、排水性混凝土纳入减轻环境负荷型混凝土更合理,因为生态混凝土用于路面材料时,通过透水、排水作用,能够改善城市生态环境。

不同的生态混凝土有不同的配制方法,不同于普通混凝土,通常要根据生态混凝土的用途和性能要求来确定相应的配制方法。

生态混凝土的用途非常广泛,主要用于道路和河道的护坡、市政道路、人行道、园林路、林荫道、大型广场、活动中心、公园、校园、停车场、建筑外围设施等。

五、自密实混凝土

自密实混凝土(Self-Compacting Concrete,SCC)与普通振捣混凝土相比,其关键是混凝土拌和物既具有很高的流动性,又不产生离析、泌水现象,且具有优良的间隙通过性及填充能力。在成型过程中,不需额外的人工振捣,仅在自重作用下就能够穿过钢筋间隙,填充模板,形成密实的混凝土结构,即达到"自密实"的性能。相对于普通振捣混凝土,SCC 以其优异的工作性能在许多现代特殊结构(如大型薄壁、钢筋布置密集等浇筑、振捣特别困难的结构)中体现出巨大的优越性。除此之外,因 SCC 无需振捣,故而能够提高施工效率、缩短工期,改善工作环境及安全性,且有利于节省电能;又因 SCC 本身特殊性,可大量掺和各种工业废料,有利于资源的综合利用和生态环境保护。因此,SCC 不仅适应了现代混凝土工程超大规模化、复杂化的要求,而且为混凝土走向绿色化、高性能化提供了技术保障。

自密实混凝土的主要优点可概括如下:

(1)可应用于难以浇筑或无法浇筑的混凝土结构。

(2)可以浇筑成形状复杂、薄壁和密集配筋的结构,加了结构设计的自由度。

(3)大幅降低工人劳动强度,节省人工数量。

(4)具有良好的密实性、力学性能和耐久性,有效地提高了混凝土的品质。

(5)降低施工噪声,改善工作环境。

（6）能大量利用工业废料做矿物掺和料，有利于环境保护。

（7）施工自动化程度高，能促进工业化的施工与管理。

（8）节省电力能源。

因此，自密实混凝土技术在一些特殊工程、特殊条件下可发挥普通混凝土不可替代的作用。如密集配筋条件下的混凝土施工、结构加固与维修工程中的混凝土施工、钢管混凝土施工和大体积混凝土施工等。

SCC与普通振捣混凝土的配制方法差别较大，其一般配制原理是通过高效外加剂、矿物掺和料、粗细集料的选择搭配及配合比的精心设计，使混凝土拌和物的屈服应力减少到适宜范围，拥有优异的流动性，同时又必须具有足够的塑性黏度，使集料悬浮于水泥浆中，不出现离析与泌水的现象，在浇筑过程中水泥浆能带动集料一起流动，填充模板内空间。通常情况下，SCC配合比中胶凝材料用量大、砂率较高、高效减水剂掺量较多，这些均与普通振捣混凝土配合比有较大区别。SCC配合比设计时应考虑建筑物的结构条件、施工条件、环境条件和经济性等因素。一般而言，工作性能、强度和耐久性是SCC配合比设计的基本要求。

自密实混凝土是一种特殊的高性能混凝土，拌和物表现出优良的工作性，浇筑过程中不用振捣而完全依靠自重作用自由流淌并充分充满模板内的空间形成均匀密实的结构，由于自密实混凝土对工作性有特殊要求，硬化后具有良好的力学性能和耐久性能。因此，新拌自密实混凝土拌和物必须要具有以下性能：

（1）高流动性。SCC具有在模板内克服阻力而流动的能力。

（2）高抗离析性（稳定性）。SCC在运输和浇筑过程中，各组分要均匀一致，即不泌水，集料不离析。

（3）高填充性。SCC仅靠自重就可以填充到模板内每一个角落的能力。

（4）高间隙通过性。保证混凝土穿越钢筋等狭小间隙时不发生阻塞。

尽可能合理量化和保证SCC拌和物性能，使之更好地服务于工程实践，一直是SCC研究的重点内容之一。为检测以上SCC拌和物工作性能，国内外开发了许多测试方法，其中比较有代表性的方法有坍落扩展度与T500测试、U型仪试验、L型仪、Orimet流速试验、V型漏斗试验、J环试验、全量检测仪试验等。

思考与练习

1. 普通混凝土的各种组成材料在混凝土中分别起什么作用？

2. 什么是混凝土的和易性？如何评定混凝土和易性？影响混凝土和易性的主要因素有哪些？

3. 混凝土强度和混凝土强度等级有何不同？

4. 截面尺寸相同的立方体试件和棱柱体试件，为何抗压强度不相等？

5. 影响混凝土强度的主要因素有哪些？

6. 减水剂为何能减水？混凝土中掺入减水剂后可以产生哪些技术经济效益？

7. 甲、乙施工队用同样材料和同一配合比生产C20混凝土。甲队生产混凝土的平均强度为24MPa，标准差为2.4MPa；乙队生产混凝土的平均强度为26MPa，标准差为3.6MPa。

（1）试绘制各施工队的混凝土强度分布曲线示意图。并对比施工质量状况。

（2）哪个施工队的强度保证率大？

8. 混凝土配合比设计中的三个基本参数、四项基本要求包含什么内容？

9. 为什么要控制混凝土的最大水胶比和最少胶凝材料用量？

10. 尺寸为 150mm × 150mm × 150mm 的一组混凝土试件，在龄期 28d，测得破坏荷载分别为 540kN、580kN、560kN。试计算该组试件的混凝土立方体抗压强度。若已知该混凝土是用强度等级 42.5（富余系数为 1.10）的普通水泥和碎石配制而成。试估算所用的水灰比。

11. 某混凝土的设计强度等级为 C25，坍落度要求为 30 ~ 50mm，原材料为：

水泥：强度等级 32.5 的复合硅酸盐水泥，密度为 3.10g/cm^3，实测 28d 抗压强度为 38MPa。

碎石：连续级配 5 ~ 20mm，表观密度为 2700kg/m^3，含水率为 1.2%。

中砂：细度模数为 2.6，表观密度为 2650kg/m^3，含水率为 3.5%。

（1）试计算配制 1m^3 混凝土所需各材料的用量。

（2）试计算混凝土的施工配合比（设求出的计算配合比符合和易性和强度要求，不需要调整）。

（3）每次拌混凝土时，采用两包袋装水泥（每包 50kg），试计算其他材料的用量。

第七章 建筑砂浆

建筑砂浆是由无机胶凝材料、细集料、掺和料、水以及根据性能确定的各种组分,按适当比例配合、拌制并经硬化而成的工程材料。它与混凝土的不同之处在于其组成材料中没有粗集料,所以其性能与混凝土相比有不同的特点。

按用途分类,建筑砂浆可分为砌筑砂浆、抹灰砂浆、防水砂浆、装饰砂浆等、特种砂浆(如隔热砂浆、耐腐蚀砂浆、吸声砂浆等)。

按所用的胶凝材料分类,建筑砂浆可分为水泥砂浆、石灰砂浆、混合砂浆(如水泥石灰砂浆、水泥黏土砂浆、石灰黏土砂浆等)。

按砂浆的配制场合分类,建筑砂浆可分为现场配制砂浆和预拌砂浆两类。现场配制砂浆是由各种原材料在施工现场拌制而成的砂浆;预拌砂浆(即商品砂浆)是指由专业化工厂生产的湿拌砂浆或干混砂浆等,是我国近年发展起来的一种新型建筑材料。

砂浆是一项用量大、用途广的建筑材料。在结构工程中,它主要用于砌筑砖石结构;在装配式结构中,它主要用于砖墙的勾缝、大型墙板和各种构件的接缝;在装饰工程中,它用于建筑物墙面、地面、天棚等的抹面,以及各种石材和建筑陶瓷等的粘贴等。

第一节 砂浆的主要技术性质

建筑砂浆的技术性质有砂浆拌和物的和易性、硬化砂浆的强度、砂浆的黏结力、变形性、抗冻性和抗渗性等方面,以下着重介绍新拌砂浆的和易性和硬化砂浆的强度。

一、砂浆拌和物的和易性

砂浆拌和物(又称新拌砂浆)的和易性概念与混凝土拌和物的和易性相同,是指砂浆拌和物是否便于施工并保证质量的性质。和易性好的砂浆拌和物不仅便于施工操作,能比较容易地在砖、石等基层材料表面上铺成均匀、连续的薄层,而且能与底面(基面)紧密地黏结。砂浆拌和物的和易性也是综合性质,它包含流动性和保水性两个方面。

1.流动性

砂浆的流动性也称稠度,是指在自重或外力作用下流动的性能,用砂浆稠度测定仪测定,以沉入度(mm)表示。沉入度是指以质量为 300g 的圆锥体试锥(锥底直径为 75mm,试锥高度为 145mm,连同滑杆),在 10s 内沉入砂浆中的深度(mm)。沉入度愈大,砂浆的流动性就愈高。

影响砂浆流动性的因素与混凝土拌和物基本相同,即单位用水量、胶凝材料的种类与用量、细集料的种类与性质(颗粒形状、粗细程度和级配等)。当原材料条件和胶凝材料与砂的比例一定时,流动性主要取决于单位用水量的大小。

砂浆的稠度应根据基底材料(即砖、石材、砌块等)的吸水性能、砌体受力特点及气候条件等进行选择。通常情况下,基底为多孔吸水材料(如砖、砌块)或在干热条件下施工时,应使砂浆的流动性大些。相反,基底为吸水很少的密实材料(如石材)或在湿冷气候条件下施工时,可使流动性小些。一般可根据施工操作经验来掌握,但应符合国家或建筑行业有关标准的规定。

砌筑砂浆的稠度应符合《砌体结构工程施工质量验收规范》(GB 50203—2011)的规定(表 7-1)。

砌筑砂浆的施工稠度选用表

表 7-1

砌 体 种 类	施工稠度(沉入度,mm)
烧结普通砖砌体、蒸压粉煤灰砖砌体	70 ~ 90
混凝土实心砖、混凝土多孔砖砌体 普通混凝土小型空心砌块砌体 蒸压灰砂砖砌体	50 ~ 70
烧结多孔砖、空心砖砌体 轻集料小型空心砌块砌体 蒸压加气混凝土砌块砌体	60 ~ 80
石砌体	30 ~ 50

注:当砌筑其他砌体时,其砌筑砂浆的稠度可根据块体吸水特性及气候条件确定。

2. 保水性

砂浆的保水性是指新拌砂浆能保持其水分,不出现过多泌水的性质。保水性好的砂浆在运输、存放和施工过程中,水分不易从砂浆中分离出来,从而使砂浆能保持所需的流动性,保证施工操作能顺利进行。保水性不好的砂浆,在砌筑过程中由于基底材料吸水,使砂浆在短时间内变得很干稠,难于铺摊成均匀的薄层,造成基底材料之间的砂浆不饱满,形成洞穴,或分布不均匀,从而降低砌体的强度。

保水性可用分层度或保水率作为指标。分层度是砂浆初始沉入度与静止 30min 之后测定的分层度仪下部砂浆沉入度的差值(单位 mm)。具体方法可见第十四章试验六。分层度大,表明砂浆中水分分离现象严重,保水性不好。但分层度过小,例如分层度接近于零的砂浆,虽然保水性很强,上下无分层现象,但其干缩较大,易产生干缩裂缝,影响黏结力,不宜作抹灰砂浆。因此,砂浆的分层度一般控制在 10 ~ 30mm 为宜。

保水率的测定是将 8 片中速定性滤纸放置在砂浆表面,放置 2min 后,测定滤纸吸收的水量,再根据相关公式计算出砂浆内部剩余水量占原总含水率的百分率(具体方法可见第十四章试验六)。保水率愈大,保水性就愈好。保水率的测定比分层度的测定更易操作,而且准确性高,可复验性好。

《砌筑砂浆配合比设计规程》(JGJ/T 98—2010)中规定,砌筑砂浆的保水性采用保水率作为指标(老标准采用分层度为指标,新标准取消了分层度指标),不同的砂浆,有不同的保水率要求(表 7-2)。

砂 浆 种 类	保水率(%)	表观密度(kg/m³)
水泥砂浆	≥80	≥1900
水泥混合砂浆	≥84	≥1800
预拌砌筑砂浆	≥88	≥1800

注:该表观密度值是对以砂为细集料拌制的砂浆密度值的规定,不包含轻集料砂浆。

保水性主要取决于新拌砂浆组分中微细颗粒的含量,如胶凝材料用量过少,将使保水性降低。为了改善保水性,常掺入石灰膏、粉煤灰、黏土或砂浆增稠剂等材料。

二、硬化砂浆的强度及强度等级

硬化后的砂浆作为砌体的组成部分在砌体中起着传递荷载的作用,并与砌体一起经受周围介质的物理化学作用,因而砂浆应具有一定的黏结强度、抗压强度和耐久性。大量的试验研究表明,通常砂浆的黏结强度、耐久性都随其抗压强度的增大而提高,即三种性质之间存在一定的相关性。由于抗压强度的试验较为方便、准确,所以工程实际中常以抗压强度作为砂浆的主要技术指标。

根据《建筑砂浆基本性能试验方法标准》(JGJ/T 70—2009),砂浆的立方体抗压强度是采用带底试模,制成边长为70.7mm 的立方体标准试件(一组 3 块),在标准条件下养护至规定龄期(GB 50203—2011 规定为28d),按标准规定的试验方法进行测定后,计算得到立方体抗压强度值(具体方法可见第十四章试验六)。根据抗压强度,可将砂浆划分为若干个强度等级。《砌筑砂浆配合比设计规程》(JGJ/T 98—2010)将砌筑砂浆的强度等级划分为 M5、M7.5、M10、M15、M20、M25、M30 共 7 个强度等级。

砂浆的强度主要与砂浆组成材料的性质及配比、养护条件及龄期、试验方法等因素有关。同种砂浆在配比相同的情况下,其强度还与基底材料的吸水性质有关。铺砌在不吸水的密实基底(如毛石)上时,由于基底材料不吸水(或吸水极少),所以砂浆强度主要与水灰比、水泥强度有关。铺砌在多孔基底材料(如烧结普通砖)上时,砂浆强度主要与水泥强度和水泥用量有关。由于基底材料吸水,所以砂浆中的水分要被基底材料吸去一部分,而砂浆中保留水分的多少就取决于其本身的保水性。试验表明,具有良好保水性的砂浆,不论拌和时用多少水,经底层吸水后,保留在砂浆中的水大致相同,而与初始水灰比关系不大。

砂浆的强度与其表观密度有一定的关系,表观密度不能低于表 7-2 规定的数值,否则会对砌体的力学性能产生不利影响。

第二节　砌 筑 砂 浆

砌筑砂浆是指将砖、石、砌块等块体材料砌筑成为砌体结构物时,起黏结、衬垫和传力作用的砂浆。

一、砌筑砂浆的组成材料

1. 胶凝材料

用于砌筑砂浆的胶凝材料有水泥、石灰、石膏和黏土等,其中水泥最为常用。水泥品种宜采用质量符合标准的通用硅酸盐水泥或砌筑水泥。水泥的强度等级应根据砂浆品种和强度等级的要求进行合理选择。M15 及以下强度等级的砌筑砂浆宜选用 32.5 级的通用硅酸盐水泥或砌筑水泥；M15 以上强度等级的砌筑砂浆宜选用 42.5 级通用硅酸盐水泥。水泥的强度等级过高，将使砂浆中水泥用量不足，从而导致保水性不良。

2. 细集料

砌筑砂浆用细集料多为天然砂。为保证砌筑质量，砂宜选用中砂，并且其质量应符合《建设用砂》(GB/T 14684—2011) 的规定(可参见第六章第二节)，且应全部通过 4.75mm 的筛孔。

3. 拌和用水

用于拌和砌筑砂浆的水应满足《混凝土用水标准》(JGJ 63—2006) 的规定(可参见第六章第二节)。

4. 掺加料及外加剂

为改善砂浆的和易性，通常加入无机细分散的掺加料，如石灰膏、电石膏(电石制乙炔气后的废渣)。石灰膏、电石膏应符合下列规定：

(1) 生石灰熟化成石灰膏时，须用孔径不大于 3mm × 3mm 的网过滤，熟化时间不得少于 7d；磨细生石灰粉的熟化时间不得少于 2d(一般冬季施工时采用)。石灰膏在沉淀池中陈伏或储存时，应采取防止干燥、冻结和污染的措施。由于脱水硬化的石灰膏不但起不到塑化作用，还会影响砂浆强度，所以严禁使用。

(2) 制作电石膏的电石渣须用孔径不大于 3mm × 3mm 的网过滤，检验时应加热至 70℃ 后至少保持 20min，并应待乙炔挥发完后再使用，否则会对人体造成伤害。

(3) 消石灰粉不得直接用于砌筑砂浆中。

(4) 石灰膏、电石膏试配时的稠度(沉入度)应控制在 120mm ± 5mm。

为了提高砂浆的和易性，改善硬化后砂浆的性质，节约水泥，还可以在砂浆中加入有机的微沫剂(即混凝土的引气剂)或矿物掺和料。常用的微沫剂为松香热聚物，其掺量一般为水泥质量的 0.005% ~0.01%，通常经过试验确定。矿物掺和料主要有粉煤灰、硅灰、粒化高炉矿渣粉、沸石粉等材料，其质量都应符合相应国家标准的规定。

二、砌筑砂浆的技术条件

根据《砌筑砂浆配合比设计规程》(JGJ 98—2010)，砌筑砂浆的主要技术条件是：

(1) 水泥砂浆和预拌砌筑砂浆的强度等级可分为 M5、M7.5、M10、M15、M20、M25、M30；水泥混合砂浆的强度等级可分为 M5、M7.5、M10、M15。

(2) 砂浆拌和物的表观密度应符合表 7-2 的规定。

(3) 砌筑砂浆的稠度、保水率、试配抗压强度必须同时符合要求。

(4) 砌筑砂浆的稠度应按表 7-1 的规定选用。

(5) 砌筑砂浆的保水率应符合表 7-2 的规定。

(6) 砌体工程有抗冻性要求时，砌筑砂浆须进行冻融循环试验，其抗冻性须符合表 7-3 的规定，并且当设计对抗冻性有明确要求时，尚应符合设计规定。

(7) 砌筑砂浆中的水泥、石灰膏、电石膏等材料的用量可按表 7-4 选用。

(8) 砌筑砂浆中可掺入保水增稠剂、外加剂等，掺量经过试配后确定。

(9)砌筑砂浆试配时应采用机械搅拌。搅拌时间应自开始加水算起,并须符合表7-5的规定。

砌筑砂浆的抗冻性 表7-3

使 用 条 件	抗 冻 指 标	质量损失率(%)	强度损失率(%)
夏热冬暖地区	F15		
夏热冬冷地区	F25	≤5	≤25
寒冷地区	F35		
严寒地区	F50		

砌筑砂浆的材料用量 表7-4

砂 浆 种 类	材料用量(kg/m³)	备 注
水泥砂浆	≥200	水泥用量
水泥混合砂浆	≥350	水泥和石灰膏、电石膏的材料用量
预拌砌筑砂浆	≥200	胶凝材料用量(包括水泥和替代水泥的粉煤灰等活性矿物掺和料)

砂浆试配时的搅拌时间 表7-5

砂 浆 种 类	搅拌时间(s)	备 注
水泥砂浆	≥120	
水泥混合砂浆	≥120	
预拌砌筑砂浆	≥180	包括掺粉煤灰等活性矿物掺和料、保水增稠剂、外加剂等的砂浆

三、砌筑砂浆配合比的确定与要求

对于砌筑砂浆的配合比,通常可根据其所处的结构部位及相应的砂浆强度等级,通过查阅有关手册或资料来确定。但在砂浆用量较大时,应根据《砌筑砂浆配合比设计规程》(JGJ 98—2010)的规定,进行配合比的计算、试配、调整和确定。这样不仅可以保证工程质量,而且能降低造价。

1. 现场配制砌筑砂浆的配合比确定

1)确定水泥混合砂浆配合比的步骤

(1)计算砂浆的试配强度

砂浆的试配强度应按式(7-1)计算:

$$f_{m,0} = kf_2 \tag{7-1}$$

式中:$f_{m,0}$——砂浆的试配强度,精确至0.1MPa;

f_2——砂浆强度等级值,精确至0.1MPa;

k——系数,按表7-6取值。

砂浆强度标准差 σ 及 k 值 表7-6

施 工 水 平	不同砂浆强度等级的强度标准差(MPa)							k
	M5.0	M7.5	M10	M15	M20	M25	M30	
优良	1.00	1.50	2.00	3.00	4.00	5.00	6.00	1.15
一般	1.25	1.88	2.50	3.75	5.00	6.25	7.50	1.20
较差	1.50	2.25	3.00	4.50	6.00	7.50	9.00	1.25

砂浆强度标准差应按下列规定的方法确定：

①当在统计周期内具有规定数量的统计资料时，砂浆强度的标准差可按式(7-2)计算：

$$\sigma = \sqrt{\frac{\sum_{i=1}^{n} f_{m,i}^2 - n\bar{f}^2}{n-1}}$$ (7-2)

式中：$f_{m,i}$——统计周期内同一品种砂浆第 i 组试件的强度(MPa)；

$\bar{f}$——统计周期内同一品种砂浆 n 组试件强度的平均值(MPa)；

n——统计周期内同一品种砂浆试件的总组数($n \geq 25$)。

②当在统计周期内无统计资料或资料不足时，砂浆强度的标准差可参考表7-6确定。

(2)确定水泥用量(Q_C)

每立方体砂浆中的水泥用量可按式(7-3)计算：

$$Q_C = \frac{f_{m,o} - \beta}{\alpha f_{ce}} \times 1000$$ (7-3)

式中：α、β——砂浆的特征系数，其中 α 取 3.03、β 取 -15.09；各地区也可用本地区试验资料确定 α、β 值，统计用的试验组数不得少于30组；

f_{ce}——水泥的实测强度，精确至 0.1MPa；在无法取得水泥的实测强度时，可按式(7-4)计算：

$$f_{ce} = \gamma_c \cdot f_{ce,k}$$ (7-4)

式中：$f_{ce,k}$——水泥强度等级值(MPa)；

γ_c——水泥强度等级值的富余系数，宜按实际统计资料确定；无统计资料时可取 1.0。

(3)确定石灰膏用量(Q_D)

每立方米砂浆所需石灰膏用量 Q_D 可按式(7-5)计算(精确至1kg)：

$$Q_D = Q_A - Q_C$$ (7-5)

Q_A 为每立方体砂浆中的水泥和石灰膏的总用量(精确至1kg)，为了保证砂浆具有良好的和易性，Q_A 可为 350kg。

石灰膏使用时的稠度为 120mm ± 5mm，当稠度不在规定范围内时，石灰膏的实际用量须用式(7-5)计算得到的 Q_D 乘以表 7-7 中的换算系数。

石灰膏不同稠度的换算系数　　　　　表 7-7

稠度(mm)	120	110	100	90	80	70	60	50	40	30
换算系数	1.00	0.99	0.97	0.95	0.93	0.92	0.90	0.88	0.87	0.86

(4)确定砂用量(Q_S)

砂在砂浆中起骨架作用，其堆积后形成的空隙由水、胶结料和掺加料形成的浆体来填充。因此，理论上 $1m^3$ 的砂浆中含有 $1m^3$ 堆积体积的砂子。所以每立方米砂浆中砂的用量应以干燥状态(含水率小于 0.5%)的堆积密度值作为计算值(kg)。

(5)确定用水量(Q_W)

每立方米砂浆中用水量可根据经验确定，或根据施工所需的砂浆稠度等要求，在 210 ~ 310kg 范围内选取，并符合下列要求：

①混合砂浆中的用水量不包括石灰膏等掺加料中的水。

②当采用细砂或粗砂时，用水量可分别取上限或下限。

③稠度小于70mm时,用水量可小于下限。

④施工现场气候炎热或干燥季节,可酌量增加用水量。

2)水泥砂浆配合比的确定

(1)水泥砂浆的材料用量可按表7-8选用。对M15及M15以下的水泥砂浆,采用强度等级为32.5级的水泥;对M15以上的水泥砂浆,采用强度等级为42.5级的水泥。

每立方体水泥砂浆材料用量(kg/m³)　　　　　表7-8

强 度 等 级	水 泥 用 量	砂 用 量	用 水 量
M5.0	200~230	砂的堆积密度值	270~330
M7.5	230~260		
M10	260~290		
M15	290~330		
M20	340~400		
M25	360~410		
M30	430~480		

(2)水泥粉煤灰砂浆的材料用量可按表7-9选用,采用强度等级为32.5级的水泥。

每立方体水泥粉煤灰砂浆材料用量(kg/m³)　　　　　表7-9

强 度 等 级	水泥和粉煤灰总用量	粉煤灰用量	砂 用 量	用 水 量
M5.0	210~240	粉煤灰掺量可占胶凝材料总用量的15%~25%	砂的堆积密度值	270~330
M7.5	240~270			
M10	270~300			
M15	300~330			

(3)试配强度应按式(7-1)计算。

(4)用水量按表7-8、表7-9选用时,还应考虑砂的粗细程度、气候条件等因素,当采用细砂或粗砂时,用水量可分别取上限或下限;砂浆稠度小于70mm时,用水量可小于下限;施工现场气候炎热或干燥季节,可酌量增加用水量。

2. 预拌砌筑砂浆的配合比确定

预拌砌筑砂浆的配合比确定应符合下列要求:

(1)砂浆试配强度应按式(7-1)计算确定。

(2)试配时的砂浆稠度取70~80mm。在确定湿拌砌筑砂浆稠度时,应考虑砂浆在运输和储存过程中的稠度损失。

(3)砂浆中可掺入保水增稠剂、外加剂等,掺量应经过试配后确定。湿拌砌筑砂浆应根据凝结时间要求确定外加剂的掺量。

(4)干混砌筑砂浆应明确拌制时的加水量范围。

(5)预拌砌筑砂浆的性能,以及搅拌、运输和储存等均应符合现行行业标准《预拌砂浆》(JG/T 230)的规定。

3. 砌筑砂浆配合比的试配、调整与确定

按上述步骤计算或查表得到初步配合比后,应进行砂浆试配,并检验其和易性和强度等性能,如不满足要求,应进行配合比的调整,直到满足各项性能要求为止。

砂浆试配时应考虑工程实际要求,采用工程上实际使用的材料,并采用机械搅拌,搅拌时间应自开始加水算起,并符合表7-5的规定。

现场配制砌筑砂浆的试配、调整与确定应按如下步骤和要求进行:

1)检验砌筑砂浆拌和物的和易性,确定砂浆基准配合比

根据计算或查表所得配合比进行试拌时,应按现行行业标准《建筑砂浆基本性能试验方法标准》(JGJ/T 70)测定砌筑砂浆拌和物的稠度和保水率。当稠度和保水率不能满足要求时,应对材料用量进行适当调整,直到满足要求为止,然后确定为试配时的砂浆基准配合比。

2)检验砌筑砂浆强度,确定砂浆试配配合比

检验强度时采用三个不同的配合比,其中一个为基准配合比,另外两个配合比的水泥用量应按基准配合比分别增加和减少10%,并在保证稠度和保水率合格的条件下,可将用水量、石灰膏、保水增稠剂、粉煤灰等活性矿物掺和料的用量做相应的调整。

按现行行业标准《建筑砂浆基本性能试验方法》(JGJ/T 70)的规定,以上述三个不同配合比分别拌制砂浆,并测定砂浆的表观密度,然后制作试件,测定抗压强度;再选择强度满足试配强度及拌和物和易性要求、水泥用量最低的配合比作为砂浆的试配配合比。

3)校正试配配合比,确定砂浆设计配合比

(1)根据试配配合比中的材料用量,按式(7-6)计算砂浆的理论表观密度值:

$$\rho_t = Q_C + Q_D + Q_S + Q_W \tag{7-6}$$

式中:ρ_t——砂浆的理论表观密度值(kg/m³),精确至10kg/m³。

(2)按式(7-7)计算砂浆配合比校正系数δ:

$$\delta = \rho_c/\rho_t \tag{7-7}$$

式中:ρ_c——砂浆的实测表观密度值(kg/m³),精确至10kg/m³。

(3)当实测表观密度值ρ_c与理论表观密度值ρ_t之差的绝对值不超过理论值的2%时,可将试配配合比作为砂浆设计配合比;当超过理论值的2%时,将试配配合比中的材料用量均乘以校正系数δ,由此得到的配合比即为砂浆设计配合比。

预拌砌筑砂浆生产前应进行试配、调整与确定,并应符合现行行业标准《预拌砂浆》(JG/T 230)的规定。

四、砌筑砂浆配合比的设计实例

某砖砌体采用水泥混合砂浆,其设计强度等级为M10,稠度为70~100mm。采用32.5级普通硅酸盐水泥(富余系数为1.10)、中砂(堆积密度为1500kg/m³,含水率为2%)、石灰膏(稠度为120mm)进行配制,施工单位的施工水平为优良,试计算用于试配的砂浆配合比。

(1)确定砂浆的试配强度

$$f_{m,0} = kf_2 = 1.15 \times 10 = 11.5MPa$$

(2)确定水泥用量(Q_C)

$$Q_C = \frac{f_{m,0} - \beta}{\alpha f_{ce}} \times 1000 = \frac{11.5 + 15.09}{3.03 \times 32.5 \times 1.10} \times 1000 = 245kg/m^3$$

(3)确定石灰膏(Q_D)

根据表7-4,取水泥和石灰膏总用量为350kg/m³,则

$$Q_D = Q_A - Q_C = 350 - 245 = 105kg/m^3$$

(4)确定砂用量(Q_S)

$$Q_S = 1500 \times (1 + 2\%) = 1530kg/m^3$$

（5）确定用水量（Q_w）

采用中砂，选择用水量 $Q_w = 260 \text{kg/m}^3$。

通过上述计算，得到砂浆试配时各种材料的用量及比例为：

水泥：石灰膏：砂：水 $= 245:105:1530:260 = 1:0.43:6.24:1.06$

第三节 抹灰砂浆

抹灰砂浆（也称抹面砂浆）是指大面积涂抹在建筑物墙、顶棚、柱子等构件表面的砂浆，其作用是保护基层和增加美观等。对抹灰砂浆的强度一般要求不高，主要要求其应具有良好的和易性，施工时容易抹成均匀平整的薄层，并且应与基底之间具有足够的黏结力，在长期使用过程中不会出现开裂或脱落。

一、抹灰砂浆的品种

根据《抹灰砂浆技术规程》（JGJ/T 220—2010），抹灰砂浆主要包括以下品种：

（1）水泥抹灰砂浆

以水泥为胶凝材料，加入细集料和水，按一定比例配制而成的抹灰砂浆。

（2）水泥粉煤灰抹灰砂浆

以水泥、粉煤灰为胶凝材料，加入细集料和水，按一定比例配制而成的抹灰砂浆。

（3）水泥石灰抹灰砂浆

以水泥为胶凝材料，加入石灰膏、细集料和水，按一定比例配制而成的抹灰砂浆，简称水泥混合砂浆。

（4）掺塑化剂水泥抹灰砂浆

以水泥（或添加粉煤灰）为胶凝材料，加入细集料、水和适量塑化剂，按一定比例配制而成的抹灰砂浆。

（5）聚合物水泥抹灰砂浆

以水泥为胶凝材料，加入细集料、水和适量聚合物，按一定比例配制而成的抹灰砂浆。包括普通聚合物水泥抹灰砂浆（无压折比要求）、柔性聚合物水泥抹灰砂浆（压折比≤3）及防水聚合物水泥抹灰砂浆。

（6）石膏抹灰砂浆

以半水石膏或 Ⅱ 形无水石膏单独或两者混合为胶凝材料，加入细集料、水和多种外加剂，按一定比例配制而成的抹灰砂浆。

（7）预拌抹灰砂浆

专业生产厂生产的用于抹灰工程的砂浆。

（8）界面砂浆

提高抹灰砂浆层与基层黏结强度的砂浆。

二、抹灰砂浆的材料要求

根据《抹灰砂浆技术规程》（JGJ/T 220—2010），抹灰砂浆的材料应符合下列要求：

（1）抹灰砂浆所用的原材料不应对人体、生物与环境造成有害的影响，并应符合现行国家标准《建筑材料放射性核素限量》（GB 6566）的规定。

（2）水泥应采用质量符合现行国家标准的通用硅酸盐水泥或砌筑水泥。不同品种、不同等级、不同厂家的水泥不得混合使用。

（3）细集料宜采用中砂。不得含有有害杂质，砂的含泥量不应超过5%，颗粒的粒径应小于4.75mm，其质量应符合现行的混凝土用砂国家标准（可参见第六章第二节）。

（4）石灰膏应在储灰池中，熟化时间不应少于15d，且用于罩面抹灰砂浆时不应少于30d；磨细生石灰熟化时间不应少于3d。熟化后用孔径不大于3mm×3mm的网过滤。

沉淀池中储存的石灰膏应采取防止干燥、冻结和污染的措施。脱水硬化的石灰膏不得使用；未熟化的生石灰粉及消石灰粉不得直接使用。

（5）粉煤灰应符合现行国家标准《用于水泥和混凝土中的粉煤灰》（GB/T 1596）的规定。

（6）半水石膏宜采用建筑石膏，其质量应符合现行国家标准《建筑石膏》（GB/T 9776）的规定。

（7）纤维、聚合物、缓凝剂等材料的质量应合格。

三、抹灰砂浆的技术条件

抹灰砂浆的技术条件应符合《抹灰砂浆技术规程》（JGJ/T 220—2010）的规定。

（1）抹灰砂浆的品种应满足设计要求，宜根据使用部位或基体种类按表7-10选用。

抹灰砂浆的品种选用表 表7-10

使用部位或基体种类	抹灰砂浆品种
内墙	水泥抹灰砂浆、水泥石灰抹灰砂浆、水泥粉煤灰抹灰砂浆、掺塑化剂水泥抹灰砂浆、聚合物水泥抹灰砂浆、石膏抹灰砂浆
外墙、门窗洞口外侧壁	水泥抹灰砂浆、水泥粉煤灰抹灰砂浆
温（湿）度较高的车间和房屋、地下室、屋檐、勒脚等	水泥抹灰砂浆、水泥粉煤灰抹灰砂浆
混凝土板和墙	水泥抹灰砂浆、水泥石灰抹灰砂浆、聚合物水泥抹灰砂浆、石膏抹灰砂浆
混凝土顶棚、条板	聚合物水泥抹灰砂浆、石膏抹灰砂浆
加气混凝土砌块（板）	水泥石灰抹灰砂浆、水泥粉煤灰抹灰砂浆、掺塑化剂水泥抹灰砂浆、聚合物水泥抹灰砂浆、石膏抹灰砂浆

（2）抹灰砂浆的强度应满足设计要求，不宜比基体材料的强度高出两个及以上强度等级，并且应符合下列规定：

①对于无粘贴饰面砖的外墙，底层抹灰砂浆强度宜比基体材料强度高出一个强度等级或等于基体材料强度。

②对于无粘贴饰面砖的内墙，底层抹灰砂浆强度宜比基体材料的强度低一个强度等级或等于基体材料强度。

③对于有粘贴饰面砖的外墙和内墙，中层抹灰砂浆强度宜比基体材料的强度高一个强度等级且不低于M15，并宜选用水泥抹灰砂浆。

④用于孔洞填补和窗台、阳台等处的抹灰砂浆宜采用M15或M20的水泥抹灰砂浆。

（3）配制强度等级不大于M20的抹灰砂浆，宜采用32.5级通用硅酸盐水泥或砌筑水泥；配制强度等级大于M20的抹灰砂浆，宜采用散装、42.5及以上强度等级的通用硅酸盐水泥。

（4）用通用硅酸盐水泥拌制抹灰砂浆时，可掺入适量的石灰膏、粉煤灰、粒化高炉矿渣粉、沸石粉等材料，但不可掺入消石灰粉。采用砌筑水泥时，不得再掺入粉煤灰等掺和料。

（5）拌制抹灰砂浆时，可根据需要掺入改善砂浆性能的添加剂（如纤维、聚合物、缓凝剂等）。为了防止抹灰砂浆出现开裂现象，抹灰砂浆中常加入麻刀、纸筋、稻草、玻璃纤维等纤维材料，以减少收缩，提高其抗拉强度。

（6）为了提高抹灰砂浆的和易性和黏结力，一般其胶凝材料的用量（或胶凝材料与掺加料的总用量）比砌筑砂浆多。普通抹灰砂浆的流动性应按表7-11确定。

抹面砂浆的施工稠度　　　　　　　　　　表7-11

抹 面 层	沉入度（mm）
底层	90～110
中层	70～90
面层	70～80

第四节　其他砂浆

一、装饰砂浆

装饰砂浆是指用于建筑物内外墙表面装饰的砂浆，它不仅具有普通抹灰砂浆的功能，而且具有使墙面更加美观的作用。装饰砂浆分为灰浆类和石碴类两类。

配制装饰砂浆的材料主要有胶凝材料、集料、着色剂等。

1. 胶凝材料

常采用石膏、石灰、硅酸盐系列水泥、白水泥、彩色水泥、高分子材料等，或在水泥中掺加白色大理石粉，使砂浆表面色彩更加明朗。

2. 集料

多为白色、浅色或彩色的天然砂、彩釉砂、着色砂、陶瓷碎粒、特制的塑料色粒，以及彩色大理岩和花岗岩加工成的石碴。有时也可以加入少量云母碎片、玻璃碎粒、长石、贝壳等，可使砂浆表面获得发光效果。

3. 着色剂

常用氧化铁红、氧化铁黄、氧化铁棕、氧化铁黑、氧化铁紫、铬黄、铬绿、甲苯胺红、群青、钴蓝、锰黑、炭黑等为着色剂。由于掺颜料的砂浆常用在室外抹灰工程中，在长期使用过程中，将经受风吹、日晒、雨淋及大气中有害气体的侵蚀和污染。因此，装饰砂浆中的着色剂，应采用耐碱和耐阳光的矿物颜料。

灰浆类装饰砂浆主要通过采用着色剂使水泥砂浆产生各种色彩，或者对水泥砂浆表面形态进行特殊的艺术处理，从而使砂浆获得所要求的色彩、线条和纹理等。在施工时，一般底层和中层与普通抹灰砂浆相同，而面层的处理方法不同。常用灰浆类装饰砂浆的施工操作方法有拉毛、甩毛、喷涂、弹涂、拉条等。

石碴类装饰砂浆是采用水泥、石碴、水等材料，按特定的方法进行施工而成，主要品种有水磨石、水刷石、剁斧石（又称斩假石）、干粘石等。

二、防水砂浆

在防水工程中用作防水层的砂浆称为防水砂浆，它是通过在水泥砂浆中加入防水剂或采用特定的工艺制成的、硬化后具有防水、抗裂、抗渗功能的砂浆，属于刚性防水材料。

防水砂浆主要有三种：

1. 多层抹面水泥砂浆

采用水泥浆和水泥砂浆，经过分层交替抹压密实而成。每层毛细孔通道大部分被切断，残留的少量毛细孔也无法形成贯通的渗水孔道。硬化后的防水层具有较高的防水和抗渗性能。采用膨胀水泥或无收缩水泥配制而成的防水砂浆，由于所用水泥具有微膨胀或补偿收缩性能，能显著提高砂浆的密实性和抗渗性，所以防水作用更好。

2. 掺防水剂的防水砂浆

在水泥砂浆中掺入各类防水剂而制得的防水砂浆，这是目前应用最广泛的一种防水砂浆。常用的防水剂有硅酸钠类、金属皂类、氯化物金属盐及有机硅类等。有些防水剂能够填塞砂浆内部的孔隙，切断和减少了渗水孔道，提高了砂浆的致密性和防水性。有些防水剂能够与水泥水化时析出的氢氧化钙作用生成胶体，降低砂浆的析水性，提高密实性。

3. 聚合物水泥防水砂浆

用水泥、聚合物分散体作为胶凝材料，与砂和水配制而成的防水砂浆。砂浆硬化后，聚合物可有效地封闭砂浆中连通的孔隙，增加砂浆的密实性及抗裂性，从而达到显著的防水性。聚合物分散体是在水中掺入一定量的聚合物胶乳及辅助外加剂，经搅拌而使聚合物微粒均匀分散在水中的液态材料。常用的聚合物品种有阳离子氯丁胶乳、有机硅、乙烯—聚醋酸乙烯共聚乳液、丁苯橡胶胶乳、氯乙烯—偏氯化烯共聚乳液等。

砂浆防水层适用于不受振动和具有一定刚度的混凝土或砖石砌体的表面。对于变形较大或可能发生不均匀沉陷的建筑物，都不宜采用刚性防水层。

三、保温砂浆和吸音砂浆

保温砂浆通常以水泥、石灰膏、石膏等为胶凝材料，以膨胀珍珠岩、膨胀蛭石、火山渣或浮石砂、陶粒、聚苯乙烯泡沫塑料颗粒等轻质多孔材料为细集料，按一定的比例配制而成。由于其硬化后内部具有大量的小孔，所以其具有轻质、保温的特点。

常用的保温砂浆有水泥膨胀珍珠岩砂浆、水泥膨胀蛭石砂浆、水泥石灰膨胀蛭石砂浆等。其导热系数一般为 $0.07 \sim 0.10 \text{W}/(\text{m} \cdot \text{K})$。

保温砂浆可用于平屋顶保温层及天棚、内墙抹灰等。

由于保温砂浆一般都具有良好的吸声性能，所以也可作吸音砂浆使用。另外，用水泥、石膏、砂、锯末进行配制，或者在石灰、石膏砂浆中掺入玻璃纤维、矿物棉等松软纤维材料，都能获得吸声效果良好的吸音砂浆。吸音砂浆用于有吸音要求的室内墙壁、天花板和天棚的抹灰。

四、耐腐蚀砂浆

在有较强腐蚀性介质存在的环境中，为了避免建筑物直接受到腐蚀性介质的侵蚀作用，常采用耐腐蚀砂浆作保护层。常用的耐腐蚀砂浆主要有以下几种：

1.耐碱砂浆

配制耐碱砂浆可使用42.5级及以上强度等级的普通硅酸盐水泥（其水泥熟料中铝酸三钙的含量不得超过9%），细集料可采用耐碱、密实的石灰岩类（石灰岩、白云岩、大理岩等）、火成岩类（辉绿岩、花岗岩等）制成的砂和粉料，也可采用石英质的普通砂。耐碱砂浆对一定温度和浓度下的氢氧化钠和铝酸钠溶液的腐蚀，以及任何浓度的氨水、碳酸钠、碱性气体和粉尘等的腐蚀具有较强的抗侵蚀能力。

2.耐酸砂浆

常用的耐酸砂浆是用水玻璃、氟硅酸钠为胶凝材料，以适量的石英岩、花岗岩、铸石的粉末或颗粒为细集料配制而成的水玻璃类耐酸砂浆。耐酸砂浆常用作衬砌材料、耐酸地面和耐酸容器的内壁防护层。

3.硫磺砂浆

以硫磺为胶结料，加入填料、增韧剂，经加热熬制而成。采用石英粉、辉绿岩粉、安山岩粉作为耐酸粉料和细集料。硫磺砂浆具有良好的耐腐蚀性能，几乎能耐大部分有机酸、无机酸、中性和酸性盐的腐蚀，对乳酸亦有很强的抗侵蚀能力。

五、防辐射砂浆

在水泥中掺入重晶石粉、重晶石砂可配制成具有防 X 射线能力的砂浆。其配合比一般为水泥：重晶石粉：重晶石砂 = 1:0.25:(4~5)。

用水泥和硼砂或硼酸等配制成的砂浆具有防中子辐射的能力，可应用于需要防中子辐射的工程。

思考与练习

1.新拌砂浆的和易性与混凝土的和易性，在意义和测定方法方面有哪些异同点？如果砂浆和易性不良将会对工程应用产生什么影响？

2.对砌筑砂浆的组成材料有何要求？为什么要加入掺加料？

3.硬化砂浆的强度受哪些因素的影响？

4.对砌筑砂浆和抹灰砂浆技术性质的要求有哪些不同？为什么？

5.何谓混合砂浆？工程中常采用的水泥混合砂浆有何好处？为什么要在抹灰砂浆中掺入纤维材料？

6.某工程砌筑砖墙，需配制强度等级为 M5 的水泥石灰混合砂浆。采用 32.5 级普通硅酸盐水泥（其实测的 28d 抗压强度为 35.0MPa）；石灰膏的稠度为 110mm；砂子为中砂，含水率为 3%，堆积密度为 1450kg/m³；施工单位的施工水平一般。试确定砂浆的初步配合比。

第八章 砌体材料及屋面材料

砌体材料是指砌体结构中使用的砂浆和各种块体材料,包括砖、砌块及石材等。其中,砂浆已在第七章介绍,本章主要介绍砌筑用砖、砌块及石材等块体材料。

屋面是建筑物最上层的防护结构,起着防风雨和保温隔热的作用,本章主要介绍各类瓦等制品。

我国传统的砌体材料和屋面材料是用黏土烧制的砖和瓦,有2300多年的悠久历史,素有"秦砖汉瓦"之称。由于烧结黏土砖的原料来源广,生产工艺简单,且具有较高的强度和耐久性,目前仍在工程上广泛使用。但是,由于传统砖瓦的生产能耗高,并耗用大量耕地,因此,国家大力提倡利用地方性资源和工业废料,开发轻质、高强、尺寸大、耐久、节土、节能的新型砌体材料和屋面材料,以适应可持续发展的要求。

第一节 砌 墙 砖

砌墙砖是砌筑用的人造小型块材,外形多为直角六面体,其长度不超过365mm、宽度不超过240mm、高度不超过115mm。砌墙砖的品种较多,可分为以下多种类型:

(1)按用途分类:分为承重砖和非承重砖。

(2)按原材料分类:分为黏土砖(N)、粉煤灰砖(F)、煤矸石砖(M)、页岩砖(Y)、灰砂砖(LSB)、煤(炉)渣砖(MZ)、固体废弃物砖(G)、淤泥砖(U)等。

(3)按外形及含孔率分类:分为实心砖、多孔砖和空心砖。

(4)按生产工艺分类:分为烧结砖(温度在1000℃左右)和非烧结砖(温度在180℃左右)。其中,烧结砖是通过焙烧工艺生产的,非烧结砖主要是通过蒸养或蒸压工艺生产的。

一、烧 结 砖

烧结砖是以黏土、页岩、粉煤灰、煤矸石、淤泥、建筑渣土、固体废弃物等为主要原料,经焙烧而成的小型块材,外形多为直角六面体,其长度不超过365mm、宽度不超过240mm、高度不超过115mm。

烧结砖的生产工艺过程主要包括原料开采、泥料制备、制坯、干燥、焙烧等。其中,焙烧是最重要的工艺环节,在焙烧过程中,应控制焙烧温度和时间,避免出现欠火砖和过火砖。欠火砖是由于烧成温度过低或焙烧时间短造成的,其孔隙率很大,强度低,耐久性差;欠火砖的色浅、敲击声沙哑。过火砖是由于烧成温度过高或焙烧时间过长造成的,砖体会产生软化变形,外形尺寸极不规整;过火砖的色深、敲击声清脆。

砖的焙烧温度,因原料不同而异,黏土砖为950℃左右;页岩砖、粉煤灰砖为1050℃左右;煤矸石砖为1100℃左右。

通常,烧出的砖为红色,因为砖在氧化气氛中烧成出窑时,其中的氧化铁(着色氧化物)形成红色的高价氧化铁(Fe_2O_3)。若砖坯在氧化气氛中烧成后,再进行浇水闷窑,使砖在窑内形成的还原气氛中保温、冷却,砖中的 Fe_2O_3 将变成青色的低价氧化铁(FeO),砖的颜色就变为青灰色,俗称青砖。青砖与红砖的质量基本相同。

1. 烧结普通砖

烧结普通砖(标准砖)是公称尺寸为 240mm × 115mm × 53mm 的实心砖(无孔洞或空洞率小于25%)(图8-1)。在烧结普通砖砌体中,加上灰缝10mm,每4块砖长、8块砖宽、16块砖厚均各为1m,砌筑 $1m^3$ 砌体需用砖512块。

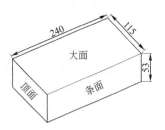

图8-1 烧结普通砖的尺寸及平面名称(尺寸单位:mm)

1)主要技术性质

根据国家标准《烧结普通砖》(GB 5101—2003)的规定,烧结普通砖的技术要求包括:尺寸偏差、外观质量、强度、抗风化性能、泛霜、石灰爆裂、放射性物质。并规定产品中不允许有欠火砖、酥砖和螺纹砖(过火砖)。强度、抗风化性能和放射性物质合格的砖,根据尺寸偏差、外观质量、泛霜和石灰爆裂分为优等品(A)、一等品(B)、合格品(C)三个质量等级。

各项技术要求应按《砌墙砖试验方法》(GB/T 2542—2012)规定的方法进行试验和检测。

(1)尺寸偏差和外观质量

各质量等级砖的尺寸偏差和外观质量的要求,见表8-1和表8-2。

烧结普通砖的尺寸允许偏差(mm)   表8-1

公称尺寸	优 等 品		一 等 品		合 格 品	
	样本平均偏差	样本极差≤	样本平均偏差	样本极差≤	样本平均偏差	样本极差≤
240	±2.0	6	±2.5	7	±3.0	8
115	±1.5	5	±2.0	6	±2.5	7
53	±1.5	4	±1.6	5	±2.0	6

注:1. 检验样品数为20块,按《砌墙砖试验方法》(GB/T 2542—2003)进行。

2. 样本平均偏差是20块试样同一方向40个测量尺寸的算术平均值减去其公称尺寸的差值,样本极差是抽检的20块试样中同一方向40个测量尺寸中最大测量值与最小测量值之差值。

烧结普通砖外观质量(mm)   表8-2

项　　目		优 等 品	一 等 品	合 格 品
两条面高度差	≤	2	3	4
弯曲	≤	2	3	4
杂质凸出高度	≤	2	3	4
缺棱掉角的三个破坏尺寸	不得同时大于	5	20	30

项　目		优 等 品	一 等 品	合 格 品
裂纹长度 ≤	a.大面上宽度方向及其延伸至条面的长度	30	60	80
	b.大面上长度方向及其延伸至顶面的长度或条顶面上水平裂纹的长度	50	80	100
完整面	不得少于	两条面和两顶面	一条面和一顶面	—
颜色		基本一致	—	—

注:1.为装饰而施加的色差、凹凸纹、拉毛、压花等不算作缺陷。

　2.凡有下列缺陷之一者,不得称为完整面:

　　①缺损在条面或顶面上造成的破坏面尺寸同时大于10mm×10mm。

　　②条面或顶面上裂纹宽度大于1mm,其长度超过30mm。

　　③压陷、黏底、焦花在条面或顶面上的凹陷或凸出超过2mm,区域尺寸同时大于10mm×10mm。

（2）强度

根据抗压强度,分为 MU30、MU25、MU20、MU15、MU10 共 5 个强度等级。10 块砖试样的强度应符合表8-3 的规定。

烧结普通砖的强度要求（MPa） 　　　　表 8-3

强 度 等 级	抗压强度平均值 $\bar{f} \geqslant$	变异系数≤0.21	变异系数>0.21
		强度标准值 $f_k \geqslant$	单块最小抗压强度值 ≥
MU30	30.0	22.0	25.0
MU25	25.0	18.0	22.0
MU20	20.0	14.0	16.0
MU15	15.0	10.0	12.0
MU10	10.0	6.5	7.5

抗压强度应按标准方法进行试验,试验后按式(8-1)～式(8-4)分别计算出强度平均值、标准差、变异系数和标准值。

$$\bar{f} = \sum_{1}^{10} f_i \tag{8-1}$$

$$S = \sqrt{\frac{1}{9}\sum_{i=1}^{10}(f_i - \bar{f})^2} \tag{8-2}$$

$$\delta = \frac{S}{\bar{f}} \tag{8-3}$$

$$f_k = \bar{f} - 1.8S \tag{8-4}$$

式中:f_i——单块砖试样抗压强度测定值(MPa);

　　$\bar{f}$——10 块砖试样抗压强度平均值(MPa);

　　S——10 块砖试样抗压强度标准差(MPa);

　　δ——10 块砖试样抗压强度变异系数(MPa);

　　f_k——10 块砖试样抗压强度标准值(MPa)。

计算出上述参数以后,根据变异系数的大小,采取"平均值—标准值方法"或者"平均值—最小值方法",按表8-3 确定砖的强度等级。

(3)耐久性

烧结普通砖作为砌体材料,耐久性必须符合要求,其耐久性指标主要包括抗风化性能、泛霜程度和石灰爆裂情况。

①抗风化性能

抗风化性能是指在干湿变化、温度变化和冻融变化等物理因素作用下,材料不变质、不破坏而保持原有性质的能力。由于风化作用程度与地域有关,所以《烧结普通砖》(GB 5101—2003)(附录B)按不同的风化指数,将各省市划分为严重风化区和非严重风化区。

砖的抗风化性能是一项综合性能指标,主要用5h沸煮吸水率、饱和系数K(砖试样在常温水中浸泡24h的吸水量与沸煮5h吸水量的比值)和抗冻性等指标判别。《烧结普通砖》(GB 5101—2003)规定,严重风化区中的黑龙江、吉林、辽宁、内蒙古和新疆地区必须进行冻融试验;冻融试验判定抗风化性能合格的条件是:取5块砖样,经5次冻融循环后,每块砖样不允许出现裂纹、分层、掉皮、缺棱、掉角等冻坏现象,且质量损失不大于2%。其他地区的砖,其抗风化性能按吸水率及饱和系数来评定。满足表8-4规定时,可不做冻融试验,评为抗风化性能合格,否则,必须进行冻融试验。

烧结普通砖的抗风化性能要求   表8-4

项目 砖种类	严重风化区				非严重风化区			
	5h沸煮吸水率(%)≤		饱和系数≤		5h沸煮吸水率(%)≤		饱和系数≤	
	平均值	单块最大值	平均值	单块最大值	平均值	单块最大值	平均值	单块最大值
黏土砖	18	20	0.85	0.87	19	20	0.88	0.90
粉煤灰砖①	21	23			23	25		
页岩砖	16	16	0.74	0.77	18	20	0.78	0.80
煤矸石砖								

注:①粉煤灰掺入量(体积比)小于30%时,抗风化性能指标按黏土砖规定。

②泛霜

泛霜是指黏土原料中的可溶性盐类(硫酸钠、镁盐等),随着砖内水分的蒸发而在砖表面产生的盐析现象,一般呈白色粉末,常在砖的表面形成絮团状斑点,严重时会出现起粉、掉角或脱皮等现象。通常,轻微泛霜就会对清水墙的建筑外观产生较大影响,中等泛霜会使潮湿部位的砖砌体因盐析结晶而表面粉化剥落,严重泛霜则会引起砌体结构粉化破坏。因此,国家标准规定,优等品砖不允许有泛霜,一等品砖不允许出现中等泛霜,合格品砖不允许出现严重泛霜。

③石灰爆裂

当砖的原料中夹杂着石灰质物质时,会在焙烧时生成生石灰。砖在使用过程中,内部的生石灰吸水后消化,并产生显著体积膨胀,引起砖发生爆裂,这种现象称为石灰爆裂。

石灰爆裂对砖砌体影响较大,轻者影响美观,重者将使砌体强度降低,甚至破坏。砖中石灰质颗粒越大,含量越多,对砖砌体强度影响越大。因此,砖的石灰爆裂应符合各等级砖的要求。国家标准规定:

优等品砖:不允许出现最大破坏尺寸大于2mm的爆裂区域。

一等品砖:

a.最大破坏尺寸大于2mm,且小于10mm的爆裂区域,每组砖样不得多于15处。

b.不允许出现最大破坏尺寸大于10mm的爆裂区域。

合格品砖：

a.最大破坏尺寸大于2mm,且小于15mm的爆裂区域,每组砖样不得多于15处,其中大于10mm的不得多于7处。

b.不允许出现最大破坏尺寸大于15mm的爆裂区域。

2）烧结普通砖的应用

在土木工程中,烧结普通砖主要用作砌体材料,可用于砌筑墙体、柱、拱、烟囱、基础砌体等。其中,优等品可用于清水墙和墙体装饰,一等品、合格品可用于混水墙。中等泛霜的砖不能用于潮湿部位。

烧结普通砖具有较高的强度和良好的绝热性、耐久性,且原料广泛,生产工艺简单,因而成为应用历史非常悠久的建筑材料之一。但由于其生产需消耗大量黏土和燃料,不仅影响农业生产,而且影响生态环境,不符合可持续发展的要求,所以,近年来已成为政府限制使用的砌体材料,有些地方已实施了"禁实"政策,必须采用其他墙体材料来替代。

烧结多孔砖和烧结空心砖是烧结普通砖的换代产品,它们具有块体较大、自重较轻、隔热保温性好等特点。与烧结普通砖相比,其生产过程可节约黏土20%~30%、节约燃煤10%~20%,且砖坯焙烧更为均匀、烧成率高。用于砌筑砌体时,可提高施工效率20%~30%、节约砂浆15%~60%、减轻自重1/3左右。

图8-2　烧结多孔砖示例

2.烧结多孔砖

烧结多孔砖是孔洞率大于或等于28%的烧结砖,砖面上孔洞尺寸小、数量多(图8-2),作为烧结普通砖的替代产品,主要用于六层以下的承重墙体或其他砌体结构。

国家标准《烧结多孔砖和多孔砌块》(GB 13544—2011)对烧结多孔砖的主要技术要求有:尺寸偏差、外观质量、密度等级、孔型孔结构和孔洞率、强度等级、抗风化性能、泛霜和石灰爆裂等,并规定产品中不允许有欠火砖和酥砖,放射性核素限量应符合《建筑材料放射性核素限量》(GB 6566)的规定。

（1）规格

烧结多孔砖的外形一般为直角六面体。长度、宽度和高度尺寸应符合下列要求：

290mm、240mm、190mm、180mm、140mm、115mm、90mm。

在与砂浆的接合面上应设有凹线槽(粉刷槽),以增加两者的接合力。对混水墙用砖,应在其顶面与条面上设有均匀分布的、深度不小于2mm的粉刷槽。

（2）孔型孔结构和孔洞率

多孔砖的孔型孔结构和孔洞率应符合表8-5的规定。所有孔宽应相等,孔采用单向或双向交错排列;孔洞排列上下、左右应对称,分布均匀,手抓孔的长度方向尺寸必须平行于砖的条面。

烧结多孔砖的孔型孔结构和孔洞率(mm)　　　　表8-5

孔　型	孔洞尺寸(mm)		最小外壁厚(mm)	最小肋厚(mm)	孔洞率(%)
	孔宽度尺寸b	孔长度尺寸L			
矩形孔或矩形条孔	≤13	≤40	≥12	≥5	≥28

注:1.矩形孔的孔长L,孔宽b满足L≥3b时,为矩形条孔。

　2.规格大的砖应设置手抓孔,手抓孔的尺寸为(30~40)mm×(75~85)mm。

（3）尺寸偏差和外观要求

多孔砖的尺寸偏差和外观质量的要求，见表8-6和表8-7。

烧结多孔砖尺寸允许偏差（mm）　　　　　　　表8-6

尺　寸	样本平均偏差	样本极差（≤）
290,240	±2.5	8
190,180,175,140,115	±2.0	7
90	±1.5	6

烧结多孔砖外观质量要求（mm）　　　　　　　表8-7

项　　目		指　　标
1.完整面	不得小于	一条面和一顶面
2.缺棱掉角的三个破坏尺寸	不得同时大于	30
3.裂纹长度		
（1）大面上深入孔壁15mm以上宽度方向及其延伸到条面的长度	不大于	80
（2）大面上深入孔壁15mm以上长度方向及其延伸到顶面的长度	不大于	100
（3）条、顶面上的水平裂纹		100
4.杂质在砖面上造成的凸出高度	不大于	5

注：凡有下列缺陷之一者，不能称为完整面：

（1）缺损在条面或顶面上造成的破坏面尺寸同时大于20mm×30mm。

（2）条面或顶面上裂纹宽度大于1mm，其长度超过70mm。

（3）压陷、焦花、粘底在条面、顶面的凹陷或凸出超过2mm，区域最大投影尺寸同时大于20mm×30mm。

（4）强度等级

烧结多孔砖按抗压强度分为MU10、MU15、MU20、MU25、MU30共5个强度等级，各等级砖的抗压强度应符合表8-8的规定。

烧结多孔砖的强度要求（MPa）　　　　　　　表8-8

强度等级	抗压强度平均值 $\bar{f}$ ≥	强度标准值 f_k ≥
MU30	30.0	22.0
MU25	25.0	18.0
MU20	20.0	14.0
MU15	15.0	10.0
MU10	10.0	6.5

表8-8中10块砖试样抗压强度平均值 $\bar{f}$、10块砖试样抗压强度标准差 S 分别按式（8-1）、式（8-2）计算，而10块砖试样抗压强度标准值 f_k 应按式（8-5）计算：

$$f_k = \bar{f} - 1.83S \tag{8-5}$$

（5）密度等级

烧结多孔砖按3块砖的干燥表观密度平均值分为1000、1100、1200、1300共4个密度等级，各等级砖表观密度应符合表8-9的规定。

密 度 等 级	3 块砖的干燥表观密度平均值
1000	900 ~ 1000
1100	1000 ~ 1100
1200	1100 ~ 1200
1300	1200 ~ 1300

（6）耐久性

每块砖都不允许出现严重泛霜；石灰爆裂情况应符合下列要求：

①最大破坏尺寸大于 2mm，且小于 15mm 的爆裂区域，每组砖样不得多于 15 处，其中大于 10mm 的不得多于 7 处。

②不允许出现最大破坏尺寸大于 15mm 的爆裂区域。

严重风化区中的黑龙江、吉林、辽宁、内蒙古和新疆地区的砖和其他地区以淤泥、固体废弃物为主要原料生产的砖必须进行冻融试验；其他地区以黏土、粉煤灰、页岩、煤矸石为主要原料生产的砖，其抗风化性能满足表 8-10 规定时，可不做冻融试验，评为抗风化性能合格，否则，必须进行冻融试验。

烧结多孔砖的抗风化性能要求　　　　　　　　　表 8-10

砖种类	项 目							
	严重风化区				非严重风化区			
	5h 沸煮吸水率（%）≤		饱和系数 ≤		5h 沸煮吸水率（%）≤		饱和系数 ≤	
	平均值	单块最大值	平均值	单块最大值	平均值	单块最大值	平均值	单块最大值
黏土砖	21	23	0.85	0.87	23	25	0.88	0.90
粉煤灰砖①	23	25			30	32		
页岩砖	16	18	0.74	0.77	18	20	0.78	0.80
煤矸石砖	19	21			21	23		

注：①粉煤灰掺入量（质量比）小于 30% 时，抗风化性能指标按黏土砖判定。

3. 烧结空心砖

烧结空心砖是孔洞率大于或等于 40% 的烧结砖，其孔洞尺寸大、数量少（图 8-3），主要用于非承重部位。外形一般为直角六面体。对混水墙用砖，应在其大面与条面上设有均匀分布的、深度不小于 2mm 的粉刷槽，以增加砖与砂浆的结合力。

国家标准《烧结空心砖和空心砌块》（GB 13545—2014）对烧结空心砖的规格尺寸、尺寸偏差、外观质量、密度等级、强度等级和耐久性等规定了具体要求。并规定产品中不允许有欠火砖和酥砖，放射性核素限量应符合《建筑材料放射性核素限量》（GB 6566）的规定。

图 8-3　烧结空心砖的示例

烧结空心砖的长度规格尺寸为（mm）：290、240、190、180（175）、140；宽度规格尺寸为（mm）：190、180（175）、140、115；高度规格尺寸为（mm）：180（175）、140、115、90。尺寸偏差、外观质量、孔洞排列及孔结构要求，分别见表 8-11、表 8-12、表 8-13。

烧结空心砖尺寸允许偏差（mm） 表 8-11

尺　寸	样本平均偏差	样本极差 ≤
> 200 ~ 300	± 2.5	6
100 ~ 200	± 2.0	5
< 100	± 1.7	4

烧结空心砖外观质量要求（mm） 表 8-12

项　　目		指　　标
1. 弯曲	不大于	4
2. 缺棱掉角的三个破坏尺寸	不得同时大于	30
3. 垂直度差	不大于	4
4. 未贯穿裂纹长度 （1）大面上宽度方向及其延伸到条面的长度 （2）大面上长度方向或条面上水平方向的长度	不大于 不大于	100 120
5. 贯穿裂纹长度 （1）大面上宽度方向及其延伸到条面的长度 （2）壁、肋沿长度方向、宽度方向及其水平方向的长度	不大于 不大于	40 40
6. 壁、肋内残缺长度	不大于	40
7. 完整面*	不少于	一条面和一大面

注：＊凡有下列缺陷之一者，不能称为完整面：
　　①缺损在大面、条面上造成的破坏面尺寸同时大于 20mm×30mm。
　　②大面、条面上裂纹宽度大于 1mm，其长度超过 70mm。
　　③压陷、粘底、焦花在大面、条面上的凹陷或凸出超过 2mm，区域尺寸同时大于 20mm×30mm。

烧结空心砖的孔洞排列及其孔结构 表 8-13

孔洞排列	孔洞排数（排）		孔洞率（%）	孔型
	宽度方向	高度方向		
有序或交错	宽度 ≥ 200mm，≥ 4 宽度 < 200mm，≥ 3	≥ 2	≥ 40	矩形孔

　　烧结空心砖按 5 块砖的体积密度平均值分为 800、900、1000、1100 共 4 个密度等级，各等级砖的密度应符合表 8-14 的规定。

烧结空心砖的密度要求（kg/m³） 表 8-14

密 度 等 级	5 块体积密度平均值
800	≤ 800
900	801 ~ 900
1000	901 ~ 1000
1100	1001 ~ 1100

　　烧结空心砖按抗压强度分为 MU10.0、MU7.5、MU5.0、MU3.5 共 4 个强度等级，各等级砖的抗压强度应符合表 8-15 的规定。

强度等级	抗压强度平均值 $\bar{f}$ ≥	变异系数≤0.21	变异系数>0.21
		强度标准值 f_k ≥	单块最小抗压强度值 ≥
MU10.0	10.0	7.0	8.0
MU7.5	7.5	5.0	5.8
MU5.0	5.0	3.5	4.0
MU3.5	3.5	2.5	2.8

烧结空心砖的每块砖都不允许出现严重泛霜,石灰爆裂情况应符合下列要求:

(1)最大破坏尺寸大于 2mm,且小于 15mm 的爆裂区域,每组砖样不得多于 15 处,其中大于 10mm 的不得多于 5 处。

(2)不允许出现最大破坏尺寸大于 15mm 的爆裂区域。

严重风化区中的黑龙江、吉林、辽宁、内蒙古和新疆地区的空心砖应进行冻融试验;其他地区的空心砖,其抗风化性能满足表 8-16 规定时,可不做冻融试验,评为抗风化性能合格,否则,必须进行冻融试验。取 5 块砖样,经 15 次冻融循环后,每块砖样不出现分层、掉皮、缺棱掉角等冻坏现象,裂纹长度不大于表 8-12 中第 4 项、第 5 项的规定时为合格。

烧结空心砖的抗风化性能要求 表 8-16

项目 砖种类	严重风化区				非严重风化区			
	5h 沸煮吸水率(%)≤		饱和系数≤		5h 沸煮吸水率(%)≤		饱和系数≤	
	平均值	单块最大值	平均值	单块最大值	平均值	单块最大值	平均值	单块最大值
黏土砖	21	23	0.85	0.87	23	25	0.88	0.90
粉煤灰砖	23	25			30	32		
页岩砖	16	18	0.74	0.77	18	20	0.78	0.80
煤矸石砖	19	21			21	23		

注:1. 粉煤灰掺入量(质量分数)小于 30% 时按黏土空心砖判定。
　　2. 淤泥、建筑渣土及其他固体废弃物掺入量(质量分数)小于 30% 时按相应产品类别规定判定。

烧结空心砖的自重轻,强度较低,具有良好的绝热性能,主要用于非承重砌体结构,如框架结构的填充墙、围墙等。

二、非烧结砖

烧结砖是通过焙烧工艺生产的砖,焙烧温度在 1000℃ 左右,由于烧成温度高、焙烧时间长,所以生产耗能大。非烧结砖的生产工艺中没有焙烧工艺,如蒸养工艺的养护温度小于 100℃,或蒸压工艺的养护温度在 180℃ 左右,所以生产耗能大大降低。并且制砖原料可以用工业废渣,不仅不用毁田取土,而且能使工业废渣得到充分利用,减少对环境的污染。

蒸养(压)砖是最常用的非烧结砖,它们是以硅质材料(砂、粉煤灰、炉渣、矿渣等)和钙质材料(石灰、水泥等)为主要原料,经坯料制备、压制成型、蒸养(压)而制成的。由于硅质材料和钙质材料在高温高压条件下发生化学反应,生成水化硅酸钙产物,使蒸养(压)砖具有要求的强度,故也称为硅酸盐砖。

1. 蒸压灰砂砖(LSB)

蒸压灰砂砖是以砂和石灰为主要原料,也可掺入颜料,经坯料制备、压制成型、蒸压养护而成的实心砖,简称灰砂砖。灰砂砖的组织均匀密实、尺寸准确、外形光洁、平整、色泽大方多为浅灰色。加入碱性矿物颜料可制成彩色砖。灰砂砖的外形及公称尺寸与烧结普通砖相同。按国家标准《蒸压灰砂砖》(GB 11945—1999)的规定,灰砂砖根据抗压强度和抗折强度分为MU25、MU20、MU15和MU10共4个级别(表8-17),并根据尺寸偏差、外观质量、强度和抗冻性分为优等品(A)、一等品(B)和合格品(C)三个等级。

灰砂砖力学性能表　　　　　　　　　　　表8-17

强度级别	抗压强度(MPa)		抗折强度(MPa)	
	平均值 ≥	单块值 ≥	平均值 ≥	单块值 ≥
MU25	25.0	20.0	5.0	4.0
MU20	20.0	16.0	4.0	3.2
MU15	15.0	12.0	3.3	2.6
MU10	10.0	8.0	2.5	2.0

注:优等品的强度级别不得小于 MU15 级。

灰砂砖的抗冻性要求是经 15 次冻融循环后,抗压强度和质量损失应符合表8-18 的规定。

灰砂砖抗冻性指标　　　　　　　　　　　表8-18

强度级别	冻融循环后抗压强度(MPa)平均值不小于	单块砖的干质量损失(%)不大于
MU25	20.0	2.0
MU20	16.0	2.0
MU15	12.0	2.0
MU10	8.0	2.0

注:优等品的强度级别不得小于 MU15 级。

蒸压灰砂砖主要用于工业与民用建筑中,MU25、MU20、MU15 的灰砂砖可用于基础及其他建筑;MU10 的灰砂砖仅可用于防潮层以上的建筑。由于灰砂砖在长期高温作用下会发生破坏。故灰砂砖不得用于长期受 200℃ 以上高温作用或受急冷急热的建筑部位,如不能砌筑炉衬或烟囱等,也不得用于有酸性介质侵蚀的建筑部位。

2. 蒸压粉煤灰砖(AFB)

蒸压粉煤灰砖是以粉煤灰、生石灰为主要原料,掺入适量石膏等外加剂和集料,经坯料制备、压制成型、高压蒸汽养护而制成的砖,产品代号为 AFB。

蒸压粉煤灰砖的外形以及公称尺寸与烧结普通砖相同。行业标准《蒸压粉煤灰砖》(JC/T 239—2014)规定了尺寸偏差和外观质量的要求,并按抗压强度和抗折强度将粉煤灰砖分为 MU30、MU25、MU20、MU15 及 MU10 共 5 个强度等级(表8-19)。

蒸压粉煤灰砖力学性能表　　　　　　　　　表8-19

强度级别	抗压强度(MPa)		抗折强度(MPa)	
	平均值 ≥	单块值 ≥	平均值 ≥	单块值 ≥
MU30	30.0	24.0	4.8	3.8
MU25	25.0	20.0	4.5	3.6

强 度 级 别	抗压强度(MPa)		抗折强度(MPa)	
	平均值 ≥	单块值 ≥	平均值 ≥	单块值 ≥
MU20	20.0	16.0	4.0	3.2
MU15	15.0	12.0	3.7	3.0
MU10	10.0	8.0	2.5	2.0

蒸压粉煤灰砖的抗冻性应符合表 8-20 的要求。

蒸压粉煤灰砖的抗冻性要求   表 8-20

使 用 地 区	抗 冻 指 标	抗压强度损失率(%)	质量损失率(%)
夏热冬暖地区	D15		
夏热冬冷地区	D25	≤25	≤5
寒冷地区	D35		
严寒地区	D50		

蒸压粉煤灰砖的其他技术要求有:线性干燥收缩值应不大于 0.50mm/m;碳化系数应不小于0.85;吸水率应不大于 20%;放射性核素限量应符合《建筑材料放射性核素限量》(GB 6566)的规定。

粉煤灰砖多为灰色,它可用于工业与民用建筑的墙体和基础,但用于基础或易受冻融和干湿交替作用的建筑部位时,必须使用 MU15 及 MU15 以上强度等级的砖。粉煤灰砖不得用于长期受热(200℃以上)、受急冷急热或有酸性介质侵蚀的建筑部位。为提高粉煤灰砖砌体的耐久性,有冻融作用的部位,应选择抗冻性合格的砖,并用水泥砂浆在砌体上抹面或采取其他防护措施。

第二节 砌   块

砌块是砌筑用的人造块材,外形多为直角六面体,也有各种异型形状。主规格的长度、宽度或高度有一项或一项以上分别大于 365mm、240mm 或 115mm,但高度不大于长度或宽度的 6 倍,长度不超过高度的 3 倍。

按其尺寸规格,砌块分为小型砌块(主规格的高度为 115~380mm)、中型砌块(主规格的高度为 380~980mm)和大型砌块(主规格的高度大于 980mm)。

按用途,砌块分为承重砌块和非承重砌块。

按孔洞设置状况,砌块分为空心率不小于25%的空心砌块和空心率小于25%的实心砌块。

按原材料,砌块分为普通混凝土砌块、轻集料混凝土砌块、粉煤灰硅酸盐砌块和加气混凝土砌块等。

砌块的尺寸较大,施工效率较高,在土木工程中应用越来越广泛。特别是采用混凝土制作的各种砌块,具有不毁农田、能耗低、利用工业废料、强度高、耐久性好等优点,已成为我国产量最多、应用最广的砌体材料。

常用的砌块有普通混凝土小型空心砌块、轻集料混凝土小型空心砌块、蒸压加气混凝土砌块等。

一、普通混凝土小型砌块

普通混凝土小型砌块是由水泥、水、砂、石子、混凝土外加剂和掺和料等材料，按一定比例配合，经搅拌、装模、振动成型和养护而制成的小型砌块。空心率大于或等于25%的为空心砌块（代号:H），空心率小于25%的为实心砌块（代号:S）。按其外形分为:

（1）主块型砌块:外形为直角六面体，长度尺寸为400mm减砌筑时的竖向灰缝厚度，高度尺寸为200mm减砌筑时的水平灰缝厚度，条面封闭完好（图8-4）。

（2）辅助砌块:与主块型砌块配套使用，包括各种异形砌块，如圈梁砌块、一端开口的砌块、七分头块、半块等。

（3）免浆砌块:砌筑（垒砌）成墙片过程中，不使用砌筑砂浆，块与块之间主要靠榫槽结构相连的砌块。

按其使用时砌筑墙体的结构和受力情况，分为承重结构用砌块（代号:L）和非承重结构用砌块（代号:N）。

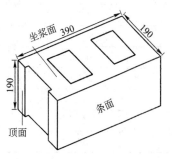

图8-4 普通混凝土小型空心砌块
（尺寸单位:mm）

1. 主要技术要求

国家标准《普通混凝土小型砌块》（GB 8239—2014）规定了普通混凝土小型砌块的规格尺寸、外观质量、强度等级、抗冻性等技术要求。各项技术指标应按《混凝土砌块和砖试验方法》（GB/T 4111—2013）规定的方法进行测定。

1）规格尺寸和外观质量

常用块形的规格尺寸、尺寸允许偏差和外观质量要求分别见表8-21和表8-22。承重空心砌块的最小外壁厚度应不小于30mm，最小肋厚应不小于25mm；非承重空心砌块的最小外壁厚和最小肋厚应不小于20mm。

普通混凝土小型砌块的常用规格尺寸、尺寸允许偏差（mm）　　表8-21

项 目 名 称	规 格 尺 寸	尺 寸 允 许 偏 差
长度	390	±2
宽度	90、120、140、190、240、290	±2
高度	90、140、190	+3，−2

注:1. 其他规格尺寸可由供需双方协商确定，采用薄灰缝砌筑的块形，相关尺寸可做相应调整。

2. 免浆砌块的尺寸允许偏差，应由企业根据块形特点自行给出，尺寸偏差不应影响垒砌和墙片性能。

普通混凝土小型砌块的和外观质量要求　　表8-22

项 目 名 称		技 术 指 标
弯曲	不大于	3mm
缺棱掉角	个数　不超过	1个
	三个方向投影尺寸的最大值　不大于	20mm
裂缝延伸的投影尺寸累计	不大于	30mm

2）强度及强度等级

按5个砌块试件的抗压强度平均值和单块最小值划分为9个强度等级，各强度等级的具体要求见表8-23。不同类型的砌块有不同的强度等级，如表8-24所示。

强度等级	砌块抗压强度（MPa）	
	平均值不小于	单块最小值不小于
MU5.0	5.0	4.0
MU7.5	7.5	6.0
MU10	10.0	8.0
MU15	15.0	12.0
MU20	20.0	16.0
MU25	25.0	20.0
MU30	30.0	24.0
MU35	35.0	28.0
MU40	40.0	32.0

普通混凝土小型砌块的强度等级   表 8-24

砌块种类	承重砌块（L）	非承重砌块（N）
空心砌块（H）	7.5、10、15、20、25	5.0、7.5、10
实心砌块（S）	15、20、25、30、35、40	10、15、20

3）耐久性

混凝土小型砌块砌筑的砌体较易产生裂缝，其原因主要是砌块的收缩较大。混凝土砌块的收缩与所用集料种类、混凝土配合比、养护方法和相对含水率有关，当混凝土的原材料和生产工艺确定后，相对含水率就是影响收缩的主要因素。因此，控制吸水率和线性干燥收缩值对防止砌体开裂十分重要。砌块的吸水率和线性干燥收缩值应符合表 8-25 的要求。

普通混凝土小型砌块的吸水率、线性干燥收缩值要求   表 8-25

项目名称		承重砌块（L）	非承重砌块（N）
吸水率（%）	不大于	10	14
线性干燥收缩值（mm/m）	不大于	0.45	0.65

碳化、冻融作用对砌块的使用寿命也有较大影响，根据使用环境条件，砌块的抗冻性应满足表 8-26 的要求。砌块的碳化系数和软化系数均不得小于 0.85；放射性核素限量应符合《建筑材料放射性核素限量》（GB 6566）的规定。

普通混凝土小型砌块的抗冻性要求   表 8-26

使用条件	抗冻指标	抗压强度损失率	质量损失率
夏热冬暖地区	D15		
夏热冬冷地区	D25	平均值≤20%	平均值≤5%
寒冷地区	D35	单块最大值≤30%	单块最大值≤10%
严寒地区	D50		

注：使用条件应符合《民用建筑热工设计规范》（GB 50176）的规定

2. 砌块的应用

普通混凝土小型砌块是烧结砖的换代材料，其中空心砌块的应用更为广泛，主要用于单层和多层工业与民用建筑,如果利用砌块的空心配置钢筋,可建造高层砌块建筑。各强度等级的空心砌块中常用的是 MU5.0、MU7.5 和 MU10,主要用于非承重的填充墙和单、多层砌块建筑,而 MU15、MU20 和 MU25 多用于中高层承重砌块墙体。

混凝土砌块的吸水率小(一般为 5%～8%),吸水速度慢,砌筑前不允许浇水,以免发生"走浆"现象,影响砂浆饱满度和砌体的抗剪强度。砌筑用砂浆的稠度以小于 50mm 为宜。混凝土砌块的线性干缩值一般为 0.2～0.4mm/m,与烧结砖砌体相比,较易产生裂缝,应注意在构造上采取抗裂措施。另外,还应注意防止外墙面渗漏,粉刷时做好填缝,并压实、抹平。

二、轻集料混凝土小型空心砌块(LHB)

轻集料混凝土小型空心砌块是用轻集料混凝土(干表观密度不大于 1950kg/m³)制作的小型空心块材。轻集料混凝土用的粗集料必须是轻集料,常用的有浮石、火山渣、煤矸石、煤渣、钢渣、陶粒、膨胀珍珠岩等。而细集料可以是轻砂(如陶砂),也可以是普通砂,还可以不用细集料,生产大孔混凝土。制作保温用砌块的混凝土干表观密度应小于 800kg/m³;结构兼保温用砌块的混凝土干表观密度为 800～1400kg/m³;结构用砌块的混凝土干表观密度应大于 1400kg/m³。

国家标准《轻集料混凝土小型空心砌块》(GB 15229—2011)规定,砌块主规格尺寸长×宽×高为 390mm×190mm×190mm,孔洞设置有单排孔、双排孔、三排孔、四排孔等。

轻集料混凝土小型空心砌块按密度划分为 700kg/m³、800kg/m³、900kg/m³、1000kg/m³、1100kg/m³、1200kg/m³、1300kg/m³ 和 1400kg/m³ 共 8 个密度等级;按抗压强度分为 MU2.5、MU3.5、MU5.0、MU7.5 和 MU10.0 共 5 个强度等级,各强度等级的抗压强度要求以及与砌块密度等级间的关系见表 8-27。

轻集料混凝土小型空心砌块强度等级　　　　　　表 8-27

强 度 等 级	砌块抗压强度(MPa)		密度等级范围(kg/m³)
	平均值	最小值	
MU2.5	≥2.5	2.0	≤800
MU3.5	≥3.5	2.8	≤1000
MU5.0	≥5.0	4.0	≤1200
MU7.5	≥7.5	6.0	≤1200① ≤1300②
MU10.0	≥10.0	8.0	≤1200① ≤1400②

注:当砌块的抗压强度同时满足 2 个及以上强度等级时,应以满足要求的最高强度等级为准。

①除自燃煤矸石掺量不小于砌块质量 35% 以外的其他砌块。

②自燃煤矸石掺量不小于砌块质量 35% 以外的其他砌块。

轻集料混凝土小型空心砌块的吸水率比普通混凝土小型砌块的吸水率高,但不得大于 18%。砌块的干燥收缩率应不大于 0.065%。对用于不同湿度地区的砌块,有不同的相对含水率要求(表 8-28)。轻集料混凝土小型空心砌块的抗冻性要求与普通混凝土小型砌块相同,掺粉煤灰等火山灰掺和料砌块碳化系数应不小于 0.8,软化系数不小于 0.75。

干燥收缩率（%）	相对含水率（%）		
	潮湿地区	中等湿度地区	干燥地区
<0.03	≤45	≤40	≤35
0.03～0.045	≤40	≤35	≤30
>0.045，≤0.065	≤35	≤30	≤25

注：1. 相对含水率为砌块出厂含水率与吸水率之比。
2. 潮湿、中等、干燥地区的定义见《轻集料混凝土小型空心砌块》（GB 15229）。

轻集料混凝小型空心砌块的应用与普通混凝土砌块基本相同，强度等级为 MU1.5、MU3.5 和 MU5.0 的砌块用于非承重的隔墙和围护墙，强度等级为 MU7.5 与 MU10.0 的砌块主要用于多层建筑的承重墙体。与普通混凝土小型空心砌块相比，轻集料混凝土小型空心砌块的密度较小、热工性能较好，但干缩值较大（可达 0.5～0.6mm/m），使用时更容易产生裂缝，目前主要用于非承重的隔墙和围护墙。

三、蒸压加气混凝土砌块（ACB）

蒸压加气混凝土砌块是用钙质材料（如水泥、石灰）、硅质材料（如砂子、粉煤灰、矿渣）和加气剂为原料，经加水搅拌、浇注成型、发气膨胀、预养切割，再经高压蒸汽养护而制成的多孔硅酸盐砌块。

国家标准《蒸压加气混凝土砌块》（GB/T 11968—2006）按砌块的干毛体积密度最大值分为 B03、B04、B05、B06、B07、B08 共 6 个级别（表 8-29）。按抗压强度最低值 1.0MPa、2.0MPa、2.5MPa、3.5MPa、5.0MPa、7.5MPa、10.0MPa 分为 A1.0、A2.0、A2.5、A3.5、A5.0、A7.5 和 A10.0 共 7 个级别。各干密度级别对应的强度级别、干燥收缩值、抗冻性和导热系数要求，见表 8-30。

砌块的干密度级别及干密度（kg/m³） 表 8-29

干密度级别			B03	B04	B05	B06	B07	B08
干密度	优等品（A）	≤	300	400	500	600	700	800
	合格品（B）	≤	325	425	525	625	725	0 825

与干密度级别对应的强度级别、干燥收缩值、抗冻性和导热系数要求 表 8-30

干密度级别			B03	B04	B05	B06	B07	B08
强度级别	优等品（A）		A1.0	A2.0	A3.5	A5.0	A7.5	A10.0
	合格品（B）				A2.5	A3.5	A5.0	A7.5
干燥收缩值①	标准法（mm/m）	≤	0.50					
	快速法（mm/m）	≤	0.80					
抗冻性	质量损失（%）	≤	5.0					
	冻后强度（MPa） ≥	优等品（A）	0.8	1.6	2.8	4.0	6.0	8.0
		合格品（B）			2.0	2.8	4.0	6.0
导热系数（干态）[W/(m·K)]		≤	0.1	0.12	0.14	0.15	0.18	0.20

注：①规定采用标准法、快速法测定砌块干燥收缩值，若测定结果发生矛盾不能判定时，则以标准法测定的结果为准。

蒸压加气混凝土砌块适用于一般建筑物墙体,可用于多层建筑物的非承重墙及隔墙,也可用于低层建筑的承重墙。体积密度级别低的砌块还可用于屋面保温。

使用加气混凝土砌块可减轻结构自重(空隙率可达70%~80%),有利于提高建筑物抗震能力;其绝热性能好,可减少墙厚,增加使用面积;其有一定的吸声能力,但隔声性较差。另外,加气混凝土砌块表面平整、尺寸精确,容易提高墙面平整度。特别是它像木材一样,可锯、刨、钻、钉,施工方便快捷。但其强度不高、干缩较大,易产生裂缝,表面易起粉,需要采取专门措施。例如,砌块在运输、堆存中应防雨防潮;过大墙面应适当在灰缝中布设钢丝网;砌筑砂浆和易性要好;抹灰砂浆应适当提高灰砂比;墙面增挂一道钢丝网;基层先刷一道胶;上墙含水率控制在20%以下等。

在土木工程中应用的砌块除混凝土小型空心砌块、轻集料混凝土小型空心砌块和加气混凝土砌块外,还有装饰混凝土砌块、粉煤灰小型空心砌块、石膏砌块、粉煤灰砌块、中型砌块等,它们的主要技术性能和应用范围与以上介绍的砌块相似。烧结多孔砌块和空心砌块的主要技术性能和应用范围与烧结多孔砖和空心砖相似。

第三节　砌筑用石材

砌筑用石材主要是由天然岩石经人工开采加工而成。天然石材是人类使用最早的砌体材料,古埃及的金字塔、古罗马的大角斗场、隋代河北赵县安济桥等,都是著名的天然石材结构,有的至今保存完好。在现代土木工程中,常利用天然石材的强度高、耐久、纹理与色泽美观大方等特点,广泛应用于建筑、道路、桥梁、水利、大坝等工程。但天然石材自重大,开采和运输不够方便,加工费时费力。

砌筑用石材按天然岩石的地质成因分为岩浆岩、沉积岩和变质岩三大类;按规格和外观,砌筑用石材可分为毛石、料石、条石和河卵石等。

一、天然岩石的主要性质

天然岩石是优良的土木工程材料,具有良好的物理力学性质。

1. 表观密度

岩石的表观密度与其矿物组成和孔隙率有关。通常,同种石材,表观密度越大,其抗压强度越高,吸水率越小,耐久性越高。可用表观密度作为对石材品质评价的粗略指标。按表观密度岩石分为重质石材和轻质石材两类,表观密度大于$1800kg/m^3$的岩石为重质石材,表观密度小于$1800kg/m^3$的岩石为轻质石材。重质石材加工的石料可用于结构物的基础、地面、道面、挡土墙、桥梁和大坝等;轻质石材加工的石料主要用作墙体材料。

2. 强度

天然岩石的强度取决于岩石的矿物组成、晶粒粗细及构造的均匀性、空隙率的大小和风化程度等。岩石强度一般变化都很大,即使同一种岩石,在同一产地,其强度也不完全相同。致密岩石的强度高,抗压强度可达250~350MPa,一般为40~100MPa。

砌筑用石材是以三块边长为70mm的立方体试件,在饱水状态下测定极限抗压强度,根据抗压强度的平均值划分强度等级。砌筑用石材分为 MU20、MU30、MU40、MU50、MU60、MU80

和 MU100 共 7 个强度等级。确定石材的强度等级也可采用其他尺寸的试件,但试验结果应乘以相应的换算系数(表 8-31)后,方可作为石材的强度等级。

石材强度等级的换算系数 表 8-31

立方体边长(mm)	200	150	100	70	50
换算系数	1.43	1.28	1.14	1	0.86

岩石的抗拉强度不高,通常用抗折强度反映岩石的抗拉性能。一般致密岩的抗拉强度为抗压强度的 $1/14 \sim 1/50$。

3. 耐水性

岩石的耐水性用软化系数来表示。按软化系数岩石的耐水性分为高、中、低三等,软化系数大于 0.9 的岩石为耐水性岩石,软化系数为 $0.70 \sim 0.90$ 的岩石为中等耐水性岩石,软化系数为 $0.60 \sim 0.70$ 的岩石为低耐水性岩石。重质岩石的软化系数一般应大于 0.7;用于墙体的轻质岩石,软化系数应大于 0.6;而用于重要结构的岩石,软化系数应大于 0.8。

4. 抗冻性

抗冻性是指岩石抵抗冻融破坏的能力,是衡量岩石耐久性的重要指标之一。岩石的抗冻性与其吸水率大小有密切关系。一般吸水率小的岩石,具有良好的抗冻性,吸水率小于 0.5%的岩石可免做抗冻性检验。另外,抗冻性还与岩石的结构和构造、岩石的吸水饱和程度、冻结温度等有关。岩石在饱水状态下,经规定次数的冻融循环后,若无贯穿裂缝且重量损失不超过5%,且强度损失不超过 25%时,则抗冻性合格。

5. 耐热性

岩石的耐热性因岩种而异,与其化学成分及矿物组成密切相关。常用岩石被分解或被破坏解体的温度较高,如石灰岩在 827℃才开始分解破坏、花岗岩约在 700℃左右才开始晶型转变发生膨胀破坏。

6. 耐磨性

岩石的耐磨性是指岩石抵抗摩擦、边缘剪切及撞击等复杂作用,不被磨损或磨耗破坏的性质。岩石的耐磨性与岩石的结构和构造及组成矿物硬度有关。一般而言,抗压强度高、硬度大、冲击韧性高的致密岩石具有良好的耐磨性。例如,花岗岩、辉绿岩和玄武岩等岩石的耐磨性好。

7. 抗风化能力

因水、冰、化学因素等造成岩石开裂或剥落的现象称为岩石的风化。岩石抗风化能力的强弱与其矿物组成、结构和构造状态有关。岩石上所有的裂隙都能被水侵入,致使其逐渐崩解破坏。防风化措施主要有磨光石材,以防止表面积水;采用有机硅涂覆表面;对碳酸类石材可采用氟硅酸镁溶液处理石材的表面。

二、常用岩石品种的性能和用途

在土木工程中,三大类岩石在砌筑工程中都有应用。其中,常用的有岩浆岩中的花岗岩、辉绿岩、玄武岩,沉积岩中的砂岩、石灰岩和变质岩中的石英岩、片麻岩、大理岩等。它们的性能和用途分别见表 8-32 ~ 表 8-34。

常用岩浆岩石材的性能和用途　　　　表 8-32

种类	常用岩石	主要性能	用途
岩浆石	花岗石	表观密度 2500～2800kg/m³，抗压强度 80～250MPa，吸水率 0.1%～0.7%，抗磨性、耐久性均高，呈灰白、红、粉红、黄等颜色，磨光光泽度达 100～120 度	基础、桥墩、勒脚、台阶、墙体、种面、护坡、饰面板等
	辉绿岩	表观密度 2900～3300kg/m³，抗压强度 200～350MPa，较高的耐酸性、韧性、抗风化性好，多呈绿色	饰面板、化工设备内衬、溜槽、衬板等
	玄武岩	表观密度 2900～3300kg/m³，抗压强度 250～500MPa，细密、硬度高，颜色深	路面、高强混凝土和沥青混凝土的集料等

常用沉积岩石材的性能和用途　　　　表 8-33

种类	常用岩石	主要性能	用途
沉积岩	砂岩（硅质）	表观密度 2400～2650kg/m³，密实程度与强度均波动较大，抗压强度 10～200MPa，有黄褐、浅绿黄、浅黄等颜色	基础、墙身、勒脚、踏步、沟渠、护坡等
	石灰岩	表观密度 2400～2700kg/m³，抗压强度 40～120MPa，耐水性、抗冻性较好，有灰、绿灰、灰白等颜色	基础、勒脚、墙身、拱、柱、踏步、路面、护坡、饰面板等

常用变质岩石材的性能和用途　　　　表 8-34

种类	常用岩石	主要性能	用途
变质岩	石英岩	坚硬、致密，抗压强度 250～400MPa，耐久性最好，呈白、浅灰、淡红色	地面、踏步、耐酸衬板等
	片麻岩	抗压强度（垂直于解理面）120～250MPa，沿解理面易加工，易风化，呈灰白、深灰、灰绿色	基础、勒脚、沟渠、护坡、路面、垫层等
	大理岩	抗压强度 100～310MPa，致密，硬度不大，色柔和，有白、灰、黄、绿、浅红等颜色	地面、墙面、柱面装饰、台面、栏杆、雕刻等

三、砌筑用石材

1. 石材的规格和外观

采石场开采出的石块可直接使用，也可加工后使用。根据土木工程的使用要求，砌筑用石材可加工成毛石、料石和条石等。河卵石也可直接使用。

1）毛石

毛石又称块石或片石，是采石场爆破后直接得到的形状不规则的石块，其中部厚度不小于 150mm（挡土墙用毛石中部厚度不小于 200mm）。根据表面平整程度，毛石分为乱毛石与平毛石。乱毛石的形状不规则；平毛石是经挑选或由乱毛石略经加工而成的，形状不很规则，但有两个平面大致平行。毛石的长度达 30～40cm，半块质量为 20～25kg。

乱毛石主要用于砌筑基础、勒脚、墙身、堤坝和挡土墙等。平毛石除用于砌筑基础、勒脚、墙体外，还用于砌筑桥墩、涵洞等。

2）料石

料石是采石场采出的六面体石块，再经手工或机械凿琢而成的比较规则的石料。料石分为毛料石、粗料石、半细料石和细料石。毛料石外形大致方正，一般不加工或稍加修整，高度不小于 200mm，长度是高度的 1.5～3 倍；粗料石、半细料石、细料石都是经过加工的，其外形规则,截面的宽度、高度均不小于200mm,且不小于长度的1/4,只是三种料石加工精度不同。为保证石砌体的质量,《砌体结构工程施工质量验收规范》(GB 50203—2011)规定了料石各面的加工要求。

石材加工后的外形规整程度,对石砌体的强度影响显著。若以毛料石砌体强度为基准(100%),则粗料石砌体的强度为150%,半细料石砌体的强度为163%,细料石砌体的强度为188%。特别显著的是毛料石砌体的强度超出毛石砌体强度的3倍多。

3)条石

条石由致密岩石凿平或锯解而成,其外露表面可加工成粗糙的剁斧面,或平整的机创面,或平滑而无光的粗磨面,或光亮且色泽鲜明的磨光面。条石一般选用强度高、无裂缝、耐久、耐磨且色泽雅致的花岗岩等岩种。条石的尺寸按设计要求确定。

条石主要用于台阶踏步、勒脚、桥面、地面、洞口过梁、小型桥梁、桥墩以及其他重要的石砌体。

4)河卵石

河卵石,特别是致密的大尺寸河卵石,可直接作为砌筑块材。河卵石砌体比较经济,表面光洁、自然、别具一格。卵石的尺寸、形态及码砌方式,因需而定。

河卵石可用于砌筑墙体、基础、围墙、挡土墙,也可镶铺地面、柱面、墙面等。

2. 石材的选用原则

在工程设计与施工中,应按照适用性与经济性两个原则选用石材。

1)适用性

石材应按使用部位、环境条件、受力程度、使用年限等因素,权衡石材适用与否。承重构件(如基础、勒脚、墙、柱等)需要考虑石材抗压强度能否满足设计要求;用作地面、台阶、踏步等构件的石材,应坚韧、耐磨;用作装饰部件的(如饰面板、栏杆等),需考虑石材的色彩、花纹、外观及可雕琢、可磨光性;对位于高温、高湿、严寒及有侵蚀介质环境下的石材,还需分别考察其耐热性、耐水性、抗冻性、耐化学侵蚀性等性能。因此,石材的工程特性决定其适用场合。

2)经济性

土木工程(特别是主体结构)所用的石材,应属地方材料。石材密度大、强度高、不便于开采、运输和加工。因此,料石、条石,尤其是饰面板,价格较高。应尽可能就近取材,选材得当,合理利用石材资源。

3. 石材的质量要求

石砌体多为重要的或永久性的土木工程结构。为保证石砌体的质量,应对石材质量严加控制。例如,石砌体所用的石材应质地坚实,无风化剥落和裂纹;用于清水墙、柱表面的石材,应色泽均匀;砌筑前应清除石材表面的泥垢、水锈等杂质。石砌体应采用铺浆法砌筑,施工方法与石砌体的构造措施都应符合施工规范的相应规定。

第四节　屋面材料

瓦是最常用的屋面材料,主要起防水和防渗等作用。随着工业技术和土木工程的发展,屋面材料已由传统的、较单一的烧结黏土瓦,向多种材质的屋面材料发展,如大型水泥类瓦材、金属类瓦材和高分子复合类瓦材。目前,经常使用的除黏土瓦和水泥瓦外,还有石棉水泥瓦、塑料瓦等。

一、烧结黏土瓦

黏土瓦是以黏土、页岩为主要原料，经成型、干燥、焙烧而成。生产黏土瓦的原料应杂质少、塑性好。成型方式可用模压成型或挤压成型。生产工艺与烧结普通砖相同。

黏土瓦的主要品种为平瓦和脊瓦，平瓦用于屋面覆盖，脊瓦用于屋脊。按颜色分为青瓦和红瓦。

根据国家标准《烧结瓦》(GB/ T 21149—2007)，通常平瓦的规格为：400mm × 240mm ~ 360mm × 220mm。物理性能合格的平瓦，根据尺寸偏差和外观质量分为优等品(A)和合格品(C)两个等级。单片瓦的弯曲破坏荷重不得小于1200N，其中青瓦的弯曲破坏荷重不得小于850N。抗冻性要求经15次冻融循环后不出现剥落、掉角、掉棱和裂纹增加现象。无釉瓦的抗渗性要求为经3h瓦背面不得出现水滴。各等级瓦均不允许有欠火、分层缺陷存在。

脊瓦分为优等品和合格品两个产品等级，其规格尺寸要求长度不小于300mm，宽度不小于180mm，单块脊瓦的弯曲破坏荷重、抗冻性、抗渗性等要求与平瓦相同。

黏土瓦质量大、质脆、易破损，在储运和使用时应注意横立堆垛，垛高不得超过五层。

黏土瓦是我国使用历史长且用量较大的屋面瓦材之一，主要用于城市民用建筑和农村建筑中的坡形屋面防水，但由于生产中需消耗土地，能耗大，因此，已逐步被许多产品所替代。

二、琉 璃 瓦

琉璃瓦是用难熔黏土制坯，经干燥、上釉后焙烧而成。这种瓦表面光滑、质地坚密、色彩美丽、造型多样，主要有板瓦、筒瓦、滴水、勾头等，有时还制成飞禽走兽形象作为檐头和屋脊的装饰，是一种富有我国传统民族特色的高级屋面防水材料和装饰材料。琉璃瓦耐久性好，但成本较高，一般在古建筑修复、纪念性建筑及园林建筑中的亭、台、楼、阁上使用。

三、混凝土平瓦

混凝土平瓦是以水泥、砂或无机的硬质细集料为主要原料，经配料混合、加水搅拌、机械滚压或人工揉压成型、养护而成。

混凝土平瓦可用来代替黏土瓦，其耐久性好，成本低，但质量大于黏土瓦。如在配料时加入耐碱颜料，可制成彩色混凝土平瓦。

四、石棉水泥波形瓦

石棉水泥波形瓦是用水泥和温石棉为原料，经加水搅拌、压波成型、养护而成的波形瓦，分为大波瓦、中波瓦、小波瓦和脊瓦四种。石棉水泥波形瓦主要用于工业建筑，如厂房、库房、堆货棚、凉棚等，但由于石棉纤维对人体健康有害，因此许多国家已禁止使用，我国也正逐步采用耐碱玻璃纤维和有机纤维生产水泥波形瓦，以替代石棉水泥波形瓦。

五、钢丝网水泥大波瓦

钢丝网水泥大波瓦是用普通水泥和砂加水混合后浇模，中间放置一层冷拔低碳钢丝网，成型后经养护而成的。其尺寸为1700mm × 830mm × 14mm，质量较大(50kg ± 5kg)，适用于工厂散热车间、仓库及临时性建筑的屋面或围护结构等处。

六、玻璃钢波形瓦

玻璃钢波形瓦是用不饱和聚酯树脂和玻璃纤维为原料，经手工糊制而成，也称纤维增强塑料波形瓦。其尺寸为长1800mm，宽740mm，厚0.8~2.0mm。这种瓦质量小、强度较高、耐冲击、耐一定高温、耐腐蚀、透光率高、色彩鲜艳和生产方法简单。适用于各种建筑的遮阳、车站站台、售货亭、凉棚等屋面。

七、聚氯乙烯塑料波形瓦

聚氯乙烯塑料波形瓦是以聚氯乙烯树脂为主体加入其他配合剂，经塑化、挤压或压延、压波等而制成的一种新型瓦材。其尺寸规格为2100mm×（1100~1300）mm×（1.5~2）mm。具有质轻、高强、耐化学腐蚀、透光率高、色彩鲜艳等特点，适用于遮阳板、果棚、凉棚和简易建筑的屋面等处。

八、金 属 瓦

金属瓦是以金属材料为基材，采用不同工艺制成的新型瓦材，按制作工艺分为石面金属瓦、漆面金属瓦、金属本色瓦。

石面金属瓦是以镀铝锌钢板为基材，采用模压工艺制成各种瓦型，再以水性丙烯酸树脂为黏合剂，将天然玄武岩颗粒黏结在瓦的表面上，所以又称为彩石金属瓦。

漆面金属瓦是以镀铝锌钢板、镀锌钢板、铝镁锰合金等金属为基材，表面经过漆面喷涂处理后制成的瓦，多用于大型场馆。

金属本色瓦是以纯铜板、钛锌板等金属为基材，表面不经过涂层处理，直接加工成的瓦，多用于高档屋面。

金属瓦的主要特点有：

（1）重量轻，对建筑结构要求不高；颜色和瓦型多，易于选择。

（2）施工时不会破裂、收缩或卷曲，可适应各种屋面。

（3）耐久性好，可以承受酷寒、暴晒、地震、暴雨、冰雹、火灾等。

（4）回收后可以全部再利用，对自然环境不会产生危害。

思考与练习

1. 简要叙述烧结普通砖、烧结多孔砖、烧结空心砖、灰砂砖、蒸压粉煤灰砖的强度等级和产品等级是如何划分的？

2. 烧结多孔砖和烧结空心砖有何特点？主要用途有哪些？

3. 什么是砖的泛霜？它对砖的性能有何影响？

4. 什么是砌块？常用的砌块有哪些？

5. 如何减少和控制普通混凝土小型砌块的收缩？

6. 砌筑用石材的强度等级是如何划分的？

7. 有烧结普通砖一批，经抽样测定其破坏荷载如下，问该砖的强度等级为多少？

砖编号	1	2	3	4	5	6	7	8	9	10
破坏荷载（kN）	250	270	220	180	245	256	180	285	232	250

第九章 沥青

第一节 沥青的分类与生产

沥青材料是由一些极其复杂的高分子碳氢化合物和这些碳氢化合物的非金属(氧、硫、氮)衍生物所组成的混合物。常温下沥青是黑色或黑褐色的固体、半固体或液体,这主要取决于沥青成分的相对成分。

沥青在土木工程中主要用途是作为胶凝材料,用作道路路面结构胶结材料;作为防水材料,广泛用于屋面、地面、地下结构的防水、防潮和防渗;作为防腐材料,用于有防腐要求而对外观质量要求较低的木材和钢材的表面防腐。

一、沥青的分类

按我国通用的命名和分类方法,沥青可分为地沥青和焦油沥青两大类。其中地沥青是天然存在的或由石油精制加工得到的副产品,而焦油沥青是将某些有机材料(如煤、木材、页岩等)干馏加工得到的焦油,经再加工而得到的产品。

1. 地沥青

地沥青按其产源又可分为天然沥青和石油沥青。天然沥青是石油在自然条件下,长时间经受各种物理因素的作用而形成的产物;石油沥青是原油经蒸馏等工艺提炼出各种轻质油及润滑油以后的残留物,或将残留物进一步加工得到的副产品。石油沥青的使用最为广泛。

2. 焦油沥青

焦油沥青按其加工的原料名称而命名,如由煤干馏所得的煤焦油,经再加工后得到的沥青,即称为煤沥青;页岩沥青的技术性质接近石油沥青,但生产工艺则接近焦油沥青类,目前暂归焦油沥青类。

二、石油沥青的生产

石油沥青的生产流程示意图,如图9-1所示。

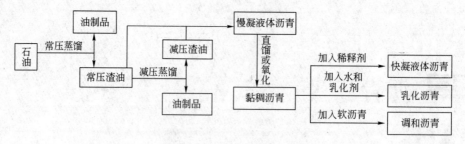

图 9-1 石油沥青生产流程示意图

原油经常压蒸馏后得到常压渣油;再经减压蒸馏后,得到减压渣油。这些渣油都属于低标号的慢凝液体沥青。因其稠度低,往往不能满足使用要求,所以,通过直馏或减压工艺,将其制成黏稠沥青。除此之外,还可得到轻度氧化高标号慢凝沥青。

在施工过程中,为使沥青在常温条件下具有较大的施工流动性,并在施工完成后短时间内又能凝固而具有高的黏结性,可在黏稠沥青中掺加挥发速度较快的溶剂(如煤油或汽油等),制成中凝液体沥青或快凝液体沥青。也可将沥青分散于有乳化剂的水中而形成沥青乳液,这种乳液亦称为乳化沥青,这种液体沥青可节约溶剂和扩大使用范围。

为得到不同稠度的沥青,也可以采用硬的沥青或软的沥青(黏稠沥青或慢凝液体沥青)按适当比例调配成为调和沥青。

目前,我国生产沥青的工艺方法主要有蒸馏法、氧化法、半氧化法、溶剂脱沥青法和调配法等。不同方法生产的沥青,其性能和状态也不同,可根据工程的实际需要进行选择。

第二节　石油沥青的组成与结构

由于石油沥青是由多种碳氢化合物及其非金属(氧、硫、氮)衍生物组成的混合物,所以它的化学元素组成主要是碳和氢,其余是非烃元素,如氧、硫、氮等,此外,还含有一些微量的金属元素,如镍、钡、铁、锰、钙、镁、钠等,但含量都很少。按质量百分比计,碳占 80% ~87%、氢占 10% ~15%,非烃元素 <3%。

石油沥青的化学元素组成虽然比较清晰,但其化学组成却非常复杂。有机化合物的同分异构现象,使其虽然元素组成相同,但性质却往往有很大的区别。所以将沥青分离为纯粹的化合物单体,在操作上过于繁杂,在实际生产应用中,也并没有这样的必要。实际工程应用中,对沥青的组成通常采用划分组分的分析方法。

一、沥青的化学组分

沥青的化学组分分析就是将沥青分离为化学性质和物理状态相近,而且与其工程性能有一定联系的几个化学成分组,这些组就称为组分。

石油沥青的化学组分,根据试验方法的不同,有不同的分组方法,主要有三组分法和四组分分析法等。

三组分法是将沥青分为沥青质(A)、树脂(R)和油分(O)3 种组分。其分析方法和流程如图 9-2 所示,各组分的性状如表 9-1 所示。

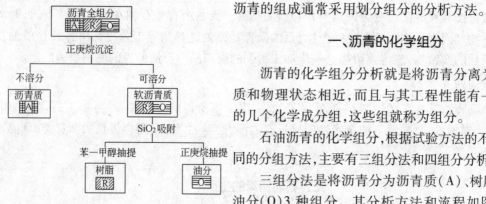

图 9-2 石油沥青三组分分析法原理图解

石油沥青三组分分析法的各组分性状 　　　　　　　　表 9-1

性状　　　组分	外观特征	颜色	比密度	平均分子量	含量(%)
油分	油状液体	淡黄~红褐色	0.7~1.0	200~700	40~60
树脂	黏稠状半固体	红褐色	1.0~1.1	800~3000	15~30
沥青质	无定形固体颗粒	深褐~黑色	1.1~1.5	1000~5000	5~30

不同组分对石油沥青性能的影响不同。油分几乎溶于大部分有机溶剂,它赋予沥青具有流动性;树脂的温度敏感性高,熔点低于100℃,它使沥青具有良好的塑性和黏结性;沥青质受热时不会熔化,但会碳化,它决定沥青的温度稳定性、黏性和脆性,其含量愈多,温度稳定性愈高,黏性愈大,愈硬脆。

二、沥青的胶体结构

现代胶体理论认为,沥青的结构是一种由分散相和分散介质构成的胶体结构,其中分散相是固态超细微粒的沥青质,通常是若干个沥青质聚集在一起,并在吸附了极性半固态的胶质(即树脂)之后,形成胶团。由于胶质的胶溶作用,而使胶团分散于由油分形成的分散介质中,从而形成稳定的胶体结构。

当沥青中各组分的化学组成和相对含量不同时,形成的胶体结构就可能不同,通常可分为溶胶型、溶—凝胶型和凝胶型3个类型(图9-3)。

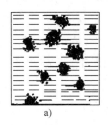 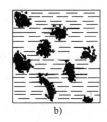 

a)　　　　　　　　　　b)　　　　　　　　　　c)

图9-3　沥青胶体结构

a)溶胶型结构;b)溶—凝胶型结构;c)凝胶型结构

1. 溶胶型结构

当沥青中沥青质分子量较低,并且含量很少(例如在10%以下),同时油分和树脂含量较高时,胶团能够完全分散在油分中。由于胶团之间相距较远,相互之间的吸引力很小(甚至没有吸引力),所以胶团完全可以在分散介质黏度许可范围之内自由运动。具有这种胶体结构的沥青,称为溶胶型沥青(图9-3a)。溶胶型沥青的特点是流动性大而黏性小,对温度的敏感性强,温度过高会出现流淌现象。

2. 溶—凝胶型结构

当沥青中沥青质含量适当(例如在15%~25%),并有较多的树脂作为保护膜层时,形成的胶团数量增多,胶团之间的距离相对靠近(图9-3b),从而在它们之间存在一定的相互吸引力。所以胶团在分散介质黏度许可范围之内的自由运动就会减弱。这是一种介乎溶胶与凝胶之间的结构,具有这种胶体结构的沥青,称为溶—凝胶型沥青。这类沥青在高温时具有较低的感温性,低温时又具有较好的形变能力,因此,修筑高等级公路时,大都采用这类结构的沥青。

3.凝胶型结构

当沥青中沥青质含量很高（例如 > 30%），油分和树脂较少时，沥青中形成数量很多的胶团，因胶团靠得很近，它们之间的相互吸引力增强，并形成空间网络结构（图9-3c），所以胶团移动比较困难。具有这种胶体结构的沥青，称为凝胶型沥青，这类沥青的特点是，弹性和黏性较高，温度敏感性较小，流动性和塑性较低。虽具有较好的温度稳定性，但低温变形能力较差，在低温下易开裂，开裂后自行愈合能力较差。

为工程使用方便，通常采用针入度指数来判断沥青的胶体结构类型（见第三节）。

三、高分子溶液理论

随着对石油沥青研究的深入发展，有些学者提出了新的高分子溶液理论。该理论认为沥青是一种高分子溶液。在此溶液里，分散相沥青质与分散介质软沥青质（树脂和油分）具有很强的亲和力，在每个沥青质分子的表面上紧紧地保持着一层软沥青质的溶剂分子，从而形成高分子溶液（图9-4）。

图9-4 沥青的高分子溶液

石油沥青高分子溶液对电解质具有较大的稳定性，即加入电解质不能破坏高分子溶液。高分子溶液具有可逆性，即随沥青质与软沥青质相对含量的变化，高分子溶液可以是较浓的或是较稀的。较浓的高分子溶液，沥青质含量多，相当于凝胶型沥青；较稀的高分子溶液，沥青质含量少，软沥青质含量多，相当于溶胶型沥青；稠度介于两者之间的为溶—凝胶型沥青。目前，这种理论已应用于沥青老化和再生机理的研究，并取得一些初步成果。

第三节　石油沥青的主要技术性质

一、黏滞性（黏性）

石油沥青内部阻碍各流层之间产生相对流动的特性称为黏滞性（或黏性）。各种石油沥青的黏滞性可以在很大的范围内变化。黏滞性主要与沥青的组分及温度有关。通常，沥青质含量愈高，同时又有适量树脂，而油分含量愈少时，黏滞性就愈大。在一定温度范围内，黏滞性随温度的升高而降低。

黏滞性以绝对黏度或相对黏度表示，它是沥青性质的重要指标之一。

1.绝对黏度

沥青的绝对黏度也称为沥青的动力黏度（或简称黏度），它以国际单位制所规定的单位（Pa·s）来表示。真空减压毛细管法是测定沥青动力黏度的一种方法，应按《公路工程沥青及沥青混合料试验规程》（JTG E20—2011）中 T 0620—2000 的规定进行测定。该法是沥青试样在严密控制的真空装置内和一定的温度下（通常为60℃），通过规定型号毛细管黏度计（通常采用美国沥青学会式，即 AI 式，如图9-5所示）时，流经规定的体积所需的时间（以 s 计），并按式（9-1）计算动力黏度。

$$\eta_T = kt \tag{9-1}$$

式中：η_T——在温度 $T℃$ 测定的动力黏度（Pa·s）；

k——黏度计常数(Pa·s/s);

t——沥青流经规定体积所需的时间(s)。

2. 相对黏度(条件黏度)

由于绝对黏度的测定方法因材料而异,并且较为复杂,所以为了方便,工程上常用相对黏度(或称条件黏度)来表示。

沥青的相对黏度主要采用针入度仪和道路沥青标准黏度计进行测定。黏稠石油沥青的相对黏度采用针入度仪测定的针入度来表示(图9-6),它反映石油沥青抵抗剪切变形的能力。针入度值越小,表明沥青黏滞性越大。按《公路工程沥青及沥青混合料试验规程》(JTG E20—2011)中 T 0604—2011 的规定,黏稠石油沥青的针入度是在规定温度和时间内,附加一定质量的标准针垂直贯入沥青试样中的深度,单位为 0.1mm,以符号 P 表示。试验条件对针入度的大小有显著影响,所以通常在标准试验条件下(温度为 25℃,标准针荷重为 100g,贯入时间为 5s)进行测定,针入度以 $P_{(25℃,100g,5s)}$ 表示。

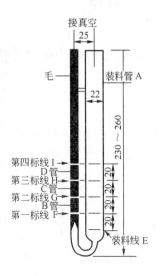

图9-5 毛细管黏度计(AI)

液体石油沥青或较稀的石油沥青的相对黏度,可用标准黏度计测定的标准黏度表示如图9-7 所示。按《公路工程沥青及沥青混合料试验规程》(JTG E20—2011)中 T 0621—1993,标准黏度是在规定温度(20℃、25℃、30℃或60℃)、规定直径(3mm、4mm、5mm 或 10mm)的孔口流出 50mL 沥青所需的时间(单位为 s),常用符号"$C_{t,d}T$"表示,d 为流孔直径,t 为试样温度,T 为流出 50mL 沥青所需的时间(s)。标准黏度值越大,表明沥青黏滞性越大。

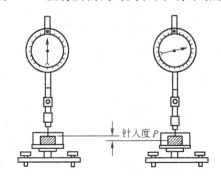

图9-6 黏稠沥青针入度测定示意图

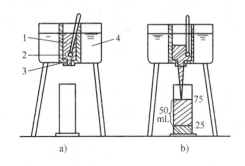

图9-7 液体沥青标准黏度测定示意图
1-沥青;2-活动球杆;3-流孔;4-水

二、塑　性

塑性是指石油沥青在外力作用下产生变形而不破坏(即不产生裂缝或断开),并在外力除去后仍保持变形后的形状不变的性质,它反映沥青受力时承受塑性变形的能力。

塑性通常用延度作为指标。将沥青试样制成 8 字形标准试件(最小断面积 1cm^2),在规定拉伸速度和规定温度下试件被拉断时的延长度(以 cm 计)称为延度,如图9-8 所示。按《公路工程沥青及沥青混合料试验规程》(JTG E20—2011)中(T 0605—2011)的规定进行测定,常用的试验温度有 25℃、15℃、10℃和 5℃。拉伸速度为 5cm/min ± 0.25cm/min。

沥青的低温抗裂性、耐久性与其延度密切相关。从这个角度出发,沥青的延度值愈大,对

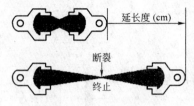

图9-8 沥青延度示意图

其愈有利。沥青的延度决定于沥青的胶体结构、组分和试验温度。石油沥青中树脂含量较多，且其他组分含量又适当时，则塑性较大。温度升高，则塑性增大；膜层愈厚，则塑性愈高。反之，膜层愈薄，则塑性愈差，当膜层薄至 $1\mu m$ 时，塑性近于消失，即接近于弹性。

在常温下，塑性较好的沥青在产生裂缝时，也可能由于特有的黏塑性而自行愈合。故塑性还反映了沥青开裂后的自愈能力。沥青的塑性对冲击振动荷载有一定吸收能力，并能减少摩擦时的噪声，故沥青是一种优良的路面材料。

三、温度敏感性

沥青是一种非晶体高分子物质，它由液态凝为固态，或由固态融化为液态时，没有敏锐的固化点或液化点。当温度发生变化时，石油沥青的黏滞性和塑性将会发生相应的变化。温度敏感性即是指石油沥青的黏滞性和塑性随温度的变化而发生变化的性质，它是温度稳定性的反面。

在相同的温度变化间隔里，各种沥青的黏滞性及塑性变化的幅度一般不相同，工程上要求沥青随温度变化而产生的黏滞性及塑性变化的幅度应较小，即温度敏感性应较小。所以温度敏感性是沥青性质的重要指标之一。

评价沥青温度敏感性的指标很多。常用的是软化点和针入度指数。

1. 软化点

由于沥青材料在硬化点至滴落点之间的温度阶段，是一种黏滞流动状态，故将此温度区间的某一状态规定为从固态转到黏流态的起点，相应的温度称为沥青软化点。

软化点的数值与测定方法和仪器有关。我国《公路工程沥青及沥青混合料试验规程》(JTG E20—2011)中 T 0606—2011 是采用环球法(R&B 法)测定软化点。该法是将黏稠沥青试样分别注入两个试样环中，每个环上置一质量为 3.5g、直径为 9.53mm 的钢球，在规定的加热速度(5℃/min)下进行加热，使沥青试样逐渐软化，并在钢球荷重作用下沥青逐渐下坠，当沥青下坠至 25.4mm 时的温度称为沥青软化点，符号为 $T_{R\&B}$。图 9-9 为软化点测定的示意图。

有关研究表明，沥青在软化点时的黏度约为 1200Pa·s，或相当于针入度值 800(0.1mm)。据此可以认为，软化点是一种人为规定的"等黏温度"。

软化点是沥青性能随温度变化过程中重要的标志点，在软化点之前，沥青主要表现为黏滞弹性状态，而在软化点之后主要表现为黏滞流动状态；软化点越低，表明沥青在高温下的体积稳定性和承受荷载的能力越差。

以上所论及的针入度、软化点和延度是评价黏稠石油沥青工程性能最常用的技术指标，所以统称"三大技术指标"。

2. 针入度指数

由于软化点作为一个条件状态分界点，并不能全面反映沥青性能随温度变化的规律。所以，目前描述沥青敏感性的指标还有针入度指数(用 PI 表示)。

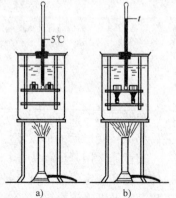

图9-9 软化点测定
a)加热前；b)达到软化点

根据大量试验结果,沥青针入度值 P 与温度 T 呈曲线关系(图9-10a),而沥青针入度值的对数 $\lg P$ 与温度 T 呈线性关系(图9-10b),可用式(9-2)表示:

$$\lg P = A \times T + K \qquad\qquad (9\text{-}2)$$

式中:A——直线斜率(回归方程系数);

K——截距(常数)。

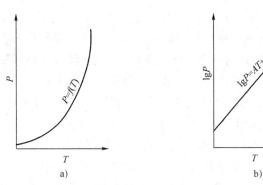

图9-10 沥青针入度—温度关系图

a)针入度值 P 与温度 T 的关系曲线;b)$\lg P$ 与 T 呈线性关系

式中 $A = \mathrm{d}(\lg P)/\mathrm{d}T$,表征沥青针入度 $\lg P$ 随温度 T 的变化率,A 越大,表明温度变化时沥青针入度的变化也越大,故称 A 为针入度温度指数,用以表征沥青的温度敏感性。

按照《公路工程沥青及沥青混合料试验规程》(JTG E20—2011)中 T 0604—2011 的规定,宜在15℃、25℃和30℃等3个或3个以上温度条件下测定沥青针入度,然后采用公式计算法或者诺模图法确定针入度指数 PI。公式计算法的计算过程如下(诺模图法可参见试验规程):

将在3个或3个以上温度条件下测定的针入度值取对数,令 $y = \lg P$、$x = T$,按式(9-2)进行一元一次方程 $y = a + bx$ 的直线回归,求取针入度温度指数 A(即回归方程的系数 b)。当直线回归的相关系数 $R^2 \geqslant 0.997$ 时,按式(9-3)计算针入度指数 PI:

$$PI = \frac{20 - 500A}{1 + 50A} \qquad\qquad (9\text{-}3)$$

针入度指数 PI 愈小,表示沥青的温度敏感性愈高。通常,按 PI 值来评价沥青的温度敏感性时,要求沥青的 PI 在 $-1 \sim +1$。用于高等级路面的沥青,要求具有更高的 PI 值。

针入度指数还可以用来判断沥青的胶体结构:

当 PI < -2 时,沥青属于溶胶型结构,温度敏感性大。

当 PI $= -2 \sim +2$ 时,沥青属于溶—凝胶型结构,温度敏感性适中。

当 PI > 2 时,沥青属于凝胶型结构,温度敏感性小。

不同的工程条件和用途对沥青温度敏感性有不同的要求,所以要求的 PI 值不同,一般路用沥青要求 PI > -2;沥青用作灌缝材料时,要求 $-3 < PI < 1$。

四、大气稳定性

大气稳定性是指石油沥青在大气中使用时,在热、阳光、氧气和潮湿等因素的长期综合作用下性质不发生显著变化的性能。

在阳光、空气和热的综合作用下,石油沥青的流动性和塑性会随着时间的增长而逐渐减小,硬脆性会随着时间的增长而逐渐增大,直至脆裂,这种现象称为石油沥青的老化。因此,沥青的大气稳定性也可以称为抗老化性。

石油沥青产生老化的原因是沥青的各组分会在阳光、空气和热的综合作用下发生递变,使低分子化合物逐步转变成高分子物质,即油分和树脂逐渐减少,而沥青质逐渐增多,并且树脂转变为沥青质比油分变为树脂的速度快得多。

测定抗老化性的方法有多种,目前常用的测定方法是薄膜烘箱试验法(TFOT 法)。我国《公路工程沥青及沥青混合料试验规程》(JTG E20—2011)中 T 0609 规定了试验内容和方法。道路石油沥青和聚合物改性沥青的抗老化性主要根据沥青试样在加热蒸发前后的质量变化百分率、薄膜加热后残留物的针入度、延度、软化点和黏度(60℃)等性质的变化来评定。

TFOT 法首先测定沥青试样的质量及其针入度、延度、软化点和黏度等性质,然后制作沥青薄膜试样;将沥青薄膜试样置于烘箱中,在 163℃下加热蒸发 5h,待冷却后再测定其质量和针入度、延度、软化点和黏度(60℃)等性质。计算出蒸发损失质量占原质量的百分数,称为质量变化(或蒸发损失)百分率;计算老化后针入度与原针入度的比值,称为残留针入度比;测定老化试验后的沥青在规定温度下的残留延度;同时计算沥青薄膜残留物的软化点增值和黏度(60℃)比。沥青经老化试验后,质量变化百分率愈小、残留针入度比和残留延度愈大,则表示沥青的大气稳定性愈好,即抗老化性愈强,老化愈慢。

对液体沥青,可通过蒸馏试验确定其含有轻质挥发性油的数量,以及挥发后沥青的性质来评定其抗老化性能。

五、施工安全性

施工时都是采用加热的方法使黏稠沥青软化。当加热至一定温度时,沥青材料中挥发的油分蒸气与周围空气组成混合气体遇到火焰时易发生闪火。在规定条件下加热沥青,并使混合气体与火焰接触,当初次出现闪火(有蓝色闪光)时的沥青温度(℃),称为沥青的闪点。

若加热沥青的温度进一步提高,油分蒸气的饱和度将增加。当油分蒸气与空气组成的混合气体与火焰接触时能持续燃烧 5s 以上时,此时沥青的温度即为燃点(℃)。通常,燃点比闪点温度约高 10℃。沥青质含量愈多,闪点和燃点相差就愈大。液体沥青因轻质成分较多,故其闪点和燃点相差很小。沥青的闪点和燃点应按《公路工程沥青及沥青混合料试验规程》(JTG E20—2011)中 T0611—2011(克利夫兰开口杯法)规定的试验方法进行测定。

闪点和燃点愈低,沥青引起火灾的可能性就愈大。所以为了保证沥青在运输、储存和加热使用过程中的安全性,必须规定沥青的闪点和燃点。一般施工时石油沥青的加热温度为 150～200℃,因此通常要求沥青的闪点大于 230℃。此外,为了安全起见,沥青加热时必须与火焰隔离。

第四节 石油沥青的技术标准

一、石油沥青的技术标准

石油沥青按用途分为道路石油沥青、建筑石油沥青、防水防潮石油沥青和普通石油沥青。常用的沥青技术标准列于表 9-2 和表 9-3(道路石油沥青技术标准的详细内容可参见《公路沥青路面施工技术规范》JTG F40-—2004）。从表中可以看出,石油沥青的标号(或牌号)主要根据针入度、延度和软化点等指标划分。除防水防潮石油沥青除之外,标号(或牌号)都以针入度值表示。

表 9-2

建筑石油沥青、防水防潮石油沥青质量要求

类型及牌号 质量指标	建筑石油沥青			防水防潮石油沥青			
	40	30	10	3	4	5	6
针入度(25℃,100g,5s)(1/10mm)	36～50	26～35	10～25	25～45	20～40	20～40	30～50
延度(25℃,5cm/min)(cm) ≥	3.5	2.5	1.5	—	—	—	—
软化点(℃) ≥	60	75	95	85	90	100	95
针入度指数 ≥	—			3	4	5	6
溶解度(三氯乙烯)(%) ≥	99.5			98	98	95	92
蒸发损失试验 (163℃,5h) 质量损失(%) ≤	1						
针入度比(%) ≥	65			—	—	—	—
闪点(开口杯法)(℃) ≥	260			250	270	270	270
脆点(℃) ≤	—			-5	-10	-15	-20

同一品种的石油沥青,标号越高,则黏性越小(即针入度越大),塑性越好(即延度越大),温度敏感性越大(即软化点越低)。

二、石油沥青的选用

1.道路石油沥青

这类沥青主要在道路工程中用于与碎石等矿质材料共同配制成铺筑沥青路面用的沥青混合料。工程中,应根据交通量和气候特点来选用适宜的沥青标号。南方高温地区为了保证在夏季沥青路面具有足够的稳定性,不会出现车辙等破坏形式,宜选用标号较小的高黏度石油沥青,如50号和70号;而北方寒冷地区为了保证沥青路面在低温下仍具有一定的变形能力,防止或减少低温开裂,宜选用标号较大的低黏度石油沥青,如90号和110号。表9-3中列出了各标号沥青适用的气候分区(各气候分区的特点见表9-4),可按其规定进行选用。

2.建筑石油沥青

这类石油沥青的针入度较小,软化点较高,但延度较小,主要用作制造油纸、油毡、防水涂料和沥青嵌缝膏等沥青防水材料,用于屋面及地下防水、沟槽防水工程等,也用于防腐蚀及管道防腐等工程。

建筑石油沥青用于屋面防水时应根据工程所在地区的气候及环境条件,选择具有合适软化点的沥青。因为沥青在涂装时所形成的胶膜较厚,对温度的敏感性增大,同时黑色沥青吸热性强,使得同一地区使用沥青防水材料的屋面表面温度比使用其他材料的都高,因此,为避免沥青材料在夏季高温时出现软化和流淌现象,一般要求用于屋面防水的沥青材料的软化点应超过本地区屋面最高温度20℃以上。但也不宜过高,否则冬季低温条件下沥青材料易变得硬脆,甚至出现开裂,影响其防水性能。

3.防水防潮石油沥青

防水防潮石油沥青的温度稳定性较好,适用于寒冷地区和防水防潮工程。

道路石油沥青技术要求

表 9-3

指 标	单位	等级	160号	130号	110号	90号	70号	50号	30号	试验方法
针入度(25℃,5s,100g)	0.1mm		140~200	120~140	100~120	80~100	60~80	40~60	20~40	T 0604
适用的气候分区					2-1 2-2 3-2	1-1 1-2 1-3 2-2 2-3 / 1-3 1-4 2-2 2-3 2-4	1-3 1-4 2-2 2-3 / 2-2 2-3 2-4	1-4		附录
针入度指数		A				-1.5~+1.0				T 0604
		B				-1.8~+1.0				
软化点(R&B) 不小于	℃	A	38	40	43	45 / 44	46 / 45	49	55	T 0606
		B	36	39	42	43 / 42	44 / 43	46	53	
		C	35	37	41	43	43	45	50	
60℃动力黏度 不小于	Pa·s	A	—	60	120	160 / 140	180 / 160	200	260	T 0620
10℃延度 不小于	cm	A	50	50	40	45 30 20	20 / 15	15	10	T 0605
		B	30	30	30	30 20 15	15 / 10	10	8	
15℃延度 不小于	cm	A	80	80	60	100	50	80	50	T 0605
		C	40					30	20	
蜡含量(蒸馏法) 不大于	%	A				2.2				T 0615
		B				3.0				
		C				4.5				
闪点 不小于	℃		230			245	260			T 0611
溶解度 不小于	%					99.5				T 0607
密度(15℃)	g/cm³					实测记录				T 0603
TFOT(或RTFOT)后										T 0610 或 T 0604
质量变化 不大于	%					±0.8				
残留针入度比(25℃) 不小于	%	A	48	54	55	57	61	63	65	T 0604
		B	45	50	52	54	58	60	62	
		C	40	45	48	50	54	58	60	
残留延度(10℃) 不小于	cm	A	12	12	10	8	6	4	—	T 0605
		B	10	10	8	6	4	2	—	
残留延度(15℃) 不小于	cm	C	40	35	30	20	15	10	—	T 0605

气 候 区 名		最热月平均最高气温(℃)	年极端最低气温(℃)	备　　注
1-1	夏炎热冬严寒	>30	< −37.0	
1-2	夏炎热冬寒		−37.0 ~ −21.5	
1-3	夏炎热冬冷		−21.5 ~ −9.0	
1-4	夏炎热冬温		> −9.0	
2-1	夏热冬严寒	20 ~ 30	< −37.0	
2-2	夏热冬寒		−37.0 ~ −21.5	
2-3	夏热冬冷		−21.5 ~ −9.0	
2-4	夏热冬温		> −9.0	
3-1	夏凉冬严寒	<20	< −37.0	不存在
3-2	夏凉冬寒		−37.0 ~ −21.5	
3-3	夏凉冬冷		−21.5 ~ −9.0	不存在
3-4	夏凉冬温		> −9.0	不存在

4. 普通石油沥青

这类沥青的含蜡量很高,一般为 15% ~ 20%。由于石蜡的熔点低(32 ~ 55℃)、黏结力差,当沥青温度达到软化点时,蜡已接近流动状态,所以普通石油沥青的温度敏感性大,软化点与其液化温度相差很小,夏季高温时容易产生流淌现象。并且其黏度较小,塑性较差。当采用其作为黏结材料时,随着时间的增长,沥青中的石蜡会向胶结层表面渗透,在表面形成薄膜,使沥青黏结层的耐热性和黏结力大大降低。所以普通石油沥青一般不宜在建筑工程中直接使用,可通过掺配或改性处理后使用。

第五节　改 性 沥 青

沥青材料无论是用作屋面防水材料还是用作路面胶结材料,都是直接暴露于自然环境中的,而沥青的性能又容易受蒸发、脱氢、缩合、氧化等环境因素的影响。在这些因素的综合作用下,沥青中的含氧官能团增多,沥青逐渐变脆、开裂、老化,不能继续发挥其原有的黏结或密封作用。

现代土木工程要求沥青材料必须具有一系列良好的性能。即低温时,应有一定的弹性和塑性;高温时,应有足够的强度和稳定性;加工和使用时,具有抗老化能力;与各种矿物填充料和结构表面要有较强的黏附力;对基层变形有一定的适应性和耐疲劳性等。要满足这些要求,必须对普通沥青进行改性。沥青的改性是在基质沥青中加入其他改性材料(如橡胶、塑料等高分子聚合物、磨细的橡胶粉或其他填料性外掺剂),与沥青混合均匀,从而使沥青的性能得到改善。

一、改性沥青分类

1. 矿物填充料改性

沥青对矿物填充料会产生湿润和吸附作用,这是矿物填充料能对沥青进行改性的主要原因。沥青与矿物颗粒(或纤维)表面相互作用,在表面上形成了结合力牢固的沥青薄膜(图 9-11)。这

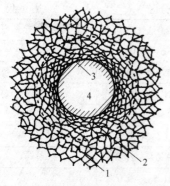

图9-11 沥青与矿粉相互作用的结构图式
1-自由沥青;2-结构沥青;3-钙质薄膜
4-矿粉颗粒

部分沥青称为"结构沥青",具有较高的黏性和耐热性。但矿物填充料的掺入量要适当,一般不宜小于15%。利用矿物填充料为沥青改性是提高沥青的黏结能力和耐热性,降低沥青的温度敏感性的常用方法。常用的改性矿物填充料大多是粉状(如石灰石粉、滑石粉等)和纤维状(如石棉等)的材料。

2. 热塑性橡胶类(共聚物)改性沥青

热塑性橡胶是一类新型的高分子材料,是通过两种或两种以上的单体共同聚而形成的,其中苯乙烯—二烯烃嵌段共聚物广泛用于沥青改性。当二烯烃采用丁二烯时,所得产品即为SBS、称为热塑性丁苯橡胶。其他还有SE/BS、SIS等系列产品,都可用于沥青改性。由于SBS常温下具有橡胶的弹性,高温下又能像树脂那样熔融流动,成为可塑性材料,所以其使用最为广泛。

SBS对沥青的改性十分明显。其改性机理除了一般的混合、溶解、溶胀等物理作用外,很重要的是通过一定条件产生交联作用,形成不可逆的化学键,从而形成空间网状结构,使沥青获得弹性和强度。而在沥青拌和温度下网状结构消失,具有塑性状态,便于施工。与普通沥青相比,SBS改性沥青的主要特点是:

(1)弹性和韧性好。

(2)低温柔性大大改善,冷脆点降至 −40℃。

(3)热稳定性提高,耐热度可达90～100℃。

(4)耐候性好。

3. 橡胶类改性沥青

橡胶类改性沥青用得最多的是丁苯橡胶(SBR)和氯丁橡胶(CR)。这类改性剂通常以胶乳的形式加入沥青之中,制成橡胶沥青。橡胶由于吸收沥青中的油分产生溶胀,改善了沥青的胶体结构,因而使沥青的胶体结构改善,黏度得以提高。通常认为改性效果较好的是丁苯橡胶(SBR)。SBR改性沥青在性能上的主要特点为:

(1)针入度值减小,软化点升高,常温(25℃)延度稍有增加,特别是低温(5℃)延度有较明显的增加;不同温度下的黏度均有所增加,并且随着温度的降低,黏度差逐渐增大。

(2)热稳定性和韧度明显提高,黏附性亦有所提高。

4. 热塑性树脂类改性沥青

常被用于沥青改性的热塑性树脂主要为聚乙烯(PE)、聚丙烯(PP)和无规聚丙烯(APP)。它们能提高沥青的黏度,改善沥青的高温抗流动性,同时可增大沥青的韧性。所以它们能够显著改善沥青的高温性能,但改善低温性能的效果有时并不明显。近期的研究表明,耐寒性好的低密度聚乙烯(LDPE)与其他高聚物组合进行改性,可以得到优良的改性沥青,且价格低廉。

5. 热固性树脂类改性沥青

用于改性沥青的热固性树脂主要为环氧树脂(EP)。环氧树脂(EP)大都是由双酚A或环氧氯丙烷缩聚而成。环氧树脂改性沥青的延展性不好,但其强度很高,具有优越的抗永久变形能力,并具有特别高的耐燃料油和润滑油的能力。

二、改性沥青的生产工艺

改性沥青是采用一定的工艺,将加入的改性剂均匀稳定地分散于沥青之中而制成的,因此改性工艺是改性剂发挥改性效果的保证。改性剂的种类不同,改性工艺也有所不同。

1. 直接混溶法

直接混溶法是目前制作改性沥青的主要方式,可工厂化生产或采用移动式设备生产。这种工艺方法采用的共混设备主要有搅拌机和胶体磨两类。胶体磨或其他高速剪切设备,是在高温高速运转状态下将聚合物研磨成很细的颗粒,从而增加沥青与聚合物的接触面积,促使聚合物溶胀,并与沥青很好地混溶。混溶一般需要经过聚合物的溶胀、分散磨细、继续发育三个过程。每一阶段的工艺流程和时间随改性剂、沥青和加工设备的不同而异。聚合物经过溶胀后,更易剪切磨细,经过一段时间的继续发育,改性沥青体系更加稳定。

由于分子和化学结构不同的聚合物在沥青中的溶解速度相差很大,所以采用的工艺方法也不同。对于 EVA、APAO 等聚合物,可以使用螺旋叶片搅拌设备。对于 SBS、PE 等改性剂,则宜采用胶体磨。

2. 母料法

母料制作法是预先将改性剂制作成浓度较高的改性沥青母体,运到工地经稀释后再与沥青混溶。制作的高浓度改性沥青母料一般在常温下呈固态,运输和储存较为方便,施工现场采用简单的搅拌设备即可实现母料和沥青的混溶。母料生产改性沥青的过程有两个关键因素需要注意,一是改性沥青母体的稳定性问题,另一个是改性沥青母体与掺配沥青的相容性和稳定性问题。

3. 胶乳法

这种方法是将丁苯橡胶(要求高浓度胶体)直接投入到沥青混合料拌和机中,与矿料、沥青混合后经拌和制成改性沥青混合料。这种改性沥青的生产工艺简单,但由于胶乳中所含水分较高,所以易使拌和机产生锈蚀。

第六节　煤　沥　青

煤沥青是将煤干馏得到煤焦油后,再经分馏加工而得到的残渣。根据煤干馏的温度不同,可分为高温煤焦油、中温煤焦油和低温煤焦油。以高温煤焦油为原料,可获得数量较多且质量较佳的煤沥青,而低温煤焦油则相反。路用煤沥青主要采用高温煤焦油加工而得,而建筑用煤沥青主要采用低温煤焦油加工而得。

煤沥青的化学元素与石油沥青类似,主要为 C、H、O、S 和 N。与石油沥青相比较,煤沥青的碳氢比大,这是其元素组成的特点。

由于煤沥青的化学组成非常复杂,所以实际工程应用中,对煤沥青的组成也采用划分组分的分析方法。煤沥青含有游离碳、树脂和油分三种基本组分,它们的特性是:

(1)游离碳又称自由碳,是高分子有机化合物的固态碳质微粒,不溶于苯。加热时不会熔化,但在高温下会发生分解。当游离碳含量增加时,煤沥青的黏度和温度稳定性提高,但低温脆性亦增大。

(2)树脂为环心含氧碳氢化合物,分为硬树脂和软树脂两种。硬树脂类似石油沥青中的沥青质,而软树脂为赤褐色黏—塑性物质,可溶于氯仿,类似于石油沥青中的树脂。

(3)油分是液态碳氢化合物。与其他组分相比较,其结构最为简单。煤沥青的油分中还含有萘、蒽和酚等成分。萘和蒽能溶解于油分中,在含量较高或低温时能呈固态晶状析出,会影响煤沥青的低温变形能力。酚为苯环中含羟物质,能溶于水,且易被氧化。因此,煤沥青中的酚、萘和蒽均为有害物质,对其含量必须加以限制。

煤沥青的技术性质与石油沥青相比,存在下列差异:

(1)由于煤沥青是一种较粗的胶体体系,且树脂的可溶性较高,所以其温度稳定性较低。

(2)煤沥青含有较多数量的极性物质,使得煤沥青的表面活性较高,因此它与矿质集料的黏附性比石油沥青好。

(3)煤沥青含有较高含量的不饱和芳香烃,这些化合物有相当大的化学潜能,在环境因素(空气中的氧、日光的温度和紫外线以及大气降水)的作用下,老化进程较石油沥青快。

(4)煤沥青耐腐蚀性强,可用于木材等的表面防腐处理。

由于煤沥青的主要技术性质都比石油沥青差,所以在道路、建筑工程中很少使用。但它抗腐性能好,故适用于作为防腐材料等。

思考与练习

1. 采用化学组分分析法可将石油沥青划分为哪几个组分? 它们与石油沥青的技术性质有何关系?

2. 石油沥青的胶体结构有哪几种? 它们与沥青的技术性质有何关联?

3. 石油沥青的"三大技术指标"表征石油沥青的什么性能? 简述其主要试验条件。

4. 什么是针入度指数? 它和沥青的胶体结构有什么样的关系?

5. 沥青的标号依据什么划分? 各种沥青应如何选用?

6. 为什么要对沥青进行改性? 常用的改性沥青有哪几种?

7. 煤沥青和石油沥青在使用性能上有何差异?

第十章 沥青混合料

沥青混合料是由矿质混合料（简称矿料）与沥青结合料拌和而成的混合料的总称。将这种混合料加以摊铺、碾压成型，即成为各种类型的沥青路面。在这种结构中，矿料起骨架作用，沥青与填料起胶结和填充作用。沥青混合料作为路面材料的优越性主要体现在以下方面：

（1）沥青混合料是一种黏—弹—塑性材料，它不仅具有良好的力学性质，而且具有一定的高温稳定性和低温柔韧性，用它铺筑的路面不仅平整，无接缝，减振性好，无强烈反光，使行车舒适，而且具有一定的粗糙度，有利于行车安全。

（2）沥青路面施工时可全部采用机械化施工，速度快，且有利于质量控制；施工后不需要长时间养护，能及时开放交通。

（3）沥青混合料可再生利用。

因此，沥青混合料广泛应用于高速公路、干线公路和城市道路路面。据统计，我国已建或在建的高速公路路面有90%以上采用沥青混合料路面。

沥青混合料也存在着一些问题，比如性能易受温度变化的影响、存在老化现象等。

第一节 沥青混合料的分类与组成材料

一、沥青混合料的种类

从不同角度划分，沥青混合料有不同的分类方法。

（1）按矿料级配组成及空隙率大小分为3种：

①密级配沥青混合料：按密实级配原理设计组成的各种粒径颗粒的矿料与沥青结合料拌和而成，设计空隙率较小的密实式沥青混凝土混合料（以 AC 表示）和密实式沥青稳定碎石混合料（以 ATB 表示）。

按关键性筛孔通过率的不同又可分为细型、粗型密级配沥青混合料等。粗集料嵌挤作用较好的也称嵌挤密实型沥青混合料。

②半开级配沥青碎石混合料：由适当比例的粗集料、细集料及少量填料（或不加填料）与沥青结合料拌和而成，经马歇尔标准击实成型试件的剩余空隙率在6%～12%的半开式沥青

碎石混合料(以 AM 表示)。

③开级配沥青混合料:矿料级配主要由粗集料嵌挤组成,细集料及填料较少,设计空隙率为 18% 的沥青混合料。

(2)按公称最大粒径的大小可分为 5 种:

①特粗式沥青混合料:集料公称最大粒径大于 31.5mm 的沥青混合料。

②粗粒式沥青混合料:集料公称最大粒径大于或等于 26.5mm 的沥青混合料。

③中粒式沥青混合料:集料公称最大粒径等于 16 或 19mm 的沥青混合料。

④细粒式沥青混合料:集料公称最大粒径等于 9.5 或 13.2mm 的沥青混合料。

⑤砂粒式沥青混合料:集料公称最大粒径小于 9.5mm 的沥青混合料。

(3)按拌和及施工时沥青混合料的温度分为 3 种:

①热拌沥青混合料(简称 HMA):经人工组配的矿质混合料与黏稠沥青在专门设备中加热拌和而成(约 170℃),用保温运输工具运送至施工现场,并在热态下进行摊铺(120~160℃)和压实的混合料。它是沥青混合料中最典型的品种,其他各种沥青混合料均由其发展而来。本章主要详述其组成材料、组成结构、技术性质和设计方法。

②温拌沥青混合料(简称 WMA):通过一定的技术措施,使沥青能在相对较低的温度下进行拌和及施工(摊铺温度为 60~100℃),同时保持其不低于 HMA 使用性能的沥青混合料。目前,国际主流温拌技术主要通过外加材料降低沥青混合料的高温黏度来实现。

③冷拌沥青混合料:采用慢凝(或中凝)液体沥青,或乳化沥青,在常温下进行拌和及施工(摊铺温度为 10℃ 以上的气温)的沥青混合料。

除上述类型之外,工程上还使用开级配沥青碎石混合料(包括 OGFC 表面层及 ATPB 基层)和沥青玛蹄脂碎石混合料(简称 SMA)。

二、组成材料

沥青路面使用的各种材料的质量品质、用量比例及混合料的制备工艺等因素决定沥青混合料的技术性质,其中组成材料的质量是首先要关注的问题。

1. 沥青

沥青是沥青混合料中最重要的材料,其性能直接影响沥青混合料的各项技术性质。道路石油沥青的质量应符合第九章中规定的技术要求。必要时,沥青的 PI 值、60℃ 动力黏度、10℃ 延度可作为选择性指标。沥青等级根据表 10-1 的要求来选用。

道路石油沥青的适用范围 表 10-1

沥青等级	适 用 范 围
A 级沥青	各个等级的公路,适用于任何场合和层次
B 级沥青	①高速公路、一级公路沥青下面层及以下的层次,二级及二级以下公路的各个层次; ②用作改性沥青、乳化沥青、改性乳化沥青、稀释沥青的基质沥青
C 级沥青	三级及三级以下公路的各个层次

在其他条件相同的情况下,黏度较大的黏稠石油沥青配制的混合料具有较高的力学强度和稳定性,但如黏度过高,则沥青混合料的低温变形能力较差,沥青路面容易产生裂缝。反之,在其他条件相同的条件下,采用黏度较低的沥青,虽然配制的混合料在低温时具有较好的变形能力,但在夏季高温时,往往会因稳定性不足而使路面产生较大的变形。

因此,在选择沥青标号时,必须考虑环境对沥青混合料的影响,宜按照公路等级、气候条件、交通条件、路面类型及在结构层中的层位及受力特点、施工方法等,结合当地的使用经验,经技术论证后确定。

对高速公路、一级公路,夏季温度高、高温持续时间长、重载交通、山区及丘陵区上坡路段、服务区、停车场等行车速度慢的路段,尤其是汽车荷载剪应力大的层次,宜采用稠度大、60℃黏度大的沥青,也可提高高温气候分区的温度水平选用沥青等级;对冬季寒冷的地区或交通量小的公路、旅游公路宜选用稠度小、低温延度大的沥青;对温度日温差、年温差大的地区宜注意选用针入度指数大的沥青。当高温性能要求与低温性能要求发生矛盾时应优先考虑满足高温性能的要求。

2. 粗集料

在道路工程中,习惯把砂子、石子等散粒材料称为集料。通常将粒径大于 4.75mm 的集料称为粗集料,用作沥青路面的粗集料可采用碎石、破碎砾石、筛选砾石、钢渣、矿渣等,但高速公路和一级公路宜选用坚硬、耐磨性好的碎石和破碎砾石,不得使用筛选砾石和矿渣。粗集料应该洁净、干燥、表面粗糙,符合一定的级配要求,具有足够的力学性能,与沥青有较好的黏附性等,其质量应符合规范要求。当单一规格集料的质量指标达不到要求,而按照集料配比计算的质量指标符合要求时,工程上允许使用。对受热易变质的集料,宜采用经拌和机烘干后的集料进行检验。

粗集料的粒径规格应按表 10-2 的规定生产和使用。

沥青混合料用粗集料规格　　　　表 10-2

规格名称	公称粒径(mm)	通过下列筛孔(mm)的质量百分率(%)												
		106	75	63	53	37.5	31.5	26.5	19.0	13.2	9.5	4.75	2.36	0.6
S1	40~75	100	90~100	—		0~15		0~5						
S2	40~60		100	90~100	—	0~15		0~5						
S3	30~60		100	90~100	—		0~15		0~5					
S4	25~50			100	90~100	—	0~15	—	0~5					
S5	20~40				100	90~100	—		0~15	—	0~5			
S6	15~30					100	90~100	—		0~15	—	0~5		
S7	10~30					100	90~100			0~15	0~5			
S8	10~25						100	90~100	—	0~15	—	0~5		
S9	10~20							100	90~100	—	0~15	0~5		
S10	10~15								100	90~100	0~15	0~5		
S11	5~15									100	90~100	40~70	0~15	0~5
S12	5~10										100	90~100	0~15	0~5
S13	3~10										100	90~100	40~70	0~20	0~5
S14	3~5											100	90~100	0~15	0~3

粗集料的力学性能,通常用压碎值、磨耗值等指标来衡量。粗集料的颗粒形状和表面构造

对路面的使用性能有很大的影响,针片状颗粒含量较多,不利于沥青混合料的和易性和稳定性。相关质量要求,见表10-3。

沥青混合料用粗集料质量技术要求 表10-3

指 标		单 位	高速公路及一级公路		其他等级公路	试验方法
			表面层	其他层次		
石料压碎值	不大于	%	26	28	30	T 0316
洛杉矶磨耗损失	不大于	%	28	30	35	T 0317
表观相对密度	不小于	t/m³	2.60	2.50	2.45	T 0304
吸水率	不大于	%	2.0	3.0	3.0	T 0304
坚固性	不大于	%	12	12	—	T 0314
针片状颗粒含量(混合料)	不大于	%	15	18	20	T 0312
其中粒径大于9.5mm	不大于	%	12	15		
其中粒径小于9.5mm	不大于	%	18	20		
水洗法<0.075mm 颗粒含量	不大于	%	1	1	1	T 0310
软石含量	不大于	%	3	5	5	T 0320

注:1. 坚固性试验可根据需要进行。

2. 用于高速公路、一级公路时,多孔玄武岩的视密度可放宽至2.45t/m³,吸水率可放宽至3%,但必须得到建设单位的批准,且不得用于SMA路面。

3. 对S14 即3~5 规格的粗集料,针片状颗粒含量可不予要求,<0.075mm 含量可放宽到3%。

4. 试验方法采用《公路工程沥青及沥青混合料试验规程》(JTG E20—2011)对应的试验项目编号规定的方法。表10-3~表10-5,表10-8相同。

使用坚硬的集料,有利于提高沥青混合料的抗滑性。粗集料用于高速公路、一级公路沥青路面表面层(或磨耗层)时,其磨光值应符合表10-4的要求。除SMA、OGFC路面外,允许在硬质粗集料中掺加部分较小粒径的磨光值达不到要求的粗集料,其最大掺加比例由磨光值试验确定。

沥青与矿料的黏附性与矿料的矿物成分关系密切,粗集料与沥青的黏附性应符合表10-4的要求,当使用不符合要求的粗集料时,宜掺加消石灰、水泥,或用饱和石灰水处理后使用,必要时可同时在沥青中掺加耐热、耐水、长期性能好的抗剥落剂,也可采用改性沥青,使沥青混合料的水稳定性检验达到要求。掺加外加剂的剂量由沥青混合料的水稳定性检验确定。

粗集料与沥青的黏附性、磨光值的技术要求 表10-4

雨量气候区		1(潮湿区)	2(湿润区)	3(半干区)	4(干旱区)	试验方法
年降雨量(mm)		>1000	1000~500	500~250	<250	附录A
粗集料的磨光值 PSV 高速公路、一级公路表面层	不小于	42	40	38	36	T 0321
粗集料与沥青的黏附性 高速公路、一级公路表面层 高速公路、一级公路的其他层次及其他等级公路的各个层次	不小于	5 4	4 4	4 3	3 3	T 0616 T 0663

破碎砾石应采用粒径大于50mm、含泥量不大于1%的砾石轧制,破碎砾石的破碎面应符合规定的要求。

经过破碎且存放期超过 6 个月以上的钢渣可作为粗集料使用。钢渣在使用前应进行活性检验,要求钢渣中的游离氧化钙含量不大于 3%,浸水膨胀率不大于 2%。

3. 细集料

沥青路面的细集料包括天然砂、机制砂、石屑。细集料应洁净、干燥、无风化、无杂质,并有适当的颗粒级配,其质量应符合表 10-5 的规定。

沥青混合料用细集料质量要求　　　　　　　表 10-5

项　　目		单　位	高速公路、一级公路	其他等级公路	试验方法
表观相对密度	不小于	—	2.50	2.45	T 0328
坚固性(>0.3mm 部分)	不小于	%	12	—	T 0340
含泥量(小于 0.075mm 的含量)	不大于	%	3	5	T 0333
砂当量	不小于	%	60	50	T 0334
亚甲蓝值	不大于	g/kg	25	—	T 0346
棱角性(流动时间)	不小于	s	30		T 0345

注:坚固性试验可根据需要进行。

细集料的洁净程度,天然砂以小于 0.075mm 含量的百分数表示,石屑和机制砂以砂当量(适用于 0~4.75mm)或亚甲蓝值(适用于 0~2.36mm 或 0~0.15mm)表示。

细集料也要富有棱角,应尽可能采用机制砂。天然砂的棱角已被磨去,如果用量过多,会引起混合料稳定性明显下降。

天然砂可采用河砂或海砂,通常宜采用粗、中砂,其规格应符合表 10-6 的规定,砂的含泥量超过规定时应水洗后使用,海砂中的贝壳类材料必须筛除。热拌密级配沥青混合料中天然砂的用量通常不宜超过集料总量的 20%,SMA 和 OGFC 混合料不宜使用天然砂。

沥青混合料用天然砂规格　　　　　　　表 10-6

筛孔尺寸 (mm)	通过各孔筛的质量百分率(%)		
	粗砂	中砂	细砂
9.5	100	100	100
4.75	90~100	90~100	90~100
2.36	65~95	75~90	85~100
1.18	35~65	50~90	75~100
0.6	15~30	30~60	60~84
0.3	5~20	8~30	15~45
0.15	0~10	0~10	0~10
0.075	0~5	0~5	0~5

石屑是采石场破碎石料时通过 4.75mm 或 2.36mm 的筛下部分,与机制砂有着本质的不同,它是石料加工破碎过程中表面剥落或撞下的边角,强度一般较低,且针片状含量较高,在沥青混合料的使用过程中还会进一步细化。高速公路和一级公路的沥青混合料,宜将 S14 与 S16 组合使用,S15 可在沥青稳定碎石基层或其他等级公路中使用。石屑的规格应符合表 10-7 的要求。

规格	公称粒径 （mm）	水洗法通过各筛孔的质量百分率（%）							
		9.5	4.75	2.36	1.18	0.6	0.3	0.15	0.075
S15	0~5	100	90~100	60~90	40~75	20~55	7~40	2~20	0~10
S16	0~3		100	80~100	50~80	25~60	8~45	0~25	0~15

注：当生产石屑采用喷水抑制扬尘工艺时，应特别注意含粉量不得超过表中要求。

机制砂宜采用专用的制砂机制造，并选用优质石料生产，其级配应符合 S16 的要求。

4. 填料

在沥青混合料中起填充作用的粒径小于 0.075mm 的矿质粉末称为填料。在沥青混合料中，矿质填料通常是指矿粉，其他填料如消石灰粉、水泥常作为抗剥落剂使用，粉煤灰则使用很少，在我国由于粉煤灰的质量往往不稳定，一般不允许在高速公路上使用。矿粉在沥青混合料中起到重要的作用，它与沥青交互作用形成较高黏结力的沥青胶浆，将粗细集料结合成一个整体，对混合料的强度有很大作用。但矿粉要适量，矿粉过少，不足以形成足够的比表面吸附沥青，而矿粉过多，又会使混合料结成团块，不易施工，同样会造成不良的后果。沥青混合料的矿粉必须采用石灰岩或岩浆岩中的强基性岩石等憎水性石料经磨细得到的矿粉，原石料中的泥土杂质应除净。矿粉应干燥、洁净，能自由地从矿粉仓流出，其质量应符合表 10-8 的技术要求。

沥青混合料用矿粉质量要求　　　表 10-8

项　　目		单　　位	高速公路、一级公路	其他等级公路	试 验 方 法
表观密度	不小于	t/m³	2.50	2.45	T 0352
含水量	不大于	%	1	1	T 0103 烘干法
粒度范围 <0.6mm		%	100	100	T 0351
<0.15mm		%	90~100	90~100	
<0.075mm		%	75~100	70~100	
外观		—	无团粒结块		
亲水系数		—	<1		T 0353
塑性指数		%	<4		T 0354
加热安定性		—	实测记录		T 0355

从拌和机回收的粉尘可作为一部分矿粉使用。但每盘用量不得超过填料总量的 25%，掺有粉尘填料的塑性指数不得大于 4%。

粉煤灰作为填料使用时，用量不得超过填料总量的 50%，粉煤灰的烧失量应小于 12%，与矿粉混合后的塑性指数应小于 4%，其余质量要求与矿粉相同。高速公路、一级公路的沥青面层不宜采用粉煤灰作填料。

5. 纤维稳定剂

纤维目前普遍使用于 SMA 混合料，在一般沥青混合料中也可以使用。目前常用木质素纤维，主要是絮状纤维。近年来美国有一种观点，认为木质素纤维拌制的沥青混合料不能再生使用，矿物纤维（大部分是玄武岩纤维）与集料品种一样，能再生使用，所以矿物纤维用量大为增加,一些州甚至规定不能再使用木质素纤维,这是一个值得重视的新动向。

在沥青混合料中掺加的木质素纤维的质量应符合表10-9的技术要求。

木质素纤维质量技术要求

表10-9

项 目		单 位	指 标	试 验 方 法
纤维长度	不大于	mm	6	水溶液用显微镜观测
灰分含量		%	18±5	高温590~600℃燃烧后测定残留物
pH 值		—	7.5±1.0	水溶液用 pH 试纸或 pH 计测定
吸油率	不小于	—	纤维质量的5倍	用煤油浸泡后放在筛上经振敲后称量
含水率(以质量计)	不大于	%	5	105℃烘箱烘2h后冷却称量

纤维应在250℃的干拌温度下不变质、不发脆,使用纤维必须符合环保要求,不危害身体健康。纤维必须在混合料拌和过程中能充分分散均匀。矿物纤维宜采用玄武岩等矿石制造,易影响环境及造成人体伤害的石棉纤维不宜直接使用。纤维应存放在室内或有棚盖的地方,松散纤维在运输及使用过程中应避免受潮,不结团。

纤维稳定剂的掺加比例以沥青混合料总量的质量百分率计算,通常情况下用于 SMA 路面的木质素纤维不宜低于0.3%,矿物纤维不宜低于0.4%,必要时可适当增加纤维用量。纤维掺加量的允许误差宜不超过±5%。

第二节 沥青混合料的组成结构

沥青混合料是一种复合材料,它是由沥青、粗集料、细集料和矿粉以及外加剂所组成。这些组成材料在混合料中,由于组成材料质量的差异和数量的不同可形成不同的组成结构,并表现为不同的力学性能。

一、组成结构的现代理论

1.表面理论

这种理论认为,沥青混合料中的粗集料、细集料和填料,按级配要求经人工组配成密实的矿质骨架,沥青分布于此矿质骨架中的颗粒表面,将它们黏结成为一个具有强度的整体。这种组成结构可以表示如下:

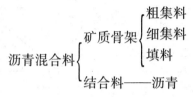

2.胶浆理论

近代某些研究认为,沥青混合料是一种多级分散系构成的空间网状结构。第一级是以粗集料为分散相、沥青砂浆为分散介质的一种粗分散系;第二级是以细集料为分散相、沥青胶浆为分散介质的一种细分散系;第三级是以填料为分散相、高稠度沥青为分散介质的一种微分散系。这种理论认识可表示如下:

$$\text{沥青混合料（粗分散系）} \begin{cases} \text{分散相——粗集料} \\ \text{分散介质——砂浆（细分散系）} \begin{cases} \text{分散相——细集料} \\ \text{分散介质——沥青胶结物（微分散系）} \begin{cases} \text{分散相——填料} \\ \text{分散介质——沥青} \end{cases} \end{cases} \end{cases}$$

这三级分散系以沥青胶浆最为重要,它的组成结构对沥青混合料的高温稳定性和低温变形能力起决定作用。目前,这一理论比较集中于研究填料(矿粉)的矿物成分、级配以及沥青与填料内表面的交互作用等因素对于混合料性能的影响等。同时,这一理论的研究比较强调采用高稠度的沥青和大的沥青用量以及采用间断级配的矿质混合料。

二、组成结构类型

沥青混合料主要由矿质集料、沥青和空气三相组成,是典型的多相多成分体系。按照级配原则构成的沥青混合料,根据粗集料的级配和粗、细集料的比例不同,可形成以下三种结构形式,如图10-1所示。

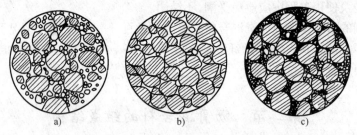

图 10-1　沥青混合料的组成结构示意图

a)悬浮密实结构;b)骨架空隙结构;c)骨架密实结构

1. 悬浮—密实结构

当采用连续型密级配矿质混合料(见图10-2曲线1)与沥青组成沥青混合料时,由于粗集料相对较少,细集料的数量较多,可以获得较大的密实度。但是由于粗集料被细集料挤开,不能靠拢形成骨架,以悬浮状态存在于次级细集料及沥青胶浆之中,如图10-1a)所示,这种结构称之为悬浮—密实结构。

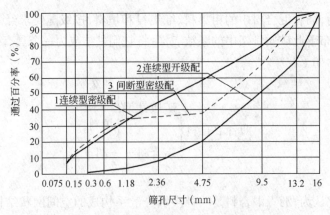

图 10-2　三种类型矿质混合料级配曲线

悬浮—密实结构的沥青混合料中各级粒料都有,且粗集料相对较少,所以一般不会发生粗粒料离析现象,便于施工,故在道路工程中应用较多。这种结构的沥青混合料具有较高的黏聚

力 c，但内摩阻角 φ 较低，因此高温稳定性相对较差。

2. 骨架—空隙结构

当采用连续型开级配矿质混合料（见图 10-2 曲线 2）与沥青组成沥青混合料时，由于这种矿质混合料的递减系数较大，粗集料所占的比例较高，细集料则较少，且有较多的空隙，粗集料可以相互靠拢形成骨架，但由于细集料数量过少，不足以填满粗集料之间的空隙，因此形成骨架—空隙结构，如图 10-1b)所示。

骨架—空隙结构中粗集料充分发挥了嵌挤作用，使集料之间的摩阻力增大，从而使沥青混合料受沥青材料的变化影响较小，稳定性较好，且能够形成较高的强度，是一种比连续级配更为理想的组成结构。这种结构的沥青混合料，虽然具有较高的内摩阻角 φ，但黏聚力 c 较低。当沥青路面采用这种形式的沥青混合料时，沥青面层下必须做下封层。

3. 骨架—密实结构

当采用间断密级配矿质混合料（见图 10-2 曲线 3）与沥青组成沥青混合料时，由于这种矿质混合料断去了中间尺寸粒径的集料，既有一定数量的粗集料形成骨架结构，又有足够的细集料填充到粗集料之间的空隙中去，形成具有较高密实度的骨架—密实结构，如图 10-1c)所示。

骨架—密实结构的沥青混合料是上面两种结构形式的有机组合。这种结构的沥青混合料不仅具有较高的黏聚力 c，而且具有较高的内摩阻角 φ，所以其密实度、强度和稳定性都比较好。但在施工时，如果控制不好，易发生粗粒料离析现象。目前采用这种结构形式的沥青混合料路面还不多。

三、沥青混合料强度的影响因素

1. 沥青混合料抗剪强度的材料参数

沥青混合料在路面结构中产生破坏的情况，主要是在高温时由于抗剪强度不足或塑性变形过大而产生推挤等现象，以及低温时抗拉强度不足或变形能力较差而产生裂缝现象。目前，沥青混合料强度和稳定性理论，主要是要求沥青混合料在高温时必须具有一定的抗剪强度和抵抗变形的能力。为了防止沥青路面产生高温剪切破坏，我国城市道路沥青路面设计方法中，对沥青路面抗剪强度验算，要求在沥青路面面层破裂面上可能产生的应力 τ_a 不大于沥青混合料的许用剪应力 τ_R，即

$$\tau_a \leqslant \tau_R \tag{10-1}$$

而沥青混合料的许用剪应力 τ_R 取决于沥青混合料的抗剪强度 τ，即

$$\tau_R = \frac{\tau}{k} \tag{10-2}$$

式中：k——系数（即沥青混合料实际强度与许用应力的比值）。

沥青混合料的抗剪强度 τ，可通过三轴试验方法应用莫尔—库仑包络线方程按下式求得：

$$\tau = c + \sigma \tan\varphi \tag{10-3}$$

式中：τ——沥青混合料的抗剪强度（MPa）；

σ——正应力（MPa）；

c——沥青混合料的黏聚力（MPa）；

φ——沥青混合料的内摩擦角（rad）。

由式(10-3)可知,沥青混合料的抗剪强度主要取决于黏聚力和内摩擦角两个参数,即

$$\tau = f(c, \varphi)$$

2. 影响沥青混合料强度的因素

沥青混合料是由矿质集料与沥青材料所组成的分散体系。根据沥青混合料的结构特征,其强度应由两方面构成,一是沥青与集料间的结合力,二是集料颗粒间的内摩擦力。

另外,沥青混合料路面产生破坏的主要原因,是夏季高温时的抗剪强度不足和冬季低温时的变形能力不够引起的。即沥青混合料的强度决定于抗剪强度。通过三轴剪切试验表明:沥青混合料的抗剪强度决定于沥青混合料的内摩擦力和黏聚力。

影响沥青混合料强度的主要因素有:

1)集料的性状与级配

集料颗粒表面的粗糙度和颗粒形状,对沥青混合料的强度有很大影响。集料表面越粗糙,则拌制的混合料经压实后,颗拉之间能形成良好的啮合嵌锁,使混合料具有较高的内摩擦力,故配制沥青混合料都要求采用碎石,以形成较高的强度。

集料颗粒的形状以接近立方体、呈多棱角为好,嵌挤后既能形成较高的内摩擦力,在承受荷载时又不易折断破坏。若颗粒的形状呈针状或片状,则在荷载作用下极易断裂破碎,从而易造成沥青路面的内部损伤和缺陷。

间断密级配沥青混合料内摩擦力大,具有较高的强度;连续级配的沥青混合料,由于其粗集料的数量较少,呈悬浮状态分布,因而其内摩擦力较小,强度较低。

2)沥青结合料的黏度与用量

沥青作为有机胶凝材料,对矿质集料起胶结作用,因此,沥青本身的黏度直接影响着沥青混合料黏聚力的大小。沥青的黏度越大,则混合料的黏聚力就越大,黏滞阻力也越大,抵抗剪切变形的能力越强。因此,修建高等级沥青路面都采用针入度较小的黏稠沥青。

沥青用量过少,混合料干涩,混合料内聚力差;适当增加沥青用量,将会改善混合料的胶结性能,便于拌和,使集料表面充分裹覆沥青薄膜,以形成良好的黏结。同时,由于混合料的和易性得到改善,施工时易于压实,有助于提高路面的密实度和强度。但当沥青用量进一步增加时,则使集料颗粒表面的沥青膜增厚,多余的沥青形成润滑剂,以至在高温时易形成推挤滑移,出现塑性变形。因此,沥青混合料存在最佳沥青用量。

3)矿粉的品种与用量

沥青混合料中的胶结物质实际上是沥青和矿粉所形成的沥青胶浆。一般来说,由碱性石料(如石灰石)制成的矿粉与沥青亲和性良好,能形成较强的黏结性能;而由酸性石料制成的矿粉则与沥青亲和性较差,所以矿粉的品种对混合料的强度有影响,故必须使用碱性矿粉。

在沥青用量一定的情况下,适当提高矿粉掺量,可以提高沥青胶浆的黏度,使胶浆的软化点明显上升,有利于提高沥青混合料强度。然而,如果矿粉掺量过多,则又会使混合料过于干涩,影响沥青与集料的裹温和黏附,反而影响沥青混合料的强度。一般来说,矿粉掺量与沥青用量之比在 0.8 ~ 1.2 范围内为宜。

事实上,沥青与矿料之间存在着相互作用,如图 10-3 所示。矿粉与沥青发生交互作用后,沥青在矿物表面产生化学组分的重新排列,形成一层扩散结构膜,结构膜内的这层

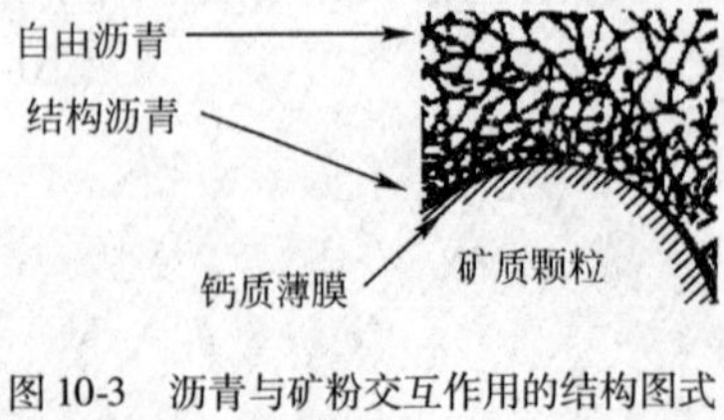

自由沥青
结构沥青
钙质薄膜
矿质颗粒

图10-3 沥青与矿粉交互作用的结构图式

沥青称为结构沥青;扩散结构膜外的沥青,因受矿粉吸附影响很小,化学组分并未改变,称为自由沥青。当矿粉颗粒之间以结构沥青的形式相黏结时,沥青混合料的黏聚力较大;而当以自由沥青的形式相黏结时,混合料的黏聚力较小。

4)使用条件的影响

环境温度和荷载条件是沥青混合料强度的主要外界因素。随着温度的升高,沥青的黏度降低,沥青混合料的黏结力也随之降低,内摩阻角同时受温度变化的影响,但变化幅度小些。

在其他条件相同的情况下,沥青混合料的黏结力与荷载作用时间或变形速率之间关系密切。由于沥青的黏度随着变形速率增加而增加,所以沥青混合料的黏结力也随变形速率的增加而显著提高,而内摩阻角随变形速率的变化相对较小。

第三节　沥青混合料的技术性质与技术标准

沥青混合料是公路、城市道路的主要铺面材料,它直接承受车轮荷载和各种自然因素的影响,如日照、温度、空气、雨水等,其性能和状态都会发生变化,以致影响路面的使用性能和使用寿命。沥青混合料的路用性能主要有以下几个方面:

一、高温稳定性

沥青混合料的高温稳定性是指混合料在高温情况下,能够抵抗车辆的反复作用,不发生显著永久变形,保证路面平整度的特性。

沥青混合料是典型的黏—弹—塑性材料,其强度和劲度模量随着温度的升高而降低。在夏季高温下,或长时间承受荷载作用时会产生永久变形,路面出现泛油、推挤、车辙等,影响行车的安全和舒适度。沥青混合料必须在高温下具有足够的强度和刚度,即具有良好的高温稳定性。沥青混合料的高温稳定性与多种因素有关,诸如沥青的品种、标号、含蜡量、集料的级配组成、混合料中沥青的用量等。为了提高沥青混合料高温稳定性,在混合料设计时,可采取各种技术措施,如采用黏度较高的沥青,必要时可采用改性沥青;选用颗粒形状好而富有棱角的集料,并适当增加粗集料用量,细集料少用或不用天然砂,而使用坚硬石料破碎的机制砂,以增强内摩擦力;混合料结构采用骨架—密实结构;适当控制沥青用量等。所有这些措施,都可以有效提高沥青混合料的抗剪强度和减少变形,从而增强沥青混合料的高温稳定性。

多年来,许多研究者曾致力于"评价沥青混合料高温稳定性的方法"的研究,先后提出过许多评价的方法,其中最著名的是哈巴—费尔德稳定度(Habbard-Field Stability)、维姆稳定度(Hveem Stability)、马歇尔稳定度(Marshall Stability)和史密斯三轴试验(Smith Triaxial Test)等。在这些方法中,三轴试验的结果,可以应用材料参数(c、φ 值),从力学的角度来分析沥青混合料的强度和稳定性。但是由于三轴试验较为复杂,所以维姆稳定度(ASTM D1560)和马歇尔稳定度(ASTM Dl559)被广泛采用。特别是马歇尔稳定度已成为国际上通用的方法。近年来,由于流变学在沥青混合料中应用的发展,采用蠕变、劲度来研究沥青混合料的高温稳定性较为普遍。此外,还有应用动稳定度(简称DS)、试验室内大型环道试验和路上加速加载试验等来评价沥青混合料抗车辙能力。

我国采用马歇尔稳定度试验(包括稳定度、流值、马歇尔模数)来评价沥青混合料高温稳定性;对高速公路、一级公路、城市快速路、主干路用沥青混合料,还应通过动稳定度试验检验其抗车辙能力。

1. 马歇尔稳定度

马歇尔稳定度的试验方法由 B·马歇尔(Marshall)提出,迄今已半个多世纪,经过许多研究者的改进,目前普遍是测定马歇尔稳定度(MS)、流值(FL)和马歇尔模数(T)三项指标。马歇尔稳定度是指标准尺寸试件在规定温度和加荷速度下,在马歇尔仪中最大的破坏荷载(kN);流值是达到最大破坏荷载时试件的垂直变形(以 mm 计);而马歇尔模数为稳定度除以流值的商,即

$$T = \frac{MS}{FL} \tag{10-4}$$

式中:T——马歇尔模数(kN/mm);

MS——稳定度(kN);

FL——流值(mm)。

我国《公路沥青路面施工技术规范》(JTG F40—2004)规定,密级配沥青混凝土混合料(公称最大粒径小于或等于26.5mm)用于高速公路、一级公路时,稳定度 MS 应不小于 8kN,用于其他公路时,MS 应不小于 5kN。

2. 车辙试验

车辙试验的方法,首先由英国运输与道路研究所(TRRL)提出,后来经过了许多国家道路工作者的研究与改进。目前的方法是用标准成型方法,首先制成 300mm × 300mm × 50mm 的沥青混合料试件,在 60℃的温度条件下,以一定荷载的轮子在同一轨迹上做一定时间的反复行走,形成一定的车辙深度,然后计算试件变形 1mm 所需试验车轮的行走次数,即为动稳定度 DS,按式(10-5)计算:

$$DS = \frac{(t_2 - t_1) \times 42}{d_2 - d_1} \times c_1 \times c_2 \tag{10-5}$$

式中:DS——沥青混合料动稳定度(次/mm)

d_1、d_2——时间 t_1、t_2 的变形量(mm);

42——每分钟行走次数(次/ min);

c_1、c_2——试验机或试样修正系数。

我国《公路沥青路面施工技术规范》(JTG F40—2004)规定,对用于高速公路和一级公路的公称最大粒径小于或等于 19mm 的密级配沥青混合料(AC)及 SMA、OGFC 混合料需在配合比设计的基础上进行各种使用性能检验,必须在规定的试验条件下进行车辙试验,并符合表10-10 的要求。

沥青混合料车辙试验动稳定度技术要求　　　　表 10-10

气候条件与技术指标		相应于下列气候分区所要求的动稳定度(次/mm)									试验方法
七月平均最高气温(℃)及气候分区		>30				20 ~ 30				<20	
		1. 夏炎热区				2. 夏热区				3. 夏凉区	
		1-1	1-2	1-3	1-4	2-1	2-2	2-3	2-4	3-2	
普通沥青混合料	不小于	800		1000		600		800		600	T 0719
改性沥青混合料	不小于	2400		2800		2000		2400		1800	

气候条件与技术指标			相应于下列气候分区所要求的动稳定度（次/mm）								试验方法
七月平均最高气温（℃）及气候分区			>30				20～30			<20	
			1. 夏炎热区				2. 夏热区			3. 夏凉区	
			1-1	1-2	1-3	1-4	2-1	2-2	2-3	2-4	3-2
SMA 混合料	非改性	不小于	1500									T 0719
	改性	不小于	3000								
OGFC 混合料			1500（一般交通路段）、3000（重交通量路段）								

注：1. 如果其他月份的平均最高气温高于七月时，可使用该月平均最高气温。

2. 在特殊情况下，如钢桥面铺装、重载车特别多或纵坡较大的长距离上坡路段、厂矿专用道路，可酌情提高动稳定度的要求。

3. 对因气候寒冷确需使用针入度很大的沥青（如大于 100），动稳定度难以达到要求，或因采用石灰岩等不很坚硬的石料，改性沥青混合料的动稳定度难以达到要求等特殊情况，可酌情降低要求。

4. 为满足炎热地区及重载车要求，在配合比设计时采取减少最佳沥青用量的技术措施时，可适当提高试验温度或增加试验荷载进行试验，同时增加试件的碾压成型密度和施工压实度要求。

5. 车辙试验不得采用二次加热的混合料，试验必须检验其密度是否符合试验规程的要求。

6. 如需要对公称最大粒径大于或等于 26.5mm 的混合料进行车辙试验，可适当增加试件的厚度，但不宜作为评定合格与否的依据。

二、低温抗裂性

低温抗裂性是指沥青混合料在低温下抵抗断裂破坏的能力。在冬季，沥青混合料的变形能力随着温度的降低而变差。路面由于低温而收缩以及行车荷载的作用，在薄弱部位产生裂缝，从而影响道路的正常使用，因此，要求沥青混合料具有一定的低温抗裂性，即要求沥青混合料具有较高的低温强度或较大的低温变形能力。

沥青混合料的低温裂缝是由混合料的低温脆化、低温缩裂和温度疲劳引起的。为防止或减少沥青路面的低温开裂，可选用黏度相对较低、温度敏感性较低的沥青，或采用松弛性能较好的橡胶类改性沥青，同时适当增加沥青用量，以增强沥青混合料的柔韧性。

我国《公路沥青路面施工技术规范》（JTG F40—2004）规定，宜对用于高速公路和一级公路的公称最大粒径小于或等于 19mm 的密级配沥青混合料，在温度 –10℃、加载速率 50mm/min 的条件下，进行弯曲试验。通过测定规定尺寸小梁试件的抗弯强度、破坏时的最大弯拉应变（简称破坏应变）和弯曲劲度模量，并根据应力应变曲线的形状，综合评价沥青混合料的低温抗裂性能。其中，沥青混合料的破坏应变宜不小于表 10-11 的要求。

沥青混合料低温弯曲试验破坏应变（$\mu\varepsilon$）技术要求　　　表 10-11

气候条件与技术指标		相应于下列气候分区所要求的破坏应变（$\mu\varepsilon$）								试验方法
年极端最低气温（℃）及气候分区		<－37.0		－21.5～－37.0			－9.0～－21.5		>－9.0	
		1. 冬严寒区		2. 冬寒区			3. 冬冷区		4. 冬温区	
		1-1	2-1	1-2	2-2	3-2	1-3	2-3	1-4	2-4
普通沥青混合料	不小于	2600		2300			2000				T 0728
改性沥青混合料	不小于	3000		2800			2500			

三、耐　久　性

沥青混合料在路面中，长期受自然因素的作用，为保证路面具有较长的使用年限，必须具有较好的耐久性。

耐久性是指沥青混合料在使用过程中抵抗环境因素及行车荷载反复作用而不破坏的能力,它包括沥青混合料的抗老化性、水稳定性、抗疲劳性等综合性质。

1. 沥青混合料的抗老化性

沥青的化学性质对抗老化性的影响如前所述,就沥青混合料的组成结构而言,首先是沥青混合料的空隙率对抗老化性有影响。从耐久性角度出发,希望沥青混合料空隙率尽量减少,以防止水的渗入和日光紫外线对沥青的老化作用等,但是一般沥青混合料中均应残留 3% ~ 6% 空隙,以备夏季沥青材料膨胀。

沥青路面的使用寿命还与混合料中的沥青含量有很大的关系。当沥青用量较正常的用量减少时,则沥青膜变薄,混合料的延伸能力降低,脆性增加;如沥青用量偏少,将使混合料的空隙率增大,沥青膜暴露较多,加速了老化作用,同时增加了渗水率,加大了水对沥青的剥落作用。有研究认为,沥青用量较最佳沥青用量少 0.5% 的混合料能使路面使用寿命减少一半以上。

2. 沥青混合料的水稳定性

沥青路面在雨水、冰冻的作用下,尤其是在雨季过后,沥青路面往往会出现脱补、松散,进而形成坑洞而损坏。出现这种现象的原因为沥青混合料在水的作用下被侵蚀,沥青从集料表面发生剥落,使混合料颗粒失去黏结作用。如南方多雨地区和北方冰雹地区,沥青路面的水损坏是很普通的,一些高等级公路在通车不久路面就出现破损,很多是由于混合料的水稳定性不良造成的。

在沥青中添加抗剥落剂是增强水稳定性、防止水损坏的有效措施。此外,在沥青混合料的组成设计上采用碱性集料,以提高沥青与集料的黏附性;采用密实结构以减少空隙率;以石灰粉取代部分矿粉等等,都可以有效地提高沥青混合料的水稳定性。

我国《公路沥青路面施工技术规范》(JTG F40—2004)规定,对用于高速公路和一级公路的公称最大粒径小于或等于 19mm 的沥青混合料,必须在规定的条件下进行浸水马歇尔试验和冻融劈裂试验,测定浸水马歇尔试验的残留稳定度和冻融劈裂试验的残留强度比,以检验沥青混合料的水稳定性,两项指标应同时符合表 10-12 中的要求。达不到要求时必须采取抗剥落措施,调整最佳沥青用量后再次试验。

沥青混合料水稳定性检验技术要求　　　　　　　　　　表 10-12

气候条件与技术指标		相应于下列气候分区的技术要求（%）				试验方法
年降雨量(mm)及气候分区		>1000	500 ~ 1000	250 ~ 500	<250	
		1. 潮湿区	2. 湿润区	3. 半干区	4. 干旱区	
浸水马歇尔试验残留稳定度（%）　　不小于						
普通沥青混合料		80		75		T 0709
改性沥青混合料		85		80		
SMA 混合料	普通沥青	75				
	改性沥青	80				
冻融劈裂试验的残留强度比（%）　　不小于						
普通沥青混合料		75		70		T 0729
改性沥青混合料		80		75		
SMA 混合料	普通沥青	75				
	改性沥青	80				

沥青路面的渗水性能也是评价沥青路面水稳定性的一个重要指标,所以在配合比设计阶段应对沥青混合料的渗水系数进行检验。

3. 沥青混合料的抗疲劳性

沥青路面使用期间,在气温环境影响下,经过车轮荷载的反复作用,长期处于应力应变替换变化状态,致使路面结构强度逐渐下降。当荷载重复作用超过一定次数以后,在荷载作用下路面沥青混合料内产生的应力就会超过其结构抗力,使路面出现裂纹,产生疲劳破坏。

沥青混合料的疲劳是材料在荷载重复作用下产生不可恢复的强度衰减积累所引起的一种现象。显然,荷载的重复作用次数越多,强度的降低也就越剧烈,它所承受的应力或应变值就越小。通常把沥青混合料出现疲劳破坏的重复应力值称作疲劳强度,相应的应力重复作用次数称为疲劳寿命。

沥青混合料的疲劳试验方法较多,由于足尺路面结构试验的耗资大、周期长,因此周期短、费用少的室内小梁疲劳试验采用得较多。

影响沥青混合料疲劳寿命的因素很多,诸如荷载历史、加载速率、施加应力或应变波谱的形式、荷载间歇时间、试验的方法和试件成型、混合料劲度、沥青用量、混合料的空隙率、集料表面性状、温度、湿度等。

综上所述,影响沥青混合料耐久性的主要因素有:沥青与矿料的性质、沥青的用量、沥青混合料的压实度与空隙率等。从材料性质来看,优质的沥青,不易老化;坚硬的集料,不易风化、破碎;集料中碱性成分含量多,与沥青的黏结性好,沥青混合料的寿命则较长。就沥青混合料的组成结构而来看,首先是沥青混合料的空隙率。空隙率的大小与矿质集料的级配、沥青材料的用量以及压实程度等有关,空隙率越小,越可以有效地防止水分的渗入以及阳光对沥青的老化作用。但空隙率不能过小,必须留有一定的空间以适应夏季沥青的膨胀。

从沥青用量来看,适当增加沥青的用量,可以有效地减少路面裂缝的产生。从沥青混合料的压实度来看,压实度越大,路面承受车辆荷载的能力就越强。

我国采用空隙率、饱和度(即沥青填隙率)和残留稳定度等指标来表征沥青混合料的耐久性。

四、抗 滑 性

随着现代高速公路的发展、汽车行驶速度的提高,对沥青混合料路面的抗滑性提出了更高的要求。抗滑性越好,汽车行驶的安全性就越高。沥青混合料路面的抗滑性与矿质集料自身的表面纹理结构(微观结构,现用粗集料的加速磨光值 PSV 表示)、混合料的级配组成所决定的表面构造深度(宏观结构)以及沥青用量等因素有关。为保证长期高速行车的安全,配料时要特别注意粗集料的耐磨光性,应选择硬质有棱角的集料。硬质集料往往属于酸性集料,与沥青的黏附性不如碱性集料。为此,在沥青混合料施工时,如果采用当地产的软质集料,则应采取掺加外运来的硬质集料组成复合集料和掺加抗剥剂等措施。

沥青用量对抗滑性的影响非常明显,沥青用量超过最佳用量的 0.5%,即可使路面的抗滑系数明显降低。

含蜡量对沥青混合料抗滑性也有明显的影响。我国《公路沥青路面施工技术规范》(JTG F40—2004)中对道路用石油沥青的技术要求是,B 级沥青含蜡量应不大于 3%、C 级沥青含蜡量应不大于 4.5%。

五、施工和易性

要保证室内配料在现场施工条件下顺利实现,沥青混合料除应具备前述的技术要求外,还应具备适宜的施工和易性。影响沥青混合料施工和易性的因素很多,诸如当地气温、施工条件及混合料性质等。

单纯从混合料的材料性质而言,影响沥青混合料施工和易性的因素首先是混合料的级配情况,如果粗细集料的颗粒大小相差过大、缺乏中间尺寸,混合料容易分层层积(粗粒集中表面,细粒集中底部);如细集料太少,沥青层就不容易均匀地分布在粗颗粒表面;细集料过多,则使拌和困难。此外,当沥青用量过少,或矿粉用量过多时,混合料容易产生疏松,不易压实。反之,沥青用量过多,或矿粉质量不好,则容易使混合料黏结成团块,不易摊铺。

生产上对沥青混合料的工艺性能,大都凭目力鉴定。有的研究者曾以流变学理论为基础提出过沥青混合料施工和易性的测定方法,但仍处于试验研究阶段,并未在工程上普遍采用。

第四节　矿质混合料的组成设计

土木工程中的砂石材料,大多数是以矿质混合料的形式与各种结合料(如水泥或沥青等)组成混合料使用。为了保证混合料的性能,对矿质混合料必须进行组成设计。本节主要介绍:

(1)级配理论和级配范围的确定方法。

(2)矿质混合料基本组成的设计方法。

一、矿质混合料的级配理论和级配曲线范围

1. 矿质混合料的级配理论

1)级配曲线

各种不同粒径的集料,按照一定的比例搭配起来,以达到较高的密实度(和/或较大摩擦力),可以采用下列两种级配组成。

(1)连续级配

连续级配是某一矿质混合料在标准筛孔配成的套筛中进行筛析时,所得的级配曲线平顺圆滑,具有连续不间断的性质,相邻粒径的粒料之间,有一定的比例关系(按质量计)。这种由大到小,逐级粒径均有,并按比例互相搭配组成的矿质混合料,称为连续级配矿质混合料。

(2)间断级配

间断级配是在矿质混合料中剔除其一个(或几个)分级,形成一种不连续的级配,级配曲线出现一个(或几个)台阶。这种混合料称为间断级配矿质混合料。

连续级配曲线和间断级配曲线,如图 10-4 所示。

2)级配理论

关于级配理论的研究,实质上发源于我国的垛积理论。但是这一理论在级配应用上并没有得到发展。目前常用的级配理论,主要有最大密度曲线理论和粒子干涉理论。前一理论主要描述了连续级配的粒径分布,可用于计算连续级配。后一理论,不仅可用于计算连续级配,而且可用于计算间断级配。

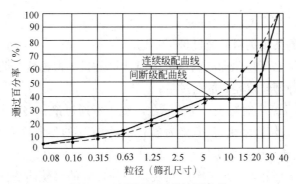

图 10-4　连线级配和间断级配曲线

（1）最大密度曲线理论

最大密度曲线是通过试验提出的一种理想曲线。W. B. Fuller（富勒）和他的同事经过研究提出了最大密度理想曲线理论，即矿质混合料的颗粒级配曲线愈接近抛物线，则其密度愈大，当级配曲线为抛物线时，其密度达到最大。

①最大密度曲线公式。根据上述理论，当矿质混合料的级配曲线为抛物线时，最大密度理想曲线可用颗粒粒径 d 与通过量 p 表示，见式（10-6），级配曲线见图 10-5a）：

$$p^2 = kd \tag{10-6}$$

式中：d——矿质混合料各级颗粒粒径（mm）；

　　　p——各级颗粒粒径集料的通过量（%）；

　　　k——常数。

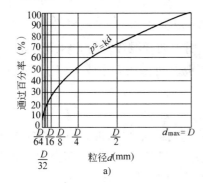 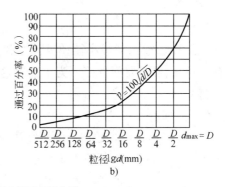

图 10-5　理想最大密度级配曲线

a）常坐标系；b）半对数坐标系

当颗粒粒径 d 等于最大粒径 D 时，则通过量 $p = 100\%$。即 $d = D$ 时，$p = 100$。

则

$$k = 100^2 \times \frac{1}{D} \tag{10-7}$$

当希望求任一级颗粒粒径 d 的通过量 p 时，可用式（10-7）代入式（10-6）得：

$$p = 100 \sqrt{\frac{d}{D}}$$

即

$$p = 100 \left(\frac{d}{D} \right)^{0.5} \tag{10-8}$$

式中：d——希望计算的某级集料粒径（mm）；

D——矿质混合料的最大粒径(mm);

p ——希望计算的某级集料的通过量（%）。

式(10-8)就是最大密度理想曲线的级配组成计算公式。根据这个公式,可以计算出矿质混合料最大密度时各种颗粒粒径 d 的通过量 p。

图 10-5b)采用 p—$\lg d$ 半对数坐标系表示法。纵坐标通过量 p 为算术坐标。在横坐标上,粒径 d 按 1/2 递减,若采用算术坐标,则随着粒径的减小, d 的位置愈来愈近,甚至无法绘出。为此,通常横坐标粒径 d 采用对数坐标。

②最大密度曲线 n 幂公式。最大密度曲线是一种理想的级配曲线。在实际应用中,许多研究认为这一公式的指数不应固定为0.5。有的研究认为,对沥青混合料,当 $n = 0.45$ 时密度最大;有的研究认为,对水泥混凝土,当 $n = 0.25 \sim 0.45$ 时其和易性较好。通常使用的矿质混合料的级配范围(包括密级配和开级配),其 n 值常位于 $0.3 \sim 0.7$。在实际应用时,矿质混合料的级配应该允许在一定范围内波动,所以目前多采用 n 次幂的表达式,见式(10-9)。

$$p = 100 \left(\frac{d}{D} \right)^n \tag{10-9}$$

式中: p、d、D——意义同式(10-5);

n ——试验指数。

为计算方便起见, n 幂公式亦可采用对数形式表达,见式(10-9′):

$$\lg p = lp100 + n\lg d - n\lg D \tag{10-9′}$$

即

$$\lg p = (2 - n\lg D) + n\lg d$$

n 幂公式是无穷级数,对最小粒径没有控制,在用于沥青混合料的矿料组成设计时,往往会使矿粉含量过高,影响路面性能。为了克服这个问题,可采用 k 法或 k—P_n 法进行计算(可参见相关教材)。

(2)粒子干涉理论

根据 C. A. G. weymouth(魏予斯)的研究认为:为达到最大密度,混合料中颗粒粒子之间不能发生干涉现象,所以前一级颗粒之间的空隙应由次一级颗粒所填充,其所余空隙又由再次一级的小颗粒所填充,但填隙的颗粒粒径不得大于其间隙之距离,否则大小颗粒粒子之间势必发生干涉现象(图10-6)。按此原理,大小颗粒之间应按一定数量分配,并从临界干涉的情况下导出前一级颗粒间的距离应为:

$$t = \left[\left(\frac{\Psi_0}{\Psi_s} \right)^{1/3} - 1 \right] D \tag{10-10}$$

式中: t——前一粒级颗粒的间隙距离(即等于次粒级颗粒的粒径 d);

D——前一粒级颗粒的粒径;

Ψ_0——次一粒级的理论实积率(实积率即堆积密度与表观密度之比);

Ψ_s——次一粒级的实用实积率。

当处于临界干涉状态时,可知 $t = d$,则上式可写成式(10-10′):

$$\Psi_s = \frac{\Psi_0}{\left(\frac{d}{D} - 1 \right)^3} \tag{10-10′}$$

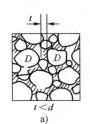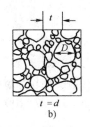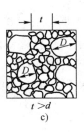

$$t < d$$
a)

$$t = d$$
b)

$$t > d$$
c)

图 10-6　粒子干涉理论模型

a)粒子干涉空隙增大;b)临界干涉;c)不发生干涉

式(10-10)即为粒子干涉理论的公式。在应用时,若已知集料的堆积密度和表观密度,即可求得集料理论实积率(Ψ_0)。连续级配时 $d/D = 1/2$,则可按式(10-10′)求得实用实积率(Ψ_s)。由实用实积率可计算出各级集料的配量(即各级分计筛余)。据此可计算得与富勒最大密度曲线近似的连续级配曲线。后来,R. Vallete(瓦利特)又发展了粒子干涉理论,并提出间断级配矿质混合料的计算方法。

2. 级配曲线范围

按前述级配理论的公式可以计算出矿质混合料在各级集料粒径(即筛孔尺寸)上的通过百分率,并绘制成理论级配曲线。但在实际工程应用中,由于矿料在轧制过程中难以保证颗粒粒径的均匀性,在配制矿质混合料时也会产生误差,所以配制的混合料级配往往与理论级配不可能完全符合,通常存在一定的波动性。因此,在实际工程应用中允许配制的矿质混合料级配在适当的范围内波动,这个范围就称为"级配曲线范围"。通常,级配曲线范围的上限和下限,可以通过最大密度曲线 n 幂公式中的两个指数 n_1 和 n_2 确定,并按此公式计算出矿质混合料在各级集料粒径(即筛孔尺寸)上的通过百分率。

我国采用半对数坐标系绘制级配范围曲线。首先采用对数计算出各种颗粒粒径(即筛孔尺寸)在横坐标轴上的位置,绘制出横坐标,并按普通算术坐标绘制表示通过(或存留)百分率的纵坐标。纵、横坐标绘制好以后,再将计算所得的各颗粒粒径(d_i)对应的矿料通过百分率(p_i)绘制在坐标图上,最后将图中的各点连接为光滑的曲线,由两条级配曲线之间所包络的范围即为级配范围(图10-10)。

二、矿质混合料的组成设计方法

在实际工程应用中,通常要采用两种或两种以上的集料,按照适当的比例配合起来,使矿质混合料的级配符合规定级配范围的要求。矿质混合料的组成设计就是依据级配理论,采用合适的方法,确定组成矿质混合料的各种集料的比例(通常以质量百分率表示)。矿质混合料组成设计的方法主要有数解法与图解法两大类。

1. 数解法

在用数解法计算矿质混合料组成的很多方法中,最常用的为"试算法"和"正规方程法"(或称"线性规划法")。试算法一般适宜用于 3～4 种集料组成的矿料,正规方程法可用于更多种的集料组成的矿料,所得结果准确,但人工计算较为繁琐,可编制计算机程序,用计算机计算。试算法比较简便,以下简要说明其基本原理和计算步骤。

试算法的基本原理是:设有几种矿质集料,欲配制某一种一定级配要求的混合料。在计算各组成集料在混合料中的比例时,先根据各种集料的级配,找出某种集料在某级粒径上占优势,并假定混合料中该级粒径的颗粒是由对该粒径占优势的该种集料所组成,而其他各种集料不含这种粒径。如此根据各个主要粒径去试算各种集料在混合料中的大致比例。如果比例不合适,则进行适当的调整,这样逐步渐进,最终确定出符合混合料级配要求的各种集料的用量。

例如,有 A、B、C 三种集料,欲配制成 M 级配的矿质混合料(图 10-7),假设:

(1)A、B、C 三种集料在混合料 M 中的用量比例分别为 $X\%$、$Y\%$、$Z\%$,则得出下式:

$$X + Y + Z = 100$$

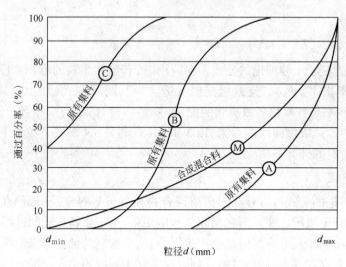

图 10-7　原有集料与合成混合料的级配曲线图

(2)混合料 M 中某一级粒径(i 粒径)要求的含量为 $a_{M(i)}$,A、B、C 三种集料在该粒料中的含量分别为 $a_{A(i)}$、$a_{B(i)}$、$a_{C(i)}$,则得出下式:

$$a_{A(i)} \cdot X\% + a_{B(i)} \cdot Y\% + a_{C(i)} \cdot Z\% = a_{M(i)} \tag{10-11}$$

(3)在计算 A 集料在混合料中的用量时,按 A 集料在优势含量的某一粒径计算,而忽略其他集料在此粒径的含量。

设按粒径尺寸为 i(mm)的粒径来进行计算,且 B 集料和 C 集料在该粒径的含量 $a_{B(i)}$ 和 $a_{C(i)}$ 均等于零,则由式(10-11)可得:

$$a_{A(i)} \cdot X\% = a_{M(i)}$$

则 A 集料在混合料中的用量为:

$$X = \frac{a_{M(i)}}{a_{A(i)}} \times 100 \tag{10-12}$$

(4)同前理,在计算 C 集料在混合料中的用量时,按 C 集料占优势的某一粒径计算,而忽略其他集料在此粒级的含量。

设按 C 集料粒径尺寸为 j(mm)的粒径来进行计算,则 A 集料和 B 集料在该粒径的含量 $a_{A(j)}$ 和 $a_{B(j)}$ 均等于零,则由式(10-11)可得:

$$a_{C(j)} \cdot Z\% = a_{M(j)}$$

则 C 集料在混合料中的用量为:

$$Z = \frac{a_{M(j)}}{a_{C(j)}} \times 100 \tag{10-13}$$

(5)由式(10-12)和式(10-13)求得 A 集料和 C 集料在混合料中的用量 X 和 Z 后,即可按式(10-14)算出 B 集料的用量:

$$Y = 100 - (X + Z) \tag{10-14}$$

按以上步骤计算得到的配合比,必须进行校核,当得到的级配不在要求的级配范围内时,应调整配合比,并重新计算和复核。经几次调整,直到符合要求为止。如果经计算确不能满足规定级配要求时,可掺加某些单粒级集料,或调换其他原始集料,并重新计算和复核。

2. 图解法

图解法是采用作图的方法来确定矿质混合料中各种集料的用量,常用的有两种集料组成的"矩形法"和三种集料组成的"三角形法"等。对由多种集料组成混合料,可采用"平衡面积法",该法是采用一条直线来代替集料的级配曲线,这条直线是使曲线左右两边的面积相等(即达到平衡),简化了曲线的复杂性。这个方法又经过许多研究者的修正,故现行的图解法称为"修正平衡面积法"(简称图解法)。以下简要说明其基本原理。

1)绘制级配曲线的坐标图

通常,级配曲线图是采用半对数坐标图,即纵坐标的通过量 p 为算术坐标,横坐标的粒径 d 为对数坐标。因此,按 $p=100(d/D)^n$ 所绘出的要求级配中值为一曲线。但图解法为使所要求级配范围的中值线呈一直线,因此纵坐标的通过量 p 仍为算术坐标,而横坐标的粒径采用 $(d/D)^n$ 表示,则级配曲线中值呈为直线(图10-8)。

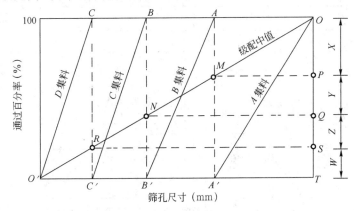

图 10-8　确定各集料配合比的原理图

2)各种集料用量的确定方法

将各种集料的级配曲线绘于坐标图上。为简化起见,作下列假设:

(1)各集料为单一粒径,即各种集料的级配曲线均为直线。

(2)相邻两曲线相接,即在同一筛孔上,前一集料的通过量为0%时,而后一集料的通过量为100%。因此,将各集料级配曲线和设计混合料级配中值绘成直线,如图10-8所示。

将 A、B、C 和 D 各集料首尾相连,即作垂线 AA'、BB' 和 CC'。各垂线与级配中值 OO' 相交于 M、N 和 R,由 M、N 和 R 作水平线与纵坐标交于 P、Q 和 S,则 OP、PQ、QS、ST 即为 A、B、C 和 D 四种集料在混合料中的用量,表示为 $X:Y:Z:W$。

3)校核

按图解所得的各种集料用量,校核计算所得合成级配是否符合要求。如不符合要求(超出级配范围),应调整各集料的用量,并重新校核,直至符合要求为止。

第五节　热拌沥青混合料的配合比设计

沥青混合料配合比设计的任务是确定混合料中粗集料、细集料、矿粉和沥青等材料相互配合的最佳组成比例,使沥青混合料的各项指标既达到工程要求,又符合经济性原则。

沥青混合料必须在对同类公路配合比设计和使用情况调查研究的基础上,充分借鉴成功的经验,选用符合要求的材料,进行配合比设计。

热拌沥青混合料的配合比设计包括目标配合比设计、生产配合比设计和生产配合比验证三个阶段。本节主要介绍采用现行的马歇尔试验法对热拌沥青混合料进行配合比设计。

一、目标配合比设计

目标配合比设计在试验室进行,分矿质混合料组成设计和沥青最佳用量确定两部分。热拌沥青混合料的目标配合比设计宜按图 10-9 所示的步骤进行。

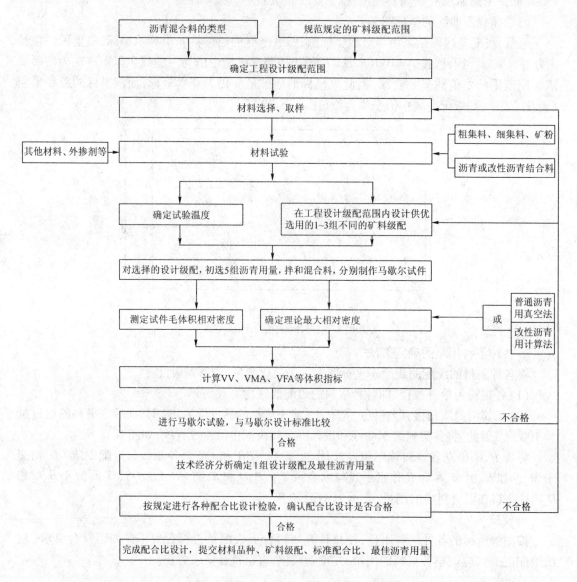

图 10-9 密级配沥青混合料目标配合比设计流程图

1. 矿质混合料的组成设计

矿质混合料组成设计的目的,是让各种矿料以最佳比例相配合,从而在加入沥青后,使沥青混合料既密实,又有一定空隙,以适应夏季沥青膨胀。因此,要选择一个合适的矿质混合料级配范围作为设计目标。级配范围可根据级配理论计算得出,但是为了应用已有的研究成果和实践经验,通常采用规范推荐的矿质混合料级配范围来确定矿质混合料的组成,具体步骤如下所述:

1)确定沥青混合料类型

热拌沥青混合料适用于各种等级公路的沥青路面。其种类按集料公称最大粒径、矿料级配、空隙率划分,分类见表10-13。

沥青面层集料的最大粒径宜从上至下逐渐增大,并应与压实层厚度相匹配。对热拌热铺密级配沥青混合料,沥青层一层的压实厚度不宜小于集料公称最大粒径的2.5~3倍,对SMA和OGFC等嵌挤型混合料,不宜小于公称最大粒径的2~2.5倍,以减少离析,便于压实。根据所处的结构层次等,按表10-13选择沥青混合料类型。

热拌沥青混合料种类　　　　表10-13

混合料类型	密级配			开级配		半开级配	公称最大粒径(mm)	最大粒径(mm)
	连续级配		间断级配	间断级配		沥青稳定碎石		
	沥青混凝土	沥青稳定碎石	沥青玛蹄脂碎石	排水式沥青磨耗层	排水式沥青碎石基层			
特粗式	—	ATB-40	—	—	ATPB-40	—	37.5	53.0
粗粒式	—	ATB-30	—	—	ATPB-30	—	31.5	37.5
	AC-25	ATB-25	—	—	ATPB-25	—	26.5	31.5
中粒式	AC-20	—	SMA-20	—	—	AM-20	19.0	26.5
	AC-16	—	SMA-16	OGFC-16	—	AM-16	16.0	19.0
细粒式	AC-13	—	SMA-13	OGFC-13	—	AM-13	13.2	16.0
	AC-10	—	SMA-10	OGFC-10	—	AM-10	9.5	13.2
砂粒式	AC-5	—	—	—	—	AM-5	4.75	9.5
设计空隙率①(%)	3~5	3~6	3~4	>18	>18	6~12		

注:①空隙率可按配合比设计要求适当调整。

2)确定矿质混合料的级配范围

根据已确定的沥青混合料种类,查表10-14,确定所需矿料的级配范围。沥青混合料的矿料级配应符合工程规定的设计级配范围。密级配沥青混合料宜根据公路等级、气候及交通条件按表10-14选择采用粗型(C型)或细型(F型)混合料,并在表10-15范围内确定工程设计级配范围,通常情况下工程设计级配范围不宜超出表10-15的要求。其他类型的混合料宜直接以规范规定的级配范围作为工程设计级配范围使用。

粗型和细型密级配沥青混凝土的关键性筛孔通过率　　　　表10-14

混合料类型	公称最大粒径(mm)	用以分类的关键性筛孔(mm)	粗型密级配		细型密级配	
			名称	关键性筛孔通过率(%)	名称	关键性筛孔通过率(%)
AC-25	26.5	4.75	AC-25C	<40	AC-25F	>40
AC-20	19	4.75	AC-20C	<45	AC-20F	>45
AC-16	16	2.36	AC-16C	<38	AC-16F	>38
AC-13	13.2	2.36	AC-13C	<40	AC-13F	>40
AC-10	9.5	2.36	AC-10C	<45	AC-10F	>45

级 配 类 型		通过下列筛孔(mm)的质量百分率(%)											
		31.5	26.5	19	16	13.2	9.5	4.75	2.36	1.18	0.6	0.3	0.15	0.075
粗粒式	AC-25	100	90~100	75~90	65~83	57~76	45~65	24~52	16~42	12~33	8~24	5~17	4~13	3~7
中粒式	AC-20		100	90~100	78~92	62~80	50~72	26~56	16~44	12~33	8~24	5~17	4~13	3~7
	AC-16			100	90~100	76~92	60~80	34~62	20~48	13~36	9~26	7~18	5~14	4~8
细粒式	AC-13				100	90~100	68~85	38~68	24~50	15~38	10~28	7~20	5~15	4~8
	AC-10					100	90~100	45~75	30~58	20~44	13~32	9~23	6~16	4~8
砂粒式	AC-5						100	90~100	55~75	35~55	20~40	12~28	7~18	5~10

3）矿质混合料配合比计算

（1）测定各组成材料的物理指标

根据现场取样,对粗集料、细集料和矿粉进行筛分试验,分别绘出各组成材料的筛分曲线,同时测出各组成材料的相对密度,以供计算沥青混合料物理指标用。

（2）计算矿质混合料配合比

根据各组成材料的筛析试验结果,借用计算机或采用图解法,求出各组成材料用量的比例关系。

矿料的级配曲线按《公路工程沥青及沥青混合料试验规程》中 T 0725 的方法绘制,见图 10-10。将原点与 100% 通过集料最大粒径的点的连线作为沥青混合料的最大密度线。横坐标的数值见表 10-16,矿料级配的计算示例见表 10-17。

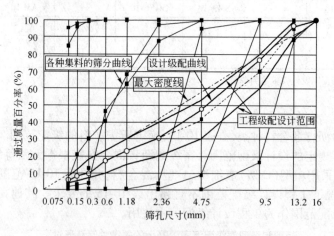

图 10-10　各组成材料和矿质混合料级配曲线示例

泰勒曲线的横坐标　　　　表 10-16

d_i	0.075	0.15	0.3	0.6	1.18	2.36	4.75	9.5
$x = d_i^{0.45}$	0.312	0.426	0.582	0.795	1.077	1.472	2.016	2.754
d_i	13.2	16	19	26.5	31.5	37.5	53	63
$x = d_i^{0.45}$	3.193	3.482	3.762	4.370	4.723	5.109	5.969	6.452

项目	筛孔（mm）	10～20mm 集料	5～10mm 集料	3～5mm 集料	石屑	黄砂	矿粉	消石灰	合成级配	工程设计级配范围 中值	下限	上限
通过各筛孔的百分率（%）	16	100	100	100	100	100	100	100	100.0	100	100	100
	13.2	88.6	100	100	100	100	100	100	96.7	95	90	100
	9.5	16.6	99.7	100	100	100	100	100	76.6	70	60	80
	4.75	0.4	8.7	94.9	100	100	100	100	47.7	41.5	30	53
	2.36	0.3	0.7	3.7	97.2	87.9	100	100	30.6	30	20	40
	1.18	0.3	0.7	0.5	67.8	62.2	100	100	22.8	22.5	15	30
	0.6	0.3	0.7	0.5	40.5	46.4	100	100	17.2	16.5	10	23
	0.3	0.3	0.7	0.5	30.2	3.7	99.8	99.2	9.5	12.5	7	18
	0.15	0.3	0.7	0.5	20.6	3.1	96.2	97.6	8.1	8.5	5	12
	0.075	0.2	0.7	0.3	4.2	1.9	84.7	95.6	5.5	6	4	8
配合比		28	26	14	12	15	3.3	1.7	100.0			

（3）调整配合比

计算得到的合成级配应根据下列要求，并做必要的配合比验证。

①通常，合成级配曲线宜尽量接近设计级配中限，尤其应使 0.075mm、2.36mm 和 4.75mm 筛孔的通过量接近设计级配范围的中限。

②对交通量大、轴载重的道路，宜偏向级配范围的下（粗）限。对中、小交通或人行道路等，宜偏向级配范围的上（细）限。

③对高速公路和一级公路，宜在工程设计级配范围内计算 1～3 组粗细不同的配比，绘制设计级配曲线，分别位于工程设计级配范围的上方、中值及下方。设计合成级配不得有太多的锯齿形交错，且在 0.3～0.6mm 范围内不出现"驼峰"。当反复调整不能满意时，宜更换材料重新设计。

④根据当地的实践经验选择适宜的沥青用量，分别制作几组级配的马歇尔试件，测定矿料间隙率 VMA，初选一组满足或接近设计要求的级配作为设计级配。

2. 马歇尔试验

配合比设计的马歇尔试验技术标准应执行我国现行规范，密级配沥青混凝土混合料马歇尔试验技术标准见表 10-18。沥青混合料试件的制作温度根据沥青标号及黏度、气候条件、铺装层的厚度确定，并与施工实际温度一致，普通沥青混合料如缺乏黏温曲线时可参照表 10-19 执行，改性沥青混合料的成型温度在此基础上再提高 10～20℃。

密级配沥青混凝土混合料（公称最大粒径≤26.5mm）马歇尔试验技术标准　　表 10-18

试验指标		单位	高速公路、一级公路				其他等级公路	行人道路
			夏炎热区（1-1、1-2、1-3、1-4 区）		夏热区及夏凉区（2-1、2-2、2-3、2-4、3-2 区）			
			中轻交通	重载交通	中轻交通	重载交通		
击实次数（双面）		次	75				50	50
试件尺寸		mm	φ101.6mm×63.5mm					
空隙率 VV	深约 90mm 以内	%	3～5	4～6	2～4	3～5	3～6	2～4
	深约 90mm 以下	%	3～6		2～4	3～6	3～6	—

试 验 指 标		单位	高速公路、一级公路				其他等级公路	行人道路
			夏炎热区 (1-1、1-2、1-3、1-4 区)		夏热区及夏凉区 (2-1、2-2、2-3、2-4、3-2 区)			
			中轻交通	重载交通	中轻交通	重载交通		
稳定度 MS	不小于	kN	8				5	3
流值 FL		mm	2～4	1.5～4	2～4.5	2～4	2～4.5	2～5
矿料间隙率 VMA(%) 不小于	设计空隙率 (%)		相应于以下公称最大粒径(mm)的最小 VMA 及 VFA 技术要求(%)					
			26.5	19	16	13.2	9.5	4.75
	2		10	11	11.5	12	13	15
	3		11	12	12.5	13	14	16
	4		12	13	13.5	14	15	17
	5		13	14	14.5	15	16	18
	6		14	15	15.5	16	17	19
沥青饱和度 VFA(%)			55～70		65～75		70～85	

热拌普通沥青混合料试件的制作温度(℃) 表 10-19

施工工序	石油沥青的标号				
	50 号	70 号	90 号	110 号	130 号
沥青加热温度	160～170	155～165	150～160	145～155	140～150
矿料加热温度	集料加热温度比沥青温度高 10～30(填料不加热)				
沥青混合料拌和温度	150～170	145～165	140～160	135～155	130～150
试件击实成型温度	140～160	135～155	130～150	125～145	120～140

注:表中混合料温度,并非拌和机的油浴温度,应根据沥青的针入度、黏度选择,不宜都取中值。

1)计算物理指标

为确定沥青混合料的沥青最佳用量,需计算下列物理指标:

(1)毛体积相对密度 γ_{sb}

按式(10-15)计算矿料混合料的合成毛体积相对密度 γ_{sb}。

$$\gamma_{sb} = \frac{100}{\dfrac{P_1}{\gamma_1} + \dfrac{P_2}{\gamma_2} + \cdots + \dfrac{P_n}{\gamma_n}} \tag{10-15}$$

式中:$P_1, P_2, \cdots, P_n$——各种矿料成分的配合比,其和为 100;

$\gamma_1, \gamma_2, \cdots, \gamma_n$——各种矿料相应的毛体积相对密度,粗集料采用实际测定值,机制砂及石屑可采用实际测定值,也可以用筛出的 2.36～4.75mm 部分的毛体积相对密度代替,矿粉(含消石灰、水泥)以表观相对密度代替。

(2)合成表观相对密度 γ_{sa}

按式(10-16)计算矿料混合料的合成表观相对密度 γ_{sa}。

$$\gamma_{sa} = \frac{100}{\dfrac{P_1}{\gamma'_1} + \dfrac{P_2}{\gamma'_2} + \cdots + \dfrac{P_n}{\gamma'_n}} \qquad (10\text{-}16)$$

式中:$P_1, P_2, \cdots, P_n$——各种矿料成分的配合比,其和为100;

$\gamma'_1, \gamma'_2, \cdots, \gamma'_n$——各种矿料按试验规程方法测定的表观相对密度。

(3)预估沥青混合料的适宜油石比 P_a 或沥青用量 P_b

按式(10-17)预估沥青混合料的适宜油石比 P_a 或沥青用量 P_b。

$$P_a = \frac{P_{a1} \times \gamma_{sb1}}{\gamma_{sb}} \qquad (10\text{-}17a)$$

$$P_b = \frac{P_a}{100 + \gamma_{sb}} \times 100 \qquad (10\text{-}17b)$$

式中:P_a——预估的最佳油石比(与矿料总量的百分比)(%);

P_b——预估的最佳沥青用量(占混合料总量的百分数)(%);

P_{a1}——已建类似工程沥青混合料的标准油石比(%);

γ_{sb}——集料的合成毛体积相对密度;

γ_{sb1}——已建类似工程集料的合成毛体积相对密度。

注意:作为预估最佳油石比的集料密度,原工程和新工程也可均采用有效相对密度。

(4)确定矿料的有效相对密度 γ_{se}

①对非改性沥青混合料,宜以预估的最佳油石比拌和 2 组混合料,采用真空法实测最大相对密度,取平均值。然后由式(10-18a)反算合成矿料的有效相对密度 γ_{se}。

$$\gamma_{se} = \frac{100 - P_b}{\dfrac{100}{\gamma_t} + \dfrac{P_b}{\gamma_b}} \qquad (10\text{-}18a)$$

式中:γ_{se}——合成矿料的有效相对密度;

P_b——试验采用的沥青用量(占混合料总量的百分数)(%);

γ_t——试验沥青用量条件下实测得到的最大相对密度(无量纲);

γ_b——沥青的相对密度(25℃/25℃)(无量纲)。

②对改性沥青及 SMA 等难以分散的混合料,有效相对密度宜直接由矿料的合成毛体积相对密度与合成表观相对密度按式(10-18b)计算确定,其中沥青吸收系数 C 值根据材料的吸水率由式(10-18c)求得,材料的合成吸水率 W_x 按式(10-18d)计算:

$$\gamma_{se} = C \times \gamma_{sa} + (1 - C) \times \gamma_{sb} \qquad (10\text{-}18b)$$

$$C = 0.033 W_x^2 - 0.2936 W_x + 0.9339 \qquad (10\text{-}18c)$$

$$W_x = \left(\frac{1}{\gamma_{sb}} - \frac{1}{\gamma_{sa}} \right) \times 100 \qquad (10\text{-}18d)$$

式中:γ_{se}——合成矿料的有效相对密度;

C——合成矿料的沥青吸收系数;

W_x——合成矿料的吸水率(%);

γ_{sb}——材料的合成毛体积相对密度,按式(10-15)求取(无量纲);

γ_{sa}——材料的合成表观相对密度,按式(10-16)求取(无量纲)。

2)成型马歇尔试件

以预估的油石比为中值,按一定间隔(对密级配沥青混合料通常为 0.5%,对沥青碎石混合料可适当缩小间隔为 0.3% ~ 0.4%),取 5 个或 5 个以上不同的油石比分别成型马歇尔试件。每一组试件的试样数可按现行试验规程的要求确定,对粒径较大的沥青混合料,宜增加试件数量。

3)测定压实沥青混合料试件的物理指标

(1)毛体积相对密度 γ_f 和吸水率

通常采用表干法测定,对吸水率大于 2% 的试件,宜改用蜡封法测定毛体积相对密度。

(2)计算最大理论相对密度 γ_{ti}

①对非改性的普通沥青混合料,在成型马歇尔试件的同时,按要求用真空法实测各组沥青混合料的最大理论相对密度 γ_{ti}。当只对其中一组油石比测定最大理论相对密度时,也可按式(10-19a)或(10-19b)计算其他不同油石比时的最大理论相对密度 γ_{ti}。

②对改性沥青或 SMA 混合料宜按式(10-19a)或式(10-19b)计算各个不同沥青用量的混合料最大理论相对密度。

$$\gamma_{ti} = \frac{100 + P_{ai}}{\dfrac{100}{\gamma_{se}} + \dfrac{P_{ai}}{\gamma_b}} \tag{10-19a}$$

$$\gamma_{ti} = \frac{100}{\dfrac{P_{si}}{\gamma_{se}} + \dfrac{P_{bi}}{\gamma_b}} \tag{10-19b}$$

式中:γ_{ti}——相对于计算沥青用量 P_{bi} 时沥青混合料的最大理论相对密度(无量纲);

P_{ai}——所计算的沥青混合料中的油石比(%);

P_{bi}——所计算的沥青混合料的沥青用量,$P_{bi} = P_{ai} / (1 + P_{ai})$(%);

P_{si}——所计算的沥青混合料的矿料含量,$P_{si} = 100 - P_{bi}$(%);

γ_{se}——矿料的有效相对密度,按式(10-18a)或式(10-18b)计算(无量纲);

γ_b——沥青的相对密度(25℃/25℃)(无量纲)。

(3)计算空隙率 VV、矿料间隙率 VMA、有效沥青的饱和度 VFA 等指标

按式(10-20a)、式(10-20b)、式(10-20c)计算沥青混合料试件的空隙率 VV、矿料间隙率 VMA、有效沥青的饱和度 VFA 等体积指标,进行体积组成分析。

$$VV = \left(1 - \frac{\gamma_f}{\gamma_t}\right) \times 100 \tag{10-20a}$$

$$VMA = \left(1 - \frac{\gamma_f}{\gamma_{sb}} \times P_s\right) \times 100 \tag{10-20b}$$

$$VFA = \frac{VMA - VV}{VMA} \times 100 \tag{10-20c}$$

式中:VV——试件的空隙率(%);

VMA——试件的矿料间隙率(%);

VFA——试件的有效沥青饱和度(有效沥青含量占 VMA 的体积比例)(%);

γ_f——测定的试件毛体积相对密度(无量纲);

γ_t——沥青混合料的最大理论相对密度,计算或实测得到(无量纲);

P_s——各种矿料占沥青混合料总质量的百分率之和,即 $P_s = 100 - P_b$(%);

γ_{sb}——矿料混合料的合成毛体积相对密度,按式(10-15)计算。

4）测定力学指标

为确定沥青混合料的最佳沥青用量，应测定马歇尔稳定度及流值。

（1）马歇尔稳定度

按《公路工程沥青及沥青混合料试验规程》（JTG E20—2011）中 T 0709 制备试件，在 60℃ 的条件下，保温 30～40min，然后将试件放置于马歇尔稳定度仪上，以（50±5）mm/min 的形变速度施加荷载，直至试件破坏，此时的最大荷载（以 kN 计）称为马歇尔稳定度（简称 MS）。

（2）流值

在测定稳定度的同时，测定试件的流动变形，当达到最大荷载的瞬间，试件所产生的垂直流动变形值（以 mm 计）称为流值（简称 FL）。

（3）马歇尔模数

通常用马歇尔稳定度（MS）与流值（FL）之比值表示沥青混合料的视劲度，称为马歇尔模数，见式（10-21）：

$$T = \frac{MS}{FL} \tag{10-21}$$

式中：T——马歇尔模数（kN/mm）；

MS——马歇尔稳定度（kN）；

FL——流值（mm）。

3. 确定沥青混合料最佳沥青用量

最佳沥青用量可以通过理论计算得到，但由于实际材料的性质存在波动性和差异性，所以按理论公式计算得到的最佳沥青用量，只能作为试验参考数据，通常要通过试验进行修正。我国现行规范确定最佳沥青用量的方法如下：

（1）绘制沥青用量与物理力学指标关系图。

以油石比或沥青用量为横坐标，以马歇尔试验的各项指标为纵坐标（图 10-11），将试验结果点入图中，连成圆滑的曲线。然后确定出符合沥青混合料技术标准规定的沥青用量范围 $OAC_{min} \sim OAC_{max}$。选择的沥青用量范围必须涵盖设计空隙率的全部范围，而且尽可能涵盖沥青饱和度的要求范围，并使密度及稳定度曲线出现峰值。如果没有涵盖设计空隙率的全部范围，必须扩大沥青用量范围重新进行试验。

（2）确定沥青混合料的最佳沥青用量 OAC_1。

①在曲线图 10-11 上求取相应于密度最大值、稳定度最大值、目标空隙率（或中值）、沥青饱和度范围中值的沥青用量 a_1、a_2、a_3、a_4。按式（10-22a）取平均值作为 OAC_1。

$$OAC_1 = \frac{a_1 + a_2 + a_3 + a_4}{4} \tag{10-22a}$$

②如果在所选择的沥青用量范围未能涵盖沥青饱和度的要求范围，按式（10-22b）求取 3 者的平均值作为 OAC_1。

$$OAC_1 = \frac{a_1 + a_2 + a_3}{3} \tag{10-22b}$$

③对所选择试验的沥青用量范围，密度或稳定度没有出现峰值（最大值经常在曲线的两端）时，可直接以目标空隙率所对应的沥青用量 a_3 作为 OAC_1，但 OAC_1 必须介于 $OAC_{min} \sim OAC_{max}$。否则，应重新进行配合比设计。

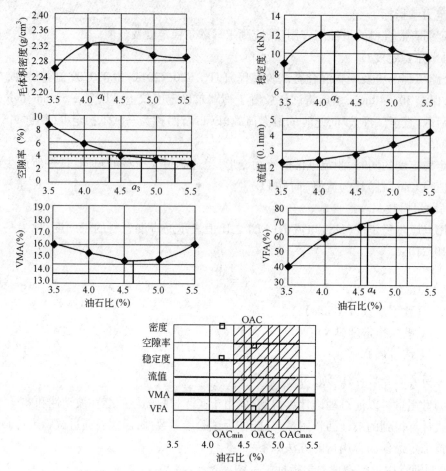

图 10-11 马歇尔试验结果示例

注：$a_1 = 4.2\%$，$a_2 = 4.25\%$，$a_3 = 4.8\%$，$a_4 = 4.7\%$；$OAC_1 = 4.49\%$（由 4 个平均值确定），$OAC_{min} = 4.3\%$，$OAC_{max} = 5.3\%$，$OAC_2 = 4.8\%$，$OAC = 4.64\%$。此例中相对于空隙率 4% 的油石比为 4.6%

（3）以各项指标均符合技术标准（不含 VMA）的沥青用量范围 $OAC_{min} \sim OAC_{max}$ 的中值作为 OAC_2。

$$OAC_2 = \frac{OAC_{min} + OAC_{max}}{2} \tag{10-22c}$$

（4）综合确定沥青最佳用量（OAC）。

通常情况下取 OAC_1 及 OAC_2 的中值作为计算的最佳沥青用量 OAC。

$$OAC = \frac{OAC_1 + OAC_2}{2} \tag{10-22d}$$

（5）按式（10-22d）计算的最佳油石比 OAC，从图 10-11 中得出所对应的空隙率和 VMA 值，检验是否能满足表 10-18 中关于最小 VMA 值的要求。OAC 宜位于 VMA 凹形曲线最小值的贫油一侧。当空隙率不是整数时，最小 VMA 按内插法确定，并将其画入图 10-11 中。

（6）检查图 10-11 中相应于此 OAC 的各项指标是否均符合马歇尔试验技术标准。

（7）根据实践经验和公路等级、气候条件、交通情况，调整确定最佳沥青用量 OAC。

①调查当地各项条件相接近的工程的沥青用量及使用效果，论证适宜的最佳沥青用量。检查计算得到的最佳沥青用量是否与之相近，如相差甚远，应查明原因，必要时重新调整级配，

并进行配合比设计。

②对炎热地区的公路以及高速公路、一级公路的重载交通路段、山区公路的长大坡度路段,预计有可能产生较大的车辙时,宜在空隙率符合要求的范围内,将计算的最佳沥青用量减小0.1%~0.5%后作为设计沥青用量。此时,除空隙率外的其他指标可能会超出马歇尔试验配合比设计技术标准,必须在配合比设计报告或设计文件中予以说明。但配合比设计报告必须要求采用重型轮胎压路机和振动压路机组合等方式加强碾压,以使施工后路面的空隙率达到未调整前的原最佳沥青用量时的水平,且渗水系数符合要求。如果试验段试拌试铺达不到此要求时,宜调整所减小的沥青用量的幅度。

③对寒区公路、旅游公路、交通量很少的公路,最佳沥青用量可以在OAC的基础上增加0.1%~0.3%,以适当减小设计空隙率,但不得降低压实度要求。

(8)按式(10-23a)及式(10-23b)计算沥青结合料被集料吸收的比例及有效沥青含量:

$$P_{ba} = \frac{\gamma_{se} - \gamma_{sb}}{\gamma_{se} \times \gamma_{sb}} \times \gamma_b \times 100 \tag{10-23a}$$

$$P_{be} = P_b - \frac{P_{ba}}{100} \times P_s \tag{10-23b}$$

式中:P_{ba}——沥青混合料中被集料吸收的沥青结合料比例(%);

$\quad P_{be}$——沥青混合料中的有效沥青用量(%);

$\quad \gamma_{se}$——集料的有效相对密度,按式(10-18b)计算(无量纲);

$\quad \gamma_{sb}$——材料的合成毛体积相对密度,按式(10-15)求取(无量纲);

$\quad \gamma_b$——沥青的相对密度(25℃/25℃)(无量纲);

$\quad P_b$——沥青含量(%);

$\quad P_s$——各种矿料占沥青混合料总质量的百分率之和,即$P_s = 100 - P_b$(%)。

注意:如果需要,可按式(10-23c)及式(10-23d)计算有效沥青的体积百分率V_b及矿料的体积百分率V_g。

$$V_{be} = \frac{\gamma_f \times P_{be}}{\gamma_b} \tag{10-23c}$$

$$V_g = 100 - (V_{be} + VV) \tag{10-23d}$$

(9)检验最佳沥青用量时的粉胶比和有效沥青膜厚度。

①按式(10-24a)计算沥青混合料的粉胶比,宜符合0.6~1.6的要求。对常用的公称最大粒径为13.2~19mm的密级配沥青混合料,粉胶比宜控制在0.8~1.2。

$$FB = \frac{P_{0.075}}{P_{be}} \tag{10-24a}$$

式中:FB——粉胶比,沥青混合料的矿料中0.075mm通过率与有效沥青含量的比值(无量纲);

$\quad P_{0.075}$——矿料级配中0.075mm的通过率(水洗法)(%);

$\quad P_{be}$——有效沥青含量(%)。

②按式(10-24b)的方法计算集料的比表面,按式(10-24c)估算沥青混合料的沥青膜有效厚度。各种集料粒径的表面积系数按表10-20采用。

$$SA = \sum (P_i \times FA_i) \tag{10-24b}$$

$$DA = \frac{P_{be}}{\gamma_b \times SA} \times 10 \tag{10-24c}$$

式中:SA——集料的比表面积(m^2/kg);

　　P_i——各种粒径的通过百分率(%);

　　FA_i——相应于各种粒径的集料的表面积系数,如表10-20所示;

　　DA——沥青膜有效厚度,μm;

　　P_{be}——有效沥青含量(%);

　　γ_b——沥青的相对密度(25℃/25℃)(无量纲)。

注意:各种公称最大粒径混合料中大于4.75mm尺寸集料的表面积系数 FA 均取 0.0041,且只计算一次,4.75mm 以下部分的 FA_i 如表10-20所示。该例的 SA = 6.60m^2/kg。若混合料的有效沥青含量为4.65%,沥青的相对密度1.03,则沥青膜厚度为 DA = 4.65/1.03/6.60 × 10 = 6.83μm。

集料的表面积系数计算示例　　　　　　　　表 10-20

筛孔尺寸(mm)	19	16	13.2	9.5	4.75	2.36	1.18	0.6	0.3	0.15	0.075	集料比表面总和SA(m^2/kg)
表面积系数 FA_i	0.0041	—	—	—	0.0041	0.0082	0.0164	0.0287	0.0614	0.1229	0.3277	
通过百分率 P_i(%)	100	92	85	76	60	42	32	23	16	12	6	
比表面 $FA_i × P_i$ (m^2/kg)	0.41	—	—		0.25	0.34	0.52	0.66	0.98	1.47	1.97	6.60

4. 配合比设计检验

对用于高速公路和一级公路的密级配沥青混合料,需在配合比设计的基础上按要求进行各种使用性能的检验,不符合要求的沥青混合料,必须更换材料或重新进行配合比设计。其他等级公路的沥青混合料可参照执行。

1)高温稳定性检验

对公称最大粒径小于或等于19mm 的混合料,按规定方法进行车辙试验,动稳定度应符合表10-10 的要求;对公称最大粒径大于19mm 的密级配沥青混凝土或沥青稳定碎石混合料,由于车辙试件尺寸不能适用,不宜按规范方法进行车辙试验和弯曲试验。如需要检验可加厚试件厚度或采用大型马歇尔试件。

2)水稳定性检验

按规定的试验方法进行浸水马歇尔试验和冻融劈裂试验,残留稳定度及残留强度比均必须符合表10-12 的规定。如当最佳沥青用量 OAC 与两个初始值 OAC_1、OAC_2 相差甚大时,宜将 OAC 与 OAC_1、OAC_2 分别制作试件,进行残留稳定度试验。如不符合要求,应重新进行配合比设计。亦可采用掺加抗剥剂的方法提高水稳定性。

残留稳定度试验方法是将标准试件在规定温度下浸水48h(或经真空饱水后,再浸水48h),然后测定其马歇尔稳定度,按下式计算残留稳定度:

$$MS = \frac{MS_0}{MS_1}$$

式中:MS——试件浸水(或真空饱水)残留稳定度;

　　MS_0——试件浸水(或真空饱水)前的稳定度(kN);

　　MS_1——试件浸水48h(或真空饱水后浸水48h)后的稳定度(kN)。

3)低温抗裂性能检验

对公称最大粒径小于或等于19mm 的混合料,按规定方法进行低温弯曲试验,其破坏应变宜符合表 10-11 要求。

4）渗水系数检验

利用轮碾机成型的车辙试件进行渗水试验，检验的渗水系数要求：密级配沥青混凝土不大于 120mL/min；SMA 混合料不大于 80mL/min。

5）钢渣活性检验。

对使用钢渣作为集料的沥青混合料，应按规定的试验方法检验钢渣的活性及膨胀性试验，并且应符合规范的要求。

二、生产配合比设计

在目标配合比确定之后，对采用间隙式拌和机生产的沥青混合料应进行生产配合比设计。因为，在进行沥青混合料生产时，虽然所用的材料与目标配合比设计时相同，但是，实际情况与试验室还是有所差别；另外，在生产过程中，集料经过干燥筒加热，然后再经筛分，热料筛分与试验室的冷料筛分也会存在差异。

对间歇式拌和机，应按规定方法从两次筛分后进入各热料仓的材料中取样测试各热料仓的材料级配，确定各热料仓的矿料配合比，使所组成的矿料级配与目标配合比设计的级配一致，并取目标配合比设计的最佳沥青用量 OAC、OAC ±0.3% 等 3 个沥青用量进行试拌和马歇尔试验，通过室内试验及从拌和机取样试验综合确定生产配合比的最佳沥青用量，供试拌试铺使用。由此方法确定的最佳沥青用量与目标配合比设计结果的差值不宜大于 ±0.2%。

对连续式拌和机可省略生产配合比设计步骤。

三、生产配合比验证阶段

生产配合比确定后，用拌和机按生产配合比设计结果进行试拌，然后在实际路面上铺筑试验段。对生产的沥青混合料应取样进行马歇尔试验，并同时从已碾压成型的路面上钻取芯样观察空隙率的大小，以检验生产配合比，如符合标准要求，则整个配合比设计完成，由此确定生产用的标准配合比。标准配合比即作为生产的控制依据和质量检验的标准。标准配合比的矿料合成级配中，至少应包括 0.075mm、2.36mm、4.75mm 及公称最大粒径筛孔的通过率接近优选的工程设计级配范围的中值，并避免在 0.3 ~ 0.6mm 处出现"驼峰"。对确定的标准配合比，宜再次进行车辙试验和水稳定性检验。

思考与练习

1. 沥青混合料按其组成结构可分为哪几种类型？它们具有什么样的路用特性？

2. 配制沥青混合料时，各种原材料的选用要求是什么？

3. 简述沥青混合料高温稳定性的评价方法和评定指标。

4. 试述热拌沥青混合料配合比设计方法。矿质混合料的组成和沥青最佳用量是如何确定的？

5. 试用 n 幂最大密度公式设计适宜的砂石混合料级配范围。条件如下：

（1）粗集料最大粒径为 26.5mm，建议采用下列筛孔尺寸（mm）：26.5、19、9.5、4.75、2.36、1.18、0.6、0.3、0.15。

（2）根据结构复杂程度和施工机械所要求的和易性，推荐 n 幂公式，$n = 0.4 \sim 0.6$。

6. 试用试算法或图解法设计某细粒式沥青混凝土混合料中的矿质混合料的组成。其级配类型为 AC-13，各组成材料的筛分试验结果如下表所示。

材料名称	筛孔尺寸（mm）									
	16	13.2	9.5	4.75	2.36	1.18	0.6	0.3	0.15	0.075
	通过百分率（%）									
碎石	100	96.4	20.2	2.0	0	0	0	0	0	0
石屑	100	100	100	80.3	45.3	18.2	3.0	0	0	0
砂	100	100	100	100	90.5	80.2	70.5	36.2	18.2	2.0
矿粉	100	100	100	100	100	100	100	100	100	85.2

7. 根据下表中马歇尔试验的结果，确定该沥青混合料的沥青最佳用量。

试件组号	沥青用量（%）	技术性质						
		毛体积密度（g/cm³）	马歇尔稳定度（kN）	流值（0.1mm）	空隙率（%）	沥青饱和度（%）	矿料间隙率（%）	马歇尔模数（kN/mm）
1	4.5	2.362	8.3	20	6.1	68.7	17.4	41.5
2	5.0	2.379	9.8	23	4.6	77.4	17.1	42.6
3	5.5	2.394	9.6	28	3.5	83.2	16.9	34.3
4	6.0	2.380	7.9	36	2.8	86.3	17.3	21.9
5	6.5	2.378	5.3	45	2.4	87.7	17.9	11.7

第十一章 合成高分子材料

合成高分子材料是指基本组成物质为人工合成高分子化合物的各种材料。分子量高达几千至几万的化合物称为高分子化合物，又称高聚物或聚合物。

高分子化合物存在于自然界，如植物中的纤维、动物中的蛋白质。随着社会的进步，天然高分子化合物的品种、性能不再能满足人类的需要，人类创造性地合成了可满足不同要求的各种性能的高分子化合物，即合成高分子化合物。

第一节 合成高分子材料的分类及命名

一、聚合物的分类

高分子化合物的种类很多，按不同的分类方法可将其分成不同的高分子化合物种类。

1. 根据来源

(1)天然高分子化合物。如天然橡胶、淀粉、植物纤维等。

(2)合成高分子化合物。如聚氯乙烯等。

(3)半天然高分子材料。如醋酸纤维、改性淀粉等。

2. 根据分子结构

1)线型聚合物

线型聚合物分子结构中碳原子(有时可能有氧、硫等原子)彼此连接成长链(图11-1a)，有时带有支链(图11-1b)，如聚氯乙烯。一般来说，具有线型结构的聚合物，强度较低，弹性模量较小，变形较大，耐热、耐腐蚀性较差，加热可熔化，并能溶于适当溶剂中。支链型聚合物因分子排列较松，分子间作用力弱，因而密度、熔点及强度等低于线型聚合物。

2)体型聚合物

体型聚合物分子结构中长链之间通过原子或短链连接起来而构成三维网状结构，又称为体型结构(图11-1c)，如酚醛树脂。由于体型结构中化学键的结合力强，且交联形成一个"巨大分子"，因此，一般来说其强度较高，弹性模量较大，变形较小，较硬脆，耐热性、耐腐蚀性较好;交联程度浅的网状结构,受热时可以软化,适当溶剂可使其溶胀;交联程度深的体型结构,加热时不软化,也不易被溶剂所溶胀,但在高温下会发生降解。

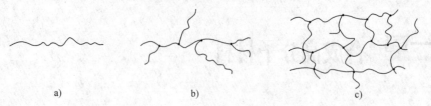

图 11-1　高分子化合物的结构示意图

a)线型聚合物分子结构;b)支链型聚合物分子结构;c)体型聚合物分子结构

3.根据受热变化特点

1)热塑性聚合物

热塑性高分子化合物受热软化,冷却时硬化,并且可以反复塑制,如聚乙烯。线型结构多属热塑性。

2)热固性聚合物

热固性高分子化合物受热时软化,受热至一定温度后发生化学反应,致使相邻的分子相互交联而逐渐硬化。成型硬化后,受热不再软化,即成型固化过程具有不可逆性,如环氧树脂。热固性聚合物多为体型结构。

4.根据制备时的反应类型

1)加聚物

由单体加成而聚合起来的反应叫加聚反应,形成的聚合物称为加聚物。该反应无副产品,产物的化学组成和反应物(单体)的化学组成基本相同,如聚乙烯的制备:

$$nC_2H_2 \longrightarrow (C_2H_2)_n$$

式中:n——聚合度。

加聚物多为线型结构。

2)缩聚物

由两种或两种以上的含有官能团(H—、—OH、Cl—、—NH、—COOH)的单体共聚,同时产生低分子副产品(如水、氨、醇或氯化氢等)的反应叫缩聚反应,其生成的聚合物叫缩聚物。缩聚反应生成物的化学组成与反应物的化学组成完全不同,如苯酚与甲醛反应制得的酚醛树脂。缩聚物的结构可为线型或体型。

5.根据高分子材料的用途

1)塑料

塑料是高分子化合物在一定条件下(加热、加压)可塑制成型,而在常温常压下可保持固定形状的材料。

2)合成纤维

合成纤维为合成树脂制成的纤维。

3)橡胶

合成橡胶是指物理性能类似于天然橡胶的有弹性的高分子化合物。

二、聚合物的命名

聚合物的命名方法有多种,常见的有系统命名法和习惯命名法。系统命名法比较复杂,实际很少使用。习惯命名法比较简单,是常用的聚合物命名方法,该法主要是根据聚合物的化学组成来命名。

对于由同一种单体经加聚反应而制得的聚合物,通常是在其单体名称前冠以"聚"字。如聚乙烯、聚氯乙烯、聚苯乙烯等。而由两种或两种以上单体经加聚反应而得到的聚合物,则称为××共聚物,如丙烯腈—苯乙烯的共聚体,可称为腈苯共聚物;丙烯腈—丁二烯—苯乙烯的共聚体,成为腈丁苯共聚物(即 ABS 共聚物)。但也常有仿照由一种单体制得加聚物的命名法,直接在两种单体名称之前冠以"聚"字的,如聚甲基丙烯酸甲酯(有机玻璃)等。

对于缩聚物,常常是在其原料的名称之后缀以"树脂"二字。如苯酚和甲醛的缩聚物成为酚醛树脂,脲与甲醛的缩聚物成为脲醛树脂。此外,"树脂"二字在习惯上也用来泛指化工厂所合成出来的、尚未加工成型的任何高分子化合物,即工业原料高分子的泛称。

在习惯命名法中,天然聚合物采用专有名称,如纤维素、淀粉、蛋白质等。另外,有的聚合物还有一些习惯名称或商业名称,如将聚苯二甲酸乙二醇酯叫作涤纶、聚丙烯腈叫作腈纶等。

聚合物中重复的结构单元成为链节,聚合物所含链节的个数即上面提及的聚合度 n。由于聚合反应本身及反应条件的控制等多方面因素的影响,同一种合成聚合物的分子链的长短总是不同的,所以聚合物的分子量只能是平均分子量,聚合度也只能是平均聚合度。高分子化合物分子量的分散性越大,其性能越差。

第二节 聚合物的基本性质

一、聚合物的聚集态结构与物理状态

1. 聚合物的聚集态结构

聚集态结构是指高聚物内部大分子之间的集合排列堆砌方式。按其分子在空间排列规则与否,固态聚合中并存着晶态与非晶态两种聚集状态。

晶态结构的聚合物与低分子量晶体有很大不同。由于线型高分子难免有弯曲,故聚合物的结晶为部分结晶,即在结晶聚合物中存在"晶区"和"非晶区"(图 11-2),且大分子链可以同时跨越几个晶区和非晶区。晶区所占的百分比称为结晶度。一般来说,结晶度越高,聚合物的密度、弹性模量、强度、耐热性、折光系数等越高,而冲击韧性、黏附力、断裂伸长率、溶解度越低。晶态聚合物一般为不透明或半透明状,而非晶态聚合物则一般为透明状。体型聚合物只有非晶结构。

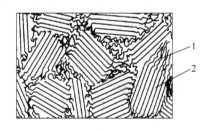

图 11-2　晶态聚合物结构
1-非晶区;2-晶区

2. 聚合物的物理状态

聚合物在不同温度条件下的物理状态有所不同。线型非晶态聚合物的变形与温度的关系曲线如图 11-3 所示,在不同温度下呈现出玻璃态、高弹态、黏流态三种物理状态。

1)玻璃态

非晶态聚合物在低于某一温度时,分子动能很低,大分子链的运动和分子链段的旋转都被冻结,聚合物在外力作用下,产生的变形较小,弹性模量较大。此时,聚合物所处的状态称为玻璃态。聚合物保持玻璃态的温度上限称为玻璃化温度(T_g)。如温度继续下降,当聚合物表现为不能拉伸或弯曲的脆性时的温度称为"脆化温度",简称"脆点"。

2)高弹态

当温度升高到 T_g 以上后,分子动能增加,分子链段能运动,但大分子链的运动仍被冻结,聚合物弹性模量较小,在外力作用下,产生较大的变形,在外力去除后又会恢复原状,聚合物的这种状态称为高弹态。聚合物保持高弹态的上限温度称为黏流温度(T_f)。

3)黏流态

当温度升高到 T_f 以上后,分子动能增加到链段和大分子链都可以运动,聚合物成为可以流动的黏稠液体,这种状态称为"黏流态"。此时,聚合物在外力作用下,分子间会相互滑动,产生流动变形,外力去除后,变形不可恢复。

对于结晶化的聚合物,其变形与温度的关系如图11-4所示。结晶聚合物中虽然有无定形相的存在,但由于结晶相承受的应力要比非结晶相大得多,所以在 T_g 温度下,其变形并不发生显著改变,只有到了熔点 T_m,晶格被破坏,晶区熔融,聚合物直接进入黏流态(如图11-4曲线1所示),或先进入高弹态再进入黏流态(如图11-4曲线2所示)。

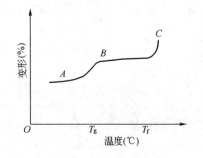

图11-3 线型非晶态聚合物变形—温度曲线
A-玻璃态;B-高弹态;C-黏流态

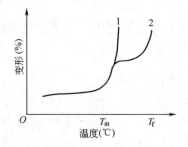

图11-4 晶态聚合物变形—温度曲线

T_g 和 T_m 是聚合物使用时耐热性的重要指标,甚至也是聚合物其他性能的重要指标。聚合物的使用目的不同,对各个转变温度的要求也不同。通常,玻璃化温度低于室温的称为橡胶,高于室温的称为塑料,也就是说玻璃化温度 T_g 是塑料的最高使用温度,但却是橡胶的最低使用温度。黏流温度在室温以下的高聚物可作为胶黏剂或涂料使用。熔点 T_m 是高度结晶聚合物的使用上限温度。

二、聚合物的老化

聚合物在使用过程中,由于光、热、空气等的作用而发生结构或组成的变化,从而出现性能劣化现象,如变色、变硬、龟裂、发软、发黏、斑点、机械强度降低等,称为聚合物的老化。

聚合物的老化受到众多因素的影响,因此是一个复杂的过程。一般可将聚合物的老化分为两种类型,即聚合物分子的交联与降解。交联是指聚合物的分子结构从线型变为体型的过程。当发生这种老化作用时,表现为聚合物失去弹性、变硬、变脆,并出现龟裂现象。降解是指聚合物的分子链发生断裂,其分子量降低,但其化学组成并不发生变化。当老化以降解为主时,聚合物会失去刚性,出现变软、发黏、蠕变等现象。

根据老化机理的不同,可将聚合物的老化分为热老化和光老化两种。光老化是指聚合物在阳光(特别是紫外线)的照射下,其中一部分分子(或原子)被激活而处于高能的不稳定状态,并可与其他分子发生光敏氧化作用,致使聚合物的结构和组成发生变化,性能逐渐恶化的现象。热老化是指聚合物受热时,尤其是在较高温度下暴露于空气中时,聚合物的分子链由于氧化、分解等作用而发生断裂、交联,其化学组成与分子结构发生变化,从而其各项性能发生变化的现象。因此,大多数聚合物材料的耐高温性及大气稳定性都较差。

第三节 建 筑 塑 料

塑料是以天然或合成高分子化合物为基本材料,加入适量的填料和添加剂,在一定的温度、压力下塑化成型,且在常温下保持制品形状不变的材料。常用于塑料的合成高分子化合物是各种合成树脂。

建筑塑料与传统的建筑材料相比有许多优点,无论是从材料的生产还是使用来说都具有良好的节能效果。目前,已生产出多种用途的塑料,随着新的聚合物的不断出现,塑料的性能也在逐步改善。塑料作为土木工程材料有着广阔的应用前景。

一、建筑塑料的特性

塑料与传统的建筑材料相比,有如下特性:

1. 表观密度小

一般塑料的密度为 $0.8 \sim 2.2 \mathrm{g/cm^3}$,与木材相近或略大,比铝、钢、混凝土要小得多。泡沫塑料的表观密度更是可以低至 $0.1 \mathrm{g/cm^3}$ 以下。塑料有利于减轻建筑物自重,降低成本。

2. 比强度高,但弹性模量低

虽然塑料的绝对强度不高,但由于其表观密度小,其比强度接近或超过钢材。表 11-1 列出了部分材料的比强度和比刚度。

金属及塑料的力学性能比较   表 11-1

材 料 名 称	表观密度 ($\mathrm{g/cm^3}$)	拉伸强度 (MPa)	比强度(拉伸强度/ 表观密度)	弹性模量 (MPa)	比刚度(弹性模量/ 表观密度)
高强度合金钢	7.85	1280	163	205800	26216
铝合金	2.8	410~450	146~161	70560	25200
尼龙	1.14	441~800	387~702	4508	3954
酚醛木质层压板	1.4	350	250		
玻纤/环氧复合材料			640		24000
定向聚偏二氯乙烯	1.7	700	412		

3. 加工性能优良

塑料可以采用多种方法加工成型,制成各种形状的制品,也可以进行机械加工,部件之间的连接也很方便。其生产能耗低于钢材、铝材等,生产的节能效果显著。

4. 耐化学腐蚀性好

塑料对酸、碱、盐都有很好的抗侵蚀能力,适于做化工厂的门窗、地面、墙壁等。另外,塑料对环境水也有较好的抗侵蚀能力。

5. 减振、吸声、保温隔热性好

塑料的导热性差,其导热系数仅为 $0.24 \sim 0.81 \mathrm{W}/(\mathrm{m \cdot K})$,比金属、混凝土都低得多。泡沫塑料的导热性很小,与空气相当。塑料特别是泡沫塑料具有较好的减振、吸声和隔热作用。

6. 装饰性好

现代先进的塑料加工技术可以把塑料加工成装饰性优异的各种建筑制品,既可以通过着色获得鲜艳的颜色,又可以通过印刷和压花技术,使塑料具有丰富的装饰效果。印刷图案可以模仿天然材料,压花制品表面可以产生立体质感。此外,塑料的烫金和电镀等装饰方法可使塑料制品的形式更加丰富多彩。

7. 耐水性和耐水蒸气性好

塑料为憎水性材料,因此塑料制品的吸水性和透水蒸气性是很低的,可用于防水、防潮工程。

8. 电绝缘性能好

一般塑料都是电的不良导体,因此其在建筑行业中的电器线路、控制开关、电缆等方面应用广泛。

9. 不耐高温和易燃烧

塑料的热变形温度低,部分塑料制品易燃烧,同时会放出大量有毒的烟雾。

10. 易受热变形

塑料的热膨胀系数一般高于传统材料的 $3 \sim 4$ 倍,其热变形温度较低,一般在 $60 \sim 120℃$。

二、建筑塑料的基本组成

建筑上常用的塑料绝大多数都是以合成树脂和添加剂组成的多组分材料,但也有少量建筑塑料制品例外,例如有机玻璃,它是由聚甲基丙烯酸甲酯(PMMA)合成树脂,在聚合反应中不加入其他组分,而制成的具有较高机械强度和良好抗冲击性能、高透明度的合成高分子材料。

1. 合成树脂

合成树脂是建筑塑料的基本组成材料,在塑料中起胶结其他组分形成坚实整体的作用。合成树脂的性质在很大程度上决定了塑料的性质。在一般塑料中,合成树脂的含量为30% ~ 60%。因此塑料通常也以所用的合成树脂命名,如聚乙烯塑料、聚氯乙烯塑料。

2. 添加剂

为了改善塑料的某些性质而加入的物质统称为添加剂。不同的塑料因其要改善的性能不同,加入的添加剂也会不同。下面介绍几类常用的添加剂:

1)填料

填料又称填充、填充剂或体质颜料,它是绝大多数建筑塑料制品中不可缺少的原料,在塑料中的掺量可高达20% ~ 50%。填料的种类很多,按其外观形态可分为粉状、纤维状和片状三类。

填料的加入可提高塑料的强度和刚度,减少塑料在常温下的蠕变现象及改善热稳定性;降低塑料的成本,增加塑料的产量;另外,粉状填料可降低塑料的可燃性;片状和纤维状填料可明显提高塑料的耐磨性和大气稳定性。常用的填料有:木屑、滑石粉、石灰石粉、硅藻土、炭黑、玻璃纤维、铝粉等。

2）增塑剂

增塑剂可降低树脂的黏流温度,降低大分子链间的作用力,因此增塑剂有提高塑料加工时的可塑性及流动性,改善塑料制品的柔韧性的作用。常用的增塑剂有:邻苯二甲酸二丁酯(DBP)、邻苯二甲酸二辛酯(DOP)、二苯甲酮等。

3）固化剂

固化剂也称硬化剂或熟化剂。它的主要作用是使某些合成树脂的线型结构交联成体型结构,从而使树脂具有热固性,形成稳定而坚硬的塑料制品。不同种类的树脂应采用不同的固化剂。如环氧树脂常用胺类、酸酐类固化剂,酚醛树脂中常用的固化剂为乌洛托品(六亚甲基四胺)。

4）稳定剂

为防止塑料在热、光及其他条件下过早老化而加入的少量物质称为稳定剂。稳定剂的类型有抗氧化剂、热稳定剂、紫外线吸收剂等。因此,稳定剂有抑制或减缓塑料老化、延长塑料使用寿命的作用。常用的稳定剂有钛白粉、硬脂酸盐等。

5）着色剂

着色剂是赋予塑料制品特定的色彩和光泽的物质,以提高塑料制品的装饰性。常用的着色剂是一些有机和无机颜料,有时也采用能产生荧光和磷光的颜料。有的颜料不仅具有着色性,同时还具有填料和稳定剂的作用。

除上述添加剂外,根据建筑塑料使用及成型加工的需要,有时还加入一些其他添加剂,使塑料制品的性能更好,应用更广泛。如润滑剂、抗静电剂、发泡剂、阻燃剂、防霉剂等。

三、常用建筑塑料及制品

1. 建筑塑料的常用品种

1）聚乙烯(PE)塑料

聚乙烯是一种结晶型聚合物,由乙烯单体聚合而成。按单体聚合时的压力条件,可分为高压法、中压法、低压法三种。聚合时压力不同,产品的结晶度和密度不同,高压聚乙烯的结晶度低、密度小;低压聚乙烯结晶度高、密度大。随结晶度和密度的增加,聚乙烯的硬度、软化点、强度等随之提高,而冲击韧性和伸长率则下降。

聚乙烯塑料为白色蜡状半透明材料,具有较高的化学稳定性和耐水性,强度虽不高,但低温柔韧性好,比水轻,无毒。聚乙烯容易光氧化、热氧化、臭氧分解,紫外线作用下容易发生光降解,而炭黑对聚乙烯有优异的光屏蔽作用,因此适量地掺加可以提高聚乙烯塑料的抗老化性能。另外,聚乙烯易燃烧。

2）聚氯乙烯(PVC)塑料

聚氯乙烯塑料由氯乙烯单体聚合而成,是目前工程上常用的一种塑料。聚氯乙烯塑料成本低,产量大、化学稳定性高、抗老化性好。加入不同的添加剂可加工成软质和硬质的多种产品。

聚氯乙烯塑料的耐热性差,在100℃以上时会发生分解、变质而破坏,通常其使用温度应在60～80℃以下。

3）聚苯乙烯(PS)塑料

聚苯乙烯是非结晶聚合物,由苯乙烯单体聚合而成。聚苯乙烯的透明度高达88%～

90%，有光泽，易于着色，化学稳定性高、耐水、耐光、导热系数不随温度变化，具有较高的绝热能力，成型加工方便，价格较低。但是聚苯乙烯性脆、抗冲击性差、易燃、耐热性差。

为改善聚苯乙烯的抗冲击性和耐热性，发展了一些改性聚苯乙烯，ABS 是其中最重要的一种，它是丙烯腈、丁二烯、苯乙烯三种单体的共聚体，丙烯腈使 ABS 具有良好的化学稳定性和表面硬度，丁二烯使 ABS 坚韧和具有良好的耐低温性能，苯乙烯则赋予 ABS 良好的加工性能。ABS 的总体性能取决于这三种单体的组成比例。

4）聚丙烯（PP）塑料

聚丙烯由丙烯聚合而成。聚丙烯为白色蜡状材料，外观与聚乙烯相近，但密度比聚乙烯小，约为 $0.9g/cm^3$，因此其质轻；聚丙烯耐热性较高（$100 \sim 120℃$），刚性、延性和抗水性好，其拉伸强度高于 PE，但低温抗冲击强度低于 PE。聚丙烯的不足之处是低温脆性显著，抗大气性差，故适用于室内。近年来，聚丙烯的生产发展迅速，聚丙烯已与聚乙烯、聚氯乙烯等共同成为建筑塑料的主要品种。

5）聚甲基丙烯酸甲酯（PMMA）

由甲基丙烯酸甲酯加聚而成的热塑性塑料，俗称有机玻璃。它的透光性好，低温强度高，吸水性低，耐热性和抗老化性好，成型加工方便。缺点是耐磨性差，价格较贵。

6）酚醛树脂（PF）

酚醛树脂由酚和醛在酸性或碱性催化剂的作用下缩聚而成，是典型的热固性塑料。酚醛树脂的黏结强度高，耐光、耐水、耐热、耐腐蚀、电绝缘性好，但性脆。在酚醛树脂中掺加填料、固化剂等制成的酚醛树脂制品表面光洁，坚固耐用，成本低，是常用的塑料品种之一。

7）有机硅树脂（OR）

有机硅树脂由一种或多种有机硅单体水解而成，是一种热固性塑料。有机硅树脂不燃，介电性能优异，耐热（$250℃$以下）、耐寒、耐水、耐化学腐蚀，但力学性能不佳，黏结力不高。

8）环氧树脂（EP）

环氧树脂是由双酚 A 和环氧氯丙烷缩聚而成的热固性塑料。环氧在未固化时是高黏度液体或脆性固体，易溶于丙酮或二甲苯等溶剂。加入固化剂后可在室温和高温下固化，固化后具有坚韧、收缩率小、耐水、耐腐蚀等特点。环氧树脂的最大特点是与各种材料均有很强的黏结力。

9）聚酯树脂（PR）

聚酯树脂由二元或多元醇和二元或多元酸缩聚而成，具有热固性。聚酯树脂具有优良的胶结性能，弹性和着色性好，柔韧、耐热、耐水。

2.常用建筑塑料制品

1）塑料门窗

塑料门窗是改性后的硬质聚氯乙烯（PVC），加入适量的添加剂，经混炼、挤出等工艺制成的异型材，经过加工、组装成的建筑物门窗。改性后的聚氯乙烯具有较好的可加工性、稳定性、耐热性和抗冲击性。塑料门窗与其他门窗相比具有良好的耐水性、耐腐蚀性、气密性、水密性、保温隔热性、隔声性、装饰性等，同时该门窗保养维修方便，节能显著，在国外已得到广泛的使用，在我国已经逐步取代木门窗、金属门窗。它的应用可以节约木材、钢材，是节约资源、能源的有效途径。

2）塑料管材

塑料管材与金属管材相比，具有质轻、不生锈、不生苔、管壁光滑、对流体阻力小、安装加工方便、节能等特点。因此,近年来塑料管材的生产和应用得到了较大的发展。

塑料管材有软管和硬管之分。按主要原料可分为聚氯乙烯管、聚乙烯管、聚丙烯管、ABS管、聚丁烯管、玻璃钢管等。主要用于建筑给水排水管材与管件、热燃用埋地管材与管件、排污水用管材、流体输送用管材等。

3)泡沫塑料

泡沫塑料是在聚合物中加入发泡剂,经发泡、固化及冷却等工序制成的多孔塑料制品。泡沫塑料的孔隙率高达95%~98%,且孔隙尺寸较小,因而具有优良的隔热保温性能。常用的有聚苯乙烯泡沫塑料、聚氯乙烯泡沫塑料、聚氨酯泡沫塑料、脲醛泡沫塑料等。

4)纤维增强塑料

纤维增强塑料是树脂基复合材料。纤维的添加可以提高塑料的弹性模量和强度。常用的纤维材料有玻璃纤维、碳纤维等,另外也有石棉纤维、天然植物纤维、合成纤维、钢纤维等应用于增强塑料。常用的合成树脂有酚醛树脂、不饱和聚酯树脂、环氧树脂等,用量最大的为不饱和聚酯树脂。纤维增强塑料的性能主要取决于合成树脂和纤维的性能、相对含量和它们之间黏结力的大小。

玻璃纤维增强塑料(GFRP)又称玻璃钢,是一种优良的纤维增强复合材料,因其比强度很高而被越来越多地应用于建筑结构工程。玻璃纤维增强塑料是以聚合物为基体,以玻璃纤维及其制品(玻纤布、带、毡)为分散质制成。玻璃钢的主要优点是轻质高强,其比强度接近甚至超过高级合金钢,因此而得名。玻璃钢的主要缺点是弹性模量小,即刚度小、变形较大。玻璃钢在土木工程中主要用于结构加固、防腐和管道等。

碳纤维增强塑料中的增强成分为碳纤维。该塑料制品具有强度和弹性模量高、耐疲劳性能好、耐腐蚀性好等特点。在土木工程中,碳纤维增强塑料主要用于结构加固,制作碳纤维筋或索,用于防腐结构。

5)其他塑料制品

塑料制品的另一大类是用作装饰材料,具体见第十三章第四节。

思考与练习

1. 聚合物有哪些结构类型?聚合物是如何命名的?
2. 聚合物有哪几种物理状态?说明各物理状态的特点。
3. 建筑塑料与传统的建筑材料相比,有哪些特性?
4. 塑料的主要组成有哪些?其作用如何?热塑性塑料和热固性塑料在物理性质、力学性质方面有哪些差异?
5. 建筑塑料在土木工程中有哪些应用?

第十二章 木材与竹材

木材过去是重要的建筑结构用材,现在主要用于室内装饰和装修。我国古代房屋建筑主要采用的就是木结构体系,并逐渐形成与此相适应的建筑风格。公元14世纪在北京修建的故宫,历经明清两代,现在是世界上最大、最完整的古代木结构宫殿建筑群。这些建筑不论是在建筑技术,还是木材装饰艺术上都有很高的水平和独特的风格。

木材作为建筑材料的主要优点是:

(1)具有良好的力学特性,如比强度大,弹性和韧性好。

(2)具有良好的功能特性和装饰性,如导热性低,保温隔热性能较好;绝缘性好;无毒性;纹理美观,色调温和。

(3)在适当的保养条件下,有较好的耐久性。

(4)加工方便,既可以在工厂进行工业化加工,也可在施工现场加工制作。

木材由天然的树木加工而成,在使用时必然会受到木材自然属性的限制。木材的主要缺点是:

(1)构造不均匀,性能具有各向异性,而且天然缺陷较多,对材质和利用率有很大影响。

(2)环境湿度变化时,易出现较大的湿胀干缩,处理不当时易发生翘曲和开裂现象。

(3)耐火性差,易着火燃烧。

(4)木材在生长、采伐、储运、加工和使用过程中会产生一些缺陷(亦称为疵病),使木材的力学性能和外观质量受到较大影响。

第一节 木材的分类与构造

一、木材的分类

天然树种非常多,不同树种制成的木材在结构和性能上都有不同的特点。为了研究和使用方便,通常从不同的角度对木材进行分类。

1. 按树叶的外观形状分类

1)针叶树材

针叶树多为常绿树,树叶形状主要为针状(如松树),其他形状有鳞片状(如侧柏)或宫扇形(如银杏树)等,其树干部分通直高大,枝杈较小且分布较密,所以用针叶树可制得长度较长的木材。大多数针叶树材的木质较软,易于加工,故针叶树材又称软材。我国常用的针叶树树种有陆均松、红松、红豆杉、云杉、冷杉和福建柏等。

针叶树材具有强度较高、胀缩变形较小、耐腐蚀性强、纹理顺直、材质均匀等特点,所以建筑上广泛用做承重构件和装修材料。

2)阔叶树材

阔叶树多为落叶树,其树叶宽大、叶脉成网状。阔叶树树干的通直部分一般较短,枝杈较大,数量较少。相当数量阔叶树材的材质较硬而较难加工,故阔叶树材又称硬材。我国常用阔叶树树种有水曲柳、栎木、樟木、黄菠萝、榆木、核桃木、酸枣木、梓木和檫木等。

阔叶树材具有强度高、胀缩变形大、易翘曲开裂等特点,所以一般用于制作尺寸较小的木构件。阔叶树材的纹理较美观,具有很好的装饰性,适宜制作家具或室内装修材料等。

2.按产品外形和用途分类

1)圆材

由伐倒的树木所截制成的各种带皮或不带皮、长度不一的圆形断面木料,称为圆材,包括原条和原木。

2)锯材

用原木进行加工,经过纵横向锯解所得到的产品称为锯材,包括板材和方材等。

二、木材的构造

1.木材的宏观构造

木材的宏观构造是指用肉眼或借助放大镜能观察到的构造特征。由于木材是非均质材料,所以其宏观构造通常从树干的横切面(即垂直于树轴的切面)、径切面(即通过树轴的纵切面)和弦切面(即平行于树轴的切面)三个主要切面来剖析(图12-1)。

从横切面可以看到木材是由树皮、木质部和髓心三部分组成的。树皮是木材外表面的整个组织,由外皮、软木组织和内皮组成,起保护树木的作用。树皮与髓心之间的部分称为木质部,是木材利用的主要部分。一般木质部的外层部分颜色较浅,称为边材,而内层颜色较深部分称为心材,心材较边材的利用价值大。髓心也称树心,是树干中心的松软部分。髓心是木材使用时的缺陷,影响木材的力学强度。

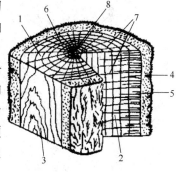

图12-1 树干的三个切面
1-横切面;2-径切面;3-弦切面;4-树皮;
5-木质部;6-年轮;7-髓线;8-髓心

木材还具有以下宏观构造特征:

1)年轮

树木生长呈周期性,在温带气候一年仅有一度的生长。在同一生长年中,春季生长的部分称为春材或早材,由于春天细胞分裂速度快,形成的细胞腔大,且细胞壁薄,所以构成的木质较疏松,颜色较浅;夏秋两季生长的部分称为夏材或晚材,由于夏秋两季细胞分裂速度比春季慢,形成的细胞腔小,且细胞壁厚,构成的木质较致密,颜色较深。

在横切面上,可以见到多个围绕髓心、深浅相间的同心环,它们就是一年中形成的春材和夏材构成的,称为年轮。相同的树种,径向单位长度的年轮数越多,分布越均匀,则材质越好。同样,径向单位长度的年轮内晚材含量(称晚材率)越高,则木材的强度也越大。

2)木射线

木射线又称为髓线,在横切面上,木射线以髓心为中心,呈放射状分布;从径切面上看,木射线为横向的带条。木射线是由横行的薄壁细胞组成的,其功能为横向传递和储存养分。

3)树脂道和导管

树脂道是大部分针叶树种所特有的构造。它是由泌脂细胞围绕而成的孔道,富含树脂。在横切面上呈棕色或浅棕色的小点,在纵切面上呈深色的沟槽或浅线条。

导管仅存在于阔叶树中,它是一串纵行细胞复合生成的管状构造,起输送养分的作用。

2. 木材的微观构造

在显微镜下所见到的木材组织称为木材的微观构造。通过显微镜观察可知,木材是由无数纵向排列的管状细胞紧密结合而成的(只有极少数呈横向排列),每个细胞由细胞壁和细胞腔两部分组成,细胞腔位于细胞中央。细胞壁由纤维素分子束在半纤维素和木质组成的基体相中构架而成,大多数纤维素束沿细胞长轴呈小角度螺旋状排列。木材的细胞壁愈厚,细胞腔愈小,则木材愈密实,强度也愈大,但胀缩变形也愈大。

不同树种的构成细胞不同,且细胞的功能也不相同。针叶树主要由管胞组成(图12-2),它占木材总体积的90%以上,起支撑和输送养分的作用;另有少量纵行和横行薄壁细胞起储存和输送养分作用。阔叶树由导管分子、木纤维、纵行和横行薄壁细胞组成(图12-3)。构成导管的单个细胞称为导管分子,导管约占木材体积的20%。木纤维是一种壁厚腔小的细胞,起支撑作用,其体积占木材体积的50%以上。

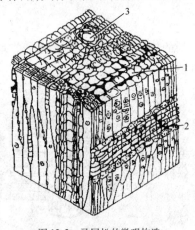

图12-2 马尾松的微观构造
1-管胞;2-髓线;3-树脂道

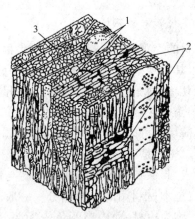

图12-3 柞木的微观构造
1-导管;2-髓线;3-木纤维

第二节 木材的物理性质和力学性质

一、木材中的水分及含水率

木材纤维中含有大量的羟基(—OH),有很强的亲水性,容易从周围环境中吸收水分。木材中的含水量以含水率表示,即木材中所含水的质量占干燥木材质量的百分率。新伐树木称为生材,其含水率常大于35%,一般在70%~140%。气干状态木材的含水率因地而异,南方为15%~20%,北方为10%~15%。经干燥窑处理过的木材含水率在4%~12%。

1. 木材中的水分和纤维饱和点含水率

按水存在的形式分为化学结合水,吸附水和自由水三类。

化学结合水是指木材化学组织中的结构水。它在常温下不变化,对木材的性能无影响。

吸附水是指被吸附在木材细胞壁内细小纤维间的水。水分进入木材后首先被吸入细胞壁,所以吸附水直接影响木材的强度和体积变化,是影响木材强度和胀缩的主要因素。

自由水是指存在于木材细胞腔和细胞间隙中的水分。自由水影响木材的表观密度、保存性、抗腐蚀性和燃烧性。

在干燥环境下,木材首先蒸发的是自由水,这种水的蒸发迅速而且容易,但不影响木材的尺寸及其力学性能;但当自由水蒸发完后,吸附水开始蒸发,这种水的蒸发甚为迟缓,而且会影响木材的尺寸及其力学性能。当自由水蒸发完毕而吸附水尚处于饱和时的状态,称为纤维饱和点。此时的木材含水率称为纤维饱和点含水率,其值通常介于23%~33%。纤维饱和点含水率等于吸附水达到最大量时的含水率,是木材许多性质受含水率影响而发生变化的转折点。在纤维饱和点之上,含水率变化是自由水含量的变化,木材强度和体积的变化甚微;在纤维饱和点之下,含水率变化是吸附水含量的变化,木材强度和体积将随含水率的变化而发生较大的变化。

2. 木材的平衡含水率

木材的含水率与所处环境的温度和相对湿度有关,当木材长时间处于一定温度和相对湿度的空气中时,其水分的蒸发和吸收会逐渐达到动态平衡状态,此时的含水率相对稳定,称为平衡含水率。木材平衡含水率随周围空气的温度和相对湿度而变化(图12-4)。木材在使用时,应先将木材干燥至使用环境的常年平衡含水率,然后再进行加工,以避免由于含水率的变化而引起变形和开裂。各地区、各季节木材的平衡含水率常不相同(表12-1)。同一地区,各树种木材的平衡含水率也有差异。

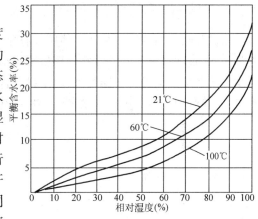

图12-4 在不同温度和相对湿度时木材的平衡含水率

我国部分城市的木材平衡含水率(%)   表12-1

城市	月 份												
	1	2	3	4	5	6	7	8	9	10	11	12	平均
广州	13.3	16.0	17.2	17.6	17.6	17.5	16.6	16.1	14.7	13.0	12.4	12.9	15.1
上海	15.8	16.8	16.5	15.5	16.3	17.9	17.5	16.6	15.8	14.7	15.2	15.9	16.0
北京	10.3	10.7	10.6	8.5	9.8	11.1	14.7	15.6	12.8	12.2	12.2	10.8	11.4
拉萨	7.2	7.2	7.6	7.7	7.6	10.2	12.2	12.7	11.9	9.0	7.2	7.8	8.6

二、木材与含水率有关的体积变形(湿胀与干缩)

当木材的含水率小于纤维饱和点含水率时,其体积和尺寸会因含水率的变化而显著变化(即发生湿胀与干缩变形)。木材在纤维饱和点以下干燥时,随着含水率的降低,吸附水减少,细胞壁的厚度减小,因而细胞外表尺寸缩减,这种现象称为"木材干缩"。反之,干燥木材吸湿时将发生体积膨胀,直到含水率达到纤维饱和点时为止。木材的细胞壁愈厚,则胀缩变形就愈大。所以表观密度大、夏材含量多的木材会发生较大的胀缩变形。

由于木材的构造具有不均匀性,所以在相同条件下,同一木材中不同方向、不同部位的胀缩数值不同,边材的胀缩大于心材。一般新伐木材经过完全干燥后,弦向收缩率为6% ~ 12%、径向收缩率为3% ~6%、纵向收缩率为0.1% ~0.3%、体积收缩率为9% ~14%,即弦向最大、径向次之、纵向最小,弦向收缩与径向收缩比率通常为2:1。

由于复杂的构造原因,木材干燥时其横截面的不同部位也会发生不同的变形(图12-5),所以不均匀干缩会使板材发生翘曲(包括顺弯、横弯、翘弯和扭弯等)变形(图12-6)。

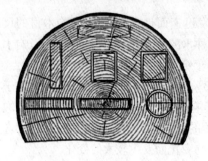

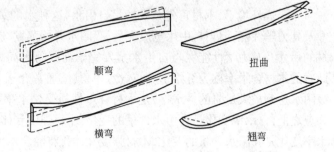

图12-5　木材干燥引起的横截面不同部位变形　　　　图12-6　木材变形示意图

木材湿胀干缩特性对其实际使用具有显著的影响。干缩会使木材翘曲开裂、接榫松弛、拼缝不严,湿胀则造成凸起。这些变形将影响结构的性能。因此,为了避免湿胀干缩,在木材加工制作前必须预先进行干燥处理,使木材的含水率达到与其使用环境温湿度相适应的平衡含水率,通常比使用地区平衡含水率低2% ~ 3%。

三、木材的强度

1. 木材的各种强度

由于木材构造的各向异性,所以木材在力学性质上具有明显的各向异性特点。木材的强度与外力性质、受力方向以及纤维排列的方向(顺纹和横纹)有关。

木材所受的外力主要有拉力、压力、弯曲和剪切力。

1)抗压强度

抗压强度可分为顺纹抗压强度和横纹抗压强度。

木材的顺纹抗压强度较高,仅次于顺纹抗拉强度和抗弯强度。顺纹受压破坏是管状细胞受压失稳的结果,而不是纤维断裂所至。横纹受压时,细胞腔受到压缩。起初变形与压力成正比关系,超过比例极限后,细胞壁失稳,细胞腔被压扁。所以,木材的横纹抗压强度以使用中所限制的变形量来决定。通常,取其比例极限作为横纹抗压强度极限指标。木材的横纹抗压强度比例极限较低,通常只有其顺纹抗压强度的10% ~20%。工程中常见的桩、柱、斜撑和桁架等均是顺纹受压,而枕木、垫板是横纹受压。

2)抗剪强度

由于受力方向与纤维排列方向不同,所以木材的剪切可分为顺纹剪切、横纹剪切和横纹切断三种情况(图12-7)。

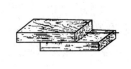 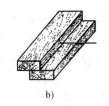

a)   b)   c)

图 12-7　木材的剪切示意图

a)顺纹受剪;b)横纹受剪;c)横纹切断

顺纹受剪时,绝大部分纤维本身并不发生破坏,而是纤维间连接受到撕裂作用产生纵向位移和受横向拉力作用导致破坏,所以顺纹抗剪强度很小,仅为顺纹抗压强度的 15% ~30%。横纹受剪时,剪切面中纤维的横向连接受到破坏,横纹剪切强度低于顺纹剪切强度。横纹切断则是将木材纤维横向切断,所以这种剪切强度最高,是顺纹剪切强度的 4~5 倍。

3)抗弯强度(静曲极限强度)

木材受弯曲时会产生压、拉、剪等复杂的应力。在梁的上部产生顺纹压力,下部为顺纹拉力,而在水平面和垂直面上则产生剪切力。木材受弯时,上部首先达到强度极限,出现细小皱纹但不马上破坏,当外力增大,下部达到强度极限时,纤维本身及纤维间连接断裂,最后导致破坏。

木材抗弯强度仅次于顺纹抗拉强度,为顺纹抗压强度的 1.5~2.0 倍。工程中常用作为桁架、梁、板等易于弯曲的构件,但应注意木材的疵病和缺陷对抗弯强度影响很大。

4)抗拉强度

木材的抗拉强度可分为顺纹和横纹两种。顺纹抗拉强度是木材所有强度中最大的,一般为顺纹抗压强度的 2~3 倍。顺纹受拉破坏时,往往是木纤维未被拉断而纤维间先被撕裂。因木材纤维之间横向连接薄弱,所以横纹抗拉强度很小,一般为顺纹抗拉强度的 2.5% ~10%。

因为构件受拉时两端点只能通过横纹受压或顺纹受剪的方式传递拉力,而木材横纹受压和顺纹受剪的强度均较低。此外,木材的疵病和缺陷(如木节、斜纹和裂缝等)会严重降低其顺纹抗拉强度,所以木材在实际使用中,很少用作受拉构件。

以木材的顺纹抗压强度为 1,木材各强度之间的比例关系如表 12-2 所示。

木材各强度之间的比例关系　　　　　　　　　　　表 12-2

抗压强度		抗拉强度		抗弯强度	抗剪强度	
顺纹	横纹	顺纹	横纹		顺纹	横纹
1	1/10 ~1/3	2 ~3	1/20 ~1/3	1.5 ~2.0	1/7 ~1/3	1/2 ~1

2.木材的强度等级

按无疵标准试件的弦向静曲强度来评定木材的强度等级(表 12-3)。木材强度等级代号中的数值为木结构设计时的抗弯强度设计值。因为木材实际强度会受到各种因素的影响,所以设计值要比试件的实际强度值低数倍。

木材强度等级评定标准　　　　　　　　　　　表 12-3

木材种类	针叶树材				阔叶树材				
强度等级	TC11	TC13	TC15	TC17	TB11	TB13	TB15	TB17	TB20
静曲强度最低值(MPa)	18	54	60	74	58	68	81	92	104

3.影响木材强度的主要因素

1)含水率

在纤维饱和点以下时,木材的含水率对其强度影响很大(图 12-8)。随着含水率的减小,

221

木材强度增加,其中抗弯和顺纹抗压强度提高较明显,而顺纹抗拉强度的变化最小。在纤维饱和点以上,强度基本为一恒定值。为了正确评定木材的强度和比较试验结果,应根据木材实测含水率将强度换算成标准含水率(12%的含水率)时的强度值,换算公式见式(12-1)。

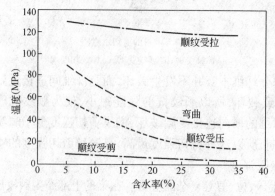

图12-8 木材强度与含水率的关系

$$\sigma_{12} = \sigma_w \left[1 + \alpha (W - 12) \right] \tag{12-1}$$

式中:σ_{12}——含水率为12%时的木材强度(MPa);

σ_w——含水率为W%时的木材强度(MPa);

W——试验时的木材含水率(%);

α——含水率校正系数,当木材含水率在9%~15%时,按表12-4取值。

α 取 值 表　　　　　　表12-4

强 度 类 型	抗 压 强 度		顺纹抗拉强度		抗 弯 强 度	顺纹抗剪强度
	顺纹	横纹	针叶树材	阔叶树材		
α	0.05	0.045	0	0.015	0.04	0.03

2)荷载作用时间

由于木材在外力作用下会产生塑性流变,使木材的强度随荷载作用时间的增长而降低(图12-9),所以木材受到长期荷载作用后的强度比其极限强度小得多,一般为极限强度的50%~60%。通常将木材在长期荷载作用下破坏时所能承受的最大应力,称为木材的持久强度。木材在长期外力作用下,只有外加应力远小于极限强度的某一范围时,才能避免木材因长期负荷而破坏。因此,在木结构设计时,一般以持久强度作为设计依据。

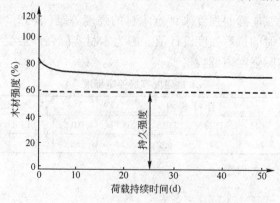

图12-9 木材的强度与荷载作用时间的关系

3）环境温度

木材的强度会随环境温度的升高而降低。研究表明,温度从 25℃升至 50℃时,将因木纤维和木纤维间胶体的软化等原因,使木材抗压强度降低20%～40%,抗拉和抗剪强度下降12%～20%。当木材长期处于 60～100℃温度下时,会引起水分和所含挥发物的蒸发,而呈暗褐色,使强度下降,变形增大。温度超过 140℃时,木材中的纤维素发生热裂解,颜色逐渐变黑,强度明显下降。因此,长期处于高温环境下的建筑物,不宜采用木结构。在木材加工中,常通过蒸煮的方法来暂时降低木材的强度,以满足某种加工的需要(如胶合板的生产)。

4）缺陷

木材在生长、采伐、加工和使用过程中往往会产生一些缺陷,如节子(俗称节疤)、裂纹、夹皮、斜纹、弯曲、伤疤、腐朽和蛀蚀等,这些缺陷影响木材材质的均匀性,破坏木材的构造,从而使木材的强度降低。缺陷对抗拉强度和抗弯强度的影响最为显著。

除了上述主要的影响因素之外,树木的种类、生长环境、树龄均会对木材的强度产生影响;在树干的不同部位制取的木材,其强度往往也不相同。

四、木材的装饰性

过去,木材是重要的结构用材,现在则因其具有很好的装饰性,主要用于室内装饰和装修。木材的装饰性体现以下方面:

1. 木材的颜色

木材颜色以温和色彩如红色、褐色、红褐色、黄色和橙色等最为常见。木材的颜色对其装饰性很重要,但这并非指新鲜木材的"生色",而是指在空气中放置一段时间后的"熟色"。

2. 木材的光泽

任何木材都是径切面最光泽,弦切面稍差,若木材的结构密实细致、板面平滑,则光泽较强。通常,心材比边材有光泽、阔叶树材比针叶树材光泽好。

3. 木材的纹理

木材纤维的排列方向称为纹理。木材的纹理可分为直纹理、斜纹理、螺旋纹理、交错纹理、波形纹理、皱状纹理、扭曲纹理等。不规则纹理常使木材的物理和力学性能降低,但其装饰价值有时却比直纹理木材大得多,因为不规则纹理能使木材具有非常美丽的花纹。

4. 木材的花纹

木材表面的自然图形称为花纹。花纹是由于树木中不寻常的纹理、组织和色彩变化引起的,它还与木材的切面有关。美丽的花纹对装饰性十分重要。木材的花纹主要有抛物线和山峦状花纹(弦切面)、带状花纹(径切面)、银光纹理或银光花纹(径切面)、波形花纹或皱状花纹(径切面)、鸟眼花纹(弦切面)、树瘤花纹(弦切面)、桠杈花纹(弦切面)、团状、泡状或絮状花纹(弦切面)等。

5. 结构

木材的结构指木材各种细胞的大小、数量、分布和排列情况。结构细密和均匀的木材易于刨切,正切面光滑,油漆后光亮。

木材的装饰性并不仅仅取决于某单个因素,而是由颜色、结构、纹理、图案、斑纹、光泽等综合效果及其持久性所决定。

第三节　木材的防腐和防火处理

一、木材的腐朽与防腐

1. 腐朽

木材的腐朽是由霉菌、变色菌和木腐菌等真菌侵蚀引起的。霉菌一般只寄生在木材表面，并不破坏细胞壁，变色菌多寄生于边材，它们对木材力学性质的影响不大，只会使木材变色，影响其外观质量。木腐菌侵入木材，分泌酶把木材细胞壁物质分解成其可以吸收的、供自身生长发育的养料。在侵蚀初期，木材仅颜色改变，随着真菌逐渐深入内部，木材强度开始下降；在侵蚀后期，木材呈海绵状、蜂窝状或龟裂状等，不仅颜色变化很大，而且材质变得极其松软，甚至可用手捏碎，木材完全腐朽。

木材除受到腐朽菌的破坏之外，还会遭受昆虫的侵蚀，如白蚁、天牛和蠹虫，它们在树皮内或木质部内产卵，孵化成幼虫，蛀蚀木材。往往木材内部已被蛀蚀一空，而外表依然完整，几乎看不出破坏的痕迹，因此危害极大。白蚁喜温湿，在我国南方地区种类多、数量大，常对建筑物造成毁灭性的破坏。天牛、蠹虫等甲壳虫则在气候干燥时猖獗。

木材中被昆虫蛀蚀的孔道称为虫眼或虫孔。虫眼对木材性能的影响与其大小、深度和密集程度有关。深的大虫眼或深而密集的小虫眼不仅能破坏木材的完整性，降低其力学性质，而且会成为真菌侵入木材内部的通道，使木材在蛀蚀和真菌侵蚀的共同作用下更快的腐朽。

2. 防腐措施

真菌只有在同时具备适当的水分、氧气和温度三个条件时才能在木材中生存，通常最适宜真菌的生长的条件是木材含水率为 35%～50%，温度为 24～30℃，并含有一定量空气。木材含水率在 20% 以下，或浸没水中，或深埋地下时，真菌生命活动就会受到抑制或无法生存，因而木材不易腐朽。所以，可以从破坏菌虫生存条件和改变木材的养料属性着手，进行防腐防虫处理，延长木材的使用年限。常用的木材防腐措施主要有物理处理和化学处理两种方式。

物理处理方式最常用的方法是干燥处理和涂料覆盖处理。在木材使用前采用气干法或窑干法将木材干燥至较低的含水率，并在设计和施工中采取各种防潮和通风措施，使木材经常处于通风干燥状态，保持较低的含水率。用于覆盖处理的涂料本身无杀菌杀虫能力，但涂料涂刷在木材表面后，形成了完整而坚韧的保护膜，从而隔绝空气和水分，并阻止真菌和昆虫的侵入。

化学处理是将化学防腐剂或防虫剂注入木材中，使其成为对真菌和昆虫有毒害作用的物质，从而使真菌和昆虫无法寄生。防腐剂主要有水溶性、油溶性和油质防腐剂三大类。室外应采用耐水性好的防腐剂。防腐剂或防虫剂的注入方法主要有常压法（包括表面涂刷、常温浸渍、冷热槽浸透）和压力渗注法等。

除了使用传统的防腐剂或防虫剂之外，有些国家正在研究不依靠防腐剂的毒性而保护木材的防腐新办法。归纳起来有两个基本途径：

（1）采用化学方法处理方法，改变木材的组成与性质，使木材不能满足微生物的食物链而致使微生物不再栖息于木材之中。如采取适宜办法，将木材中的微量成分，且是绝大部分木腐菌必不可少的代谢物质——硫胺素除去或破坏掉。

（2）研制对危害木材的生物有毒效，而对人畜和环境无害的新型防腐剂。如采用微生物和抽提物,来抑制或破坏使木材分解腐朽的纤维素酶系统。

二、防　火

木材具有可燃性,燃烧后的木材将完全失去其原有的使用性质。木材的防火是采用具有阻燃性的化学物质对木材进行处理,使其遇小火时能自熄,遇大火时能推迟木材的引燃过程,降低火焰在木材上蔓延的速度,延缓火焰破坏木材的速度,从而给灭火或逃生提供时间。木材防火处理的方法主要有表面处理法和溶液浸注法两类。

1. 表面处理法

将不燃性材料覆盖在木材表面,构成防火保护层,阻止木材直接与火焰接触。常用的材料有金属、水泥砂浆、石膏和防火涂料等。

2. 溶液浸注法

用防火浸剂对木材进行浸注处理,使木材不燃或难燃。为了达到要求的防火性能,应保证一定的吸药量和透入深度。在浸注耐火剂后,木材的耐火性可以提高 2～3 倍。木材的浸注分为三级,一级浸注要求保证木材无可燃性,二级浸注要求保证木材缓燃,三级浸注要求在露天火源作用下,能延迟木材燃烧起火。

应当注意的是,防火涂料或防火浸剂中的防火组分随着时间的延长和环境因素的作用会逐渐减少或变质,从而导致其防火性能不断减弱。木材在浸注处理前,应达到充分气干,并经过初步加工成型,避免在浸注后再进行大量的加工(如锯、刨等)而将浸注了防火浸剂的部分除去。

第四节　木材的主要产品及应用

一、木材初级产品及其用途

木材初级产品根据其外形和用途的不同,可分为圆材和锯材(表 12-5)。

木材的初级产品　　　　　　　　　　　　　　　　表 12-5

分　类		说　明	用　途
圆材	原条	立木伐倒后,只打去枝桠和截去树梢,而不再锯截分段的整个树干	房屋桁条、脚手杆架、船舶、车辆、建筑结构料,支柱,支架
	原木	伐倒并除去树皮、树枝和树梢的树干,按照材种规格要求所截成的木段	高级建筑装修、装饰;直接作支柱,如坑木;支架,如房屋建筑檩条用料
锯材	板材(宽度为厚度的 3 倍或 3 倍以上)	薄板:厚度 12～21mm	门芯板、隔断、木装修等
		中板:厚度 25～30mm	屋面板、装修、地板等
		厚板:厚度 40～60mm	门窗
	方材(宽度小于厚度的 3 倍)	小方:截面积 54cm² 以下	椽条、隔断木筋、吊顶搁栅
		中方:截面积 55～100cm²	支撑、搁栅、扶手、檩条
		大方:截面积 101～225cm²	屋架、檩条
		特大方:截面积 226cm² 以上	木或钢木屋架

承重结构用的木材,其材质按缺陷状况分为三等,各等级木材的应用范围见表12-6。

各等级木材的用途 表12-6

等级	I	II	III
用途	受拉或拉弯构件	受弯或压弯构件	受压构件或次要受弯构件

二、人造板材

1. 细木工板

细木工板又称大芯板,是中间为木条拼接,两个表面胶粘一层或两层单片板而成的实心板材。由于中间为木条拼接有缝隙,因此可降低因木材变形而造成的影响。细木工板具有较高的硬度和强度,质轻、耐久、易加工,已广泛用于家具制造、建筑装饰、装修工程中。

细木工板按其结构可分为芯板条不胶拼和胶拼两种;按其表面加工状况可分为一面砂光细木工板、两面砂光细木工板、不砂光细木工板;按使用的胶合剂不同可分为I类细木工板、II类细木工板;按材质和加工工艺质量可分为一、二、三等。

细木工板要求排列紧密、无空洞和缝隙,选用软质木料,以保证有足够的持钉力,且便于加工。细木工板尺寸规格,见表12-7。

细木工板的厚度及幅面尺寸 表12-7

宽度(mm)	长度(mm)				厚度(mm)
915	915	1830	2135		16、19、22、25
1220	1220	1830	2035	2440	

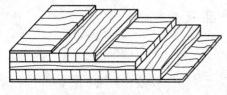

图 12-10 胶合板构造示意图

2. 胶合板

胶合板又称为层压板,它是由一组单片板按相邻层木纹方向互相垂直叠放组坯,用胶黏剂胶合后经热压而成的板材,通常按奇数层组合,并以层数取名,如三夹板、五夹板和七夹板等,最高层数可达15层。图12-10是胶合板构造的示意图。胶合板多数为平板,也可经一次或几次弯曲处理制成曲形胶合板。胶合板的分类、性能及应用,见表12-8。

各类胶合板的性能及应用环境 表12-8

类 别	名 称	性 能	应用环境
I类(NQF)	耐气候胶合板	耐久、耐煮沸或蒸汽处理、抗菌	室外
II类(NS)	耐水胶合板	能在冷水中浸渍,能经受短时间热水浸渍,抗菌	室内
III类(NC)	耐潮胶合板	耐短期冷水浸渍	室内常态
IV类(BNC)	不耐潮胶合板	具有一定的胶合强度	室内常态

胶合板克服了木材的天然缺陷和局限,能制成较大幅宽的板材,大大提高了木材的利用率,并且产品规格化,使用起来更方便。它不仅消除了木材的天然疵点、变形、开裂等缺陷,而且各向异性小,材质均匀,强度较高。纹理美观的优质材可做面板、普通材做芯扳,增加了装饰木材的出产率。胶合板广泛用于室内门面板、隔墙板、护壁板、顶棚板、墙裙及各种家具、室内装修等。

胶合板按成品面板可见的材质缺陷、加工缺陷以及拼接情况分成四个等级：

①特等。适用于高级建筑装修,做高级家具。

②一等。适用于较高级建筑装修,做高中级家具。

③二等。适用于普通级建筑装修,做家具。

④三等。适用于低级建筑装修。

3. 纤维板

纤维板是用木材废料制成木浆,再经施胶、热压成型、干燥等工序而制成的板材。纤维板具有构造均匀、无木材缺陷、胀缩性小、不易开裂和翘曲等优良特性。若在浆料里施加或在湿板坯表面喷涂耐火剂或防腐剂,制成的纤维板还具有耐燃性和耐腐性。纤维板能使木材的利用率达到90%以上。

成型时的温度和压力不同,纤维板的密度就不同,按其密度大小分为硬质纤维板、中密度纤维板和软质纤维板。硬质纤维板密度大、强度高,主要用于代替木材制作壁板、门板、地板、家具和室内装修等。中密度纤维板主要用于家具制造和室内装修。软质纤维板密度小、吸声性能和绝热性能好,可作为吸声或绝热材料使用。

4. 刨花板、木丝板和木屑板

刨花板、木丝板和木屑板是利用刨花碎片或短小废料刨制的木丝和木屑,经干燥、拌和胶料、热压成型等工序而制成的板材。所用胶料可为有机材料(如动物胶、合成树脂等)或无机材料(如水泥、石膏和菱苦土等)。采用无机胶料时,板材的耐火性可显著提高。

这类板材表观密度较小、强度较低,主要作为绝热和吸声材料,表面喷以彩色涂料后,可以用于天花板等。其中,热压树脂刨花板和木丝板,在其表面可粘贴装饰单板或胶合板做饰面层,使其表现密度和强度提高,且具有装饰性,可用于制作隔墙、吊顶、家具等。

5. 重组装饰材

重组装饰材俗称科技木,是以人工林速生材或普通木材为原料,在不改变木材天然特性和物理结构的前提下,采用仿生学原理和计算机设计技术,对木材进行调色、配色、胶压层积、整修、模压成型后制成的一种性能更加优越的全木质的新型装饰材料。科技木可仿真天然珍贵树种的纹理,并保留了木材隔热、绝缘、调湿、调温的自然属性。科技木原材料取材广泛,只要木质易于加工,材色较浅即可,可以多种木材搭配使用,大多数人工林树种完全符合要求。与天然木材相比较,科技木具有以下特点:

1)色彩丰富,纹理多样

科技木产品经电脑设计,可产生天然木材不具备的颜色及纹理,色泽更鲜亮,纹理立体感更强,图案更具动感及活力,能充分满足人们需求多样化的选择和个性化消费心理的实现。

2)产品性能更优越

科技木的密度及静曲强度等物理性能均优于原天然木材,且防腐、防蛀、耐潮、易于加工。同时,还可以根据不同的需求加工成不同的幅面尺寸,克服了天然木材径级的局限性。

3)成品利用率高,装修更节省

科技木没有虫孔、节疤、色变等天然木材固有的自然缺陷,是一种几乎没有任何缺憾的装饰材料,并且其纹理与色泽均具有一定的规律性,因而在装饰过程中很好地避免了天然木材产品因纹理、色泽差异而产生的难以拼接的烦恼,可使材料得到充分利用。

科技木产品的诞生,是对日渐稀少的天然林资源的绝佳代替。它既满足了人们对不同树种装饰效果及用量的需求,又使珍贵的森林资源得以延续。同时,科技木生产过程中使用 E1 环保胶,是真正的绿色环保材料。

科技木主要有胶合板、贴面板、实木复合地板、科技木锯材和科技木切片五大类产品,可用于室内装饰和家具制造。

三、木材装饰制品

1. 木质地板

木质地板具有纹理美观、导热系数小、弹性好、耐磨、脚感舒适、易于清洁和保养等特点,主要用于室内地面及门窗格芯装饰。

2. 木线条

木线条用机械加工而成,它光滑挺直,通过棱线和弧面的变化可产生各种装饰效果。在室内装饰中,木线条主要用于室内空间的立体勾勒装饰和各种交接面的封边藏拙。

3. 木雕

木雕用作建筑装饰在我国已有数千年的历史,通常在内外檐下、门窗、屏罩、吊顶等显眼部位的非承重构件施以雕饰。对一些木构件的端部(如梁头和枋尾)进行雕饰处理,既藏拙又增美。木雕的题材很广泛,有几何图形、福禄寿喜富贵荣华等文字、花卉、飞禽走兽以及传说、戏剧中的情景、人物等。

第五节 竹材及其制品

竹材主要指竹类植物(俗称竹子)的竹秆部分。竹类植物属于禾本科的竹亚科。全世界已有记载的共有 50 多属,1200 多种,大部分产于热带区域,少数属种延至亚热带及温带各地,但主要分布地区则为东南亚季候风带。

在我国,竹类植物有 30 个属 300 余种,自然分布地区很广,南自海南岛,北至黄河流域,东起台湾岛,西迄西藏的错那和雅鲁藏布江下游,相当于北纬 18°～35°和东经 92°～122°。其中,以长江以南地区的竹种最多,生长最旺,面积最大。由于气候、土壤、地形的变化,竹种生物学特性的差异,我国竹子分布具有明显的地带性和区域性。

我国竹资源非常丰富,竹材及其制品在土木工程中的应用有着悠久的历史。随着科学的发展和现代工业制造技术水平的提高,各种新型竹材制品不断研制出来,并在工程结构中得到应用。由于竹资源具有可再生性,所以新型竹结构及竹木复合结构具有很好的应用前景。

一、主要经济竹种及竹材的特性

1. 主要经济竹种

1)毛竹

毛竹又称楠竹、茅竹、猫头竹、孟宗竹。地下茎单轴散生,具有粗壮横走竹鞭,竹秆端直,梢部微弯曲,高 10～20m,胸径 8～16cm,最粗可达 20cm 以上;竹壁厚,胸高处厚 0.5～1.5cm;基部节间短,长 1～5cm,分枝附近的节间长,可达 45cm;节间圆筒形,分枝间的一侧有沟槽,下宽上窄,并有一纵行中脊。

毛竹秆形粗大端直,材质坚硬强韧,是我国竹类植物中分布最广、用途最多的优良竹种。

它可做脚手架、足跳板、竹筏、棚架、家居用品、工艺品、美术雕刻等,更是竹材工业化利用中制造竹材胶合板、竹材层压板和竹编胶合板的理想材料。

2）刚竹

刚竹又称苦竹、台竹、斑竹、光竹。地下茎单轴散生。竹鞭似毛竹,但节间较短,直径较小。竹秆直立,梢稍曲,高5～15m,胸径3～10cm,竹壁厚度中等,基部数节间长,一般为4～15cm,中部最长节间可达35cm;节间圆筒形,分枝一侧有沟槽,上窄下宽,有纵行中脊。

刚竹竹秆质地细密,坚硬而脆,韧性较差,劈蔑效果远不如毛竹和淡竹,一般做晒衣竿、农具柄用,在竹材工业化利用中可以作为竹材胶合板及竹材碎料板的材料。

3）淡竹

淡竹又叫白夹竹、钓鱼竹、金花竹、甘竹。地下茎单轴散生,竹鞭似刚竹,节间较长,直径较小。竹秆直立,梢端弯曲,高5～15m,胸径2～6cm,基部数节间长为4～16cm,中部最长节间可达30～40cm;圆通形,分枝之一侧有纵长沟槽,下宽上窄,具中脊。

淡竹竹秆节间细长,质地坚韧,整竿使用和劈蔑均佳,用于编织席、篓、筛、竹编工艺品及晒衣竿、钓鱼竿等。紫竹是淡竹的变种,较淡竹矮小,竹秆紫黑色。竹秆坚韧,可做箫笛、手杖、伞柄及美术工艺品等。紫竹秆紫叶绿,可供庭院绿化栽植。

4）茶秆竹

茶秆竹又叫青篱竹、沙白竹、亚白竹。地下茎复轴混生,有横走竹鞭,鞭节不隆起。竹秆坚硬直立,高6～13m,胸径5～6cm,间长一般30～40cm,最长可达50多厘米,枝下各节无牙。

茶秆竹具有通直、节平、肉厚、坚韧、弹性强、久放不生虫等优点,可做雕刻、装饰、编织、家具、竹器、运动器材、钓鱼竿等。

5）苦竹

苦竹又叫伞柄竹。地下茎复轴混生,有横走竹鞭。竹秆直立,高3～7m,胸径2～5cm,节间长一般25～40cm,最长可达50多厘米,节间圆筒形,枝下各节无牙。

苦竹竹秆直而节间长,大者可做伞柄、农作物支架,小者可做笔管,亦可造纸或劈蔑做编织使用。

6）麻竹

麻竹又叫甜竹、大叶乌竹。地下茎合轴丛生。竹秆秆梢稍做弧形弯曲,梢尖软下垂,一般高15～20m,最高可达25m,胸径10～20cm,最大可达30cm,节间长30～45cm,竹壁厚,基部可达1.5cm。麻竹竹秆粗大坚硬,材质较差,非常适合用于制造竹材胶合板,可在一定程度上改善其本身的性质。

2. 竹材的特性

竹材和木材一样,都是天然生长的有机体,同属非均质各向异性材料。但是,它们在外观形态、结构和化学成分上都有很大的差别,具有自己独特的物理力学性能。竹材和木材相比较,具有强度高、韧性大、刚性好、易加工等特点,使竹材具有多种多样的用途,但这些特性也在相当大的程度上限制了其优异性能的发挥。竹材的基本特性是:

1）易加工、用途广泛

竹材纹理通直,用简单的工具即可加工编织成各种图案的工艺品、家具、农具和各种生活用品;新鲜竹子通过烘烤还可以弯曲成型制成多种造型别致的竹制品;竹材色浅,易漂白、染色;原竹还可直接用于建筑、渔业等多个领域。

2）直径小、壁薄中空、具尖削度

竹材的直径一般小于木材。工业用木材一般直径范围为几十厘米至1m或2m,而竹材的直径则只有1cm、2cm至十几厘米。由于竹材都是壁薄中空,其直径和壁厚由根部至梢部逐渐变小,这一特性使其不能像木材那样通过锯切加工获得高得率的板材。

3）结构不均匀

竹材在壁厚方向上,外层的竹青,组织致密、质地坚硬、表面光洁、附有一层蜡质,对水和胶黏剂润湿性差;内层的竹黄,组织疏松、质地脆弱,对水和胶黏剂的润湿性也较差;中间的竹肉,性能介于竹青和竹黄之间,是竹材利用的主要部分。由于三者之间结构上的差异,这一特性给竹材的加工和利用带来很多不利影响。

4）各向异性明显

竹材和木材都具有各向异性的特点。但是由于竹材中的维管束走向平行而整齐、纹理一致,没有横向联系,因而竹材的纵向强度小,容易产生劈裂。一般木材纵横两个方向的强度比约为20:1,而竹材却高达30:1。加之竹材不同方向、不同部位的物理性能、力学性能、化学组成都有差异,因而给加工、利用带来很多不稳定的因素。

5）易虫蛀、腐朽和霉变

竹材比一般的木材含有较多的昆虫和微生物所需的营养物质。其中,蛋白质为1.5%～6.0%、糖类为2%左右、淀粉类为2.0%～6.0%、脂肪和蜡质为2.0%～4.0%,因而在适宜的温、湿度条件下使用和保存时,容易引起虫蛀和病腐。竹材的腐烂和霉变主要有腐朽菌寄生所引起,在通气不良的湿热条件下,极易发生。有试验表明,未经处理的竹材耐老化性能(耐久性)也较差。

6）运输费用大,难以长期保存

由于竹材壁薄中空,体积大而容积小,车辆实际装载量少,运输费用高,不宜长距离运输。竹材宜虫蛀、腐朽,因此不宜室外长时间露天保存,而竹材砍伐期有较强的季节性,每年有3～4个月要护笋养竹,不能砍伐。因此,原竹生产难以满足规模、均衡的工业化生产。

二、竹材的物理性质和力学性质

1. 物理性质

1）密度

密度是竹材的一项重要性质,具有很大的实用意义。可以根据它来估计竹材的重量,以及判断竹材的工业性质和物理力学性质(强度、硬度、干缩及湿胀等)。竹材的密度与竹子的种类、竹子的年龄、立地条件和竹秆的部位都有密切联系。

2）含水率

新鲜竹材的含水率与竹龄、部位和采伐季节等有密切关系。一般来说,竹龄越老,竹材含水率越低;竹龄越幼,则含水率越高。竹秆自基部至梢部,含水率逐步降低。竹壁外侧(竹青)的含水率比中部(竹肉)和内侧(竹黄)低。夏季采伐的毛竹竹材含水率最高(70.41%),秋季(66.54%)和春季(60.11%)次之,最低的是冬季(59.31%)。新鲜竹材,一般含水率在70%以上,最高可达140%,平均为80%～100%。

3）干缩性

新鲜竹材置于空气中,因水分不断蒸发而引起干缩。竹材不同切面水分蒸发速度有很大不同。以毛竹为例,其横切面(100%)最大,其次是弦切面(35%)、径切面(34%)和竹黄

（32%），竹青（28%）最小。因此，竹材加工过程中应先去除竹青和竹黄后再进行干燥。引起竹材干缩的主要原因是竹材维管束中的导管失水后发生干缩。

4）吸水性

竹材的吸水与竹材的水分蒸发是两个相反的过程。干燥的竹材吸水性很强，竹材的吸水速度与其长度呈反比，即长度愈大，吸水速度也愈慢，而吸水速度与竹材的宽窄关系不大。与木材一样，竹材吸水后各个方向的尺寸和体积均增大，且强度下降。

2. 力学性质

竹材具有刚度好、强度大等优良的力学性质，是一种良好的工程结构材料。竹材的静弯曲强度、抗拉强度、弹性模量及硬度等数值约为一般木材（中软阔叶材和针叶材）的 2 倍，可与麻栎等硬阔叶材相媲美。但是竹材的力学强度极不稳定，与多种因素有关，影响竹材力学性质的因素主要有以下几点：

1）竹种

不同竹种的竹材内部结构不同，因此其力学性质也不同。表 12-9 为几种竹材的力学性质。

几种竹材的力学性质

表 12-9

力学性质	毛竹	慈竹	麻竹	淡竹	刚竹
拉伸强度（MPa）	188.77	227.55	199.10	185.89	289.13
静弯曲强度（MPa）	163.90	—	—	213.36	194.08

2）立地条件

一般来说，竹林立地条件越好，竹子生长越粗大，但竹材组织较松，所以力学强度较低，在较差的立地条件上，竹子虽生长差，但竹材组织致密，力学强度较高。

3）竹龄

研究结果表明，竹材的强度与竹龄有着十分密切的关系。通常，幼竹最低，一至五年生逐步提高，五至八年生稳定在较高水平，九至十年生以后略有降低。不同的竹种、不同地区的竹材，其强度与竹龄的关系虽有差异，但基本趋势是一致的。

4）竹秆的部位

竹秆不同的部位，力学强度差异较大。一般来说，在同一根竹秆上，上部比下部的力学强度大；竹壁外侧比内侧的力学强度大。竹青部位维管束的分布较竹黄部位密集，密度较高，因而强度高于竹黄。竹材的节部由于维管束分布弯曲不齐，因此其拉伸强度要比节间约低25%，而对压缩强度则影响不大。

5）含水率

竹材和木材一样，在纤维饱和点以内时，其强度随含水率的增加而降低。当竹材达到绝干状态时，因质地变脆，强度下降。当超过纤维饱和点时，含水率增加，强度则变化不大。但是，由于目前对竹材纤维饱和点的研究不够深入，因而尚无比较准确的数据。

三、竹材人造板及其用途

由于竹材的基本特性，各种木材加工的方法和机械都不能直接应用于竹材加工。因此，竹材没有像木材那样，经过各种加工制成各种人造板进入人民生活和工程领域，发挥其作用。随着人们对竹材本身的特性以及竹青、竹肉、竹黄相互的交合性能不断进行深入的研究，逐步揭示了它们的内在联系,先后研制出了与木材人造板既有联系,又有差别,并具有特殊性能的多种竹材人造板。竹材人造板和竹材相比较,具有以下特性:

(1)幅面大、变形小、尺寸稳定。

(2)强度大、刚性好、耐磨损。

(3)可以按要求调整产品结构和尺寸。

(4)具有一定的防虫、防腐性能。

(5)改善了竹材本身的各向异性。

(6)可按要求进行各种复面和涂饰装饰。

竹材人造板是以竹材为原料的各种人造板的总称。按其结构和加工工艺可以分为胶合板类、层压板类、碎料板类和复合板类4大类。

1. 胶合板类

1)竹编胶合板

将竹子劈成薄篾编成竹席,干燥后涂(或浸)胶黏剂,再经组坯胶合而成,可分为普通竹编胶合板和装饰竹编胶合板。前者全部由粗篾编成的粗竹席胶合而成,薄板主要用作包装材料,厚板可作建筑水泥模板和车厢底板等结构用件。装饰竹编胶合板是由经过染色和漂白的薄篾编成的面层竹席和几层粗竹席一起组坯,经胶合而成,主要用于家具和室内装饰之用。

2)竹材胶合板

将径级较大的竹子截断、剖开、去内外节以后,经水煮、高温软化后展平,再刨去竹青、竹黄并呈一定厚度,经干燥、定型后,涂胶、竹片纵横交错组坯、热压胶合而成。竹材胶合板具有强度高、刚性好、变形小、胶耗量小、易于工业化生产等特点,是一种较理想的工程结构材料,可广泛应用于客货车、火车车厢底板和建筑用高强度水泥模板。

3)竹帘胶合板

将竹子剖成竹篾,用细棉线、麻绳或尼龙绳将其连成长方形竹帘,经干燥、涂胶或浸胶后、竹帘纵横交错组坯后热压胶合而成。竹帘胶合板根据需要,可以生产厚板或薄板,有很高的物理、力学性能。产品作为结构材和建筑水泥模板将会有较良好的前景。

2. 层压板类

竹篾层压板是将竹子剖成竹篾并干燥,经浸胶再干燥后同一方向层叠组坯胶合而成。层压板组坯时由于竹篾都是同一方向排列,因而单向(纵向)强度很高,而横向强度主要靠平行的竹篾相互错位和搭接而形成,所以强度很低。竹篾层压板是以厚板锯成窄幅面使用,可模压成型,压制成载货汽车铁木车厢的窄板条。

3. 碎料板类

竹材碎压板是将杂竹、毛竹梢头或枝桠等原料,经辊压、切断、打磨成针状竹丝,再经干燥、喷胶、铺装、热压而制成的板材。由于竹材具有良好的劈裂性,因而经辊压、切断、打磨以后,很容易制成粗纤维状的竹丝,因其长细比大,制成的碎料板强度较高;另一方面,竹材制成了竹丝,分散了竹青、竹黄对胶黏剂不润湿的影响,由于竹材对胶黏剂的渗透性较差,因而施胶量比木质刨花板少。

4. 复合板类

1)高强度覆膜竹胶合水泥模板

该产品由于具有极高的静弯曲强度和弹性模量、硬度、耐磨损性等优良的物理性能,作为清水混凝土模板在近代建筑业和大型工程施工中具有十分广阔的应用前景。

2）竹材碎料复合板

该产品融合了竹材胶合板和竹材碎料板的工艺，具有竹材胶合板的外观形态和碎料板价格低廉的优点，同时也具有与竹材胶合板相近的物理力学性能，可作为载货汽车的车厢旁板、前后挡板及高强度水泥模板。

3）竹材木材复合板

该产品融合了竹材和木材胶合板的生产工艺，具有比竹材胶合板更高的机械化和劳动生产率，生产成本也低于全竹结构的竹材胶合板。其静曲强度可超过 100MPa、弹性模量可超过10000MPa，是一种具有开发前景的产品。

思考与练习

1. 木材的宏观构造是如何剖析的？

2. 何谓纤维饱和点、平衡含水率和标准含水率？在实际使用中有何意义？

3. 影响木材强度的因素有哪些？

4. 木材有哪些主要缺陷？对木质有何影响？

5. 人造板材主要有哪些品种？与天然板材相比，它们有何特点？

6. 竹材人造板有哪几类？与竹材相比，有哪几大特性？

7. 影响竹材强度的因素有哪些？

第十三章 建筑功能材料

建筑功能材料是赋予建筑物特殊使用功能的一大类材料,这些材料用来弥补建筑结构材料难以实现的某些特殊功能,如防水、保温隔热、吸声隔声、装饰、防火、采光等。本章的内容主要围绕常用建筑功能材料进行介绍。

第一节 防 水 材 料

防水材料是指防止雨水、地下水和其他水分渗透的材料,在建筑、桥梁、水利等土木工程中有着广泛的应用。防水工程的质量首先取决于防水材料的优劣,同时也受到防水构造设计、防水工程施工的影响。随着科学技术的进步,防水材料的品种、质量都有了很大发展,许多防水效果好、使用寿命长、绿色环保的新型防水材料不断出现,并得到了推广应用。

防水材料可分为柔性防水材料、刚性防水材料和瓦片类防水材料3大类。刚性防水材料主要包括防水混凝土和防水砂浆以及在表面加涂渗透型或憎水型的防水涂层。防水混凝土或防水砂浆配制的最直接方法是在其生产过程中加入化学外加剂,如膨胀剂、减水剂、防水剂、引气剂等,以提高混凝土或砂浆对水的抗渗透能力。瓦片类防水材料包括黏土瓦、水泥瓦、石棉瓦、琉璃瓦、金属瓦等主要用于屋面的防水材料。

柔性防水材料包括沥青防水材料、聚合物改性沥青防水材料和合成高分子防水材料3类。按产品的特征和用途,柔性防水材料可分为防水卷材、防水涂料和密封材料3个类别,各类别的形式和特点列于表13-1。

柔性防水材料的形式与特点 表13-1

种 类	形 式	特 点
防水卷材	(1)无胎体卷材 (2)以纸或织物等为胎体的卷材	拉伸强度高、抗变形能力强、抗撕裂强度高;防水层设计可按防水工程质量要求控制;防水层较厚,使用年限长;便于大面积施工;施工效率高,防水效果较易控制
防水涂料	(1)水乳型 (2)溶剂型 (3)挥发型	防水层薄、重量轻,可减轻屋面荷载;异型结构部位施工方便;施工简便,一般为冷施工;抵抗变形能力较差,使用年限短

种　类	形　式	特　点
密封材料	(1)膏状或糊状 (2)固体带状或片状	使用时膏状或糊状,经过一定时间或处理后为塑性、弹塑性或弹性固体,适用于任何形式的接缝和孔槽; 　埋入混凝土接缝处能与混凝土紧密结合;抗变形能力大;防水效果可靠

一、防水卷材

防水卷材是可卷曲成卷状的柔性防水材料。它是我国目前用量最大的防水材料,广泛应用于屋面、地面及地下防水工程中。

1.防水卷材的基本性能要求

防水卷材作为直接粘贴于需防水面层的材料,要满足防水工程的要求,必须具备以下性能:

1)防水性

防水性是指防水卷材在压力水的作用下不透水,保持其性能不变的性质。常用不透水性、抗渗性等指标来表示。

2)力学性能

力学性能是指防水卷材在一定荷载、应力或变形的条件下不断裂的性质。常用拉力、最大拉力时延伸率、撕裂强度等指标表示。

3)温度稳定性

温度稳定性是指防水卷材在高温下不软化、不流淌、不起泡,在低温下不脆硬、不开裂的性质。常用耐热度、脆性温度等指标表示。

4)大气稳定性

大气稳定性是指防水卷材在光、热、水、臭氧等因素的长期综合作用下能长期保持其使用性能的性质。常用耐老化性、人工老化后性能保持率等指标表示。

5)柔韧性

柔韧性是指防水卷材在低温下保持其柔韧性、易于施工的性质。常用柔度、低温弯折性等指标表示。

2.防水卷材的类型和主要品种

表13-2列出了目前防水卷材的类型和主要品种,其中沥青防水卷材是传统材料,其抗拉能力低、易腐烂、耐久性差,但其价格较低,在我国的建筑防水工程中仍有较多应用。聚合物改性沥青卷材和合成高分子卷材的性能好,属新型防水卷材,代表了防水卷材的发展方向。

防水卷材的分类及主要品种　　　　　　　　　　　　　　　　表13-2

类　型	主　要　品　种
沥青卷材	纸胎石油沥青油毡、玻璃布石油沥青油毡、铝箔胎油毡等
聚合物改性沥青卷材	SBS 改性沥青防水卷材、APP 改性沥青防水卷材、PVC 改性沥青防水卷材、再生橡胶改性沥青防水卷材等
合成高分子卷材	三元乙丙橡胶防水卷材、丁基橡胶防水卷材、再生橡胶防水卷材、聚氯乙烯塑料防水卷材、聚乙烯塑料防水卷材、氯化聚乙烯塑料防水卷材等

3. 常用防水卷材的性能与应用

1) 沥青防水卷材

沥青防水卷材是以原纸、纤维布等为胎基,以沥青为主要浸涂材料,表面施以隔离材料而制成的防水卷材,其中具有代表性的是石油沥青纸胎油毡(简称油毡)。油毡幅宽为1m,按卷重和物理性能分为Ⅰ型、Ⅱ型、Ⅲ型。每卷质量要求是:Ⅰ型不小于17.5kg,Ⅱ型不小于22.5kg,Ⅲ型不小于28.5kg;物理性能应符合《石油沥青纸胎油毡》(GB 326—2007)的规定。Ⅰ型、Ⅱ型油毡适用于辅助防水、保护隔离层、临时性建筑的防水、防潮及包装等;Ⅲ型油毡适用于屋面工程的多层防水。

纸胎油毡的抗拉能力低、易腐烂、耐久性差,为了改善沥青防水卷材的性能,通常改进胎体材料。因此开发了玻璃布沥青油毡、玻纤沥青油毡、黄麻胎沥青油毡、铝箔胎沥青油毡等一系列沥青防水卷材。

常见的沥青防水卷材的特点及适用范围,见表13-3。

常见沥青防水卷材的特点和适用范围 表13-3

卷材名称	特点	适用范围
石油沥青纸胎油毡	资源丰富、价格低廉,抗拉性能低,温度敏感性大,使用年限较短,是我国传统的防水材料	二毡四油、二毡三油叠层铺设的屋面防水工程
石油沥青玻璃布油毡	抗拉强度较高,胎基不易腐烂,柔韧性好,耐久性比纸胎油毡高一倍以上	用作纸胎油毡的增强附加层和突出部位的防水层
石油沥青玻纤油毡	耐腐蚀性和耐久性好,柔韧性、抗拉性能优于纸胎油毡	常用于屋面和地下防水工程
石油沥青黄麻胎油毡	抗拉强度高,柔韧性好,耐水性好,但胎基易腐烂	常用于屋面增强附加层
石油沥青铝箔胎油毡	防水性能好,隔热和隔水汽性好,柔韧性较好,抗拉强度较高	与带孔玻纤毡配合或单独使用,用于热反射屋面和隔汽层

2) 聚合物改性沥青防水卷材

改性沥青防水卷材是以改性沥青为涂盖层,纤维织物或纤维毡为胎基,粉状、片状、粒状或薄膜材料为覆盖层材料制成的防水卷材。沥青改性剂主要有SBS、APP、再生橡胶或废胶粉等。

改性沥青防水卷材改善了普通沥青防水卷材温度稳定性差、延伸率小等不足,具有高温不流淌、低温不脆裂、抗拉强度较高、延伸率较大等特点。改性沥青防水卷材常用的胎基有玻纤毡、聚酯毡和玻纤增强聚酯毡。玻纤毡耐水性、耐腐蚀性好,价格低,但强度低,延伸率小;聚酯毡力学性能很好(包括撕裂强度、断裂延伸率、抗穿刺力等),耐水性、耐腐蚀性也很好;玻纤增强聚酯毡集合了前2种毡的优点。

聚合物改性沥青防水卷材的代表性品种是弹性体改性沥青防水卷材(简称SBS改性沥青防水卷材)。其石油沥青改性剂是苯乙烯—丁二烯—苯乙烯热塑性弹性体(简称SBS)。卷材的上下表面均有隔离材料。

国家标准《弹性体改性沥青防水卷材》(GB 18242—2008)规定,SBS改性沥青防水卷材按胎基材料的不同分为聚酯毡卷材(代号PY)、玻纤毡卷材(代号G)和玻纤增强聚酯毡卷材(代号PYG)3类;按卷材上表面隔离材料的不同分为聚乙烯膜卷材(代号PE)、细砂卷材(代号

S)、矿物粒料卷材(代号M)3种;按卷材的物理力学性能又分为Ⅰ型(有 PY 和 G 两种)和Ⅱ型(有 PY、G 和 PYG 三种)两种类型。Ⅱ型的性能优于Ⅰ型。

SBS 改性沥青防水卷材不仅在常温下具有良好的弹性,在高温下具有良好的热塑性和低温柔性,而且具有良好的耐热性、耐水性和耐腐蚀性。

SBS 改性沥青防水卷材广泛用于建筑物的屋面和地下防水工程,尤其适用于较低气温环境的建筑物防水工程。此防水卷材可单层、多层使用,施工方法也可根据不同卷材选择热熔法、冷黏法和自黏法。

常见的聚合物改性沥青防水卷材的特点和适用范围,见表 13-4。

常见聚合物改性沥青防水卷材的特点和适用范围　　　　　　　　　　表 13-4

卷材种类	特　点	适　用　范　围
SBS 改性沥青防水卷材	高温稳定性和低温柔韧性明显改善,抗拉强度和断裂延伸率较高,耐疲劳和耐老化性好	单层铺设的防水层或复合使用,冷热地区均适用,可用于特别重要、重要及一般防水等级的屋面、地下防水工程、特殊结构防水工程,且特别适用于寒冷地区及变形频繁的结构
APP 改性沥青防水卷材	抗拉强度高,延伸率大,耐老化性、耐腐蚀性和耐紫外线老化性能好,可在 130℃ 以下的温度使用	单层铺设的防水层或复合使用,适用范围与 SBS 改性沥青防水卷材基本相同,特别适合于高温地区和太阳辐射强烈地区使用
PVC 改性焦油沥青防水卷材	有良好的耐高温和耐低温性能,最低开卷温度为 -18℃,可低温下施工	单层铺设的防水层或复合使用,有利于冬季负温下施工
再生胶改性沥青防水卷材	有一定的延伸性和防腐能力,低温柔性较好,价格低	适合变形较大或档次较低的防水工程
废橡胶粉改性沥青防水卷材	抗拉强度、高温稳定性和低温柔性均比沥青防水卷材有明显改善	一般叠层使用,宜用于寒冷地区的防水工程

3)合成高分子防水卷材

以合成橡胶、合成树脂或二者的共混体为基料,加入适量的助剂和填充料等,经过混炼、压延或挤出等工序加工而成的防水卷材称为合成高分子防水卷材。有加筋增强型和非加筋增强型两种。

合成高分子防水卷材具有抗拉伸、撕裂强度高,断裂伸长率大,耐热性好,低温柔性好,耐腐蚀,耐老化及可以冷施工等一系列优点,是具有发展前景的新型高档防水材料。

聚氯乙烯(PVC)塑料防水卷材是一种常用品种。它是以聚氯乙烯树脂为主要原料,掺加填充料及适量的改性剂、增塑剂及其他助剂,经过混炼、压延或挤出成型而制成的防水卷材。

PVC 防水卷材根据产品的组成分为均质卷材(代号 H)、带纤维背衬卷材(代号 L)、织物内增强卷材(代号 P)、玻璃纤维内增强卷材(代号 G)、玻璃纤维内增强带纤维背衬卷材(代号 GL)5 类。国家标准《聚氯乙烯(PVC)防水卷材》(GB 12952—2011)对 PVC 防水卷材的尺寸偏差、外观质量、物理力学性能和抗风揭能力均有具体规定。

PVC 防水卷材的突出特点是拉伸强度高,断裂伸长率也较大,虽然与三元乙丙橡胶防水卷材相比其性能稍逊,但其原材料丰富,价格较便宜,所以应用更为广泛。

二、防水涂料

常温下防水涂料为无定型黏稠液态,将其涂布在结构物表面,经溶剂或水分挥发或组分间化学反应后,可形成具有一定弹性的连续薄膜,使结构物表面与水隔绝,从而产生防水防潮作用。防水涂料广泛应用于工业与民用建筑的屋面、墙面防水工程、地下工程的防潮、防渗等。

1. 防水涂料的特点

防水涂料依靠成膜物形成涂膜而防水,其主要特点如下:

(1)防水涂料呈液态施工,故能适应各种复杂的表面,并可形成无接缝的完整涂膜。

(2)可采用刷涂、喷涂等方式进行冷施工,不污染环境,施工方便,劳动强度较小。

(3)在形成防水层的过程中,与基层黏结良好,既保证了黏结质量,又节省了胶黏剂。

(4)由于防水层与基层黏结紧密,故工程渗漏点与防水层破损点较为一致,方便维修。

(5)所形成的防水层自重小,特别适合于轻型屋面。

(6)涂料多需现场配制、人工操作,因此防水膜层的厚度均匀性和质量受现场条件、工人操作水平影响较大。

(7)涂抹较薄,抗穿刺性差。

2. 防水涂料的分类

防水涂料按成膜物质的主要成分可分为 3 大类,如表 13-5 所示;如按涂料的介质不同,又可分为溶剂型、水乳型和反应型 3 类。

防水涂料的分类及主要品种　　　　　　　　　　　　　　　　　表 13-5

类　　型	主　要　品　种
沥青基防水涂料	石灰乳化沥青防水涂料、石棉乳化沥青防水涂料、油膏稀释防水涂料等
聚合物改性沥青防水涂料	SBS 橡胶沥青防水涂料、氯丁橡胶沥青涂料、再生橡胶沥青涂料等
合成高分子防水涂料	聚氨酯类防水涂料、丙烯酸类防水涂料、氯丁橡胶防水涂料等

3. 常用防水涂料的性能与应用

1)沥青基防水涂料

沥青基防水涂料是以沥青为基料配制而成的水乳型或溶剂型防水涂料。溶剂型沥青防水涂料即冷底子油,一般不单独使用。

水乳型沥青防水涂料即水性沥青基防水涂料,是以乳化沥青为基料的防水涂料。乳化沥青是以水为分散介质,并借助于乳化剂的作用将沥青微粒分散成乳液型稳定的分散体系。涂刷于材料表面,水分蒸发后,沥青微粒靠拢将乳化剂膜挤裂,相互团聚而黏结成连续的沥青膜层,成膜后的乳化沥青与基层黏结形成防水层。

乳化沥青常用的品种是石灰乳化沥青、石棉乳化沥青防水涂料。两者皆具有水乳性、单组分、无毒、不燃、可在潮湿表面上施工等特点。石棉乳化沥青由于采用无机纤维状矿物作填料,它的乳化膜更为坚固,故其耐水性、耐候性、稳定性都优于一般的乳化沥青涂料。

《水乳型沥青防水涂料》(JC/T 408—2005)对水乳性沥青防水涂料的类型(H 型和 L 型)及其技术性能要求均有具体规定。L 型的耐热度为 110℃,高于 H 型(80℃)。

2)聚合物改性沥青防水涂料

聚合物改性沥青防水涂料是以沥青为基料,用合成高分子聚合物进行改性后制成的水乳型或溶剂型防水涂料。用于改性的聚合物有氯丁橡胶、再生橡胶和 SBS 等。这类涂料在柔韧性、抗裂性、拉伸强度、耐高温性能和使用寿命等方面比沥青基防水涂料有很大改善。

氯丁橡胶改性沥青防水涂料有溶剂型和水乳型两种。水乳型氯丁橡胶沥青防水涂料,又称氯丁胶乳沥青防水涂料。该防水涂料具有成膜快、强度高、耐候性好、抗裂性好、难燃、无毒、可冷施工等优点，已成为我国防水涂料中的主要品种之一。但由于该涂料固体含量低、防水性能一般，在屋面上一般不能单独使用，也不适用于地下室及浸水环境下的表面防水。溶剂型氯丁橡胶改性沥青防水涂料与水乳型相当，但由于成膜条件不同，溶剂型防水涂料可以用于地下室及浸水环境下建筑物表面的防水。

水乳型再生橡胶改性沥青防水涂料是由再生乳胶和沥青乳胶混合均匀，其微粒稳定分散在水中而形成的水乳型防水涂料，一般要加衬玻璃纤维布或合成纤维加筋毡构成防水层。该涂料具有无毒、无味、不燃的优点，可在常温下冷施工作业，并可在稍潮湿无积水的表面施工，涂膜具有一定的柔韧性和耐久性，原材料来源广、价格低，适用于工业与民用建筑混凝土基层屋面防水、以沥青珍珠岩为保温层的保温屋面防水、地下混凝土建筑防潮及刚性自防水屋面的维修等。

另外，还有 SBS 改性沥青防水涂料，该涂料低温柔韧性好、抗裂性强、粘接性能优良、耐老化性能好，与玻纤布等增强胎体复合，能用于任何复杂的基层，防水性能好，是较为理想的中档防水涂料。SBS 改性沥青防水涂料特别适合于寒冷地区的防水施工。

3）合成高分子防水涂料

合成高分子防水涂料是以合成橡胶或合成树脂为主要成膜物质，加入适量的增塑剂、活性剂等制成的单组分或多组分防水涂料。这类涂料具有高弹性、高耐久性和优良的耐高、低温性能。主要品种有聚氨酯防水涂料、丙烯酸酯防水涂料和硅橡胶防水涂料等。其中，聚氨酯防水涂料最具有代表性，应用也最多。

按照《聚氨酯防水涂料》（GB/T 19250—2003），聚氨酯防水涂料按组分分为单组分（S）和多组分（M）两种，每种按拉伸性能又分为 I、II 两类。标准对两种聚氨酯防水涂料的拉伸强度、断裂延伸率、不透水性、低温弯折性、抗老化性等技术性能都有具体要求。

聚氨酯防水涂料涂膜固化时无体积收缩，具有较大的弹性和延伸率，较好的抗裂性、耐候性、耐酸碱性、耐老化性，且施工方便。膜层厚度为 1.5~2.0mm，其使用年限可达 10 年以上。聚氨酯防水涂料在中高级建筑的卫生间、水池、屋面和地下室防水工程中得到了广泛的应用。

三、密封材料

密封材料是用于各种接缝或裂缝、变形缝（沉降缝、伸缩缝、抗震缝等），用以保持缝的水密、气密性能，并具有一定强度，能连接构件的填充材料。

为保证密封材料的防水密封效果，密封材料要求具有以下性能：

（1）水密性和气密性。

（2）良好的黏结性、抗下垂性。

（3）良好的耐高低温性和耐老化性能。

（4）一定的弹塑性和拉伸—压缩循环性能。

1. 密封材料的分类

密封材料按形态的不同一般可分为不定型密封材料和定型密封材料两大类。非定型密封材料为黏稠膏状体，称为密封膏或密封胶；定型密封材料是按密封部位的不同要求制成带、条、垫片等形状的密封材料，如表 13-6 所示。

类　型		主要品种
不定型密封材料	非弹性密封材料	沥青嵌缝油膏、聚氯乙烯胶泥等
	弹性密封材料　溶剂型	氯磺化聚乙烯橡胶密封膏、丁基橡胶密封膏等
	水乳型	丙烯酸酯密封膏、改性EVA密封膏等
	反应型	聚氨酯密封膏、聚硫密封膏、硅铜密封膏等
定型密封材料		密封条带、止水带等

2. 常用密封材料的性能与应用

1）沥青嵌缝油膏

沥青嵌缝油膏是以石油沥青为基料,加入废橡胶粉等改性材料、稀释剂及填充料混合制成的密封膏。主要用于各种混凝土屋面板、墙板等建筑构件节点的防水密封。

2）聚氯乙烯胶泥与塑料油膏

聚氯乙烯胶泥是目前国内常用的一种密封材料。该胶泥主要成分是煤焦油,用聚氯乙烯进行改性。聚氯乙烯胶泥价格较低,防水性好,有弹性,耐寒和耐热性较好。但它必须热施工,通常随配方的不同在60～110℃进行热灌。若加入少量溶剂,可进行冷施工,但硬化收缩较大。在实际生产中,为进一步降低聚氯乙烯胶泥的成本,可以选用废旧聚氯乙烯塑料制品来代替聚氯乙烯树脂,这样得到的密封油膏习惯上称为塑料油膏。

3）聚氨酯密封膏

聚氨酯密封膏是一种双组分反应型密封材料,其组分与聚氨酯防水涂料基本相同。

聚氨酯密封膏对金属、混凝土、玻璃、木材等均有良好的黏结性能,具有弹性大、延伸率大、黏结性好、耐低温、耐水、耐酸碱、耐油、抗疲劳和使用年限长等优点,是一类中高档的密封材料。

聚氨酯密封膏广泛应用于墙板、屋面板、楼板、地下室等部位的接缝密封工程,以及给水排水管道、蓄水池、游泳池、道路桥梁、机场跑道等工程的接缝密封与渗漏修补,也可用于金属、玻璃材料的嵌缝。

4）聚硫密封膏

聚硫密封膏是有液态聚硫橡胶为主要成分,加入固化剂、增塑剂、增韧剂、填充剂等助剂配制而成的密封材料。

聚硫密封膏有单组分和双组分之分,目前国内双组分应用较多。该密封膏具有优异的耐候性,极佳的水密性和气密性,弹性高、黏结强度高、抗拉强度高、延伸率大,良好的耐湿热能力,适用温度范围宽,可在-40～90℃的温度范围内保持各项性能变化不大。因此,聚硫密封膏属于高档密封材料。

聚硫密封膏是目前世界上应用广泛、使用成熟的弹性密封材料,适用于混凝土楼板、屋面板、地下室等部位的接缝密封以及金属幕墙、金属门窗框四周、中空玻璃的防水、防尘密封等。

5）止水带

止水带也称封缝带,是处理建筑物或地下构筑物接缝(伸缩缝、施工缝、变形缝)用的一类定型防水密封材料。常用品种有橡胶止水带、塑料止水带等。

橡胶止水带具有良好的弹塑性、耐磨性和抗撕裂性能,适应变形能力强,防水性能好。但其性能受使用环境影响较大,当温度高于50℃,或受强烈的氧化作用或受油类等有机溶剂侵蚀时不宜使用。橡胶止水带一般用于地下工程、小型水坝、地下通道、游泳池等工程的变形缝部位的隔离防水以及水库、输水洞等处闸门的密封止水。

目前，塑料止水带多为软质聚氯乙烯塑料止水带，其主要成分是聚氯乙烯。该止水带原料来源丰富，价格低廉，耐久性较好。可用于地下室、隧道、涵洞、沟渠等的隔离防水。

四、防水材料的选用

防水材料品种繁多，形态各异，性能各有不同，价格也相差悬殊。因此，应本着"因地制宜，按需选材"的原则进行选用。选用时应考虑以下几点：

1. 按屋面防水等级和设防要求进行选择

国家标准《屋面工程质量验收规范》（GB 50207—2002）按建筑物的类型、重要程度、使用功能、结构特点等将屋面防水工程分为四个等级。屋面防水等级不同，防水层的耐用年限不同，所使用的防水材料以及防水层的组成也应不同。屋面防水等级和设防要求，见表13-7。

屋面防水等级和设防要求 表13-7

项 目	屋 面 防 水 等 级			
	Ⅰ	Ⅱ	Ⅲ	Ⅳ
建筑物类别	特别重要或对防水有特殊要求的建筑	重要的建筑和高层建筑	一般的建筑	非永久性的建筑
防水层合理使用年限	25 年	15 年	10 年	5 年
防水层选用材料	宜选用合成高分子防水卷材、聚合物改性沥青防水卷材、金属板材、合成高分子防水涂料、细石混凝土等材料	宜选用聚合物改性沥青防水卷材、合成高分子防水卷材、金属板材、合成高分子防水涂料、聚合物改性沥青防水涂料	宜选用三毡四油沥青防水卷材、聚合物改性沥青防水卷材、合成高分子防水卷材、金属板材、聚合物改性沥青防水涂料、合成高分子防水涂料、细石混凝土、平瓦、油毡瓦等材料	可选用二毡三油沥青防水卷材、聚合物改性沥青防水涂料等材料
设防要求	三道及以上防水设防	二道防水设防	一道防水设防	一道防水设防

2. 按气候作用强度进行选择

气候作用强度是指屋面最高温度与最低温度之差。我国气候作用强度有强作用区（温差≥65℃）、较强作用区（温差为55~65℃）、中作用区（温差为45~55℃）和弱作用区（温差为<45℃）之分。对极端温差大的地区，应选择耐高温、低温性能优良和延伸率大的防水材料，使防水层适应温差引起的热胀冷缩变化，防止防水层破坏。

3. 按建筑物结构特点和施工条件进行选择

对屋面变截面大、设备管道多的，应选择防水涂料，以方便施工。对受振动大的结构，应选用抗拉强度高、延伸率大的防水卷材，当使用环境中有腐蚀性介质时，选用的防水材料应有相应的耐酸碱侵蚀能力。

4. 按防水层的暴露程度进行选择

外露防水层应选用耐紫外线的防水材料；种植屋面所用防水材料应具有耐霉性等。

地下防水工程的防水等级按其工程重要性和使用要求分为四级：一级不允许漏水，结构表面无湿渍;二级不允许漏水,结构表面允许有少量湿渍;三级允许有少量漏水点,但不得有线流和漏泥砂;四级允许有漏水点,但不得有线流和漏泥砂。所用防水材料的选用原则同屋面防水工程。

第二节　绝热材料

在建筑上,习惯把用于控制室内热量外流的材料称为保温材料;把防止室外热量进入室内的材料称为隔热材料。保温、隔热材料统称为绝热材料。因此,绝热材料是防止住宅、生产车间、公共建筑及各种热工设备中热量传递的材料。在土木工程中,绝热材料主要用于墙体和屋面保温隔热,以及热工设备、采暖和空调管道的保温,在冷藏设备中则大量作隔热用。据统计,具有良好的绝热功能的建筑,其能源节省可达25%～50%。

一、绝热材料的性能要求

1. 导热系数

导热性是指材料传递热量的能力,用导热系数表示。材料的导热系数越大,导热性能越好,而绝热能力就越差。工程上将导热系数 $\lambda < 0.23W/(m \cdot K)$ 的材料称为绝热材料。影响导热系数的主要因素有以下几点:

(1)物质构成。材料的导热系数受自身组成物质的化学组成和分子结构的影响,导热系数由大到小依次为:金属材料 > 无机非金属材料 > 有机材料。

(2)孔隙率。由于固体物质的导热系数比空气的导热系数大得多,因此材料孔隙率越大,一般来说材料的导热系数就越小。

(3)孔隙特征。在孔隙率相同时,孔径越大,连通孔越多,导热系数就越大,这是由于大孔、连通孔中气体容易产生对流。

(4)温度。材料的导热系数随温度的升高而增大。这是因为温度升高,材料分子的热运动加剧,同时孔隙内空气的导热和孔壁间的辐射作用也有所增强。

(5)含水率。由于水的导热系数为 $0.58W/(m \cdot K)$,远大于空气,所以材料的含水率增加时,其导热系数会增大。若水结冰,冰的导热系数为 $2.33W/(m \cdot K)$,约为空气导热系数的80倍,导热能力将更大。因此,环境湿度的增加会导致含水率的增加,同时导热系数会增大。

(6)热流方向。对于纤维状材料,热流方向与纤维排列方向垂直时,材料的导热系数比平行时要小。这是因为前者可对空气的对流起到阻碍的作用。

2. 其他性能要求

(1)温度稳定性。材料在受热作用下保持其原有性能不变的能力,称作绝热材料的温度稳定性,通常以不至丧失绝热性能的极限温度来表示。

(2)吸湿性。绝热材料从潮湿环境中吸收水分的能力称为吸湿性,一般吸湿性越大,对绝热性能影响越不利。

(3)强度。绝热材料的强度常用抗压强度和抗折强度表示,由于绝热材料常含有大量孔隙,故其强度一般均不大,但在使用中要求绝热材料有一定的强度,以保证其正常的使用性能。

综上所述,绝热材料通常应具备以下基本条件:导热系数 $\lambda < 0.23W/(m \cdot K)$,足够的抗压强度(一般不低于0.3MPa),使用温度为 $-40～60℃$,在温度、湿度变化时保持尺寸稳定性,

以及防火性能。除此之外，还要根据工程的特点，考虑材料的吸湿性、耐腐蚀性等性能以及技术经济指标。为了保证材料的绝热性，安装时应根据情况设置隔汽层或防水层。

二、绝热材料的构造特点及分类

绝热材料种类较多，可根据其构造特点分为以下三大类：

1. 多孔型

当热量从高温侧向低温侧传递时，若遇到气孔，一条路线仍然沿固相传递。但须绕过气孔，传热路线增加，从而减缓传递速度。另一条路线通过孔内气体传递，包括气体导热、对流和高温孔壁辐射等。在常温下辐射、对流都很小，因此以气体导热为主，而空气的导热系数为$0.029W/(m \cdot K)$，远远小于固体，传热速度非常缓慢。因此含有大量气孔的材料有绝热作用。

2. 纤维型

纤维型绝热材料的绝热机理基本上和多孔材料相似。当传热方向平行于纤维方向时，热流可部分沿固体直线传递，显然传热方向和纤维方向垂直时的绝热性能比平行时要好。

3. 反射型

热射线一般不能穿透土木工程材料，故透射部分可忽略。当热量经过反射型绝热材料时，根据能量守恒原理有：

$$I_a + I_r = I_0 \tag{13-1}$$

或

$$\frac{I_a}{I_0} + \frac{I_r}{I_0} = 1 \tag{13-2}$$

式中：$\dfrac{I_a}{I_0}$——反映材料对热量吸收能力的大小，称为吸收率；

$\dfrac{I_r}{I_0}$——反映材料对反射能力的大小，称为反射率。

可见，材料的反射能力越高，吸收的热量就越少，绝热作用就越好。利用某些材料对热量的反射作用，可以将大部分外来热量反射掉，从而起到绝热作用。如铝箔的反射率可达95%，可贴在需要绝热的部位用作绝热材料。

三、常用绝热材料

1. 膨胀蛭石

膨胀蛭石是一种有代表性的多孔轻质无机绝热材料，其主要成分为含有镁、铁的含水铝硅酸盐矿物，由云母类矿物经风化而成，具有层状结构。膨胀蛭石的导热系数 $\lambda = 0.046 \sim 0.07$ $W/(m \cdot K)$，堆积密度可降至 $80 \sim 200kg/m^3$，最高使用温度为 $1000 \sim 1100℃$。

膨胀蛭石主要用于建筑夹层填充料，但使用时要注意防潮。膨胀蛭石也可与水泥、水玻璃等胶结材料一起制成膨胀蛭石制品。

2. 膨胀珍珠岩

膨胀珍珠岩是采用天然珍珠岩经破碎、预热、焙烧得到的多孔轻质粒状材料。膨胀珍珠岩是一种高效能的绝热材料，导热系数 $\lambda = 0.025 \sim 0.048W/(m \cdot K)$，堆积密度可为 $40 \sim$

$300kg/m^3$,使用温度范围为 $-200 \sim 800℃$。膨胀珍珠岩在建筑中常用作维护结构的填充材料。由于膨胀珍珠岩的低温绝热性能特别突出,常用于低温设备的保冷绝热。同时也可用水泥、水玻璃、沥青等胶凝材料将膨胀珍珠岩制成膨胀珍珠岩制品。

3. 矿物棉

岩棉和矿棉统称为矿物棉,由熔融的岩石经喷吹制成的纤维材料称为岩棉,由熔融矿渣经喷吹制成的纤维材料成为矿渣棉。矿物棉可与有机胶结材料结合制成矿棉板、毡、管等制品,其导热系数 $\lambda = 0.025 \sim 0.048W/(m \cdot K)$,堆积密度为 $40 \sim 300kg/m^3$,最高使用温度约为 $600℃$。矿物棉也可用作填充材料,但其有吸水性大、弹性小的缺点。

4. 玻璃棉

玻璃纤维有长短之分,短切纤维相互纵横交错在一起,即构成多孔结构的玻璃棉。玻璃棉的导热系数 $\lambda = 0.041 \sim 0.035W/(m \cdot K)$,堆积密度为 $10 \sim 150kg/m^3$,普通有碱玻璃的最高使用温度为 $300℃$,无碱玻璃为 $600℃$。玻璃纤维制品的纤维直径对其导热系数有较大影响,导热系数随纤维直径增大而增加。以玻璃纤维为主要原料的保温隔热制品主要有:沥青玻璃棉毡和酚醛玻璃棉板,以及各种玻璃毡、玻璃毯等,通常用于房屋建筑的墙体保温层。

5. 泡沫玻璃

用玻璃粉和发泡剂配成的混合料经煅烧而得到的多孔材料称为泡沫玻璃。泡沫玻璃的孔隙率大,可高达 95%,且绝大多数的孔为孤立孔,因此其导热系数低,在 $0.052 \sim 0.128W/(m \cdot K)$;表观密度为 $150 \sim 600kg/m^3$;并且有良好的机械强度,其抗压强度在 $0.8 \sim 15MPa$;最高使用温度为 $300 \sim 400℃$(普通玻璃为原料)、$800 \sim 1000℃$(无碱玻璃为原料);另外,泡沫玻璃还具有不透气、不吸水、不燃、不腐蚀等优点。泡沫玻璃的应用范围广泛,可用于烟道、烟囱的内衬和冷库、空调的绝热材料,还可以砌筑保温隔热墙体。

6. 微孔硅酸钙

微孔硅酸钙是以石英砂、普通硅石或活性高的硅藻土以及石灰为原料经过水热合成的绝热材料。其导热系数约为 $0.041W/(m \cdot K)$,表观密度约为 $250kg/m^3$,最高使用温度约为 $650℃$。微孔硅酸钙多为板状材料,用于围护结构及管道保温,其效果较水泥膨胀珍珠岩和水泥膨胀蛭石要好。

7. 泡沫塑料

泡沫塑料是以各种树脂为基料,加入一定剂量的发泡剂、催化剂、稳定剂等辅助材料,经加热发泡而制成的一种具有轻质绝热抗震性能的材料。目前,我国生产使用的品种主要有:

(1)聚苯乙烯泡沫塑料,其导热系数为 $0.038 \sim 0.047W/(m \cdot K)$,表观密度为 $20 \sim 75kg/m^3$,最高使用温度约为 $70℃$。

(2)聚氨酯泡沫塑料,其导热系数为 $0.035 \sim 0.042W/(m \cdot K)$,表观密度为 $30 \sim 65kg/m^3$,最高使用温度可达 $120℃$,最低使用温度为 $-60℃$。

(3)聚氯乙烯泡沫塑料,其导热系数为 $0.031 \sim 0.045W/(m \cdot K)$,表观密度为 $12 \sim 75kg/m^3$,最高使用温度为 $70℃$,该塑料遇火能自行熄灭。

该类绝热材料主要用于复合墙板及屋面板的夹芯层、冷藏及包装等。由于这类材料造价高,使用温度低,且具有可燃性,因此应用上受到一定限制。

8. 陶瓷纤维

陶瓷纤维采用氧化硅、氧化铝为原料,经高温熔融、喷吹制成。其纤维直径小,一般为 $2 \sim$

4μm,导热系数为 0.044 ~ 0.049W/(m·K),表观密度为 140 ~ 150kg/m³,最高使用温度可达 1100 ~ 1350℃。陶瓷纤维可制成毡、毯、绳等制品,用于高温绝热;还可用于高温环境下吸声材料。

9. 蜂窝板

蜂窝板是以较薄的面板贴在蜂窝状芯材的两侧制成。芯材通常采用浸渍过合成树脂(酚醛、聚酯等)的铝片、牛皮纸、玻纤布等制成。面板是用牛皮纸、玻纤布、胶合板、纤维板、石膏板等材料制成。芯材与面材用黏合剂牢固地黏合在一起形成蜂窝板。蜂窝板的特点是质轻、强度高、导热系数小。根据所用材料的不同,可分为结构用板材和非结构用板材两类。当芯材采用泡沫塑料等材料时,其绝热效果最佳。

10. 轻混凝土

可用作绝热材料的轻混凝土包括轻集料混凝土和多孔混凝土。轻集料混凝土在第六章已叙述,可用作保温、结构保温和结构三方面。多孔混凝土主要有泡沫混凝土和加气混凝土。泡沫混凝土的表观密度为 300 ~ 500kg/m³,导热系数为 0.082 ~ 0.186W/(m·K);加气混凝土的表观密度为 300 ~ 1200kg/m³,导热系数为 0.081 ~ 0.29W/(m·K)。多孔混凝土常用作屋面板材料和墙体的砌筑材料。

第三节 吸声材料

一、材料的吸声性能

声音起源于物体的振动,如说话时声带的振动和打鼓时鼓皮的振动,声带和鼓皮称为声源。声源的振动可使邻近的空气跟着振动而形成声波,并在空气介质中向四周传播。声音在传播过程中,一部分由于声能随着距离的增大而扩散,另一部分则因空气分子的吸收声能而减弱。当声波遇到材料表面时,大多数材料都可能对其产生吸收作用。材料吸声性能即指材料对声波能量产生吸收作用的能力,常用吸声系数表示。材料的吸声系数越高,其吸声效果就越好。

吸声系数 A 表示材料吸声性能大小的量值,是指声波遇到材料表面时透过和被吸收的声能 E 与入射声能 E_0 之比,见式(13-3):

$$A = \frac{E}{E_0} \tag{13-3}$$

假如透过材料和被吸收的入射声能为 55%,其余 45% 被反射,则材料的吸声系数就等于 0.55。当入射声能 100% 被吸收时,吸声系数等于 1。当门窗开启时,吸声系数相当于 1。一般材料的吸声系数在 0 ~ 1,若只有悬挂的空间吸声体,由于有效吸声面积大于计算面积,可获得吸声系数大于 1 的情况。

材料的吸声特性不仅与声波的方向有关,而且与声波的频率有关。同种材料,对于高、中、低不同频率声能的吸收情况不同。为了全面反映材料的吸声特性,通常取 125、250、500、1000、2000、4000Hz 六个频率的平均吸声系数来表示材料的吸声性能。凡六个频率的平均吸声系数大于 0.2 的材料,可称为吸声材料。

二、吸声材料的类型及结构形式

1. 多孔性吸声材料

多孔性吸声材料是比较常用的一种吸声材料,它具有良好的中、高频吸声性能。

多孔性吸声材料具有大量内、外连通的微孔和连续的气泡,通气性良好。当声波入射到材料表面时,声波很快地顺着微孔进入材料内部,引起孔隙内的空气振动,由于摩擦,空气黏滞阻力和材料内部的热传导作用,使相当一部分声能转化为热能而被吸收。多孔材料吸声的先决条件是声波易于进入微孔,所以材料内部及其表面都应当是多孔的。

多孔性吸声性能与材料的表观密度和内部构造有关。在建筑装修中,吸声材料的厚度、材料背后的空气层以及材料的表面状况,对吸声性能都有影响。

1)材料表观密度和构造的影响

多孔材料表观密度增加,意味着微孔减少,能使低频吸声效果有所提高,但高频吸声性能却下降。材料孔隙率高,孔隙细小,吸声性能就较好;但孔隙过大,效果反而较差。过多的封闭微孔,对吸声并不一定有利。

2)材料厚度的影响

多孔材料的低频吸声系数,一般随着材料的厚度的增加而提高。但厚度对高频吸声影响不显著,增加到一定程度后,吸声效果的变化就不明显。所以,为提高材料吸声性能而无限制地增加厚度是不适宜的。

3)背后空气层的影响

大部分吸声材料都是固定在龙骨上,安装在离墙面 5 ~ 15mm 处。材料背后空气层的作用相当于增加了材料的厚度,吸声效能一般随空气层厚度增加而提高。当材料离墙面的安装距离(即空气层厚度)等于 1/4 波长的奇数倍时,可获得最大的吸声系数。根据这个原理,采用调整材料背后空气层厚度的办法,可达到提高吸声效果的目的。

4)表面特征的影响

吸声材料表面的空洞和开口孔隙对吸声是有利的。当材料吸湿或表面喷涂油漆、孔口充水或堵塞时,会大大降低吸声材料的吸声效果。

多孔性吸声材料与绝热材料都是多孔性结构材料,往往名称相同,但在材料孔隙特征要求上,有着很大差别,绝热材料要求具有封闭的互不连通的气孔,这种气孔越多,则保温绝热效果越好,而对于吸声材料,则要求具有开放的互相连通的气孔,这种气孔越多,则吸声性能越好。至于如何使名称相同的材料具有不同的气孔特征,主要决定于原料组分中的某些差别和生产工艺中的某些参数的不同。

2.薄板振动吸声结构

薄板振动吸声结构的特点是具有低频吸声特性,同时还有助于声波的扩散。建筑中常用胶合板、薄木板、硬质纤维板、石膏板、石棉水泥板或金属板等把它们周边固定在墙或顶棚的龙骨上,并在背后留有空气层,即成薄板振动吸声结构。

薄板振动吸声结构是在声波作用下发生振动,板振动时由于板内部和龙骨间出现摩擦损耗,使声能转变为机械振动,而起吸声作用。由于低频声波比高频声波容易激起薄板产生振动,所以具有低频吸声特性。建筑中常用的薄板振动吸声结构的共振频率在 80 ~ 300Hz,在此共振频率附近的吸声系数最大,为 0.2 ~ 0.5,而在其他频率附近的吸声系数则较低。

3.共振吸声结构与穿孔板组合共振吸声结构

共振吸声结构具有封闭的空腔和较小的开口,很像个瓶子。当瓶腔内空气受到外力激荡,会按一定的频率振动,这就是共振吸声器。每个单独的共振器都有一个共振频率,在其共振频率附近,颈部空气分子在声波的作用下像活塞一样进行往复运动,因摩擦而消耗声能。若在腔口蒙一层细布或疏松的棉絮，可以加宽和提高共振频率范围的吸声量。为了获得较宽频带的吸声性能，常采用组合共振吸声结构或穿孔板组合共振吸声结构。

穿孔板组合共振吸声结构具有适合中频的吸声特性。这种吸声结构与单独的共振吸声器相似，可看作是多个单独共振器并联而成。穿孔板厚度、穿孔率、孔径、孔距、背后空气层厚度以及是否填充多孔吸声材料等都直接影响吸声结构的吸声性能。这种吸声结构由穿孔的胶合板、硬质纤维板、石膏板、石棉水泥板、铝合板、薄钢板等，将周边固定在龙骨上，并在背后设置空气层而构成。这种吸声结构在建筑中使用比较普遍。

4. 柔性吸声材料

这种吸声材料是具有密闭气孔和一定弹性的材料，如聚乙烯泡沫塑料，其表面仍为多孔材料，但因具有密闭气孔，声波引起的空气振动不易直接传递至材料内部，只能相应地产生振动。在振动过程中，由于克服材料内部的摩擦而消耗了声能，引起声波衰减。这种材料的吸声特性是在一定的频率范围内出现一个或多个吸收频率。

5. 悬挂空间吸声体与帘幕吸声体

悬挂于空间的吸声体，由于声波与吸声材料的两个或两个以上的表面接触，增加了有效的吸声面积，产生边缘效应，加上声波的衍射作用，大大提高了实际的吸声效果。实际使用时，可根据不同的使用地点和要求，设计成各种形式的悬挂在顶棚下的空间吸声体。空间吸声体有平板形、球形、圆锥形、棱锥形等多种形式。

帘幕吸声体是用具有通气性能的纺织品，安装在离墙面或窗洞一定距离处，背后设置空气层。这种吸声体对中、高频都有一定的吸声效果。帘幕的吸声效果与材料种类有关。帘幕吸声体安装、拆卸方便，兼具装饰作用，应用价值较高。

常用吸声材料及吸声结构的构造，如表 13-8 所示。

几种吸声结构的构造图例 　　　　　　　　　　　　　　　　表 13-8

类别	多孔吸声材料	薄板振动吸声结构	共振吸声结构	穿孔板组合结构	特殊吸声结构
构造图例					

三、选用吸声材料的基本要求

为了改善声波在室内的传播的质量，保持良好的音响效果和减少噪声的危害，在音乐厅、电影院、大会堂、播音室及工厂噪声大的车间等内部的墙面、地面、天棚等部位，应适当选用吸声材料，选用时应注意如下要求：

（1）为了发挥吸声材料的作用，必须选用气孔是开放的、互相连通的材料，开放连通的气孔越多，吸声性能越好。

（2）尽可能选用吸声系数较高的材料，以求得到较好的技术经济效果。

（3）安装时，应考虑尽量减少材料受碰撞的机会和因吸湿引起的胀缩影响。因为大多数吸声材料强度较低，因此，吸声材料应设置在护壁台以上，以免撞坏。多孔吸声材料易于吸湿，安装时应考虑到胀缩的影响，还应考虑防火、防腐、防蛀等问题。尽可能使用吸声系数较高的材料，以便使用较少的材料达到较好的效果。

（4）注意吸声材料与隔声材料的区别,合理选用材料。对固体声隔绝的最有效措施是隔断其声波的连续传递,即在产生和传递固体声的结构(如梁、楼板、框架与墙以及它们的交接处等)层中加入一定弹性材料,如毛毡、软木、橡皮、地毯,或设置空气隔离层等,以阻止或减弱固体声的继续传播。

第四节 装饰材料

装饰材料主要是铺设或涂刷在建筑物表面,起保护内层、改善使用条件及增加表面和整体美感作用的材料。装饰材料除了起装饰作用,满足人们的精神需要以外,还起保护建筑物主体结构、提高建筑物耐久性以及改善建筑物保温隔热、吸声隔声、采光、防火等使用功能的作用。

装饰材料的种类繁多,本章仅介绍装饰石材、建筑陶瓷、建筑玻璃、建筑装饰涂料。

一、装饰材料的基本要求和分类

1. 装修效果与组成要素

建筑物装修的处理效果主要决定于总的体型、比例、尺寸、虚实对比、大的线条等设计手法。在设计已确定的情况下,如何处理内外墙面、柱面、地面、顶棚等的饰面也是影响装饰效果的一个重要因素,应综合考虑、合理选用。饰面效果是由质感、线型及色彩三要素决定的。

1）质感

质感是材料的表面组织结构、花纹图案、颜色、光泽和透明性等给人的一种综合感觉,能引起人的心理反应和联想,可加强感情上的气氛。质感主要是通过饰面材料本身的性质,或专门的施工方法,使建筑物表面产生粗细不同的线条、凹凸不平的表面,从而产生观感上的区别。如普通的抹灰砂浆,经过拉条施工就可产生饰面砖的感觉,而拉毛压光就会产生石材纹理的感觉。

2）线型

一定的分格缝、窗间墙凹凸线条、粗细的比例与花饰的配合也是构成外饰面装饰效果的因素。这一因素不仅决定于建筑上的立面处理,也与装饰材料的选型有关。

3）色彩

色彩是构成一个建筑物外观乃至影响周围环境的重要因素。建筑上往往通过粘贴或涂刷具有特定颜色的饰面材料来增加内外装饰的色彩。无机材料中的天然石材、饰面陶瓷、彩色玻璃等的颜色在大气条件下可以经久不变;而以颜料作为着色素的粉刷、涂料、涂层,尽管十分注意选择着色颜料,但是在大气及周围环境的作用下,会引起不同程度的污染和退色。因此,在选择饰面用颜料时必须考虑耐污染性、颜色稳定性,使建筑物能长期保持良好的饰面效果。

实际上,土木工程材料自身都有颜色,利用材料本色来达到装饰的色彩要求是最经济、合理、可靠的方法,如建筑上常用的青砖、红砖、水泥砂浆等都能长期保持它的颜色。

2. 装饰材料的基本要求

装饰材料的质量除满足功能需要外,为了保证其装饰的效果,还应满足以下的基本要求:

1）材料的颜色、光泽、透明性

材料的颜色不是其固有的,而是材料对光谱产生反射,并被人观察到后所表现出的一种特性,它主要与光线的光谱组成及观察者的眼睛对光谱的敏感性有关。为了达到良好的装饰效果,应选择合适的颜色。采用多种颜色时,还应很好地进行组合,使之协调。材料的颜色应按《彩色建筑材料色度测量方法》(GB 11942—1989)进行测定。

光泽是材料表面对光线产生方向性的反射后所表现出的一种性质,材料表面的光泽按《建筑饰面材料镜面光泽度测量方法》(GB/T 13891—2008)进行测定。一般材料的光泽度愈高,则形成于表面的物体形象的清晰程度愈高。

材料的透明性也是与光线有关的性质。当光线照射到材料上,能够透光,同时又能透视的材料具有完全的透明性;只能透光,却不能透视的材料具有半透明性;既不能透光,又不能透视的材料不具有透明性。

材料的颜色、光泽、透明性是构成"色调"的主要因素,不同部位的装饰材料所要求的基调和侧重面是不同的,如门窗玻璃主要侧重于透明度、内外墙面主要是颜色和光泽。

2)形状和尺寸

对于块材、板材和卷材等装饰材料的形状和尺寸,以及表面的天然花纹、纹理及人造花纹和图案,都有特定的规格和偏差要求,能按需要裁剪或通过拼装获得不同的装饰效果。同时,尺寸大小要满足强度、变形、热工和模数等方面要求,如型材的截面大小要满足承载力、变形要求,玻璃的厚度满足其热工性能要求等。

3)立体造型

材料本身的形状、表面的凹凸及材料之间交接面上产生的各种线型有规律的组合易产生感情意味。水平线给人以安全感、垂直线显得稳定均衡、斜线有动感和不稳定感,装饰材料的选用宜考虑造型的美观。

4)环保要求

装饰材料的生产、施工、使用中,要求能耗少、施工方便、污染低,能满足环境保护要求。近期研究表明,现代装饰材料的大量使用引起室内外空气的污染,主要表现为材料释放出的有害气体对人体造成危害。现代装饰材料的环境污染问题应得到重视,材料中的有害物质含量应符合相应的国家标准。

5)满足强度、耐水性、热工、耐腐蚀性、防火性要求

装饰材料在使用过程中会受到外界环境中各种因素的影响,所以在选用时不仅要满足功能需要、能弥补和改善建筑物在某些功能方面的不足,还应考虑满足强度、耐水性、热工、耐腐蚀性、防火性要求。

3. 装饰材料的分类

根据建筑物室内装饰和室外装饰的要求不同,建筑装饰材料主要分为室内建筑装饰材料和室外建筑装饰材料两大类。

1)室外建筑装饰材料

室外建筑装饰材料用于建筑物主体结构的外表面,通常采用铺设、涂刷等方式设置于建筑物外表面,通过建筑装饰材料的色调、线型和质感以及光泽、立体造型等,可使建筑物赏心悦目。

室外建筑装饰材料主要分为外墙涂料、装饰石材、装饰陶瓷、装饰玻璃、金属制品以及装饰混凝土等几大类。

2)室内建筑装饰材料

室内建筑装饰材料是进行室内环境美化的物质基础。通过室内装饰,可创造一个美观、整洁、舒适的生活、工作环境。室内装饰的效果同样也主要是由装饰物料的色调、线型和质感三

个因素来实现的。所不同的是,室外装饰效果是人们远距离观赏得到的,而室内装饰效果则需要人们慢慢去品味。所以,内饰面的质感要细腻逼真,线条要细致精密,色彩要根据主人的爱好及房间的性质而定,至于明亮度,可以是浅谈有光泽的,也可以是平整无光的。

通常,根据装饰部位可以将室内装饰材料划分为以下三类:

(1)内墙装饰材料。如壁纸、墙布、内墙涂料、人造装饰板、装饰石材、陶瓷饰面材料、玻璃饰面材料、金属饰面材料、建筑涂料等。

(2)地面装饰材料。如地板类、地毯类、地砖类、装饰石材、陶瓷制品、地面涂料等。

(3)吊顶装饰材料。如顶棚涂料、塑料吊顶材料、铝合金吊顶、矿棉装饰吸声板、玻璃棉装饰吸声板、玻璃钢吊顶装饰板、膨胀珍珠岩装饰吸声板、石膏吸声板、硅酸钙装饰板等。

另外,按材料性质,还可将建筑装饰材料分为无机非金属材料、金属材料、有机高分子材料以及复合材料四大类。

二、装饰石材

建筑装饰用石材可分为天然石材和人造石材两大类。自古以来,国内外建筑工程中广泛采用各种天然石材作为装饰材料,随着科学技术的发展,人造石材作为一种新型的饰面材料,也得到了很大的发展。

1. 天然石材

天然石材经加工后装饰效果好,具有坚定、稳重的质感,可以取得庄重、雄伟的艺术效果,是一种重要的装饰材料。天然石材的种类很多,用作装饰的主要有花岗石和大理石。

1)花岗石

花岗石是商品名称,它是指作为石材开采,用作装饰装修材料的各类岩浆岩,它包括花岗岩、安山岩、辉绿岩、辉长岩、片麻岩等岩石。其中,应用最广的是花岗岩。

花岗岩一般为淡灰、淡红或微黄色。其化学成分随产地不同而有所区别,但各种花岗石的 SiO_2 含量均很高,一般为 65% ~75%,故花岗石属酸性岩石,其品质取决于矿物组分和结构。品质优良的花岗石,其结晶颗粒细而均匀,石英含量极为丰富,云母含量相对较少。

花岗岩构造紧密均匀,质地坚硬,具有抗压强度高、耐磨、耐酸、耐久、外观稳重大方等优点。但由于花岗石中含有石英,在高温下会发生晶型转变,产生体积膨胀,因此,花岗石的耐火性差。

花岗石饰面板材表面平整光滑,棱角整齐,是公认的高级建筑装饰材料,适用作勒脚、柱面、踏步、地面及外墙饰面等。按加工方法的不同分为剁斧板材、机刨板材、粗磨板材和磨光板材等。粗磨和磨光花岗石板材的厚度为 20mm、长度为 300~1070mm、宽度为 300~750mm。

根据《天然花岗石建筑板材》(GB/T 18601—2009)的规定,花岗石板材按形状分为毛光板(MG)、普型板材(PS)、圆弧板(HM)和异形板材(YX)4 种。毛光板、普型板材、圆弧板按加工质量和外观质量分为优等品(A)、一等品(B)和合格品(C)3 个等级。

按表面加工程度又分为细面板材(YG)、镜面板材(JM)和粗面板材(CM)3 种。细面板材的表面平整光滑;镜面板材的表面平整,具有镜面光泽;粗面板材的表面粗糙平整,具有较规则的加工条纹,如机刨板、剁斧板、锤击板等。

2)大理石

大理石作为商品名称,是指用作装饰装修材料的各类沉积或变质的碳酸盐岩石,它包括大理岩、白云岩、灰岩、砂岩、页岩和板岩等岩石。大理石的主要矿物成分是方解石或白云石,经变质后,结晶颗粒直接结合形成整体块状构造,所以抗压强度高,质地紧密,吸水率小,耐久性好,而硬度不大,比花岗石易于雕琢磨光。因所含杂质不同而有不同的颜色和花纹,这是评价其装饰性的主要指标。纯大理石为白色,在我国常称汉白玉,分布较少。

大理石多磨成光面板材,用作室内的饰面材料,主要用于宾馆、展览馆、影剧院场、住宅等建筑工程的室内柱面、地面、墙裙、栏杆、楼梯等的饰面,是理想的室内高级装饰材料。

大理石不宜用作室外饰面材料,因为碳酸盐与空气中的二氧化硫及水发生作用后,生成易溶于水的石膏,会使其表面失去光泽,变得粗糙,从而降低装饰效果。

按《天然大理石建筑板材》(GB/T 19766—2005)的规定,大理石建筑板材根据形状可分为普型板材(PX)和圆弧板材(HM)两类。按产品质量又分为优等品(A)、一等品(B)和合格品(C)3个等级。

2. 人造石材

人造石材是采用无机或有机胶凝材料作为黏结剂,以天然砂、天然石材碎料、石粉等为粗、细填充料,经成型、固化、表面处理而成的一种人造材料。人造石材在国外已有近五十年的历史,因其生产工艺比较简单,设备并不复杂,原材料广泛,价格相对比较便宜,很多发展中国家都开始生产人造石材。

人造石材具有天然石材的质感,色泽鲜艳,花色繁多,装饰性好;重量轻,强度高,耐腐蚀,耐污染,可锯切、钻孔,施工方便。但人造石材还存在一些缺点,如某些品种表面耐刻划能力较差,某些板材使用中会发生翘曲变形等。随着人造石材制作工艺、原料配比的不断改进和完善,人造石材的性能将会进一步提高。

按生产材料和制造工艺的不同,人造石材分为水泥型人造石材、树脂型人造石材、复合型人造石材和烧结型人造石材等类型。目前,使用最为广泛的是树脂型人造石材。

树脂型人造石材是以不饱和聚酯为黏结剂,与石英砂、大理石、方解石粉等搅拌混合、浇铸成型,在固化剂作用下产生固化,经脱模、烘干、抛光等工序而制成。使用不饱和聚酯作为黏结剂的产品光泽度好,颜色浅,可以调成不同的颜色,而且树脂黏度比较低,易于成型,固化快,可在常温下固化。在生产时,可采用不同的颜色,不同种类、粒度和纯度的天然石料,不同的制作工艺,制成具有不同图案、颜色、花纹和质感的人造石材产品。常用的有仿天然大理石、天然花岗石和天然玛瑙石的人造大理石、人造花岗石和人造玛瑙石等。

三、装饰砂浆与装饰混凝土

1. 装饰砂浆

装饰砂浆即装饰用抹灰砂浆,主要有以下几类:

1)水磨石

水磨石由普通硅酸盐水泥或彩色水泥与大理石破碎的石碴(粒径5mm左右)按一定的配比,再加入适量的耐碱颜料,加水拌和后,浇注在水泥砂浆的基底上,待硬化后将其表面磨光、涂草酸、上蜡而成,有现浇和预制两种。水磨石色彩丰富,装饰质感接近于磨光的天然石材,但造价较低,多用于室内地面、楼梯踏步和窗台板等。

2)水刷石

水刷石的原材料与水磨石相同,拌和料涂抹在基底,待初凝后,把面层水泥浆冲刷掉,露出石碴,远看颇似花岗岩,多用于外墙饰面。

3）斩假石

斩假石又称剁斧石，原料与水磨石相同，但石碴粒径稍小，为 2～6mm。斩假石表面酷似新铺的灰色花岗岩，用于外墙饰面。

4）干粘石

干粘石是以白水泥、耐碱颜料、107 胶粘剂（有时加石灰膏）加水拌成色浆，铺设在外墙面上，待初凝后，以粒径 3mm 以下的石屑、彩色玻璃碎粒或粒度均匀的石子用机械喷射在色浆面层上，即可得干粘砂、干粘玻璃或干粘石。其装饰效果与水刷石相似，但色彩更为丰富。

2. 装饰混凝土

装饰混凝土是指具有一定颜色、质感、线型或花饰的、结构与饰面结合的混凝土墙体或构件。装饰混凝土可分为清水混凝土和露集料混凝土两类。

1）清水混凝土

清水混凝土是直接利用混凝土成型后的自然质感作为饰面效果的混凝土，主要有普通清水混凝土、饰面清水混凝土和装饰清水混凝土等类型。

清水混凝土有两种做法。一种是用模板或衬模（衬于模板内）浇注混凝土，根据模板或衬模的线型、花饰不同，形成一定的装饰效果。颜色可以是混凝土本色，也可内掺或在表层中掺以矿物颜料，还可以在表面喷以涂料。另一种做法是浇注混凝土后制作饰面，即在浇注混凝土后制作出线型、花饰、质感，如抹刮、刻压，用麻布袋或塑料网作出花饰等。

普通清水混凝土的颜色无明显色差。饰面清水混凝土的颜色基本一致，由有规律排列的对拉螺栓眼、明缝、蝉缝、假眼等组合形成饰面，具有自然质感的效果。装饰清水混凝土有装饰图案、镶嵌装饰片或彩色饰面效果。

2）露集料混凝土

这种混凝土是在浇注或硬化后，通过各种手段使混凝土集料外露，达到一定装饰效果。

（1）浇注后露集料工艺。该工艺既适用于现浇混凝土，又适用于预制混凝土。主要做法有水洗法、酸洗法、缓凝剂法。

缓凝剂法是在浇注混凝土前，于底模上涂刷缓凝剂或铺放涂布有缓凝剂的纸。当混凝土已达到拆模强度时，即进行拆模。但在缓凝剂作用下，混凝土表层水泥浆不硬化，用水冲洗去掉水泥浆后露出集料。

（2）硬化后露集料工艺。主要做法有水磨、凿剁、喷砂、抛球等。

四、建筑陶瓷

凡以黏土、长石、石英石为基本原料，经配料、制坯、干燥、焙烧而制得的成品，统称为陶瓷制品。陶瓷自古以来就是主要的建筑装饰材料之一。

用于建筑工程中的陶瓷制品，则称为建筑陶瓷。建筑陶瓷具有强度高、性能稳定、耐腐蚀性好、耐磨、防水、防火、易清洗及装饰性好等优点。在建筑工程及装饰工程中应用较多的建筑陶瓷制品有外墙釉面砖、内墙面砖、地面砖、陶瓷锦砖、琉璃制品等。

1. 陶瓷制品质地的分类

陶瓷是陶器和瓷器的总称，通常陶瓷制品可以分为陶质制品、瓷质制品和炻质制品。

陶质制品通常具有一定的吸水率，断面粗糙无光、不透明，敲击时声音沙哑；有的表面无釉，有的施釉。陶质制品又分为精陶和粗陶。

瓷质制品的坯体致密,基本上不吸水,有一定的透明性,敲击时声音清脆,表面常施有釉层。瓷质制品分为粗瓷和细瓷。建筑装饰工程中用的陶瓷锦砖属于瓷质制品。

炻质制品则是介于陶质制品与瓷质制品之间,也称为半瓷。炻器与陶器的区别在于陶器的坯体是多孔结构,而炻器坯体的气孔率却很低,其坯体致密,达到了烧结程度。炻器与瓷器的区别主要在于瓷器坯体多数带有颜色,且具有半透明性。炻器按其坯体的细密性、均匀性以及粗糙程度分为粗炻器和细炻器。建筑装饰工程中用的外墙砖、地砖等均属于粗炻器,日用炻器如紫砂陶则属于细炻器。

2. 陶瓷制品的表面装饰

陶瓷制品的表面装饰方法很多,常用的有以下几种:

1）施釉

釉是由石英、长石、高岭土等为主要原料,再配以其他成分,研制成浆体,喷涂于陶瓷坯体的表面,经高温焙烧后,在坯体表面形成的一层连续玻璃质层,具有与玻璃相似的某些物理化学性质。对陶瓷施釉后,不仅使其表面平滑、光亮,达到美化效果,而且使其不吸湿、不透气,改善了坯体的表面性能,提高了机械强度。釉面颜色可分为单色(含白色)、花色、彩色和图案色等。

2）彩绘

彩绘是在陶瓷坯体的表面绘以彩色图案花纹,以大大提高陶瓷制品的装饰性。陶瓷彩绘分为釉下彩绘和釉上彩绘。釉下彩绘是在陶瓷生坯或素烧过的坯体上进行彩绘,然后施一层透明釉料,再经焙烧而成。釉上彩绘是在焙烧过的陶瓷釉面上用低温彩料进行彩绘,然后在较低温度下焙烧而成。釉上彩绘的焙烧温度低,许多陶瓷颜料都可以采用。故釉上彩绘的色彩极其丰富,但是釉上彩绘的画面易于磨损,光滑性差,同时容易发生彩料中的铅溶出,从而引起铅中毒。

3）贵金属装饰

对于一些高级细陶瓷制品,通常用金、铂或银等金属在陶瓷釉上装饰。饰金是常见的方法,用金装饰陶瓷主要有亮金(如金边和描金)、浴光金以及腐蚀金等方法。

3. 常用的建筑陶瓷制品

陶瓷制品按用途和坯体性质可分为若干类别,它们之间存在一定关系(表13-9)。一种制品可以采用不同性质的坯体,但通常每种制品均有一种与之相适应的坯体,例如,内墙面砖通常是陶质的,地砖是炻质的,而陶瓷锦砖是瓷质的。

陶瓷制品的种类与坯体性质 表13-9

坯 体 性 质	陶瓷制品种类	吸水率(%)
白色半透明,致密坚硬,不吸水(瓷质)	陶瓷锦砖	0~1
有色不透明,致密坚硬,吸水率小(炻质)	内墙面砖、外墙面砖、地砖、琉璃制品	1~10
有色或白色不透明,坚硬,吸水率大(陶质)	内墙面砖、琉璃制品	>10

1）外墙面砖

外墙面砖也称外墙贴面砖或面砖。它是以焙烧后为白色的耐火黏土为主要原料,加入适量非可塑性掺料及助熔剂所制成的。外墙面砖表面有光平或粗糙或有凹凸花纹等多种,根据其表面的装饰情况,可分为表面不施釉的单色砖和表面施釉的彩釉砖。未加着色剂的砖呈白色,加入着色剂可获得由浅至深的各种颜色,色调柔和。其中,使用最多的是光平的无釉面砖。

面砖背面有凹凸不平的肋纹,可使其与墙面粘接牢固,不易脱落。面砖的形状多为长方形。目前,外墙面砖尚无统一标准,但作为外墙饰面材料,其应该具有吸水率小、抗冻性和大气稳定性较好等特点。外墙面砖装饰性和耐久性好,对建筑物有良好的装饰和保护作用,广泛用于建筑装饰工程中。常见的外墙面砖的种类和用途,见表13-10。

常见的外墙面砖的种类、规格和用途

表13-10

外墙贴面砖名称	颜色及表面特征	性　能	用　途
表面无釉外墙贴面砖(单色砖)	有白、浅黄、深黄、红、绿等色	质地坚固,吸水率不大于 8%、色调柔和、耐水抗冻,经久耐用,防火,易清洗	用于建筑物外墙,作装饰及保护墙面之用
表面有釉外墙贴面砖(彩釉砖)	有粉红、蓝、绿、金砂釉、黄、白等色		
立体彩釉砖(线砖)	表面有凸起线纹、有釉,并有黄色、绿色		
仿花岗岩釉面砖	表面有花岗岩花纹,表面施釉		

2)内墙面砖

内墙面砖又称为釉面砖、瓷砖或釉面瓷砖。其所用原料与外墙面砖基本相同。

釉面砖有各种颜色,而以浅色居多。其表面一般都上釉,釉层有光亮釉、花釉、珠光釉、结晶釉等不同类型。釉面砖按形状分为正方形、长方形及配件砖(团边、阴角、阳角、压顶等)。最常见的规格为 108mm×108mm×5mm、152mm×152mm×5mm。

釉面砖具有色泽柔和典雅、美观耐用、朴实大方、防火耐酸、易清洁等特点。主要用作建筑物内墙面,如厨房、卫生间、浴室、试验室、医院、精密仪器车间等墙面的装饰与保护。

近年来,我国釉面砖有了很大的发展。颜色从单一色调发展成彩色图案,还专门烧制成供巨幅壁画拼装用的彩釉砖;在质感方面,已从表面光平的基础上增加了凹凸花纹和图案的产品,给人以立体感;釉面砖的使用范围已从室内装饰推广到建筑物的外墙装饰。

3)墙地砖

墙地砖是以难熔黏土为主要原料,掺加非可塑性掺料和助熔剂而制成。生产工艺类似于釉面砖,或不施釉一次烧成无釉墙地砖。墙地砖颜色多为暗红、淡黄或彩色图案。有的墙地砖表面带有凹凸花纹,既美观又防滑。产品包括内墙砖、外墙砖和地砖三类。

墙地砖具有强度高、耐磨、化学性能稳定、不燃、吸水率低、易清洁、经久不裂等特点。

内墙砖、外墙砖分别用于建筑物的内墙、外墙装饰;地砖耐磨性高,可用于人流较多的建筑物地面,如售票厅、站台、百货商店、展览厅等处,也可用作车间、试验室、走廊地面等。

4)陶瓷锦砖

陶瓷锦砖俗称"马赛克",源于"Masaic"。它是以优质瓷土烧制成的、边长小于40mm 的片状小块陶瓷制品,过去仅用于铺地,现在也用于外墙或内墙的贴面,所以,也称作墙地砖,有挂釉和不挂釉两种,目前各地产品多为不挂釉。

陶瓷锦砖的基本形状为正方形、长方形和六边形。按要求将陶瓷锦砖拼成各种图案,并反贴在牛皮纸(铺贴纸)上,故有纸皮砖之称。施工时将贴在纸上的锦砖铺在地面或墙面的砂浆上,然后用水将铺贴纸用毛刷刷水润湿,半小时后可将纸揭开。

陶瓷锦砖质地坚实,经久耐用,色泽花色多样,耐磨、耐火、耐化学腐蚀、易清洗。适用于工业与民用建筑的洁净车间、门厅、走廊、餐厅、卫生间及试验室等处的地面和墙面等。陶瓷锦砖也是建筑物的高级外墙饰面材料。

5）琉璃制品

琉璃制品是以难熔黏土为原料,经配料、成型、干燥、素烧,表面涂以琉璃釉后,再经烧制而成。一般是施铅釉烧成并用于建筑及艺术装饰的带色陶瓷,属精制陶制品。

琉璃制品是我国首创的建筑装饰材料,使用历史悠久,造型古朴,富有传统的民族特色。由于多用于具有民族色彩的宫殿式房屋和园林中的亭、台、楼阁等,故有园林陶瓷之称。颜色有绿、黄、蓝、青等。品种分为瓦类(板瓦、滴水瓦、筒瓦、沟头)、脊类和饰件类(吻、博古、兽)三类。其产品包括:琉璃瓦、琉璃砖、琉璃装饰制品(琉璃两眼窗、线砖、栏杆等)及室内外陈设用工艺制品。

五、建 筑 玻 璃

玻璃是透明非晶态无机物。按照化学组成进行分类,玻璃可分为钠玻璃、钾玻璃、铝镁玻璃、铅玻璃、硼硅玻璃、石英玻璃等。

1. 玻璃的原料及生产

生产玻璃的主要原料是石英砂、纯碱、长石及石灰石等。石英砂是构成玻璃的主体材料,纯碱主要起助熔剂作用,石灰石使玻璃具有良好的抗水性,起稳定剂作用。如果是彩色玻璃,还需要加入一些相应金属氧化物着色剂。

玻璃的制造主要包括熔化、成型、退火三个工序。熔化是玻璃配合料在玻璃熔窑里被加热至$1550 \sim 1600℃$,熔融成为黏稠状的玻璃液。玻璃成型工艺有引上法和浮法两种。引上法是通过引上设备,使熔融的玻璃液被垂直向上提拉冷却成型。它的优点是工艺比较简单,缺点是玻璃厚薄不易控制。浮法成型是一种现代玻璃生产方法,它是将熔融的玻璃液流入盛有熔锡的锡槽炉,使其在干净的锡液表面自由摊平,并经来自炉顶上部的火焰抛光后成型。该法生产的玻璃表面十分平整光洁,无波筋、波纹,性能优良。玻璃成型后应进行退火,退火是消除或减小其内部应力至允许值的一种处理工序。

2. 玻璃的基本性质

玻璃是由原料的熔融物经过冷却而形成的固体,是一种无定型结构的玻璃体,其物理性质和力学性质是各向同性的。

1)密度

普通玻璃的密度为$2.45 \sim 2.55g/cm^3$,玻璃的密度与其化学组成有关,且随温度升高而降低。

2)热工性质

玻璃的比热随着温度而变化。但在低于玻璃软化温度和流动温度的范围内,玻璃比热几乎不变。在软化温度和流动温度的范围内,则随着温度上升而急剧地变化。

玻璃的热膨胀性取决于化学组成及其纯度,纯度越高膨胀系数越小。玻璃的热稳定性决定玻璃在温度剧变时抵抗破裂的能力。玻璃的热膨胀系数越小,其稳定性越好。

3)光学性质

玻璃既能透过光线,还有反射光线和吸收光线的能力。玻璃反射光线的多少决定于玻璃反射面的光滑程度、折射率及投射光线的入射角大小。玻璃对光线的吸收则随玻璃化学组成和颜色而变化。玻璃的折射性质受其化学组成的影响,并且其折射率随温度上升而增加。

4)化学稳定性

玻璃具有较高的化学稳定性,但长期遭受侵蚀性介质的腐蚀,也能导致变质和破坏。

5）力学性质

力学性质与化学组成、制品形状、表面形状和加工方法等有关。凡含有未熔夹杂物、节瘤或具有微细裂纹的制品，都会造成应力集中，从而降低玻璃的机械强度。玻璃的极限抗压强度随化学组成而变，相差极大（600～1600MPa）；抗拉强度是决定玻璃品质的主要指标，通常为抗压强度的 $1/14～1/15$，为 40～120MPa。

3. 玻璃的缺陷

玻璃体内由于存在着各种夹杂物，会引起玻璃体均匀性的破坏，称为玻璃的缺陷。玻璃的缺陷不仅使玻璃质量大大降低，影响装饰效果，甚至严重影响玻璃的进一步加工，以致形成大量废品。

1）气泡

玻璃中的气泡是可见的气体夹杂物，不仅影响玻璃的外观质量，更重要的是影响玻璃的透明度和机械强度，是一种极易引起人们注意的玻璃缺陷。

2）结石

结石是玻璃最危险的缺陷，不仅影响制品的外观和光学均匀性，而且降低制品的使用价值。

3）条纹和节瘤（玻璃态夹杂物）

玻璃主体内存在的异类夹杂物称为玻璃态夹杂物，这属于一种比较普遍的玻璃不均匀性方面的缺陷。

4. 玻璃的表面加工及装饰

成型后的玻璃制品，大多需要进行表面加工，以得到质量符合要求的制品。加工不仅可以改善玻璃的外观和表面性质，还可以进行装饰，使其更加美观。

玻璃除了具有透光性、耐腐蚀性、隔声和绝热外，还具有艺术装饰作用。现代建筑中，越来越多地采用玻璃门窗、玻璃外墙、玻璃制品及玻璃物件，以达到控光、控温、防辐射、防噪声以及美化环境的目的。

5. 常用的建筑玻璃制品

玻璃品种很多，建筑工程中常用的玻璃主要有平板玻璃、安全玻璃、绝热玻璃和玻璃制品等。

1）普通平板玻璃

普通平板玻璃指钠钙玻璃类平板玻璃。常用平板玻璃既透光又透视，透光率可达85%左右，能隔声，略有保温性，具有一定机械强度，有较高的化学稳定性和耐久性。但脆性大，且紫外线透过率较低。

平板玻璃的厚度为 2～12mm，其中以 3mm 厚的玻璃使用量最大。

平板玻璃按外观质量分为特选品，一级品、二级品和三级品等。成品装箱运输量以标准箱计，厚度为 2mm 的平板玻璃，每 $10m^2$ 为一标准箱，一标准箱的重量（50kg）为一重量箱。其他厚度的平板玻璃，可通过折算确定标准箱或重量箱的数量。

浮法生产的普通平板玻璃的质量应符合《平板玻璃》（GB 11614—2009）的规定，引上法生产的普通平板玻璃的质量应符合《普通平板玻璃》（GB 4871）的规定。

普通平板玻璃是建筑玻璃中用量最大的一种，大部分直接用于建筑物的门窗采光，一部分加工成其他具有特定功能的建筑玻璃制品，如磨光玻璃、磨砂玻璃、钢化玻璃、夹层玻璃、镀膜玻璃等。

2）磨光玻璃

磨光玻璃又称镜面玻璃,是将普通平板玻璃的一面或双面,经机械磨光、抛光制成表面光滑的透明玻璃。磨光一面称单面磨光玻璃,磨光两面称为双面磨光玻璃。磨光玻璃消除了普通平板玻璃不平引起的筋缕或波纹缺陷,从而使透过玻璃的物像不变形。一般磨光玻璃主要用于高级建筑物的门窗采光、商店橱窗及制镜。

3）磨砂玻璃

磨砂玻璃是把普通平板玻璃经过人工研磨、机械喷砂或氢氟酸溶蚀等方法处理成表面均匀粗糙的平板玻璃,故又称毛玻璃。毛玻璃有磨砂玻璃、喷砂玻璃及酸蚀玻璃等。

由于毛玻璃表面粗糙,使透过光线产生漫射,造成透光不透视,室内光线不刺目、光线柔和。一般用于建筑物的卫生间、浴室、办公室等的门窗及隔断处,也可用作黑板及灯罩。

4）花纹玻璃

花纹玻璃按加工方法可分为压花玻璃和喷花玻璃两种。适用于卫生间、浴室、办公室的门窗等处。

（1）压花玻璃（又称滚花玻璃）。它是用带图案花纹的滚筒压制处于红热状态的玻璃料坯而制成的玻璃。在压花玻璃有花纹的一面,用气溶胶法对表面进行喷涂处理,玻璃可呈浅黄色、浅蓝色等。经过喷涂处理的压花玻璃,可提高强度50% ~70%。压花玻璃有一般压花玻璃、真空镀膜压花玻璃、彩色膜压花玻璃等。

（2）喷花玻璃（又称胶花玻璃）。它是平板玻璃表面贴上花纹图案,再抹上护面层,然后经喷砂处理而成。

5）彩色玻璃

彩色玻璃又称有色玻璃,可分为透明和不透明两种,透明的彩色玻璃是在玻璃原料中加入一定的金属氧化物,按平板玻璃的生产工艺进行加工生产而成。彩色玻璃的颜色有红、黄、蓝、黑、绿、乳白等十余种。不透明的彩色玻璃是在平板玻璃的一面喷上各种釉,经烘烤退火而制成。彩色玻璃主要用于建筑物的内外墙、门窗装饰及有特殊采光要求的部位。

6）安全玻璃

安全玻璃是指具有良好安全性能的玻璃。安全玻璃的主要特性是力学强度较高、抗冲击性能较好,被击碎时,碎块也不会飞溅伤人,并兼有防火功能。国家标准《建筑用安全玻璃》（GB 15763—2009）分4个部分,分别对防火玻璃、钢化玻璃、夹层玻璃和均质钢化玻璃制定了相应的产品质量标准。其中,钢化玻璃和夹层玻璃在建筑工程中应用更为广泛。

（1）钢化玻璃

钢化玻璃是将平板玻璃加热到玻璃软化温度,经迅速冷却所得的玻璃制品,也可用化学方法进行钢化处理。平板玻璃经钢化处理后,可使玻璃表面产生一个预压的应力,这个表面预压应力使玻璃的机械强度和抗冲击性能、热稳定性大幅提高,又称强化玻璃。

钢化玻璃在破碎时,先出现网状裂纹,破碎后棱角碎块不尖锐,不伤人,故称为安全玻璃。但是钢化玻璃不能切割,磨削,边角不能碰击,使用时只能选择现有尺寸规格的成品,或提出具体设计图纸加工定做。

钢化玻璃主要用于高层建筑物的门窗、幕墙、隔墙、屏蔽及商店橱窗、汽车的玻璃等。

（2）夹层玻璃

夹层玻璃是将2~8层平板玻璃（普通平板玻璃、钢化玻璃及吸热玻璃等）之间嵌夹透明的塑料薄片(赛璐珞塑料夹层和聚乙烯醇缩丁醛树脂夹层等),经加热、加压黏合而成的复合制品。夹层玻璃具有较高的强度,抗冲击性和抗穿透性好,玻璃破碎时不会产生分离的碎块,而只有辐射状的裂纹和少量玻璃碎屑,碎粒仍粘贴在膜片上,不致伤人,且不影响透明度,不产生折光现象。

夹层玻璃在建筑上主要用于有特殊安全要求的门窗、隔墙、工业厂房的天窗等。

7)绝热玻璃

绝热玻璃具有特殊的保温隔热功能,除用于一般门窗之外,常作为幕墙玻璃。绝热玻璃包括吸热玻璃、热反射玻璃及中空玻璃等品种。

(1)吸热玻璃

吸热玻璃是既能吸收大量红外线辐射,又能保持良好光透过率的平板玻璃。在普通玻璃中引入有着色作用的氧化物,如 Fe_2O_3 等,使玻璃带色并具有较高的吸热性能,或在玻璃表面喷涂金属或金属氧化物薄膜,如 ZnO 等,便可生产出吸热玻璃。其质量应符合《着色玻璃》(GB/T 18701)的要求。

吸热玻璃可呈灰色、茶色、蓝色、绿色等颜色。其广泛应用于建筑工程的门窗或幕墙,起到采光、隔热、防眩作用。它还可以作为原片加工成钢化玻璃、夹层玻璃或中空玻璃。

(2)热反射玻璃

热反射玻璃又称镀膜玻璃或镜面玻璃,是在玻璃表面用热解、真空蒸镀和阴极溅射等方法喷涂金、银、铜、镍、铬、铁等金属或金属氧化物薄膜而成,或者在玻璃表面粘贴有机薄膜,或以某种金属或离子置换玻璃表层中原有的离子而制成镀膜玻璃。其具有较高的热反射能力(反射率高达30%以上),又能保持良好的透光性能,并且具有单向透视作用,即迎光面有镜子的效果,而背光面有透视性。

热反射玻璃适用于高层建筑的幕墙,但在使用时应注意避免发生光污染问题。

(3)中空玻璃

中空玻璃是由两片或多片平板玻璃相互间隔 6 ~ 12mm 镶于边框中,四周边缘部分用胶接、焊接或熔接的办法密封,玻璃层间充有干燥空气或其他惰性气体。

玻璃原片可采用浮法玻璃、彩色玻璃、镜面反射玻璃、夹丝玻璃、钢化玻璃等。由于玻璃与玻璃间留有一空腔,因此具有良好的保温、隔热、隔声、防结露等性能。如在玻璃之间充以各种能漫射光线的材料或电介质等,则可获得更好的声控、光控、隔热等效果。

中空玻璃主要用于住宅、办公楼、学校、医院、商店、旅馆等需要采暖、空调、防噪声、防结露的建筑物。其质量应符合《中空玻璃》(GB 11944—2012)的规定。

8)玻璃砖

玻璃砖是一类块状玻璃制品,主要用于屋面和墙面装饰。常用玻璃砖有玻璃空心砖和玻璃锦砖等。

(1)玻璃空心砖

玻璃空心砖是由两块压铸成的凹形玻璃砖片,经熔接或胶接成整块的空心制品,形状有正方形、矩形或其他异形。空心砖表面可为平光,也可在玻璃砖片的内外表面压铸成各种花纹,有无色透明或彩色等多种。空心砖的内腔一般为空气,也可填充保温材料(如玻璃棉等)。

玻璃空心砖具有绝热、隔声等优良性能,主要用作建筑物的透光墙体,如建筑物承重墙、隔墙、淋浴隔断、门厅、通道等。某些特殊建筑为了防火,或室内温度、湿度等需要严格控制,不允许开窗,此时使用玻璃空心砖既可满足上述要求,又解决了室内采光问题。

（2）玻璃锦砖

玻璃锦砖又称为玻璃马赛克,它与陶瓷锦砖的主要区别在于陶瓷锦砖是不透明的陶瓷材料,而玻璃锦砖为半透明的玻璃质材料,呈乳浊或半乳浊状,内含少量气泡和未熔颗粒。

玻璃马赛克在外形和使用上与陶瓷锦砖大体相似,但花式多,价格较低。主要用于外墙装饰。其质量应符合《玻璃马赛克》(GB/T 7697—1996)的规定。

六、建筑装饰涂料

涂料是指涂于物体表面能与基体材料很好黏结并形成完整而坚韧保护膜的材料。最早应用的涂料是植物油和天然树脂,所以涂料过去也称"油漆"。随着合成高分子材料工业的发展,聚合物已成为涂料的主要原料,"油漆"一词已名不符实了,所以统称为涂料。

建筑装饰涂料是一种重要的建筑装饰材料,它具有省工省料、造价低、工期短、工效高、自重轻、维修方便等特点,因此,在装饰工程中的应用是十分广泛的。

1. 涂料的组成

涂料中的组分按其所起作用不同,可以分为成膜物质、颜料、分散介质和助剂。

1）成膜物质

成膜物质或称涂料的胶结剂,它是胶结其他组分形成涂膜的主要物质,是构成涂料的基础。涂料通常就是根据成膜物质来命名的,成膜物质有油料、树脂、无机胶结剂三类。

油料是天然产物,来自植物种子。常用的油料有亚麻于油、桐油等。这类油料中含有较多的不饱和分子,所以称为干性油。

用于涂料的树脂,有天然树脂(如松香、虫胶等),也有合成树脂(如酚醛树脂、醇酸树脂、聚乙烯醇树脂、丙烯酸树脂等)。树脂类成膜物质根据成膜过程的不同还可分为转换型(反应型)与非转换型(挥发型)。

无机建筑涂料中的成膜物质是无机胶结剂,主要有水泥浆、硅溶胶系、磷酸盐系、硅酸铜系、碱金属硅酸盐系等,与油料、树脂相比,无机胶结剂具有资源丰富、价格低廉、抗老化性好等特点,因而具有很好的发展前景。

2）颜料

颜料是一种微细的粉末,它均匀地分散在涂料的介质中,构成涂膜的组分之一,可称作次要成膜物质。颜料除作为着色剂外,还起着填充和骨架作用,提高涂膜的密实性,增加涂膜强度和附着力,改善流变性和耐候性,赋予涂料特殊功能和降低成本。常用的颜料为不溶于水及油的无机颜料,主要有钛白、氧化铁红、群青、铬黄等。

颜料应有一定的细度,并对底色应有足够的遮盖力,在长期使用过程中应有较高的稳定性(即不褪色)。涂料性能和涂膜质量取决于颜料与成膜物质的配比是否合理、混合是否均匀。

3）分散介质

分散介质的作用是使成膜物质分散、形成黏稠液体,使涂料在施工时有一定的流动性,便于涂布。因此,要求涂料中有足够数量的分散介质。涂料涂布后,分散介质的大部分挥发到空气中,小部分被基底吸收,并不留在涂膜内。涂料按分散介质性质不同分为溶剂型涂料、水溶性涂料和乳液涂料。

溶剂型涂料的分散介质是有机溶剂,如二甲苯、乙醇、丙酮等,它们大都易燃、有毒,会对环境产生污染,所以应用范围逐渐受到限制。

水溶性涂料以水作为分散介质,用水溶性合成树脂作为成膜物质;乳液涂料是在水中加入适量的乳化剂后制成分散介质。这两类涂料克服了溶剂型涂料的一系列缺点,具有环保特点,目前已广泛用于建筑物内、外墙面的装饰,并且是涂料今后的发展方向。

4)助剂

助剂是指为改进涂料性能和提高涂膜质量而加入的各种掺加剂的总称。它是涂料的辅助材料,用量很少,但能明显改善涂料的性能,如稳定剂能促进乳液或分散体系的稳定、增塑剂能增加涂膜的柔韧性、抗氧化剂和紫外线吸收剂能提高涂膜的抗老化性等。

2. 涂料的性能

1)遮盖力

遮盖力通常用能使规定的黑白格被遮盖所需的涂料质量表示。质量大,则遮盖力小。遮盖力的大小与涂料中颜料的着色能力以及含量有关。建筑涂料遮盖力的范围为 100～300g。

2)涂膜附着力

涂膜附着力表示涂料与基层的黏结力,其大小主要与涂料中成膜物质的性质、基层的性质和处理方法有关。附着力可用划格法测定,最大为 100%。

3)黏度

黏度的大小影响施工性能,不同的施工方法,要求涂料有不同的黏度。有的要求涂料具有触变性,抹上基体表面后不流淌,而涂刷又很容易。黏度的大小取决于涂料的固体成分,即成膜物质和填料的性质与含量。

4)细度

细度大小直接影响涂膜表面的平整性和光泽。细度采用刮板细度计测定,用微米数表示。

建筑涂料作为墙面和地面的装饰材料,在长期使用过程中会受到环境中各种因素的影响,所以对其性能还有一些特殊要求,主要包括耐污染性、耐冻融作用、耐洗刷性、耐老化性、耐碱性等。

对乳液型涂料,最低成膜温度(MFT)是一项很重要的性能指标。因为乳液涂料是通过涂料中的微小颗粒的凝结而成膜的,而成膜只有在某一最低温度以上才能实现。所以乳液涂料只有在高于这一温度的条件下才能施工。一般乳液型涂料的 MFT 都在 10℃以上。

3. 常用涂料分类与简介

1)按照分散介质分类

按照分散介质的种类,涂料分为溶剂型和水性两大类,水性涂料又可分为水溶性和乳液型两类。

(1)溶剂型涂料

①清漆

清漆是一种透明涂料,由成膜物质、溶剂和助剂组成,不含颜料。清漆的品种很多,常用的有油质清漆(凡立水)和醇质清漆(泡立水)等。清漆多用于木制家具、室内门窗的油漆,不宜用于室外。

②色漆

色漆是指具有某种特定颜色且具有遮盖力的涂料。常用的有磁漆、底漆、调和漆、防锈漆等。适用于室内外木材、金属材料的表面涂饰。

（2）水溶性涂料

①聚乙烯水玻璃涂料（106 涂料）

这种涂料是以聚乙烯醇树脂的水溶液和水玻璃作为成膜物质，加入颜料和助剂而制成，具有干燥快、涂膜光滑、无毒、无味、不燃等特点，施工方便，与混凝土、砂浆或轻质墙板均有较好的附着力，除潮湿环境外均可使用。因其价廉，还可配成多种颜色，所以广泛应用于住宅和一般公共建筑的内墙装饰。但这种涂料不耐擦洗，属于低档涂料。

②聚乙烯醇缩甲醛涂料（107 涂料）

这种涂料是由聚乙烯醇缩甲醛胶状溶液与颜料组成，是 106 涂料的改进产品，耐水性和耐擦洗性比 106 涂料略好，其他性能与 106 涂料相同。这种涂料多用作内墙涂料，不宜单独用于外墙装饰。但可与一般水泥砂浆或白水泥砂浆配成聚合物砂浆用于外墙装饰，在涂膜上可用甲基硅醇钠憎水剂溶液进行罩面。

（3）乳液型涂料

乳液型涂料是将合成树脂以 $0.1 \sim 0.5 \mu m$ 的微粒，分散于含有乳化剂的水中形成乳液，再加入颜料及助剂而制成。主要有苯丙乳液涂料和彩砂乳液涂料两种用于外墙的乳液型涂料。

苯丙乳液涂料具有较好的耐水性、耐污染性、大气稳定性及抗冻性，价格较低，发展前景好。而彩砂乳液涂料的施工很方便，可刷涂，也可喷涂或辊涂，其涂膜色泽耐久，大气稳定性和耐水性好，用其装饰后的墙面有立体质感，有如天然石材的装饰效果。

2）按照涂料的使用部位分类

按照涂料的使用部位来分建筑涂料分为内墙涂料、外墙涂料、地面涂料、屋面防水涂料（见本章第一节）等。

内墙涂料主要用于建筑物的内墙装饰，常用品种有聚乙烯水玻璃涂料（106 涂料）、聚乙烯醇缩甲醛涂料（107 涂料）、聚醋酸乙烯乳液内墙涂料（乳胶漆）、乙—丙有光乳胶漆、苯—丙乳胶漆、多彩内墙涂料、幻影涂料等。

外墙涂料主要用于建筑物的外墙装饰，常用品种有过氯乙烯外墙涂料、氯化橡胶外墙涂料、聚氨酯系外墙涂料、丙烯酸酯外墙涂料、丙烯酸酯乳胶漆、JH80-2 无机外墙涂料、坚固丽外墙涂料等。

地面涂料主要用于建筑物的室内地面装饰，常用品种有过氯乙烯地面涂料、聚氨酯弹性地面涂料、环氧树脂厚质地面涂料、聚合物—水泥地面涂料等。

思考与练习

1. 试述防水卷材的基本性能要求。有哪些新型防水材料？说明它们的性能特点和应用。

2. 影响绝热材料性能的因素有哪些？保温材料与隔热材料有何不同？

3. 吸声材料在结构上与绝热材料有何区别？其原因是什么？

4. 为什么陶瓷锦砖能用于墙面装饰和地面装饰，而内墙砖不能用于外墙装饰和地面装饰？

5. 安全玻璃为何安全？有哪些品种？

6. 涂料是怎样分类的？涂料应具备哪些性质？

第十四章 土木工程材料试验

试验一 土木工程材料基本性质试验

土木工程材料基本性质的试验项目较多,对于各种不同的材料,测试的项目也不相同. 通常进行的项目有密度、毛体积密度和吸水率。

一、密度试验

1. 仪器设备

主要有李氏瓶、天平(称量 500g,感量 0.01g)、烘箱、筛子(孔径 0.20mm)、温度计、干燥器等。

2. 试样制备

将试样(如砖块)研碎,全部通过筛子,如为粉末可直接测试。在不超过 110℃ 的烘箱中烘至恒重,取出在干燥器中冷却至室温备用。

3. 试验步骤

将水或煤油注入李氏瓶至突颈下部,再将李氏瓶放入 20℃ 水浴中恒温,读取水或煤油液面刻度值 V_1。准确称取 70 ~ 80g 试样,用小勺和漏斗小心地将试样徐徐装入李氏瓶中;在装样时,应避免在突颈处形成气泡阻塞试样下落。当液面升至 20cm³ 刻度附近时,停止装入试样,并称量剩下试样,计算装入试样的质量 m。轻轻摇动李氏瓶,使液体中的气泡排出,再放入 20℃ 的水浴中恒温,恒温后读取装入试样后的水或煤油液面刻度值 V_2。

4. 试验结果

按下式计算出密度 ρ (精确至 0.01g/cm³):

$$\rho = \frac{m}{V_2 - V_1}$$

式中:m——装入李氏瓶中试样质量(g);

V_1——未装试样时水或煤油液面的刻度值(cm³);

V_2——装入试样后水或煤油液面的刻度值(cm^3)。

以两次试样的试验结果的平均值作为测定结果。两次试验结果之差不得大于0.02g/cm^3。否则重新取样进行试验。

二、吸水率试验

1. 仪器设备

主要有天平(称量1000g,感量0.1g)、烘箱、容器等。

2. 试验步骤

将清洗干净的试件放入(105 ± 5)℃的烘箱中烘至恒重后,称其质量m(g)。再将试件放入容器底部箅板上,注满水后煮沸3h,然后放在流水中冷却至室温,取出试件(或在水中浸泡24h,取出试件),用湿毛巾将试件表面的水分擦去,称其质量m_1(g)。

3. 试验结果

按下式计算吸水率W(精确至0.1%)

$$W_{质量} = \frac{m_1 - m}{m} \times 100$$

$$W_{体积} = W_{质量} \times \rho_0$$

式中：$W_{质量}$——质量吸水率(%)；

$\qquad W_{体积}$——体积吸水率(%)；

$\qquad m$、m_1——试件烘干质量和试件吸水饱和质量(g)；

$\qquad \rho_0$——试件的表观密度(毛体积密度)(g/cm^3)。

以3个试件的算术平均值为测定结果。

试验二 钢筋试验

一、取样规定

钢筋取样单位以同一截面尺寸、同一炉号质量不大于60t的钢筋为一批。每批任选两根钢筋切取各项力学性质试验试样,每批2个拉伸试验和2个弯曲试验试样。冲击试验可根据具体要求进行。

二、取样方法和结果评定规定

自每批钢筋中任意抽取两根,于每根距端部50cm处各取一套试样(两根试件),在每套试样中取一根做拉伸试验,另一根做冷弯试验。在拉伸试验的两根试件中,如果其中一根试件的屈服点、抗拉强度和断后伸长率三个指标中,有一个指标达不到钢筋标准中规定的数值,应取双倍(4根)钢筋试件重做试验。如果仍有一根试件的指标达不到标准要求,则拉伸试验结果为不合格。在冷弯试验中,如有一根试件不符合标准要求,应取双倍(4根)钢筋试件重做试验。如果仍有一根试件的指标达不到标准要求,则冷弯试验结果为不合格。

三、拉 伸 试 验

1. 仪器设备

主要有万能材料试验机（测力示值误差不大于 1%）、游标卡尺（精度为 0.1mm）、千分尺、标距仪等。

2. 试件制备

（1）钢筋截取后，8~40mm 直径的钢筋可直接作为试件，其形状如图 14-1 所示。若受量程限制，22~40mm 的钢筋经车削加工后作为试件，其形状和尺寸见图 14-2 和表 14-1。

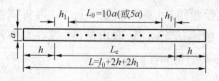

图 14-1　不经车削的试件

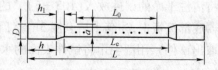

图 14-2　经车削的试件

车削试件尺寸（mm）　　　表 14-1

一般尺寸				长试件 $L_0 = 10a$			短试件 $L_0 = 5a$		
a	D	h	h_1	l_0	L_e	L	l_0	L_e	L
25	35	不做规定	25	250	275	$L = L_e + 2h + 2h_1$	125	150	$L = L_e + 2h + 2h_1$
20	30		20	200	220		100	120	
15	22		15	150	165		75	90	
10	15		10	100	110		50	60	

（2）用标距仪在钢筋上冲击出若干个标点，两标点间距离为 10mm。

3. 试验步骤

（1）测量标距长度 L_0，精确至 0.1mm。

（2）车削试件分别测量标距两端点和中部的直径，求出截面面积，取 3 个面积中最小面积值 F_0 为计算面积。不经车削的试件其截面面积 A_0 按钢筋的公称直径计算，公称直径为 8~10mm，精确至 $0.01mm^2$；公称直径为 12~32mm，精确至 $0.1mm^2$；公称直径 32mm 以上者，取整数。

（3）将试件固定在试验机夹头内，开动试验机加荷。试件屈服前，加荷速度为 10MPa/s；屈服后，夹头移动速度为不大于 $0.5L_e$/min（不经车削试件 $L_e = L_0 + 2h_1$）。

（4）加荷拉伸时，当试验机刻度盘指针停止在恒定荷载，或不计初始效应指针回转时的最小荷载，就是屈服点荷载 F_s。

（5）继续加荷至试件拉断，记录刻度盘指针的最大荷载 F_b。

（6）将拉断试件在断裂处对齐，并保持在同一轴线上，测量拉伸后标距两端点间的长度 L_1，精确至 0.1mm。

如试件拉断处到邻近的标距端点距离小于或等于 $L_0/3$，应按移位法确定 L_1（图 14-3）。确定办法如下：在长段上，从拉断处 O 点取基本等于短段格数，得 B 点；接着取长段所余格数（偶数，图 14-3a）之半，得 C 点；或者取所余格数（奇数，图 14-3b）减 1 与加 1 之半，得 C 与 C_1 点。

移位后的 L_1 分别为 $AO+OB+2BC$ 或 $AO+OB+BC+BC_1$。如拉断后直接量测所得断后伸长率满足技术要求规定时,可不采用移位法。

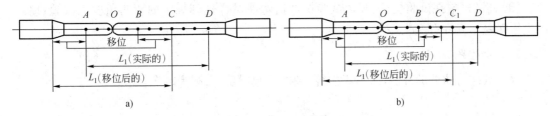

a)　　　　　　　　　　　　　　b)

图 14-3　用移位法计算标距

4. 试验结果

(1)试件屈服强度 σ_s 按下式计算,精确度要求:

≤200MPa	1MPa
>200～1000MPa	5MP
>1000MPa	10MPa

$$\sigma_s = \frac{F_s}{A_0}$$

式中:F_s——屈服点荷载(N);

A_0——试件原截面面积(mm^2)。

(2)试件抗拉强度 σ_b 按下式计算,精确度要求:

≤200MPa	1MPa
>200～1000MPa	5MP
>1000MPa	10MPa

$$\sigma_b = \frac{F_b}{A_0}$$

式中:F_b——最大荷载(N)。

(3)断后伸长率 δ 按下式计算(精确至0.5%):

$$\delta_{10}(\text{或}\,\delta_5) = \frac{L_1 - L_0}{L_0} \times 100$$

式中:δ_{10}、δ_5——表示 $L_0=10a$ 和 $L_0=5a$ 时的断后伸长率(%);

L_0——原标距长度(mm);

L_1——试件拉直接量出或移位法确定的标距离端点间的长度(mm)。

四、冷 弯 试 验

1. 仪器设备

主要有万能试验机或冷弯试验机、各种弯心直径的压头等。

2. 试样

试样不经加工,长度为 $L=0.5\pi(d+a)+140(mm)$,a 为试样直径。

3. 试验步骤

(1)根据钢材等级,依据有关规定选择好弯心直径和弯曲角度。

（2）根据弯心直径选择压头，并根据弯心直径 d 和试样直径 a 调整两支辊间距，支辊间距为 $(d+2.5a)\pm0.5a$。

（3）将试样放在试验机上，开动试验机加荷弯曲试样达到规定的弯曲角度。试验过程中两支辊间距不允许有变化。

4. 试验结果

检查试样弯曲处的外侧面，若无裂缝、裂断或起层现象，则为冷弯合格。

试验三　水泥试验

一、对试验材料和试验条件的要求

（1）水泥试样应充分拌匀，并用 0.9mm 方孔筛过筛，记录筛余百分数及其筛余物性质。

（2）试验用水必须是洁净的淡水。

（3）试件成型室气温应为 (20 ± 2)℃，相对湿度应不低于 50%（水泥细度试验可不做此规定）。养护箱温度为 (20 ± 1)℃，相对湿度应大于 90%。试件养护池水温应在 (20 ± 1)℃范围内。

（4）水泥试样、标准砂、拌和用水及试模等的温度应与室温相同。

二、水泥细度试验

本试验方法是采用 80μm 方孔筛对水泥试样进行筛析试验，用筛网上所得筛余物的质量占试样原始质量的百分数来表示水泥样品的细度。

细度检验有负压筛法、水筛法和手工筛法三种，如三种方法的测定结果有争议时，以负压筛法为准。在没有负压筛和水筛的情况下，可采用手工筛法。

1. 负压筛法

1）主要仪器设备

（1）负压筛：由圆形筛框和筛网组成，筛框有效直径为 142mm，高为 25mm，方孔边长为 0.080mm。

（2）负压筛析仪：由筛座、负压筛、负压源及收尘器组成，其中筛座由转速为 (30 ± 2)r/min 的喷气嘴、负压表、控制板、微电机及壳体等构成。筛析仪负压可调范围为 4000～6000Pa，喷气嘴的上口平面与筛网之间距离为 2～8mm。

（3）天平：最大称量 100g，感量 0.05g。

2）试验方法

（1）筛析试验前，应把负压筛放在筛座上，盖上筛盖，接通电源，检查控制系统，调节负压至 4000～6000Pa。

（2）称取试样 25g，置于洁净的负压筛中，盖上筛盖，放在筛座上，开动筛析仪连续筛析 2min，在此期间如有试样附着在筛盖上，可轻轻地敲击，使试样落下。筛毕，用天平称量余物，精确至 0.05g。

（3）当工作负压小于 4000Pa 时，应清理吸尘器内水泥，使负压恢复正常。

3)试验结果

水泥试样筛余百分数按下式计算(结果计算至0.1%):

$$F = \frac{R_s}{W} \times 100\%$$

式中:F——水泥试样的筛余百分数(%);

R_s——水泥筛余物的质量(g);

W——水泥试样的质量(g)。

2. 水筛法

1)仪器设备

主要有标准水筛(筛布为方孔铜丝网筛布,方孔边长0.080mm;筛框有效直径125mm,高80mm)、筛支座(能带动筛子转动,转速为50r/min)、喷头(直径55mm,面上均匀分布90个孔,孔径0.5~0.7mm)、天平(最大称重100g,感量0.05g)、烘箱等。

2)检验方法

(1)称取水泥试样50g,倒入筛内,立即用洁净水冲洗至大部分细粉通过,再将筛子置筛座上,用水压0.03~0.07MPa的喷头连续冲洗3min,喷头离筛网约50mm。

(2)筛毕取下,将筛余物冲到一边,用少量水把筛余物全部移至蒸发皿(或烘样盘)中,沉淀后将水倾出,烘干后称量,精确到0.05g。

3)试验结果

同负压筛法。

4)注意事项

(1)筛子应保持洁净,定期检查校正,常用的筛子可浸于水中保存,一般使用20~30次后,须用0.3~0.5mol的醋酸或食醋进行清洗。

(2)喷头应防止孔眼堵塞。

3. 手工干筛法

1)仪器设备

主要有方孔标准筛(铜布筛,筛框有效直径150mm,高50mm,方孔边长为0.08mm)、烘箱、天平等。

2)检验方法

称取试样50g倒入筛内,用人工筛动,一只手执筛往复摇动,另一只手轻轻拍打,拍打速度每分钟约120次,每40次向同一方向转动筛子60°,使试样均匀分散在筛布上,直至每分钟通过量不超0.05g为止,称量筛余物精确至0.05g。

3)试验结果

同负压筛法。

4)注意事项

筛子必须经常保持干燥洁净,定期检查校正。

三、水泥标准稠度用水量试验

1. 主要仪器设备

1)水泥净浆搅拌机

由搅拌锅、搅拌叶片、传动机构和控制系统组成,符合《水泥净浆搅拌机》(JC/T 729)的要求。

2）标准稠度和凝结时间测定仪

标准稠度和凝结时间测定仪又称为维卡仪（图14-4、图14-5），其形状和尺寸应符合《水泥标准稠度用水量、凝结时间、安定性检验方法》（GB/T 1346）的规定。

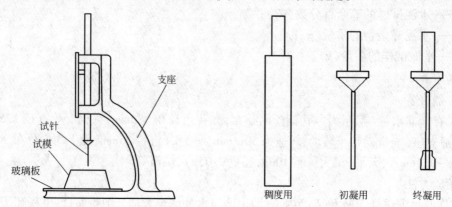

图14-4　标准稠度和凝结时间测定仪（维卡仪）　　　　　　图14-5　维卡仪附件

2. 试验步骤

标准稠度用水量的测定有标准法和代用法，下面介绍标准法的测定方法。

1）试验前检查

试验前应检查仪器金属棒能否自由滑动；调整试杆，至其接触玻璃板时，指针应对准标尺零点；搅拌机是否运转正常等。

2）拌制水泥净浆

拌和前应用湿布将净浆搅拌机的搅拌锅和搅拌叶片擦过，将拌和水倒入搅拌锅内，然后在5～10s内将事先称取的500g水泥试样加入水中。拌和时，先将锅放到搅拌机锅座上，升至搅拌位置，然后启动机器；低速搅拌120s，停拌15s，同时将叶片和锅壁上的水泥浆刮入锅中间，接着高速搅拌120s后停机。

3）测定标准稠度用水量

拌和结束后，立即将拌制好的水泥净浆装入已放在玻璃片上的试模中，用小刀插捣并轻轻振捣数次，刮去多余的净浆；抹平后，迅速将试模和底板放到维卡仪上，并将其中心定在试杆下，降低试杆至与水泥浆接触，拧紧螺钉1～2s后，突然放松螺钉，使试杆垂直自由地沉入水泥浆中。在试杆停止沉入或释放试杆30 s时，记录试杆与底板的距离。然后升起试杆，并将试杆擦干净。整个过程应在搅拌后1.5min内完成。

3. 试验结果

以试杆沉入净浆与底板距离为6mm±1mm时的水泥净浆为标准稠度净浆，其拌和用水量即为该水泥的标准稠度用水量P，按水泥质量的百分比计。

四、水泥净浆凝结时间测定

1. 仪器设备

主要仪器设备与测定标准稠度时所用相同，只是将维卡仪试杆换成试针。

2. 测定步骤

(1)测定前准备工作:将圆模放在玻璃板上,在内侧稍涂上一层机油,调整凝结时间测定仪,使试针接触玻璃板时,指针对准标尺零点。

(2)制备水泥净浆试件:以标准稠度用水量拌制水泥净浆。拌制方法与标准稠度用水量试验相同。净浆拌好以后立即将其一次装入圆模,振动数次后刮平,然后放入养护箱内,记录水泥全部加入水中的时间作为凝结时间的起始时间。

(3)初凝时间的测定:试件在养护箱中养护至加水后 30min 时进行第一次测定。测定时,从养护箱中取出圆模放到试针下,使试针与净浆面接触,拧紧螺钉 1～2s 后,突然放松,使试针垂直自由沉入净浆中,然后观察试针停止下沉或释放试杆 30s 时的指针读数。当试针沉至距底板(4±1)mm 时,即为水泥达到初凝状态,记录此时的时间。若未达到初凝状态,则将圆模再放回养护箱中养护,隔 15min 测定一次,邻近初凝时,每隔 5min 测定一次,直到达到初凝状态。

(4)终凝时间的测定:在完成初凝时间测定后,立即将试模连同浆体以平移的方式从玻璃板上取下,并将其翻转 180°,直径大端向上,小端向下,放在玻璃板上,再放入养护箱中继续养护。每隔一定时间测定一次,邻近终凝时,每隔 15min 测定一次。测定时,为了准确观察试针的沉入情况,测试针安装了环形附件,当试针沉入试体 0.5mm 时,即环形附件开始不能在试体上留下痕迹时,为水泥达到终凝状态,记录此时的时间。

3. 试验结果

由水泥全部加入水中至初凝、终凝状态所用的时间分别为该水泥的初凝时间和终凝时间,以 min 为单位。

4. 注意事项

测定时应注意,在最初测定操作时应轻轻扶持金属棒,使其徐徐下降,以防试针撞弯。但测定结果应以自由下落为准,在整个测试过程中试针贯入的位置至少要距圆模内壁 10mm。每次测定不得让试针落入原针孔。每次测试完毕须将试针擦净,并将圆模放回养护箱内。整个测定过程中要防止圆模受振。到达初凝或终凝状态时应立即重复测定一次。当两次结果相同时,才能定为到达初凝或终凝状态。

五、安定性的试验

测定方法可以用标准法(雷氏法),也可用代用法(试饼法),有争议时以标准法为准。标准法是测定水泥净浆在雷氏夹中沸煮后的膨胀值来评定水泥的体积安定性。代用法是通过观察水泥净浆试饼沸煮后的外形变化来评定水泥的体积安定性。

1. 仪器设备

主要有净浆搅拌机(与标准稠度测定时所用的相同)、沸煮箱(有效容积为 410mm×240mm×310mm)、雷氏夹(由铜质材料制成,其结构见图 14-6)、雷氏夹膨胀值测定仪(标尺最小刻度为 1mm,其结构如图 14-7 所示)。

2. 试验步骤(雷氏法)

1)测定前的准备

每个试样需成型两个试件,每个雷氏夹需配备两块质量 70～85g 的玻璃板,凡与水泥净浆接触的玻璃板和雷氏夹内表面都要稍稍擦油。

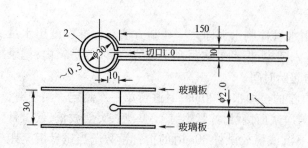

图 14-6　雷氏夹
1-指针;2-环模

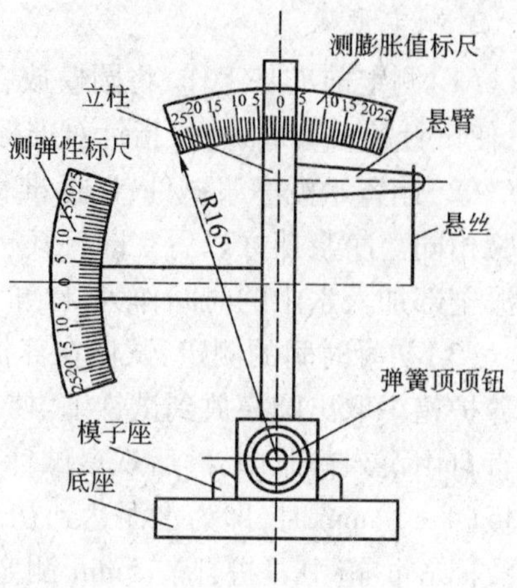

图 14-7　雷氏夹膨胀值测定仪

2）制备水泥标准稠度净浆

以标准稠度用水量,按标准方法拌制水泥净浆。

3）雷氏夹试件的成型

将预先准备好的雷氏夹放在已稍擦油的玻璃板上,并立刻将已制好的标准稠度净浆一次装满试模,装模时一只手轻轻扶持试模,另一只手用宽约10mm的小刀插捣15次左右,然后抹平。盖上稍涂油的玻璃板,接着立刻将试模移至养护箱内养护(24±2)h。

4）沸煮

(1)调整好沸煮箱中的水位,使能保证在整个沸煮过程中都超过试件。

(2)脱下玻璃板取下试件。

(3)先测量试件指针尖端间的距离 A,精确到0.5mm。接着将试件放入养护箱的水中篦板上,指针朝上,试件之间互不交叉,然后在(30±5)min 内加热至沸,并恒沸 3h±5min。

(4)沸煮结束后,立即放掉箱中热水,打开箱盖,冷却至室温后,取出试件进行判别。

3. 试验结果

测量试件指针尖端距离 C,结果至小数点后1位,当两个试件沸煮后增加距离 $C-A$ 的平均值不大于5.0mm 时,即认为该水泥安定性合格,当两个试件的 $C-A$ 值相差超过4mm 时,应用同一样品立即重做一次试验。若再如此,则认为该水泥为安定性不合格。

六、水泥胶砂强度测定(ISO 法)

1. 主要仪器设备

(1)行星式水泥胶砂搅拌机:应符合《行星式水泥胶砂搅拌机》(JC/T 681)的要求,它是一种工作时搅拌叶片既绕自身轴线自转又沿搅拌锅周边公转,运动轨迹似行星式的水泥胶砂搅拌机。

(2)水泥胶砂试件成型振实台:应符合《水泥胶砂试件成型振实台》(JC/T 682)的要求,它由可以跳动的台盘和使其跳动的凸轮等组成。振实台的振幅为(15±0.3)mm,振动频率60次/(60±2)s。

（3）试模：模槽内腔尺寸为 40mm×40mm×160mm。三边应互相垂直，可同时成型三条截面为 40mm×40mm、长为 160mm 的棱形试体，其材质和制造尺寸应符合《水泥胶砂试模》（JC/T 726）的要求。

（4）抗折试验机：应符合《水泥胶砂电动抗折试验机》（JC/T 724）的要求，为 1：50 的电动抗折试验机。抗折夹具的加荷与支撑圆柱直径应为（10±0.1）mm，两个支撑圆柱中心距离为（100±0.2）mm。

（5）抗压试验机：抗压试验机以 200~300kN 为宜，在接近 4/5 量程范围内使用时，记录的荷载应有 ±1% 精度，并具有按（2400±200）N/s 速率的加荷能力。

（6）抗压夹具：应符合《40mm×40mm 水泥抗压夹具》（JC/T 683）的要求，受压面积为 40mm×40mm，加压面必须磨平。使用中夹具应满足标准的全部要求。

（7）其他仪器和用具：天平（精度为 ±1g）、播料器（一大一小）、直尺、量筒等。

2. 胶砂制备

（1）配合比：水泥与 ISO 标准砂的质量比为 1：3，水灰比为 0.5。一锅胶砂成型 3 条试件，需要称量水泥（450±2）g、ISO 标准砂（1350±5）g、拌和用水量（225±1）g。

（2）搅拌：先使搅拌机处于待工作状态，然后将水加入锅里，再加入水泥，把锅放在固定架上，上升至固定位置。立即开动机器，低速搅拌 30s 后，在第二个 30s 开始的同时均匀地将砂子加入。把机器转至高速再拌 30s。停拌 90s，在第一个 15s 内用一胶皮刮具将叶片和锅壁上的胶砂刮入锅中间。在高速下继续搅拌 60s。各个搅拌阶段，时间误差应在 ±1s 以内。

3. 试件的制备

（1）成型前将试模擦净，四周的模板与底座的接触面上应涂黄油，紧紧装配，防止漏浆，内壁均匀刷一薄层机油。

（2）将试模和模套固定在振实台上。胶砂制备好后立即用一个适当的勺子将胶砂直接从搅拌锅里分两层装入试模，装第一层时，每个槽里约放 300g 胶砂，用大播料器垂直架在模套顶部，沿每个模槽来回一次将料层播平，接着振实 60 次。再装第二层胶砂，用小播料器拨平，再振实 60 次。移走模套，从振实台上取下试模，用一金属直尺以近似 90° 的角度架在试模模顶的一端，然后沿试模长度方向以横向锯割动作慢慢向另一端移动，一次将多余的胶砂刮去，并用同一直尺在近乎水平的情况下将试件表面抹平。在试模上做标记或加字条标明试件编号。

4. 试件养护

（1）脱模前的处理和养护：将做好标记的试模放入（20±1）℃、相对湿度 90% 的标准养护箱的水平架子上养护，湿空气应能与试模各面接触。一直养护到规定的脱模时间时取出脱模。脱模前用防水墨汁或颜料笔对试件进行编号或标记，两个龄期以上的试件，在编号时应将同一试模中的 3 条试件分在两个以上龄期内。

（2）脱模：对于 24 h 龄期的，应在破型试验前 20 min 内脱模，对于 24h 以上龄期的应在成型后 20~24h 脱模。已确定为 24h 龄期试验的脱模试件，应用湿布覆盖至试验为止。

（3）水中养护：将做好编号或标记的试件立即水平或竖直放在（20±1）℃水中养护，水平放置时刮平面应朝上。试件应放在不易腐烂的篦子上，并彼此间保持一定间距，以让水与试件的六个面接触。养护期间，试件之间间隔或试件上表面的水深不得小于 5mm。

5. 强度测定

各龄期的试件必须在表 14-2 规定的时间内进行强度试验。

龄期	1d	2d	3d	7d	28d
规定时间	24h ± 15min	48h ± 30min	72h ± 45min	7d ± 2h	>28d ± 8h

试件于试验前 15min 从水中取出后,在强度试验前用湿布覆盖。

1)抗折强度测定

每个龄期取三条试件先逐个测定抗折强度。试验前擦去试件表面的水分和砂粒,清除夹具上的杂物,然后将试件一个侧面放在试验机支撑圆柱上,试件长轴垂直于支撑圆柱,通过加荷圆柱以(50 ± 10)N/s 的速率均匀地将荷载垂直地加在棱柱体相对侧面上,直至折断。将两半截棱柱体保持潮湿状态直至抗压试验。

抗折强度 R_f 按下式计算(精确至 0.1MPa):

$$R_f = \frac{1.5F_f L}{b^3}$$

式中:F_f——折断时施加于棱柱体中部的破坏荷载(N);

$\quad L$——支撑圆柱中心距(mm);

$\quad b$——棱柱体正方形截面的边长(mm)。

2)抗压强度试验

抗折强度试验后的两个断块应立即进行抗压试验,抗压强度试验须用抗压夹具进行,在整个加荷过程中以(2400 ± 200)N/s 的速度均匀地加荷直至试件破坏。

抗压强度 R_c 按下式计算(精确至 0.1MPa)

$$R_c = \frac{F_c}{A}$$

式中:F_c——破坏时的最大荷载(N);

$\quad A$——受压面积(40mm × 40mm)。

6. 试验结果

以 3 个试件的抗折强度测定值的算术平均值作为抗折强度的测定结果,计算精确至 0.1MPa。当 3 个强度值中有一个超出平均值 ±10% 时,在剔除该值后,取余下的两个强度的平均值作为抗折强度的试验结果。

以 3 个棱柱体上得到的 6 个抗压强度测定值的算术平均值为试验结果。如 6 个测定值中有一个超出 6 个平均值的 ±10%,就应剔除这个结果,而以剩下 5 个的平均值为结果。如果 5 个测定值中再有超过它们平均数 ±10% 的,则此组结果作废。

试验四 集料试验

一、集料的取样与缩分方法

1. 取样

集料应按同产地同规格分批取样。

取样前先将取样部位表层除去,然后从料堆或车船上不同部位或深度抽取大致相等的砂 8 份或石子 16 份。砂、石部分单项试验的取样数量,分别见表 14-3 和表 14-4。

试验项目	筛 分 析	表 观 密 度	堆 积 密 度
最少取样量(kg)	4.4	2.6	5.0

试验项目	不同最大粒径(mm)下的最少取样量							
	9.5	16.0	19.0	26.5	31.5	37.5	63.0	75.0
筛分析	9.5	16.0	19.0	25.0	31.5	37.5	63.0	80.0
表观密度	8.0	8.0	8.0	8.0	12.0	16.0	24.0	24.0
体积密度	40.0	40.0	40.0	40.0	80.0	80.0	120.0	120.0

2. 缩分

砂样缩分可采用分料器或人工四分法进行。四分法缩分的步骤为:将样品放在平整洁净的平板上,在潮湿状态下拌和均匀,摊成厚度约20mm的圆饼,然后在饼上划两条正交直径将其分成大致相等的4份,取其对角的两份,按上述方法继续缩分,直至缩分后的样品数量略多于进行试验所需量为止。

石子缩分采用四分法进行。将样品倒在平整洁净的平板上,在自然状态下拌和均匀,堆成锥体,然后用上述四分法将样品缩分至略多于试验所需量。

二、砂的颗粒级配试验

1. 仪器设备

主要有鼓风烘箱(能使温度控制在(105±5)℃)、天平(称量1000g,感量1g)、方孔筛(孔径为0.150mm、0.30mm、0.60mm、1.18mm、2.36mm、4.75mm 及 9.50mm 的方孔筛各一只,并附有筛底和筛盖)、摇筛机、搪瓷盘和硬、软毛刷等。

2. 试验步骤

(1)试验前准备:将所取的试样缩分至约1100g,放在烘箱中于(105±5)℃下烘干至恒重,待冷却至室温后,筛除大于 9.50mm 的颗粒(并计算其筛余百分率),分为大致相等的两份备用。

(2)筛分:称取烘干试样500g(精确至1g),将其倒入按孔径大小从上到下组合的套筛(附筛底)上。将套筛置于摇筛机上,摇筛 10min 左右,然后取出套筛,按孔径大小顺序,在清洁的浅盘上逐个进行手筛,直至每分钟的筛出量不超过试样总量的0.1%时为止,通过的颗粒并入下一个筛中,按此顺序进行,直至每个筛全部筛完为止。如无摇筛机,也可用手筛。

(3)称量筛余量:称量各筛上砂子的筛余量,精确至1g,试样在各号筛上的筛余量不得超过按下式计算出的量,超过时应按下列方法之一处理。

$$G = \frac{A \times d^{1/2}}{200}$$

式中:G——在一个筛上的筛余量(g);

A——筛面面积(mm²);

d——筛孔尺寸(mm)。

①将该粒级试样分成少于按上式计算的量,分别筛分,并以筛余量之和作为该号筛的筛余量。

②将该粒级及以下各粒级的筛余混合均匀,称出其质量,精确至1g。再用四分法缩分为大致相等的两份,取其中一份,称出其质量,精确至1g,继续筛分。计算该粒级及以下各粒级分计筛余量时,应根据缩分比例进行修正。

3. 试验结果计算

(1)分计筛余百分率:各号筛上的筛余量除以试样总量的百分率,精确至0.1%。

(2)累计筛余百分率:该号筛上的分计筛余百分率与大于该号筛的各筛上的分计筛余百分率之总和,精确至0.1%。筛分后,如每号筛的筛余量与筛底的剩余量之和同原试样质量之差超过1%,须重新试验。

(3)根据各筛的累计筛余百分率评定该试样的颗粒级配分布情况。

(4)按下式计算细度模数 M_x(精确至0.01):

$$M_x = \frac{A_2 + A_3 + A_4 + A_5 + A_6 - 5A_1}{100 - A_1}$$

式中:A_1、A_2、A_3、A_4、A_5、A_6——4.75mm、2.36mm、1.18mm、0.60mm、0.30mm 和 0.150mm 筛的累计筛余百分率。

筛分试验应采用两个试样平行试验,并以其试验结果的算术平均值为测定值,精确至0.1。如两次试验的细度模数之差超过0.20时,须重新试验。

三、砂的表观密度试验

1. 仪器设备

主要有天平(称量10kg,感量1g)、容量瓶(500mL)、鼓风烘箱(能使温度控制在105℃±5℃)、干燥器、搪瓷盘、铝制料勺、温度计、滴管、毛刷等。

2. 试验步骤

(1)准备工作:将试样缩分至约660g,放在烘箱中于(105±5)℃下烘干至恒重,并在干燥器内冷却至室温后,分为大致相等的两份备用。试验室温度应在15~30℃。

(2)称取烘干试样300g(精确至1g),将其装入容量瓶中,注入冷开水,接近500mL的刻度时,旋转摇动容量瓶使试样在水中充分搅动以排除气泡,塞紧瓶塞。静置24h后打开瓶塞,用滴管小心加水至500mL的刻度处,塞紧瓶塞,擦干瓶外水分,称其质量,精确至1g。

(3)倒出瓶中的水和试样,将瓶洗净,再注入与上述水温相差不超过2℃(并在15~25℃范围内)的冷开水至500mL刻度线,塞紧瓶塞,擦干瓶外水分,称其质量,精确至1g。

3. 试验结果

按下列计算表观密度 ρ_0(精确至10kg/m³):

$$\rho_0 = \frac{m_0}{m_0 + m_2 - m_1} \times \rho_w$$

式中:ρ_0——表观密度(kg/m³);

ρ_w——水的密度(1000kg/m³);

m_0——烘干试样的质量(g);

m_1——试样、水及容量瓶的总质量(g);

m_2——水及容量瓶的总质量(g)。

以两次测定结果的平均值为试验结果,如两次测定结果的误差大于20kg/m³,应重新取样进行试验。

四、碎石和卵石的颗粒级配试验

1.仪器设备

主要有筛框内径为300mm的方孔筛(孔径为2.36mm、4.75mm、9.50mm、19.0mm、26.5mm、31.5mm、37.5mm、53.0mm、63.0mm、75.0mm及90mm的筛各一只,并附有筛底和筛盖)、天平或台秤(称量10kg,感量1g)、烘箱、摇筛机、毛刷、搪瓷盘等。

2.试验步骤

(1)准备工作:将试样缩分至略大于表14-5规定的数量,放在烘箱中于(105±5)℃下烘干或风干后备用,根据最大粒径选择试验用筛。

(2)筛分:根据试样最大粒径按表14-5规定数量称取烘干或风干试样,将其倒入按孔径大小从上到下组合的套筛(附筛底)上。将套筛置于摇筛机上,摇筛10min左右;取下套筛,按孔径大小顺序,在逐个过筛,直到每分钟通过量小于试样总量的0.1%。通过的颗粒并入下一个筛中,按此顺序进行,直至每个筛全部筛完为止。如无摇筛机,也可用手筛。

颗粒级配试验所需的试样数量 表14-5

最大粒径(mm)	9.5	16.0	19.0	26.5	31.5	37.5	63.0	75.0
最少试样质量(kg)	1.9	3.2	3.8	5.0	6.3	7.5	12.6	16.0

(3)称取各筛的筛余质量,精确至1g。

3.试验结果

(1)计算分计筛余百分率(精确至0.1%)和累计筛余百分率(精确至1%),计算方法同砂的颗粒级配试验。分计筛余量和筛底剩余的总和与筛分前试样总和相比,其差不得超过1%,否则须重新试验。

(2)根据各筛的累计筛余百分率,评定试样的颗粒级配。

五、碎石和卵石的表观密度试验(广口瓶法)

本方法不宜用于测定最大粒径大于37.5mm的碎石和卵石的表观密度。

1.仪器设备

主要有天平(称量2kg,感量1g)、广口瓶(1000mL,磨口,并带玻璃片)、方孔筛(孔径为4.75mm的筛1只)、鼓风烘箱(能使温度控制在(105±5)℃)、毛巾、搪瓷盘等。

2.试验步骤

(1)试验前准备工作:将试样用四分法缩分至略大于表14-6规定的数量,风干后筛去4.75mm以下的颗粒,洗刷干净后,分成大致相等的两份备用。

最大粒径(mm)	小于 26.5	31.5	37.5
最少试样质量(kg)	2.0	3.0	4.0

(2)取试样一份浸水饱和后,装入广口瓶中。装试样时,广口瓶应倾斜一个相当的角度。然后注满饮用水,用玻璃片覆盖瓶口后,上下左右摇晃,以排除气泡。

(3)气泡排净后向瓶中添加饮用水至水面凸出瓶口边缘,然后用玻璃沿瓶口迅速滑行,使其紧贴瓶口水面。擦干瓶外水分,称取试样、水、瓶和玻璃片总质量 m_1(g),精确至 1g。

(4)将试样倒入浅盘中,置于温度为(105±5)℃的烘箱中烘干至恒重,然后取出置于带盖的容器中,冷却至室温后称取试样的质量 m_0(g),精确至 1g。

(5)将瓶洗净,重新注满饮用水,用玻璃片紧贴瓶口水面,擦干瓶外水分,称取其质量 m_2(g),精确至 1g。

3. 试验结果

按下式计算石子的表观密度 ρ_1(精确至 10kg/m³)

$$\rho_1 = \left(\frac{m_0}{m_0 + m_2 - m_1} \right) \times \rho_w$$

式中:ρ_1——表观密度(kg/m³);

m_0——烘干后试样的质量(g);

m_1——试样、水、瓶和玻璃片的总质量(g);

m_2——水、瓶和玻璃片的总质量(g);

ρ_w——水的密度,取值为 1000kg/m³。

以两次试验结果的算术平均值作为测定值,两次结果之差应小于 20kg/m³,否则重新取样进行试验。

试验五 普通混凝土试验

一、混凝土拌和物试样制备

1. 基本要求

(1)原材料的质量应符合相关标准的要求,并与施工中实际使用的材料相同。

(2)材料用量以质量计,并以全干状态为准。称量精度:集料为 ±1%;水、水泥、掺和料及外加剂均为 ±0.5%。

(3)拌和时,试验室温度应保持在 20±5℃,所用材料的温度应与室温相同。

(4)从试样制备完毕到开始做各种性能试验不宜超过 5 min(不包括成型试件)。

2. 仪器设备

主要有搅拌机(容量 75~100L,转速为 18~22r/min)、天平(称量 5kg,感量 1g)、磅秤(称量 50kg,感量 50g)、量筒(200mL,1000mL)、拌板(约 1.5m×2m)、拌铲、盛器等。

3. 混凝土拌和物的拌和

1)人工拌和

(1)准备工作:按所确定的各组成材料的用量称量材料。将拌板及拌铲用湿布湿润。

（2）拌和：将砂倒在拌板上，然后加入水泥，用拌铲自拌板一端翻拌至另一端，来回重复，直至充分混合，颜色均匀。加入石子，按上述方法翻拌至混合均匀为止。将干混合物堆成一堆，再在中间扒开一凹坑，将已称量好的水倒约一半在凹坑中（勿使水流出），然后仔细翻拌，并将剩余的水徐徐加入，继续翻拌，每翻拌一次，用拌铲在拌和物上铲切一次，直到拌和均匀为止。

（3）拌和时间从加水时算起，应大致符合下列规定：

①拌和物体积为 30L 以下时，4～5min。

②拌和物体积为 30～50L 时，5～9min。

③拌和物体积为 51～75L 时，9～12mm。

（4）拌和时应动作敏捷，并在规定的时间内完成拌和。拌好后，根据试验要求，立即做各项性能试验。

2）机械搅拌

（1）准备工作：按所确定的各组成材料的用量称量材料。正式拌和前先预拌一次，即用按配合比称量的水泥、砂和水组成的砂浆及少量石子，在搅拌机中进行涮膛。然后倒出并刮去多余的砂浆，其目的是使水泥砂浆黏附满搅拌机的筒壁，以免正式拌和时影响拌和物的配合比。

（2）搅拌：开动搅拌机，向搅拌机内依次加入石子、砂、水泥，干拌均匀，再将水徐徐加入，全部加料时间不超过 2min，水全部加入后，继续搅拌 2min。将拌和物自搅拌机卸出，倾倒在拌板上，再经人工拌和 1～2min，使其均匀。

（3）根据试验要求，立即做各项性能试验。

二、普通混凝土拌和物和易性测定（稠度试验）

1. 仪器设备

主要有坍落度筒（由薄钢板或其他金属制成的圆台形筒，筒的形状尺寸图 14-8）、维勃稠度仪（图 14-9）、捣棒（用钢材制成，尺寸如图 14-8 所示，端部应磨圆）、小铲、钢直尺（或坍落度专用测具）、拌板（不吸水的刚性板材）、镘刀、装料漏斗（与坍落度筒配套）等。

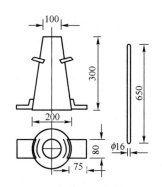

图 14-8　坍落度筒及捣棒（尺寸单位：mm）

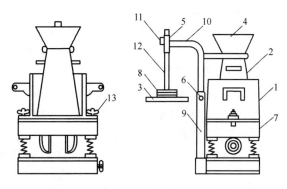

图 14-9　维勃稠度仪

1-容器；2-坍落度筒；3-透明圆盘；4-喂料斗；5-套筒；6-定位螺钉；7-振动台；8-荷重；9-支柱；10-旋转架；11-测杆螺钉；12-测杆；13-固定螺钉

2.试验方法

1)坍落度和坍落扩展度试验方法

本试验方法适用于集料最大粒径不大于40mm、坍落度值不小于10mm的混凝土拌和物稠度测定。测定时需拌和物约15L。

(1)准备工作:湿润坍落度筒、拌板及其他用具,拌板应放在坚实的地面上,并把筒放在拌板中心,然后用脚踩住两边的脚踏板,使坍落度筒在装料时保持固定的位置,不发生移动。

(2)装料:把按要求取得的混凝土拌和物试样用小铲分三层均匀地装入筒内,使捣实后每层高度为筒高的1/3左右。每层用捣棒插捣25次,插捣应沿螺旋方向由外向中心进行,各次插捣应在截面上均匀分布。插捣筒边混凝土时,捣棒可以稍稍倾斜,插捣底层时,捣棒应贯穿整个深度;插捣第二层和顶层时,捣棒应插透本层至下一层的表面。浇灌顶层时,混凝土应灌到高出筒口。插捣过程中,如混凝土沉落到低于筒口,则应随时添加。顶层插捣完毕,刮去多余的混凝土,并用抹刀抹平。

(3)提筒:清除筒边及底板上的拌和物后,垂直平稳地提起坍落度筒。提离过程应在5～10s内完成。从开始装料到提起坍落度筒的整个进程应不间断地进行,并应在150s内完成。

(4)测定坍落度:提起坍落度筒后,用钢直尺(或坍落度专用测具)量测筒高与坍落后拌和物试体顶面最高点之间的高度差(精确至1mm)。坍落度筒提离后,如试件发生崩坍或一边剪坏现象,则应重新取样进行测定。如第二次仍出现这种现象,则表示该拌和物和易性不好,应予记录备查。

(5)观察黏聚性及保水性:黏聚性的检查方法是用捣棒在已坍落的混凝土锥体侧面轻轻敲打,此时,如果锥体逐渐下沉,则表示黏聚性良好,如果锥体倒塌或部分崩裂或出现离析现象,则表示黏聚性不好。保水性以混凝土拌和物中稀浆析出的程度来评定,坍落度筒提起后如有较多的稀浆从底部析出,锥体部分的混凝土也因失浆而集料外露,则表明此混凝土拌和物的保水性能不好,如无这种现象,则表明保水性良好。

如果发现粗集料在拌和物试体的中央集堆或边缘有水泥浆析出,表明此拌和物抗离析性不好,应予记录。

(6)当混凝土拌和物的坍落度大于160mm时,用钢直尺测量拌和物展开扩展面的最大直径和与其呈垂直方向的直径。

2)维勃稠度试验方法

本方法适用于集料最大粒径不大于40mm,维勃稠度在5～30s的混凝土拌和物稠度测定。

(1)准备工作:维勃稠度仪应放置在坚实水平的地面上,用湿布将容器、坍落度筒、装料斗内壁及其他用具润湿。

(2)装料:将喂料斗提到坍落度筒上方并扣紧,校正容器位置,使其中心与喂料中心重合,然后拧紧固定螺栓,将刚拌和好的混凝土拌和物经喂料斗分三层装入坍落度筒,装料及插捣的方法与坍落度试验相同。

(3)把装料斗转离坍落度筒,垂直提起坍落度筒,应注意不使混凝土试体产生横向的扭动。

(4)把透明圆盘转到混凝土圆台体顶面,放松测杆螺钉,降下圆盘,使其轻轻地接触到混凝土圆台体顶面,拧紧定位螺丝,并检查测杆螺钉是否已经完全松开。

(5)测定维勃稠度值:开启振动台,同时用秒表计时,当振动到透明圆盘的底面被水泥浆布满的瞬间,停止计时,并立即关闭振动台。记录时间(精确至1s),由秒表读得的时间(s),即为该混凝土拌和物的维勃稠度值。也可用数字显示自动计时器计时,关闭振动台后,计时器显示的时间即为维勃稠度值。

3. 试验结果

(1)以量测坍落度筒高与坍落后混凝土试体最高点之间的高度差,作为该混凝土拌和物的坍落度值(修约至5mm)。

(2)当用钢直尺测量拌和物扩展面的最大直径和与其呈垂直方向的直径的差值小于50mm时,以这两个直径的算术平均值作为坍落扩展度值;否则,此次试验无效。

(3)以开启振动台至振动到透明圆盘的底面被水泥浆布满的瞬间所用的时间,作为该混凝土拌和物的维勃稠度值(精确至1s)。

三、普通混凝土立方体抗压强度试验

1. 仪器设备

主要有压力试验机(其精度应不低于±2%,试件破坏荷载值应大于试验机全量程的20%,且小于试验机全量程的80%)、振动台(频率为50Hz±3Hz,空载时的振幅为0.5mm±0.1mm)、试模(标准试件尺寸为150mm×150mm×150mm)、其他用具(捣棒、小铁铲、金属直尺、镘刀等)。

2. 试件的制作

三个试件为一组,每一组试件都应由同一次拌和成的混凝土拌和物中取出。按前述方法拌制混凝土拌和物。

1)制作前准备

应将试模洗干净,并在试模的内表面涂一薄层矿物油脂或其他不与混凝土发生反应的脱模剂。

2)试件成型

将拌制好的混凝土拌和物再用铁锹来回拌和三次以上。

(1)坍落度不大于70mm的混凝土用振动台振实。将拌和物一次装入试模,装料时应用抹刀沿模壁插捣,并使混凝土拌和物高出试模口。将试模放在振动台上,开动振动台至拌和物表面呈现水泥浆为止,不得过振。振动时试模不得有任何跳动。振动结束后,用镘刀沿试模边缘将多余的拌和物刮去,并将表面抹平。

(2)坍落度大于70mm的混凝土采用人工捣实,混凝土拌和物分两层装入试模,每层厚度大致相等。插捣按螺旋方向由边缘向中心均匀进行。插捣底层时,捣棒应达到试模底面,插捣上层时,捣棒应穿入下层深度20~30mm。插捣时应保持捣棒垂直,不得倾斜,然后用抹刀沿试模内壁插入数次,以防止试件产生麻面。每层插捣次数按10000mm² 面积应不少于12次。插捣完后用橡皮锤轻轻敲打试模四周,直至插捣棒留下的空洞消失为止。然后刮去多余的混凝土,并用镘刀抹平。

3. 试件的养护

(1)试件成型后应立即用不透水的薄膜覆盖表面,以防水分蒸发。

(2)采用标准养护的试件应在20℃±5℃情况下静置1~2d,然后编号拆模。拆模后的试件应立即放在温度为20℃±2℃、相对湿度为95%以上的标准养护室内养护。在标准养护室内试件应放在架上,彼此间隔为10~20mm,并应避免用水直接冲淋试件。无标准养护室时,混凝土试件可在温度为 20℃ ±2℃ 的不流动的 Ca(OH)₂ 饱和溶液中养护。

(3)与构件同条件养护的试件成型后,应覆盖表面。试件的拆模时间可与实际构件的拆模时间相同。拆模后,试件仍需保持同条件养护。

4. 抗压强度试验

(1)加载前准备:试件从养护地点取出后,立即擦干其表面的水分,并量出其尺寸(精确至 1mm),计算试件的受压面积 $A(mm^2)$。将压力机的上、下承压板擦干净,再将试件安放在压力机的下承压板上,试件的承压面应与成型时的顶面垂直,试件的中心应与试验机下压板中心对准。

(2)加载:开动试验机,当上压板与试件接近时,调整球座. 使接触均衡,加载时应持续而均匀地加荷。混凝土强度等级小于 C30 时,加荷速度为 0.3 ~ 0.5MPa/s;混凝土强度等级大于或等于 C30 且小于 C60 时,加荷速度为 0.5 ~ 0.8MPa/s;混凝土强度等级大于或等于 C60 时,加荷速度为 0.8 ~ 1.0MPa/s。当试件接近破坏而开始急剧变形时,应停止调整试验机油门,直至试件破坏。记录破坏荷载 $P(N)$。

5. 试验结果计算

试件的抗压强度 f_{cc} 按下式计算(精确至 0.1MPa):

$$f_{cc} = \frac{P}{A}$$

强度值的确定方法:以三个试件的算术平均值作为该组试件的抗压强度值。三个测定值中的最大值或最小值中,如有一个与中间值的差值超过中间值的 15% 时,则把最大及最小值一并舍去,取中间值作为该组试件的抗压强度值,如有两个测定值与中间值的差值均超过中间值的 15% ,则此组试件的试验无效。

混凝土的抗压强度值以 150mm × 150mm × 150mm 试件的抗压强度值为标准值,当混凝土强度等级小于 C60 时,用其他非标准试件测得的强度值,均应乘以表 14-7 中的尺寸换算系数。当混凝土强度等级大于或等于 C60 时,宜采用标准试件;若使用非标准试件时,尺寸换算系数应由试验确定。

试件尺寸及抗压强度换算系数 表 14-7

试件尺寸(mm × mm × mm)	集料最大粒径(mm)	抗压强度换算系数
100 × 100 × 100	31.5	0.95
150 × 150 × 150	40	1.0
200 × 200 × 200	63	1.05

四、轴心抗压强度和静力受压弹性模量试验

1. 仪器设备

主要有搅拌机(容量 75 ~ 100L,转速为 18 ~ 22r/min)、振动台(频率为 50Hz ±3Hz,空载时的振幅为 0.5mm ±0.1mm)、试模(内壁边长为 150mm × 150mm × 300mm 的试模,内表面应机械加工,其不平度应为每 100mm 不超过 0.5mm,组装后各相邻面的不垂直度应不超过 ±0.5°)、压力试验机(其精度应不低于 ±2%,试件破坏荷载值应大于试验机全量程的 20%,且小于试验机全量程的 80%)、微变形测量仪(测量精度不低于 0.001mm,固定架的标距应为 150mm,应具有有效期内的计量检定证书)、捣棒、金属直尺、天平等其他辅助工具等。

2.试件制作

以六个试件为一组(其中3个试件测定混凝土的轴心抗压强度,另3个试件用于测定混凝土弹性模量),每一组试件都应由同一次拌和成的混凝土拌和物中取出。将取样或拌制好的混凝土拌和物再用铁锨来回拌和三次以上。

(1)制作试件前首先检查试模,拧紧螺栓,清刷干净,并在其内壁涂上一薄层矿物油脂或其他不与混凝土发生反应的脱模剂。

(2)根据混凝土的坍落度来确定采用振动或人工捣实成型。

3.试件养护

与立方体抗压强度试验相同。

4.轴心抗压强度(f_{cp})试验

1)试验步骤

(1)到达试验龄期时,从养护地点取出3个试件后及时进行试验,用手巾将试件表面和压力机的上、下承压板擦干净。

(2)将试件直立放置在压力机的下承压板上,并使试件的轴心与试验机下压板中心对准。

(3)开动试验机,当上压板与试件接近时,调整球座.使接触均衡。

(4)加载时应持续而均匀地加荷。加荷速度与立方体抗压强度试验相同。

(5)当试件接近破坏而开始急剧变形时,应停止调整试验机油门,直至试件破坏。记录破坏荷载 $F(N)$。

2)试验结果计算及确定方法

(1)混凝土试件轴心抗压强度按下式计算(精确至0.1MPa):

$$f_{cp} = \frac{F}{A}$$

式中:f_{cp}——混凝土轴心抗压强度(MPa);

　　F——试件破坏荷载(N);

　　A——受压面积(mm^2)。

(2)强度值的确定原则与立方体抗压强度试验相同。

(3)混凝土轴心抗压强度值以150mm×150mm×300mm试件的轴心抗压强度值为标准值,当混凝土强度等级小于C60时,用其他非标准试件测得的强度值,均应乘以表14-8中的尺寸换算系数。当混凝土强度等级大于或等于C60时,宜采用标准试件;若使用非标准试件时,尺寸换算系数应由试验确定。

试件尺寸选用及轴心抗压强度换算系数 表14-8

试件尺寸(mm×mm×mm)	集料最大粒径(mm)	轴心抗压强度换算系数
100×100×300	31.5	0.95
150×150×300	40	1.0
200×200×400	63	1.05

5.静力受压弹性模量(E_c)试验

1)试验步骤

(1)从养护地点取出3个试件后,先将试件表面与上下承压板面擦干净。

（2）在测定混凝土弹性模量时，变形测量仪应安装在试件两侧的中线上并对称于试件的两端。

（3）应仔细调整试件在压力试验机的位置，使其轴心与下压板的中心线对准。开动压力试验机，当上压板与试件接近时调整球座，使其接触均衡。

（4）加荷至基准应力为 0.5MPa 的初始荷载值 F_o，保持恒载 60s 并在以后的 30s 内记录每一测点的变形读数 ε_o。应立即连续均匀地加荷至应力为轴心抗压强度 f_{cp} 的 1/3 的荷载值 F_a，保持恒载 60s 并在以后的 30s 内记录每一测点的变形读数 ε_a。所用加荷速度应符合上述规定。

（5）当以上这些变形值之差与它们平均值之比大于 20% 时，应重新对中试件后重复试验。如果无法使其减少到低于 20%，则此试验无效。

（6）在确认试件对中符合规定时，以与加荷速度相同的速度卸荷至基准应力 0.5MPa（F_o），恒载 60s；然后用相同的加荷和卸荷速度以及 60s 的保持恒载至少进行两次反复预压。在最后一次预压完成后，在基准应力 0.5MPa 持荷 60s 并在以后的 30s 内记录每一测点的变形读数 ε_o；再用同样的加荷速度加荷至荷载 F_a，持续 60s 并在以后的 30s 内记录每一测点的变形读数 ε_a。

（7）卸除变形测量仪，以同样的速度加荷至破坏，记录破坏荷载。如果试件的抗压强度与轴心抗压强度之差超过轴心抗压强度的 20% 时，则应在报告中注明。

2）试验结果计算及确定方法

（1）混凝土弹性模量应按下式计算（精确至 100MPa）：

$$E_c = (F_a - F_o)/A \times (L/\Delta n)$$

式中：E_c——混凝土弹性模量（MPa）；

$\quad$ F_a——应力为 1/3 轴心抗压强度时的荷载（N）；

$\quad$ F_o——应力为 0.5MPa 时的初始荷载（N）；

$\quad$ A——试件承压面积（mm^2）；

$\quad$ L——测量标距（mm）。

$$\Delta n = \varepsilon_a - \varepsilon_o$$

式中：Δn——最后一次从 F_o 加载至 F_a 时试件两侧变形的平均值（mm）；

$\quad$ ε_a——F_a 时试件两侧变形的平均值（mm）；

$\quad$ ε_o——F_o 时试件两侧变形的平均值（mm）。

（2）强度值的确定应符合下列规定：

弹性模量按 3 个试件测值的算术平均值计算。如果其中有一个试件的轴心抗压强度值与用以确定检测控制荷载的轴心抗压强度值相差超过后者的 20% 时，则弹性模量按另两个试件测值的算术平均值计算；如果有两个试件超过上述规定时，则此次试验无效。

试验六　建筑砂浆试验

一、试样制备

1. 一般规定

（1）拌制砂浆所用的原材料，应符合相关质量标准的要求，并应提前运入试验室内。

（2）水泥如有结块应充分混合均匀，以0.9mm筛过筛。砂也应以4.75mm方孔筛过筛。

（3）拌制前应将搅拌机、拌和铁板、拌铲、抹刀等工具表面用水润湿，应注意拌和铁板上不得有积水。

（4）拌制砂浆时，材料称量精度为：水泥、外加剂等为0.5%；砂、石灰膏、黏土膏等为1%。拌和时试验室的温度应保持在20℃±5℃。

2. 仪器设备

主要有砂浆搅拌机、拌板（约1.5m×2m，厚约3mm）、磅秤（称量50kg，感量50g）、台秤（称量10kg，感量5g）、拌铲、抹刀、量筒、盛器等。

3. 拌制砂浆

1）人工拌和

按所确定的各组成材料的用量称取材料。将称量好的砂子先倒在拌板上，然后加入水泥，用拌铲拌和至混合物颜色均匀为止。再将混合物堆成一堆，在中间做一凹坑，将称好的石灰膏（或黏土膏）倒入凹坑中，然后倒入部分水将其调稀，再与水泥与砂的混合物共同拌和，并且边拌和边逐渐加水，拌和5min，直至拌和物色泽一致为止。

2）机械拌和

为了保证正式拌和时的砂浆配合比准确，正式拌和前应按配合比先拌适量砂浆，用其涮膛。

按所确定的各组成材料的用量称取材料。将砂和水泥先装入搅拌机内。然后开动搅拌机，将水或石灰膏（或黏土膏）用水稀释的浆体徐徐加入，搅拌约3min。再将砂浆拌和物倒至拌板上，用拌铲翻拌几次，使之均匀。

二、砂浆稠度试验

1. 仪器设备

主要有砂浆稠度仪（图14-10）、捣棒（直径10mm、长350mm、端部磨圆）、台秤、拌锅、拌板、量筒、秒表等。

2. 试验步骤

（1）准备工作：用湿布把圆锥筒内壁和试锥表面擦净和湿润，检查滑杆是否能自由滑动。

（2）装料：将拌好的砂浆一次装入圆锥筒内，使砂浆表面低于圆锥筒口约10mm，用捣棒插捣25次，并将圆锥筒振动5~6次，使表面平整。

（3）测定稠度：将装有砂浆的圆锥筒置于稠度测定仪的底座上，放松试锥滑杆的制动螺钉，使试锥尖端与砂浆表面接触，拧紧制动螺钉，将齿条测杆下端接触滑杆上端，并将指针对准零点。然后突然松开制动螺钉，使试锥自由沉入砂浆中，同时计时。沉入时间达到10s时，立即固定螺钉，将齿条测杆下端接触滑杆上端，从刻度盘上读出下沉深度（精确至1mm），即为砂浆的稠度值。

（4）圆锥筒内的砂浆，只允许测定一次稠度，重复测定时，应重新取样，并重复上述过程。

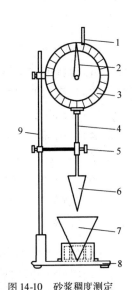

图14-10 砂浆稠度测定
1-齿条测杆；2-指针；3-刻度盘；4-滑杆；5-固定螺钉；6-圆锥体；7-圆锥筒；8-底座；9-支架

3. 试验结果

以两次测定结果的算术平均值作为砂浆稠度测定结果,如两次测定值之差大于 20mm,应另取砂浆搅拌后重新测定。

三、砂浆分层度试验

1. 主要仪器设备

(1)分层度筒:分上下两段,上段为无底的圆筒形容器,下段为有底的圆筒形容器,通过螺栓固定,尺寸如图 14-11 所示。

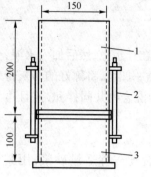

图 14-11　砂浆分层度筒

(尺寸单位:mm)

1-无底圆筒;2-连接螺栓;

3-有底圆筒

(2)其他仪器和用具同砂浆稠度试验。

2. 试验步骤

(1)将稠度试验后的砂浆重新拌和均匀,一次装满分层度仪内,用木锤在容器周围距离大致相等的四个不同地方轻敲 1~2 次,并随时添加,然后用抹刀抹平顶面。

(2)在常温下静置 30min,然后将分层度仪上下两部分分开,去掉上层(200mm)砂浆,

(3)取出下层(100mm)砂浆,重新拌和均匀,再测定砂浆稠度。

(4)两次砂浆稠度的差值,即为砂浆的分层度(以 mm 计)。

3. 试验结果

以两次试验结果的算术平均值作为该砂浆的分层度值。如两次试验的分层度值之差大于 20mm,应重做试验。

四、砂浆保水性试验

1. 仪器设备

(1)金属或硬塑料圆环试模:内径 100mm,内部高度 25mm。

(2)可密封的取样容器:应清洁、干燥。

(3)2kg 的重物。

(4)医用棉纱:尺寸为 110mm×110mm,宜选用纱线稀疏、厚度较薄的棉纱。

(5)超白滤纸:符合标准的中性定性滤纸,直径为 110m,200g/m^2。

(6)天平:量程 200g,感量 0.1g;量程 2000g,感量 1g。

(7)烘箱。

2. 试验步骤

(1)称量下不透水片与干燥试模质量 m_1 和 8 片中性定性滤纸质量 m_2。

(2)将砂浆重新拌和物一次性填入试模,并用抹刀插捣数次,当填充砂浆略高于试模边缘时,用抹刀以 45°角一次性将试模表面多余的砂浆刮去,然后再用抹刀以较平的角度在试模表面反方向将砂浆平。

(3)抹掉试模边的砂浆,称量试模、下不透水片与砂浆总质量 m_3。

(4)用 2 片医用棉纱覆盖在砂浆表面,再在棉纱表面放上 8 片滤纸,用不透水片盖在滤纸

表面,以 2kg 的重物把不透水片压住。

(5)静止 2min 后移走重物及不透水片,取出滤纸(不包括棉纱),迅速称取滤纸质量 m_4。

3.试验结果

砂浆的保水性按下式计算:

$$W = \left[1 - \frac{m_4 - m_2}{\alpha \times (m_3 - m_1)} \right] \times 100\%$$

式中:W——砂浆的保水性(%);

m_1——下不透水片与干燥试模质量(g);

m_2——8 片中性定性滤纸质量(g);

m_3——试模、下不透水片与砂浆总质量(g);

m_4——8 片滤纸吸水后的质量(g);

α——砂浆的含水率(%),从砂浆的配合比及加水量计算;无法计算时可测定。

五、砂浆立方体抗压强度试验

1.仪器设备

主要有压力试验机(精度为 1%)、试模(内壁边长为 70.7mm 的立方体带底试模)、捣棒、油灰刀、钢垫板、振动台(空载中台面的垂直振幅应为 0.5mm ± 0.05mm,空载频率为 50Hz ± 3Hz,一次试验至少能固定 3 个试模)等。

2.试验步骤

1)试件制作及养护

(1)每组立方体试件 3 个。

(2)用黄油等密封材料涂抹试模的外接缝,试模内涂刷薄层机油或脱模剂,将拌好的砂浆一次装满试模。成型方法可根据砂浆稠度而定。当稠度≥50mm 时采用人工振捣成型,当稠度 <50mm 时采用振动台振实成型。

①人工振捣成型:用捣棒均匀地由试模边缘向中心按螺旋方向插捣 25 次,插捣过程中如砂浆沉落低于模口,应随时添加砂浆,可用油灰刀插捣数次,并用手将试模一边抬高 5 ~ 10mm,各振动 5 次,使砂浆高出模口 6 ~8mm。

②振动台振实成型:将装满砂浆的试模放置到振动台上,振动 5 ~ 10s 或持续到表面出浆为止;振动时试模不得跳动,不得过振。

(3)待表面水分稍干后,将高出模口的砂浆沿试模顶面刮去并抹平。

(4)试件制作后应在(20 ±5)℃环境下静置 24h ±2h,当气温较低时,可适当延长时间,但不得超过两昼夜,然后进行编号、拆模。试件拆模后立即放入温度为(20 ±2)℃、相对湿度 90% 以上的标准养护室中继续养护至规定龄期。养护期间,试件彼此间隔为 10 ~20mm,混合砂浆试件上面应覆盖,以防有水滴在试件上。

2)抗压强度测定

(1)试件从养护地点取出后,应尽快进行试验,以免试件内部温湿度发生显著变化。先将试件表面擦干净。测量尺寸,并检查其外观。试件尺寸测量精确至 1mm,并据此计算试件的受压面积 $A(mm^2)$。若实测尺寸与公称尺寸之差不超过 1mm,可按公称尺寸进行计算。

(2)将试件置于压力机的下压板(或下垫板)上,试件的承压面应与成型时的顶面垂直,试件中心应与下压板中心对准。

(3)开动压力机,当上压板(或上垫板)与试件接近时,调整球座,使接触面均衡受压,加荷应均匀而连续,加荷速度为0.25~1.5kN/s(砂浆强度不大于5MPa时,取下限为宜;大于5MPa时,取上限为宜),当试件接近破坏而开始迅速变形时,停止调整压力机油门,直至试件破坏,记录破坏荷载$P(\mathrm{N})$。

3.试验结果

按下式计算试件的立方体抗压强度:

$$f_{\mathrm{m,cu}} = \frac{P}{A}$$

每组试件为3个,取3个试件测值的算术平均值的1.3倍(f_2)作为该组试件的立方体抗压强度平均值(精确至0.1MPa)。如3个试件测值的最大值或最小值中有1个与中间值的差值超过中间值的15%时,则把最大及最小值一并舍去,取中间值作为该组试件的抗压强度值,如有两个测定值与中间值的差值均超过中间值的15%,则此组试件的试验结果无效。

试验七　烧结普通砖抗压强度试验

1.仪器设备

主要有压力机(最大荷载为300~500kN)、锯砖机或切砖机、直尺、镘刀等。

2.试验步骤

1)试件制备

(1)随机取10块砖作为一组试件,将试件切断或锯成两个半截砖,其长度不得小于100mm,如果不足100mm,应另取备用试件补足。

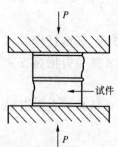

图14-12　烧结普通砖抗压强度试验示意图

(2)用32.5或42.5普通硅酸盐水泥调制出稠度适宜的水泥净浆。

(3)在试件制备平台上,将已断开的半截砖放入室温的净水中浸10~20min后取出,并以断口相反方向叠放,两者中间抹以水泥净浆,其厚度不超过5mm,上、下两面用同种水泥浆抹平,其厚度不超过3mm。制成的试件上下两面须相互平行,并垂直于侧面,如图14-12所示。

2)试件养护

制成的抹面试件应置于不低于10℃的不通风室内养护3d,再进行试验。

3)测定抗压强度

用直尺测量每个试件连接面或受压面的长$L(\mathrm{mm})$、宽$b(\mathrm{mm})$尺寸各两个,分别取其平均值,精确至1mm。然后将试件平放在加压板的中央。垂直于受压面加荷,加荷应均匀平稳,不得发生冲击和振动。加荷速度以$(5 \pm 0.5)\mathrm{kN/s}$为宜,直至试件破坏为止,记录最大破坏荷载$P(\mathrm{N})$。

3.试验结果

(1)每块试件的抗压强度按下式计算(精确至0.1MPa)。

$$f_{cu,i} = \frac{P}{Lb}$$

（2）强度评定。

分别按下式计算出强度平均值$\bar{f}_{cu}$、强度变异系数δ、标准差S：

$$\bar{f}_{cu} = \frac{1}{n} \sum_{i=1}^{n} f_{cu,i}$$

$$s = \sqrt{\frac{1}{9} \sum_{i=1}^{10} (f_{cu,i} - \bar{f}_{cu})^2}$$

$$\delta = \frac{s}{\bar{f}_{cu}}$$

式中：$\bar{f}_{cu}$——10 块砖样抗压强度算术平均值（MPa）；

$f_{cu,i}$——单块砖样抗压强度的测定值（MPa）；

S、δ——10 块砖样的抗压强度标准差和变异系数（MPa）。

①平均值—标准值方法评定

变异系数 $\delta \leqslant 0.21$ 时，按抗压强度平均值$\bar{f}_{cu}$、强度标准值f_k指标评定砖的强度等级。样本量 $n = 10$ 时的强度标准值按下式计算（精确至 0.1MPa）：

$$f_k = \bar{f}_{cu} - 1.8S$$

②平均值—最小值方法评定

变异系数 $\delta > 0.21$ 时，按抗压强度平均值$\bar{f}_{cu}$、单块最小抗压强度值f_{min}评定砖的强度等级。

试验八 木材试验

一、一般规定

1. 取样

按《木材物理力学试验用材锯解及试样截取方法》（GB 1929—2009）的规定进行木材试材锯解及试样截取。

2. 试件制作

（1）制作要求：试件各个面加工都应平整，其中一对相对面必须是弦切面。试件上不应存在任何明显的缺陷。端部相对的两个边棱应与试样端面的年轮大致平行，并与另一相对的边棱相垂直。除在各项试验方法中有具体的要求外，试件各相邻面均应呈准确的直角。试件长度允许误差为 ±1mm，宽度和厚度允许误差为 ±0.5mm，但在试件全长上宽度和厚度的相对偏差，应不大于 0.2mm。试件相邻面直角的准确性，用钢直角尺检查。每个试件必须清楚地写上编号。

（2）调整试件的含水率：经气干或干燥室处理后的试条或试样毛坯所制成的试件，置于相当于木材平衡含水率为 12% 的环境条件中，调整试件含水率达到平衡。为满足木材平衡含水率12% 的环境条件要求，当室温为 20℃ ±2℃ 时，相对湿度应保持在 65% ±5%；当室温低于或高于20℃ ±2℃ 时，须相应降低或升高相对湿度，以保证达到木材平衡含水率12% 的环境条件。

二、木材含水率测定方法

1. 仪器设备

主要有天平(应准确至 0.001g)、烘箱、玻璃干燥器(装有干燥剂)和称量瓶等。

2. 试验步骤

(1)制作试件:在需要测定含水率的试材、试条上,或在物理力学试验后的试件上,按规定截取试件(试件尺寸约为 20mm × 20mm × 20mm),并清除附在试件上的木屑、碎片等。试件截取后应立即称量,精确至 0.001g。

(2)干燥:将同批试验用的试件,一并放入烘箱内,在 103℃ ±2℃ 的温度下烘 10h 后,从中选定 2 ~ 3 个试件进行第一次试称,以后每隔 2h 试称一次,至最后两次称量之差不超过 0.002g 时,即认为试样达到全干。然后将试件从烘箱中取出,放入玻璃干燥器内的称量瓶中,并盖好称量瓶和干燥器盖。待试件冷却至室温后,从称量瓶中取出,进行称量。

3. 结果计算

试件的含水率按下式计算(精确至 0.1%):

$$\omega = \frac{m_1 - m_0}{m_0} \times 100\%$$

式中:ω——试件含水率(%);

m_1——试件烘干前的质量(g);

m_0——试件全干后的质量(g)。

三、木材抗弯强度试验

1. 仪器设备

主要有试验机(示值误差不得超过 ± 1.0% ,试验机的支座及压头端部的曲率半径为 30mm,两支座间的距离 L 为 240mm)、测试量具(测量尺寸应能精确至 0.1mm)等。

2. 试验步骤

(1)试件准备:尺寸为 20mm × 20mm ×300mm,长度为顺纹方向。抗弯强度只做弦向试验。在试样长度中央,测量径向尺寸为宽度 b(mm),弦向为高度 h(mm),精确至 0.1mm。按规定进行试件检查和含水率的调整。

(2)加载:将试件放在试验装置的两支座上,采用三等分受力,以均匀速度加荷,在 1 ~ 2min 内使试件破坏,记录破坏荷载 F_{max}(N),精确至 10N。试验后,立即在试件靠近破坏处,截取 1 个约 20mm 长的木块测定其含水率。

3. 结果计算

(1)按下式计算试件含水率为 ω(%)时的抗弯强度 (精确至 0.1MPa):

$$\sigma_{bw} = \frac{F_{max}L}{bh^2}$$

(2)按下式将上述结果换算成标准含水率为 12% 时的抗弯强度(精确至 0.1MPa)

$$\sigma_{b12} = \sigma_{b\omega}[1 + \alpha(\omega - 12)]$$

式中:σ_{b12}——试件含水率为12%时的抗弯强度(MPa);

ω——试件含水率(%);

α——含水率修正系数,按受力性质而定。

当木材含水率在9%~15%,上式计算有效。

四、木材顺纹抗拉强度试验

1. 仪器设备

主要有试验机(十字头行程不小于400mm,夹钳的钳口尺寸为10~20mm,并具有球面活动接头)、测试量具等。

2. 试验步骤

(1)试件准备:按如图14-13所示的形状和尺寸制作试件。试件应纹理通直,年轮的切线方向应垂直于试件有效部分(指中部60mm一段)的宽面。试件有效部分与两端夹持部分之间的过渡弧表面应平滑,并与试件中心线相对称。软质木材试件,必须在夹持部分的窄面,附以90mm×14mm×8mm的硬木夹垫,用胶黏剂固定在试件上。按规定进行试件检查和含水率的调整。在试件有效部分中央,测量厚度t(mm)和宽度b(mm),精确至0.1mm。

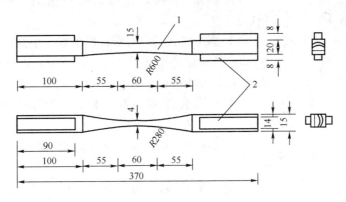

图14-13　木材顺纹抗拉强度试件
1-试样;2-木夹垫

(2)加载试验:将试件两端夹紧在试验机的钳口中,使试件宽面与钳口相接触,两端靠近弧形部分露出20~25mm,竖直地安装在试验机上。试验机以均匀速度加荷,在1.5~2min内使试件破坏。记录破坏荷载F_{max}(N),精确至100N。试验后,立即在试件有效部分选取一段测定其含水率。

3. 结果计算

(1)按下式计算试件含水率为ω(%)时的顺纹抗拉强度(应精确至0.1MPa):

$$\sigma_{tW} = \frac{F_{max}}{bt}$$

(2)按下式将上述结果换算成标准含水率为12%时的抗拉强度(精确至0.1MPa):

$$\sigma_{b12} = \sigma_{b\omega}[1 + \alpha(\omega - 12)]$$

式中:α——含水率的修正系数,按受力性质而定。

当木材含水率在9%～15%，上式计算有效。如果拉断处不在试件有效部分，试验结果应予舍弃。

试验九　石油沥青试验

一、针入度测定

本方法适用于测定针入度小于350的石油沥青的针入度。如未另行规定，标准针、针连杆与附加砝码的总质量为100g±0.1g，温度为25℃，时间为5s。

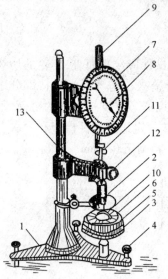

图14-14　针入度仪

1-底座；2-小镜；3-圆形平台；4-调平螺丝；5-保温皿；6-试样；7-刻度盘；8-指针；9-活杆；10-标准针；11-连杆；12-按钮；13-砝码

1. 仪器设备

（1）针入度仪：如图14-14所示。针连杆质量应为47.5g±0.05g，针和针连杆组合件总质量应为50g±0.05g。针入度仪附带50g±0.05g和100g±0.05g砝码各1个。仪器设有放置平底玻璃皿的平台，并有可调水平的机构，针连杆应与平台相垂直。仪器设有针连杆制动按钮，紧压按钮可自由下落。针连杆易于卸下，以便检查其质量。

（2）标准针：由硬化回火的不锈钢制成，其尺寸应符合规定。

（3）盛样皿：金属制，圆柱形平底。小盛样皿内径55mm，内部深度35mm（适用于针入度小于200），大盛样皿内径70mm，内部深度为45mm（适用于针入度在200～350）。

（4）恒温水槽：容量不小于10L，能保持温度在试验温度的±0.1℃范围内。

（5）温度计：液体玻璃温度计，刻度范围0～50℃，分度为0.1℃。

（6）平底玻璃皿：容量不小于0.5L，深度不小于0.5mm的金属筛网，用于过滤试样。

（7）其他：秒表、石棉网、砂浴或电炉、金属锅等。

2. 试验步骤

1）试验前准备工作

（1）将预先除去水分的沥青试样在砂浴或密闭电炉上小心加热，不断搅拌以防局部过热。加热温度不得超过估计的沥青软化点90℃。加热时间不得超过30min。加热和搅拌过程中应避免试样中进入气泡。加热后用筛过滤，以除去杂质。然后将试样分别倒入两个预先选好的盛样皿中，试样深度应大于预计穿入深度10mm，并盖上盛样皿，以防灰尘落入。再将盛样皿在15～30℃的空气中冷却1～1.5h（小试样皿）或1.5～2h（大试样皿），要防止灰尘落入试皿。

（2）按试验要求将恒温水槽的温度调节到试验温度±0.5℃，然后将两个盛样皿移入恒温水槽中，水面应没过试样表面10mm以上。小盛样皿恒温1～1.5h，大盛样皿恒温1.5～2h。

（3）调节针入度仪，使其水平，检查连杆和导轨，以确认无水和其他外来物，无明显摩擦。用三氯乙烯或合适溶剂清洗标准针，用干净布擦干，将针插入针连杆针连杆，并固紧好针，按试验条件，加上附加砝码。

290

2）针入度测定

（1）取出试样皿，放入水温控制在试验温度±0.1℃（可用恒温水槽的水）的平底玻璃皿的三腿支架上，试样表面以上的水层高度不小于10mm。

（2）将平底玻璃皿放于针入度计的平台上。慢慢放下针连杆，用放置在合适位置的反光镜或灯光反射来观察，使针尖刚好与试样表面接触。拉下刻度盘的活杆，使与针连杆顶端轻轻接触，调节针入度计刻度盘，使指针指零。

（3）启动秒表，在指针正指5s的瞬间，用手紧压按钮，使标准针自由下落穿入沥青试样，到规定时间，停压按钮，使针停止移动。拉下刻度盘的活杆与针连杆顶端接触，读取刻度盘指针的读数，准确至0.5（0.1mm），即为试样的针入度。

（4）同一试样至少平行测定3次，各测定点之间及测定点与盛样皿边缘之间的距离不应小于10mm。每次测定后应将盛有盛样皿的平底玻璃皿放入恒温水槽中，使其水温保持试验温度。每次测定换一根干净的标准针或取下标准针用三氯乙烯或其他溶剂擦干净，再用干棉花或布擦干。

（5）测定针入度大于200的沥青试样时，至少用3只标准针，每次测定后将标准针留在试样中，直至3次测定完毕后，才能把针从试样中取出。

3. 试验结果

同一试样3次平行测定结果的最大值与最小值之差不大于表14-8的规定时，计算3次测定结果的平均值，取整数作为试验结果。若差值超过表14-9的数值，试验应重做。

针入度测定允许的最大差值　　　　　　　　　　　　　表14-9

针入度	0～49	50～149	150～249	250～350
允许的最大差值	2	4	6	10

二、延 度 试 验

延度是指用规定的试件在一定温度下以一定速度拉伸至断裂时的长度（cm）。通常采用的试验温度为25℃、15℃、10℃和5℃，拉伸速度为5±0.25 cm/min。

1. 仪器设备

（1）延度仪：将试件浸没于水中，能保持规定的试验温度和按照规定的速度拉伸试件的仪器均可使用，且仪器在开动时应无明显的振动。

（2）试模及底板：试模为黄铜制，由两个端模和两个侧模组成，其形状如图14-15所示。底版为铜板或不锈钢板。

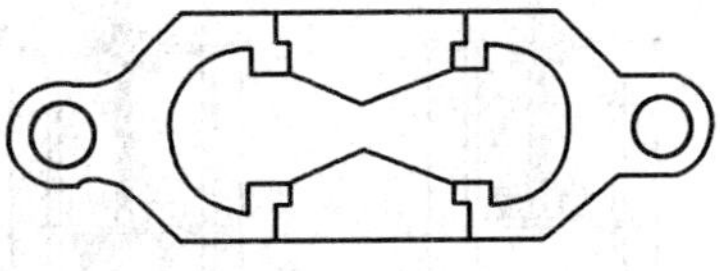

（3）恒温水槽：容量至少为10L，能保持试验温度变化不

图14-15　沥青延度试验模具

大于0.1℃的玻璃或金属器皿，水槽中设置有带孔搁架，搁架距槽的底部不小于50mm，试件浸入水中深度不得小于100mm。水浴中设置带孔搁架，搁架距底部不得小于5cm。

（4）温度计：0～50℃，分度为0.1℃。

（5）其他用具：瓷皿或金属皿（溶沥青用）、砂浴或可控制温度的密闭电炉、甘油滑石粉隔离剂（甘油与滑石粉的质量比为2∶1）、平刮刀、石棉网等。

2. 试验准备工作

（1）将隔离剂拌和均匀，涂于清洁干燥的试模底板及试模侧模的内侧表面，并将模具组装在底板上。

（2）按规定方法加热沥青试样，然后将试样呈细流状，仔细从模的一端至另一端往返数次注入试模中，使试样略高出模具。将试件在室温下冷却 30～40min，然后放入25℃±0.1℃的恒温水槽中，保持30min后取出，用热的平刮刀刮去高出模具的沥青，使沥青面与模面齐平。沥青的刮法应自模的中间刮向两边，表面应刮得光滑。将试件连同金属板再浸入 25℃±0.1℃的恒温水槽中1～1.5h。

（3）检查延度仪拉伸速度是否符合要求，移动滑板使指针对着标尺的零点，将延度仪注水，并保持水槽中水温为25℃±0.5℃。

3.试验步骤

（1）将保温后的试件连同底板一起移至延度仪水槽中，然后取下试模，将模具两端的孔分别套在滑板及槽端的金属柱上，然后去掉侧模。水面距试件表面应不小于25mm。

（2）开动延度仪，观察沥青的延伸情况。试验过程中应保持水温在规定的范围内，且仪器不得有振动，水面不得有晃动。在测定时，如发现沥青细丝浮于水面或沉入槽底时，则应在水中加入乙醇或食盐，调整水的密度至与试件的密度相近后，再进行测定。

（3）试件拉断时指针所指标尺上的读数，即为试样的延度，以 cm 表示。在正常情况下，试件应拉伸成锥尖状，在断裂时实际横断面为零。如不能得到上述结果，则应在报告中注明。

4.试验结果

同一试样，每次至少平行测定 3 个，如 3 个测定结果均大于100mm，则测定结果记为"＞100mm"；如果3次测定值中有1个以上小于100mm 时，若最大值或最小值与平均值之差满足重复性试验精密度要求，则取3个平行测定结果的平均值的整数作为延度试验结果，若平均值＞100mm，记为"＞100mm"；若最大值或最小值与平均值之差不满足重复性试验精密度要求，则应重新进行试验。

三、软化点试验（环球法）

沥青的软化点是指将规定质量的钢球放在内盛试样的金属环上，以恒定的加热速度加热此组件，当试样软到足以使被包在沥青中的钢球下落达25.4mm 时的温度（℃）。

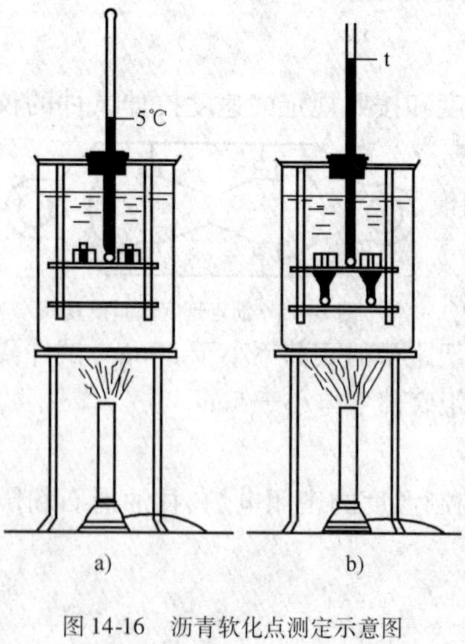

1.仪器设备

沥青软化点测定仪（由钢球、试样杯、钢球定位环、金属支架、耐热玻璃烧杯、温度计组成，如图 14-16 所示）、恒温水槽（控温的准确度为0.5℃）、水银温度计、电炉及其他加热器、金属板或玻璃板、筛（筛孔为 0.3～0.5mm 的金属网）、平直刮刀、甘油滑石粉隔离剂（甘油与滑石粉的质量比为2:1）、新煮沸过的蒸馏水、石棉网等。

2.试验前准备工作

（1）将试样环置于涂有隔离剂的金属板或玻璃板上。将预先按规定方法脱水和加热熔化的试样徐徐注入试样环内至高出环面为止。若估计软化点在 120℃以上时，应将试样环与金属板预热至 80～100℃。

图 14-16　沥青软化点测定示意图
a)加热前；b)达到软化点

(2)将试样在15～30℃的室温下冷却30min后,用热刀刮去高出环面的试样,使与环面齐平。对估计软化点低于80℃的试样,将试样环连同底板置于5℃±0.5℃水的恒温水槽内至少恒温15min。对估计软化点高于80℃的试样,将试样环连同底板置于盛满甘油的保温槽内,甘油温度保持在32℃±1℃,恒温15min;同时将金属支架、钢球、钢球定位环等也置于相同的恒温水槽或甘油中。

(3)向烧杯内注入新煮沸并冷却至5℃的蒸馏水(估计软化点不高于80℃的试样),或注入预先加热至约32℃的甘油(估计软化点高于80℃的试样),使水面或甘油面略低于支架连杆上的深度标记。

3.试验步骤

(1)从恒温水槽中取出盛有试样的试样环,放置在支架中层板的圆孔中,并套上钢球定位环,然后把整个环架放入烧杯内,调整水面至深度标记,并保持水温为5℃±0.5℃,环架上任何部分均不得有气泡。将温度计由上层板中心孔垂直插入,使端部测温头底部与试样环下面齐平。

(2)将烧杯移放至有石棉网的三脚架上或加热炉具上,然后将钢球放在钢球定位环中间的试样中央(须使各环的平面在全部加热时间内完全处于水平状态),立即加热,使烧杯内水或甘油温度在3min内调节至维持每分钟上升5℃±0.5℃,在整个测定中应记录每分钟上升的温度值,如温度的上升速度超出此范围时,则试验应重做。

(3)试样受热软化下坠,当其下坠至与下层板表面接触时,立即读取温度,即为试样的软化点。

4.试验结果

同一试样,平行测定两次,当两次测定值的差值符合表14-10的规定时,取平行测定两个结果的算术平均值作为软化点测定结果,准确至0.5℃。

软化点及允许差值   表14-10

软化点(℃)	<80	>80
允许差值	1	2

试验十　沥青混合料试验

一、沥青混合料的制备和试件成型

按照设计的配合比,应用现场实际材料,在试验室内用小型拌和机,按规定的拌制温度制备成沥青混合料;然后将混合料在规定的成型温度下,用击实法制成直径为101.6mm、高为63.5mm的圆柱体试件,供测定其物理常数和力学性质用。

1.仪器设备

(1)标准击实仪:由击实锤、ϕ98.5mm平圆形压实头及带手柄的导向棒组成。用人工或机械将压实锤举起从457.2mm±5mm高度沿导向棒自由落下击实,标准击实锤质量4.536g±9g。

(2)标准击实台:用以固定试模,在200mm×200mm×457mm的硬木墩上面有一块305mm×305mm×25mm的钢板,木墩用4根型钢固定在下面的水泥混凝土板上。木墩采用青冈栎、松或其他干密度为 $0.67 \sim 0.77 g/cm^3$ 的硬木制成。

自动击实仪是将标准击实锤及标准击实台安装一体,并用电力驱动使击实锤连续击实试件且可自动记数的设备,击实速度为 60 次/min ±5 次/min。

(3)沥青混合料拌和机:能保证拌和温度并充分拌和均匀,可控制拌和时间,容量不少于10L。搅拌叶自转速度 $70 \sim 80 r/min$,公转速度 $40 \sim 50 r/min$。

(4)脱模器:电动或手动均可,能无破损地推出圆柱体试件,备有要求尺寸的推出环。

(5)试模:每种至少 3 组,由高碳钢或工具钢制成,每组包括内径 101.6mm、高约 87.0mm 的圆柱形金属桶、底座(直径约 120.6mm)和套筒(内径 101.6mm、高约 69.8mm)各一个。

(6)烘箱:大、中型各一台,装有温度调节器。

(7)天平或电子秤:用于称量矿料的,感量不大于 0.5g;用于称量沥青的,感量不大于0.1g。

(8)沥青运动黏度测定设备:毛细管黏度计或赛波特重油黏度计。

(9)插刀或大螺丝刀。

(10)温度计:分度值为 1℃。

(11)其他:电炉或煤气炉、沥青融化锅、拌和铲、试验筛、卡尺、秒表等。

2. 试验前准备工作

(1)确定制作沥青混合料试件的拌和温度和压实温度。

①用毛细管黏度计测定沥青的运动黏度,绘制黏温曲线。当使用石油沥青时,黏度值为 $170 mm^2/s \pm 20 mm^2/s$ 时的温度为拌和温度;黏度值为 $280 mm^2/s \pm 30 mm^2/s$ 时的温度为压实温度。亦可用赛氏黏度计测定赛波特黏度,绘制黏温曲线,黏度值为 $85 mm^2/s \pm 10 mm^2/s$ 时的温度为拌和温度;黏度值为 $140 mm^2/s \pm 15 mm^2/s$ 时的温度为压实温度。

②当缺乏测定运动黏度的条件时,可按经验确定,当使用石油沥青时,拌和温度为 130 ~160℃,压实温度为 110 ~130℃;再根据沥青的品种和标号做适当调整。针入度小、稠度大的沥青取高极限,针入度大、稠度小的沥青取低极限,一般取中值。

(2)各种规格的矿料放入105℃ ±5℃的烘箱中烘干至恒重(一般不少于 4 ~6h)。根据需要,粗细集料可用水冲洗干净再烘干后备用,也可将粗细集料过筛后,用水冲洗再烘干备用。

(3)将烘干分级的粗细集料,按每个试件设计级配要求称其质量,在一金属盘中混合均匀,然后放入烘箱中,预热至沥青拌和温度以上约15℃(采用石油沥青时通常为163℃)后备用,矿粉单独加热。一般按一组试件(每组 4 ~6 个)备料,但进行配合比设计时宜对每个试件分别备料。

(4)将沥青试样,用恒温烘箱或油浴、电热套熔化加热至规定的沥青混合料拌和温度备用,但不得超过175℃。

(5)用蘸有少许黄油的棉纱将试模、套筒及击实座等擦干净,然后放入100℃左右烘箱中加热 1h 备用。

3. 黏稠石油沥青混合料的拌制

(1)将沥青混合料拌和机预热至拌和温度以上10℃左右备用(不得用人工炒拌法拌制)。

(2)将每个试件预热的粗细集料放入拌和机中,用小铲适当混合,然后再加入需要数量的已加热至拌和温度的沥青,开动拌和机一边搅拌,一边将拌和叶片插入混合料中拌和 1 ~1.5min,然后暂停拌和。加入单独加热的矿粉,继续拌和至均匀为止,并使沥青混合料保持在要求的拌和温度范围内。标准的总拌和时间为3min。

4.试件成型

(1)称料:沥青混合料拌制好后,从中称取一个试件所需的用量(标准马歇尔试件约1200g)。当已知沥青混合料的密度时,可根据试件的标准尺寸计算并乘以1.13得到要求的混合料数量。当一次拌和几个试件时,宜将其倒入经预热的金属盘中,用小铲拌和均匀分成几份,分别取用。在制作试件过程中,应连盘放在烘箱中保温。

(2)装料:从烘箱中取出预热的试模及套筒,用蘸有少许黄油的棉纱擦拭套筒、底座及击实锤底面,将试模装在底座上,垫一张圆形的吸油性小的纸,按四分法从四个方向用小铲将混合料铲入试模中,再用插刀或大螺丝刀沿周边插捣15次,中间插捣10次。插捣后将沥青混合料表面整平成凸圆弧面。

(3)击实成型:将温度计插入至混合料中心附近,检查混合料温度。待混合料温度符合要求的压实温度后,将试模连同底座一起放在击实台上固定,在装好的混合料上垫一张吸油性小的圆纸,再将装有击实锤及导向棒的压实头插入试模中,然后开启电动机或人工将击实锤从457mm的高度自由落下击实规定的次数(75、50或35次)。试件击实一面后,取下套筒,将试模掉头,装上套筒,然后以同样的方式和次数击实另一面。

(4)测量尺寸:试件击实结束后,应立即用镊子取掉上下面的圆纸,用卡尺量取试件离试模上口的高度并由此计算试件高度,如高度不符合要求时,试件应作废,并按式(14-1)调整试件的混合料数量,使高度符合63.5±1.3mm的要求。

$$q = q_0 \cdot \frac{63.5}{h_0} \qquad (14\text{-}1)$$

式中:q——调整后的沥青混合料用量(g);

$\quad q_0$——制备试件的沥青混合料实际用量(g);

$\quad h_0$——调整后的沥青混合料用量(g)。

(5)脱模:卸去套筒和底座,将装有试件的试模横向放置冷却至室温后,置脱模机上脱出试件。将试件仔细置于干燥洁净的平面上,在室温下静置过夜(12h以上)供试验用。

二、沥青混合料物理指标测定(表干法)

1.仪器设备

(1)浸水天平或电子秤:当最大称量在3kg以下时,感量不大于0.1g;最大称量3kg以上时,感量不大于0.5g;最大称量10kg以上时,感量不大于5g,应有测量水中重的挂钩。

(2)溢流水箱:如图14-17所示,使用洁净水,有水位溢流装置,保持试件和网篮浸入水中后的水位一定。

(3)试件悬吊装置:天平下方悬吊网篮及试件的装置,吊线应采用不吸水的细尼龙线绳,并有足够的长度。

(4)其他:网篮、秒表、电扇或烘箱等。

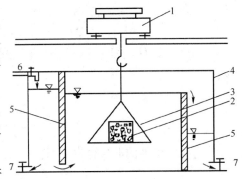

图14-17 溢流水箱及下挂法水中重称量方法示意图
1-浸水天平或电子秤;2-试件;3-网篮;4-溢流水箱;
5-水位隔板;6-注入口;7-放水阀门

2. 试验步骤

（1）试验准备：选择适宜的浸水天平（或电子秤），最大称量应不小于试件质量的1.25倍，且不大于试件质量的5倍。将试件表面的浮粒除去，称取干燥试件在空气中的质量（m_a）（准确度根据选择的天平的感量决定）。

（2）测定：

①挂上网篮浸入溢流水箱的水中，调节水位，将天平调平或复零，把试件放入网篮中（注意不要使水晃动），浸水3~5min，称取水中质量（m_w）。

注意：若天平读数持续变化，不能在数秒钟内达到稳定，说明试件吸水较严重，不适用于此法测定，应改用封蜡法测定。

②从水中取出试件，用洁净柔软的拧干湿毛巾轻轻擦去试件表面的水，但不得将空隙中的水吸走，称取试件的表干质量（m_f）。

3. 计算物理常数

（1）计算试件的吸水率（S_a）：吸水率为试件的吸水体积占沥青混合料毛体积的百分率，按式（14-2）计算，取1位小数。

$$S_a = \frac{m_f - m_a}{m_f - m_w} \times 100\% \tag{14-2}$$

式中：S_a——试件的吸水率（%）；

m_a——干燥试件的空气中质量（g）；

m_w——试件的水中质量（g）；

m_f——试件的表干质量（g）。

（2）计算试件的毛体积相对密度和毛体积密度：当试件的吸水率小于2%时，分别按式（14-3）和式（14-4）计算，取3位小数。

$$\gamma_f = \frac{m_a}{m_f - m_w} \tag{14-3}$$

$$\rho_f = \frac{m_a}{m_f - m_w} \times \rho_w \tag{14-4}$$

式中：γ_f——试件的毛体积相对密度；

ρ_f——试件的毛体积密度（g/cm^3）；

ρ_w——常温水的密度（$\approx$1g/cm^3）。

（3）计算试件的理论最大相对密度和理论最大密度。

①当已知试件的油石比P_a时，试件的理论最大相对密度γ_t按式（14-5）计算，取3位小数：

$$\gamma_t = \frac{100 + P_a}{\dfrac{P_1}{\gamma_1} + \dfrac{P_2}{\gamma_2} + \cdots \dfrac{P_n}{\gamma_n} + \dfrac{P_{a1}}{\gamma_a}} \tag{14-5}$$

②当已知试件的沥青含量P_b计时，试件的理论最大相对密度γ_t按式（14-6）计算：

$$\gamma_t = \frac{100}{\dfrac{P'_1}{\gamma_1} + \dfrac{P'_2}{\gamma_2} + \cdots \dfrac{P'_n}{\gamma_n} + \dfrac{P_b}{\gamma_a}} \tag{14-6}$$

③试件的理论最大密度ρ_t按式（14-7）计算：

$$\rho_t = \gamma_t \times \rho_W \tag{14-7}$$

式中： γ_t ——理论最大相对密度；

ρ_t ——理论最大密度(g/cm^3)；

$P_1, \cdots, P_n$ ——各种矿料质量占矿料总质量的百分率(%)；

$P'_1, \cdots, P'_n$ ——各种矿料质量占沥青混合料总质量的百分率(%)；

$\gamma_1, \cdots, \gamma_n$ ——各种矿料对水的相对密度；

P_a ——油石比(沥青与矿料的质量比)(%)；

P_b ——沥青含量(沥青质量占沥青混合料总质量的百分率)(%)；

γ_b ——沥青的相对密度(25℃/25℃)。

注意：矿料与水的相对密度通常采用表观相对密度,对吸水率 >1.5% 的粗集料可采用表观相对密度与表干相对密度的平均值。

(4)计算试件的空隙率：试件的空隙率按式计算,取 1 位小数。

$$VV = \left(1 - \frac{\gamma_f}{\gamma_t}\right) \times 100\% \tag{14-8}$$

式中：VV——试件的空隙率(%)。

(5)计算试件的沥青体积百分率：试件的沥青体积百分率按式(14-9)或式(14-10)计算,取 1 位小数。

$$VA = \frac{P_b \times \gamma_f}{\gamma_a} \tag{14-9}$$

或

$$VA = \frac{100 \times P_a \times \gamma_f}{(100 + P_a) \times \gamma_a} \tag{14-10}$$

式中：VA——沥青混合料试件的沥青体积百分率(%)。

(6)计算试件的矿料间隙率：按式(14-11)计算,取 1 位小数。
$$VMA = VA + VV \tag{14-11}$$

式中：VMA——沥青混合料试件的矿料间隙率(%)。

(7)计算试件的沥青饱和度：按式(14-12)计算,取 1 位小数。

$$VFA = \frac{VA}{VA + VV} \times 100\% \tag{14-12}$$

式中：VFA——沥青混合料试件的沥青饱和度(%)。

三、沥青混合料马歇尔稳定度试验

1. 仪器设备

(1)马歇尔试验仪：可采用符合国家标准《沥青混合料马歇尔试验仪》(GB/T 11823)技术要求的产品,也可采用自动马歇尔试验仪。对标准试件,试验仪最大荷载不小于 25kN,测定精度 100N,加载速率应保持(50±5)mm/min,并附有测定荷载与试件变形的压力环(或传感器)、流值计(或位移计)、钢球(直径 16mm)和上下压头(曲度半径为 50.8mm)等组成。

(2)恒温水槽：控温准确度为 1℃的水槽,深度不少于 150mm。

(3)真空饱水容器：由真空泵和真空干燥器组成。

(4)其他：烘箱、天平(感量不大于 0.1g)、温度计(分度 1℃)、卡尺或试件高度测定器、棉纱、黄油等。

2. 试验步骤

1) 准备工作

（1）用卡尺（或试件高度测定器）测量试件中部的直径,用卡尺（或试件高度测定器）在十字对称的 4 个方向测量离试件边缘 10mm 处的高度,准确至 0.1mm,并以平均值作为试件的高度。如试件高度不符合（63.5 ± 1.3）mm 要求或两侧高度差大于 2mm 时,此试件应作废。

（2）按规定的方法测定试件的物理指标。

（3）将恒温水槽调节至要求的试验温度,对黏稠石油沥青混合料为（60 ± 1）℃。将试件放入已达规定温度的恒温水槽中保温 30 ~ 40min。试件之间应有间隔,底下应垫起,离容器底部不小于 5cm。

2) 测定马歇尔稳定度及流值

（1）将马歇尔试验仪的上下压头放入水槽中,使其达到同样温度后从水槽中取出,并擦干净其内面。为使上下压头滑动自如,可在下压头的导棒上涂少量黄油。再将试件取出置于下压头上,盖上上压头,然后装在加载设备上。

（2）当采用应力环和流值计时,将流值计安装在导棒上,使导向套管轻轻地压住上压头,同时将流值计读数调零。在上压头的球座上放妥钢球,并对准荷载测定装置（应力环或传感器）的压头,然后调整应力环中百分表对准零或将荷重传感器的读数复位为零。

当采用自动马歇尔试验仪时,将压力传感器、位移传感器与计算机正确连接,调整好计算机程序。

（3）启动加载设备,使试件承受荷载,加载速度为（50 ± 5）mm/min。当试验荷载达到最大值的瞬间,取下流值计,同时读取应力环中百分表（或荷载传感器）读数和流值计的流值读数（从恒温水槽中取出试件至测出最大荷载值的时间,不应超过 30s）。

3. 试验结果

1) 稳定度及流值

（1）当采用应力环和流值计时,根据应力环测定曲线,将应力环中百分表的读数换算为荷载值即为试件的稳定度,或由荷载测定装置读取的最大值即为试件的稳定度,以 kN 计,准确至 0.1kN。由流值计及位移传感器测定装置读取的试件垂直变形,即为试件的流值,以 mm 计,准确至 0.1mm。

（2）当采用自动马歇尔试验仪时,将计算机采集的数据制成压力与试件变形曲线,最高点对应的最大荷载即为试件的稳定度,以 kN 计,准确至 0.1kN。从原点（或修正后的原点）起量取相应于最大值时的变形作为试件的流值,以 mm 计,准确至 0.1mm。

2) 马歇尔模数

试件的马歇尔模数按式（14-13）计算:

$$T = \frac{MS}{FL}$$
（14-13）

式中: T——试件的马歇尔模数（kN/mm）;

MS——试件的稳定度（kN）;

FL——试件的流值（0.1mm）。

3) 试验结果处理

当一组测定值中某个数据与平均值之差大于标准差的 k 倍时,该测定值应予舍弃,并以其余测定值的平均值作为试验结果。当试验数目 n 为 3、4、5、6 个时，k 值分别为 1.15、1.46、1.67、1.82。

试验十一 普通混凝土配合比设计（虚拟仿真试验）

1. 试验目的

（1）通过试验使学生了解工程对混凝土技术经济指标的要求。

（2）培养学生根据原材料的技术性能及施工条件,进行合理选择原材料能力。

（3）通过虚拟试验使学生能在虚拟环境中,按照规定的方法和步骤完成普通混凝土的配合比设计,为实际试验奠定理论基础,初步培养学生解决试验中异常情况的能力。

2. 试验设备

主要有计算机、混凝土配合比虚拟仿真试验平台。

3. 混凝土配合比设计的步骤

1）计算初步配合比

方法:按原材料性能及对混凝土的技术要求进行初步计算,得出初步配合比,计算步骤如下:

（1）确定混凝土配制强度（$f_{cu,0}$）。

（2）确定水灰比（W/C）。

（3）确定单位用水量（W_0）。

（4）计算单位水泥用量（C_0）。

（5）确定砂率（S_p）。

（6）计算单位砂、石集料的用量（S_0、G_0）。

实际操作:在试验平台上选择混凝土强度、水泥强度等级、石料类型、石料粒径、坍落度等设计要求,软件自动智能地按照规范建议值推荐出一组水灰比、用水量、砂率来进行混凝土配合比计算;也可手动输入,人工调整用水量、砂率、混凝土强度标准差、水泥强度富余系数、水灰比、砂石含水率、水泥密度、砂和石子的密度,软件可确定最佳的混凝土配合比。

2）检验和易性,提出基准配合比

方法:采用初步配合比进行试拌,检验和易性和配合比调整,得出满足和易性要求的基准配合比。

实际操作:在试验平台上进行手工加料、拌和、装料、测坍落度等操作,软件可以调整水泥浆用量,计算基准配合比。

3）检验强度,确定试验室配合比

方法:通过强度试验,确定出满足设计强度和施工要求且比较经济合理的试验室配合比。

实际操作:在试验平台上进行手工试件制作、拆模、养护、测抗压强度、拌和物表观密度等操作,软件可以根据 3 组不同配合比的试验结果确定最佳水灰比,并计算出试验室配合比。

4）换算施工配合比

方法:根据施工现场砂、石子的实际含水率对试验室配合比进行换算,得到施工配合比。现场材料的实际称量应按施工配合比进行。

实际操作:在试验平台上手工输入现场砂、石子的实际含水率,软件可以直接计算出施工配合比。

参考文献

[1] 柯国军,严兵,刘红宇. 土木工程材料[M]. 北京:北京大学出版社,2006.

[2] 黄晓明,赵永利,高英. 土木工程材料[M]. 2版. 南京:东南大学出版社,2007.

[3] 郑德明. 土木工程材料[M]. 北京:机械工业出版社,2005.

[4] 陈志源,李启令. 土木工程材料[M]. 武汉:武汉工业大学出版社,2003.

[5] 黄政宇. 土木工程材料[M]. 北京:高等教育出版社,2003.

[6] 彭小芹,马铭彬. 土木工程材料[M]. 重庆:重庆大学出版社,2002.

[7] 乔英杰,等. 特种水泥与新型混凝土[M]. 哈尔滨:哈尔滨工程大学出版社,1997.

[8] 高琼英,等. 建筑材料[M]. 3版. 武汉:武汉工业大学出版社,2006.

[9] 刘祥顺,等. 土木工程材料[M]. 北京:中国建材工业出版社,2001.

[10] 吴科如,张雄. 建筑材料[M]. 上海:同济大学出版社,1998.

[11] 苏达根,等. 土木工程材料[M]. 3版. 北京:高等教育出版社,2008.

[12] 吴中伟,廉慧珍. 高性能混凝土[M]. 北京:中国铁道出版社,1999.

[13] 冯乃谦. 高性能混凝土结构[M]. 北京:机械工业出版社,2004.

[14] 何廷树. 混凝土外加剂[M]. 西安:陕西科学技术出版社,2004.

[15] 赵国藩,等. 钢纤维混凝土结构[M]. 北京:中国建筑工业出版社,1999.

[16] 黄永南,等. 计算机在重组装饰材(科技木)模具设计与制造中的应用[J]. 木材工业,2004.

[17] 薄尊彦. 新型建筑材料性能与应用[M]. 北京:中国环境科学出版社,2005.

[18] 刘正武. 土木工程材料[M]. 上海:同济大学出版社,2005.

[19] 中华人民共和国行业标准. JTG F40—2004 公路沥青路面施工技术规范[S]. 北京:人民交通出版社,2004.

[20] 中华人民共和国行业标准. JTJ 052—2000 公路工程沥青及沥青混合料试验规程[S]. 北京:人民交通出版社,2000.

[21] 中华人民共和国行业标准. JTG E42—2005 公路工程集料试验规程[S]. 北京:人民交通出版社,2005.

[22] 张海梅.建筑材料[S].北京:科学出版社,2001.

[23] 严家伋.道路建筑材料[M].3 版.北京:人民交通出版社,1996.

[24] 中华人民共和国国家标准.GB/T 15229—2011 轻骨料混凝土小型空心砌块[S].北京:中国标准出版社,2012.

[25] 中华人民共和国行业标准.JGJ 55—2011 普通混凝土配合比设计规程[S].北京:中国建筑工业出版社,2011.

[26] 中华人民共和国国家标准.GB/T 50080—2016 普通混凝土拌和物性能试验方法[S].北京:中国建筑工业出版社,2017.

[27] 中华人民共和国国家标准.GB/T 50081—2002 普通混凝土力学性能试验方法标准[S].北京:中国建筑工业出版社,2003.

[28] 中华人民共和国国家标准.GB/T 17671—1999 水泥胶砂强度检验方法(ISO 法)[S].北京:中国标准出版社,1999.

[29] 中华人民共和国国家标准.GB/T 14684—2011 建设用砂[S].北京:中国标准出版社,2011.

[30] 中华人民共和国国家标准.GB/T 14685—2011 建设用卵石、碎石[S].北京:中国标准出版社,2011.

[31] 申爱琴.水泥与水泥混凝土[M].北京:人民交通出版社,2000.